全国名特优新农产品
生产消费指南

（第一卷）

农业农村部农产品质量安全中心 编

中国农业科学技术出版社

图书在版编目（CIP）数据

全国名特优新农产品生产消费指南 . 第一卷 / 农业农村部农产品质量安全中心编 . —北京：中国农业科学技术出版社，2020.11

ISBN 978-7-5116-4975-1

Ⅰ . ①全⋯　Ⅱ . ①农⋯　Ⅲ . ①农产品 – 中国 – 指南　Ⅳ . ① F724.72-62

中国版本图书馆 CIP 数据核字（2020）第 163093 号

责任编辑　崔改泵
责任校对　贾海霞

出 版 者　中国农业科学技术出版社
　　　　　北京市中关村南大街 12 号　　邮编：100081
电　　话　（010）82109194（出版中心）　（010）82109702（发行部）
　　　　　（010）82109709（读者服务部）
传　　真　（010）82109698
网　　址　http://www.castp.cn
经 销 者　各地新华书店
印 刷 者　北京地大天成文化发展有限公司
开　　本　210mm×290mm　1/16
印　　张　28
字　　数　908 千字
版　　次　2020 年 11 月第 1 版　　2020 年 11 月第 1 次印刷
定　　价　218.00 元

《全国名特优新农产品生产消费指南（第一卷）》
编 委 会

前　言

　　党的十九大报告指出，我国社会主要矛盾已经转化为人民日益增长的美好生活需要和不平衡不充分的发展之间的矛盾，在农业农村发展领域，不平衡、不充分的首要问题就是农业供给结构矛盾突出优质绿色品牌农产品供给不足，农产品质量安全压力大。推进农业供给侧结构性改革，满足人民对安全优质农产品日益增长的需求，是当前和今后一个时期我国农业农村工作改革和完善的主要方向。《中共中央国务院关于实施乡村振兴战略的意见》明确要求，制定和实施国家质量兴农战略规划，深入推进农业绿色化、优质化、特色化、品牌化，调整优化农业生产力布局，推动农业由增产导向转向提质导向；推进特色农产品优势区创建，培育农产品品牌，打造一村一品、一县一业发展新格局。

　　为贯彻落实质量兴农、绿色兴农和品牌强农战略，2018 年农业农村部农产品质量安全中心（以下简称国家农安中心）决定在原农业部优质农产品开发服务中心工作的基础上，继续探索开展全国名特优新农产品名录收集登录工作，以指导生产、引导消费，推进地方特色农产品质量提升和品牌培育，促进区域优势农业产业发展。所谓全国名特优新农产品，即指在特定区域（原则上以县域为单元）内生产、具备一定生产规模和商品量、具有显著地域特征和独特营养品质特色、有稳定的供应量和消费市场、公众认知度和美誉度高并经农业农村部农产品质量安全中心登录公告和核发证书的农产品。经过一年多的努力，在各省（区、市）及计划单列市农产品质量安全中心（站、办）、优质农产品开发服务中心（站、办），新疆生产建设兵团农产品质量安全中心，各相关农产品质量安全工作机构以及全国名特优新农产品营养品质评价鉴定机构的大力支持和配合下，2019 年全国共有 14 个省份的 400 个产品通过专家审查，经公示无异议后对社会发布，正式纳入全国名特优新农产品名录。

　　为扩大全国名特优新农产品宣传，提高全国名特优新农产品的影响力，进一步促进产销对接，发挥消费引导的作用，满足管理者、生产经营者、消费者等方面的需求，国家农安中心组织编撰了《全国名特优新农产品生产消费指南（第一卷）》。本书收录了2019 年国家农安中心公布的 400 个全国名特优新农产品，包括水果、蔬菜、茶叶、粮、油、食用菌、中药材、肉、蛋、奶、鱼及初加工品等，全面介绍了每个产品的主要产地、品质特征、环境优势、收获（出栏、捕捞等）时间、推荐贮藏保鲜和食用方法以及市场销售采购信息等，并配以精美图片。本书在编写过程中得到了各省级农产品质量安全（优质农产品）工作机构及全国名特优新农产品名录证书持有人的大力支持，在此表示衷心的感谢。

农业农村部农产品质量安全中心

2020 年 3 月

1月

2月

3月

4月

5月

6月

7月

8月

9月

10月

11月

12月

四季出产

附录

部分全国名特优新农产品营养品质评价鉴定机构展示

一候雁北乡，
二候鹊始巢，
三候雉始雊。

大寒

一候鸡乳；
二候征鸟厉疾；
三候水泽腹坚。

◎ 梁园区草莓

（登录编号：CAQS-MTYX-20190041）

一、主要产地

河南省商丘市梁园区双八镇、李庄乡、刘口镇、水池铺乡、谢集镇等乡镇。

二、品质特征

梁园区草莓果形端正、圆锥形，大果型；果面深红色，富有光泽；果面平整，种子分布均匀；果肉红色，髓心白色，果肉细腻，风味酸甜、香气浓郁。

梁园区草莓可溶性糖含量5.69%，蛋白质含量0.70g/100g，维生素C含量61.4mg/100g，钙含量22.7mg/kg。梁园区草莓具有明目养肝、滋阴养血、调和脾胃、降血脂等功效。

三、环境优势

梁园区草莓产地位于商丘市梁园区西南部，属于北温带，气候温润，水资源丰富，土壤养分丰富，有机质含量高，土层深厚，土壤团粒结构良好，土质属于疏松、透气性良好的沙土或沙壤土，适宜草莓生长。

四、收获时间

梁园区草莓元旦前后开始采摘，一直到翌年的6月结束。采摘期达120天左右。最佳品质采摘期为元旦到春节前后。通过观察果实硬度确定草莓采收时期，果实成熟时浆果由硬变软，鲜食用果的采收应在果实刚软时进行。

五、推荐贮藏保鲜及食用方法

草莓适宜低温保存。将草莓装进密封容器里，放入冰箱5～8℃低温冷藏，可保存2～3天。

食用方法：①直接鲜食，营养又美味。也可制作草莓沙拉，别有一番风味。②制作成草莓酱，可以和面包片同食，还可以用来做草莓蛋糕。③晾制成草莓干，辅之以白糖，可作为平时的小零食，深受广大小朋友喜爱。④鲜榨草莓汁，酸酸甜甜的非常可口。⑤制作草莓冰淇淋，方法简单，又很好吃。

六、销售渠道

1. 观光采摘销售

2. 传统销售商丘市各大超市　梁园区草莓负责人：翟莎莎　联系电话：15237006307

（登录编号：CAQS-MTYX-20190145）

中牟宁玉草莓 ◉

一、主要产地

河南省郑州市中牟县姚家镇春岗村。

二、品质特征

中牟宁玉草莓果实为长圆锥形，果形端正整齐，果面鲜红色有光泽，柔软多汁。

中牟宁玉草莓可溶性固形物含量为 9.1%，维生素 C 含量为 57.6 mg/100g，钙含量为 19.3 mg/100g，钾含量为 146 mg/100g。中牟宁玉草莓味甘、性凉，具有止咳清热、利咽生津、健脾和胃、滋养补血等功效，对老人、儿童大有裨益。

三、环境优势

中牟宁玉草莓种植基地位于中牟县建设路南段，省道 228 线以西，远离工矿区、公路和铁路干线，周边无污染源，空气质量优良，有物理屏障，产地生态环境良好，土壤属沙质土壤，透气性好。光热、水利资源丰富，日照时间长，温差大，全年有霜期时间短，冬季温度在 5～10℃，草莓生长期光照充足，确保了产品品质。

四、收获时间

每年的 1—5 月为中牟宁玉草莓的采摘期。

五、推荐贮藏保鲜和食用方法

贮藏方法：新鲜的草莓可以用密封的保鲜盒进行冷藏保存，冷藏前不要水洗，轻拿轻放，可保存 5～7 天。如果是洗过的草莓，最多能保存 2 天。

中牟宁玉草莓可直接鲜食，还可以制作草莓酱、草莓粥。

1. 草莓鲜食　食用前用清水清洗，再用淡盐水浸泡 5min，杀灭草莓表面残留的微生物，即可食用。

2. 草莓酱　材料：草莓、柠檬汁、白砂糖适量。做法：①草莓洗净控干，切开备用。②在切好的草莓中加入一些细的白砂糖。③搅拌均匀，使糖均匀地附着在草莓上。④盖上保鲜膜，放入冰箱冷藏 3h 以上。⑤冷藏后草莓的水分渗出，将草莓连同渗出的水分一起放入锅中，开大火翻炒至草莓变软，变软后中火慢慢熬到浓稠状态，关火。⑥在果酱中加入一些柠檬汁，搅拌均匀，放入干净的容器中，密封好放入冰箱保存即可。草莓酱可直接食用，也可夹在面包中食用。

3. 草莓粥　材料：新鲜草莓、大米、红糖适量。做法：①新鲜草莓去柄，洗净，放入碗中研成稀糊状。②淘净的大米入锅，加水适量，煮成稠粥。③粥成时加入红糖、草莓糊，拌匀，煮沸即成。

六、市场销售采购信息

中牟宁玉草莓　联系人：李峰　联系电话：13592521157

⊙ 龙安淮山

（登录编号：CAQS-MTYX-20190194）

一、主要产地

广东省韶关市武江区龙归镇龙安村。

二、品质特征

龙安淮山长 50 ～ 80cm，直径 5 ～ 8cm，皮薄，圆直，粉白色，味清甜，久煮粉而不糊。

龙安淮山蛋白质含量为 2.9g/100g，可溶性糖含量为 0.3%，苯丙氨酸含量为 120mg/100g，赖氨酸含量为 100mg/100g，具有健脾、补中益气、增加人体免疫力等功效。

三、环境优势

龙安淮山产地龙安村四面环山，水资源丰富，无任何工业污染，全村年平均气温 21℃，年平均降水量 1 700mm，温度、光照适宜，土壤是典型的中亚热带强烈富铝化作用地带，土层深厚，物理性状良好，优越的自然环境为淮山生长提供了良好的条件。

四、收获时间

每年 11 月下旬至第二年 5 月收获，最佳品质是 1—3 月，淮山每年只采收一次。

五、推荐贮藏保鲜和食用方法

贮藏方法：不采收在地里可保存到翌年 5 月，采收后挑拣无损伤淮山，放通风处自然存放，冬天可保存 10 ～ 20 天，春天可保存 7 ～ 15 天。

食用方法：淮山可用于煲汤、炆、火锅及制作各种点心，是深受欢迎的一种具有极高保健价值的食材。以下介绍 3 种淮山的最佳食用方法。

1. 淮山鸡煲　材料：淮山 500g，鸡肉 250g。做法：①鸡肉切块用油盐腌好备用。②淮山切块放煲里加水、姜片及少量花生油，烧开后慢火煲 20min，倒入腌好的鸡肉烧开后 2min 调好味即可出锅。

2. 淮山蒸排骨　材料：淮山 150g，排骨 250g。做法：①排骨切块，用适量花生油、盐、生抽、姜、生粉腌好备用。②淮山去皮切薄片，平铺在碟子里，再把腌好的排骨平铺在上面，锅里水烧开后上锅蒸 15min，出锅撒上葱花即可。

3. 煎淮山糍粑　材料：淮山 150g，米粉（面粉）30g。做法：①淮山去皮捣成泥，加米粉、盐，搅拌均匀。②锅中倒入少量油烧热，把和好的淮山泥放入锅中铺成薄饼状，煎熟至两面金黄色即可。

六、市场销售采购信息

韶关市武江区龙安淮山生产专业合作社　联系人：赖得雄　联系电话：13719780983

（登录编号：CAQS-MTYX-20190368）

长寿血橙 ◉

一、主要产地

重庆市长寿区的长寿湖、云集、双龙、龙河、石堰等镇。

二、品质特征

长寿血橙主要栽植品种为塔罗科血橙新系，果形端正、整齐；果面光洁；果皮橙红色，着色均匀。果肉橙色、血红色，细嫩化渣，果汁丰富；果香味浓郁，风味极佳，酸甜适口。长寿湖周边地区，受湖区小气候影响，果实颜色外似鸡血、肉如琥珀，汁多味醇、独树一帜。

长寿血橙可溶性固形物含量为13.3%；可滴定酸含量为0.52g/100ml；可食率为75.77%；维生素C含量为30.2mg/100g。

三、环境优势

长寿区地处重庆市东部浅丘地区，土地坡度较平缓，土壤为灰棕紫泥土，pH值基本在6.5～7。年均温度17.7℃，年有效积温6 000℃以上，年日照时数1 221h，常年降水量1 162.7mm，特别是境内因一江、两湖形成独特的湖盆气候特点，有利于长寿血橙的生长发育。因此，长寿血橙是不可多得的柑橘佳品。

四、收获时间

长寿血橙成熟期在1月下旬—3月上旬，另外还有晚熟长寿血橙，可挂树到4月以后采摘，延长了果实采收期。

五、推荐贮藏保鲜和食用方法

长寿血橙贮藏的适宜温度为1～10℃，适宜相对湿度为80%～95%，要求库内空气保持清新。

长寿血橙以鲜食为主，亦可做成果酱，还可榨汁、酿酒等。

六、市场销售采购信息

1. 重庆哈维斯特现代农业发展有限公司　联系人：黄敏　联系电话：13212384512
2. 重庆平伟朝阳农业发展有限公司　联系人：黄先树　联系电话：18908322777
3. 重庆农正农业开发有限公司　联系人：韩影　联系电话：18983061332
4. 重庆市长寿区和兴源农业开发有限公司　联系人：吴杰　联系电话：13996127891

2月

一候东风解冻，
二候蛰虫始振，
三候鱼陟负冰。

雨水

一候獭祭鱼；
二候鸿雁来；
三候草木萌动。

◎ 金堂羊肚菌

（登录编号：CAQS-MTYX-20190112）

一、主要产地

四川省成都市金堂县赵家镇阳河街社区平水桥村、竹篙镇凤凰村、清江镇新水碾村等 17 个乡镇 167 个行政村。

二、品质特征

羊肚菌是世界上最珍贵的稀有食用菌，属高级营养滋补品。金堂羊肚菌表面凹凸不平、状如羊肚，结构与盘菌相似，上部呈褶皱网状，像个蜂巢。金堂羊肚菌肉质厚、菇形美观，菌盖褐色，近圆锥形，表面呈蜂窝状；菌柄乳白色，基部有不规则凹槽，菌柄、菌盖中空；具有羊肚菌特有的香味。

金堂羊肚菌蛋白质（干基）含量为 34%、维生素 B_1（干基）含量为 0.81mg/100g、多糖含量为 0.49%、天冬氨酸含量为 0.25%、谷氨酸含量为 0.37%。

三、环境优势

金堂县地处成都平原东北部，属亚热带季风气候区，气候温和，四季分明，无霜期年均 285 天，气温年均 16.8℃，降水量年均 926mm，日照年均 1 298h；雨量充沛，湿度大，具有春来较早、夏长、秋冬短的特点，特别适宜羊肚菌生产，生产出的产品肉质鲜嫩、色泽亮，具备极高的商品性。

四、收获时间

成熟期是 2 月底至 4 月初。

五、推荐贮藏保鲜和食用方法

金堂羊肚菌可鲜食，亦可直接烘干后密封袋贮藏。

推荐食用方法：

羊肚菌炖鸡汤　羊肚菌洗净用温水泡发半小时。整鸡切块备用。将鸡块焯水捞出。另起锅烧开足量的水，加姜丝。将焯好水的鸡块加入汤锅中，放入几粒红枣，大火烧开。撇去浮沫后转小火。烧至半熟，先加入泡发好的羊肚菌。淮山药洗净切片。鸡肉煲熟后加入切好的山药片。山药片熟后加盐调味盛出。

六、市场销售与采购信息

1. 金堂县食用菌产业联合会　联系人：张涛　联系电话：18702816534
2. 成都天绿菌业有限公司　联系人：石代勇　联系电话：13618076507
3. 四川金地田岭涧生物科技有限公司　联系人：张春梅　联系电话：18980754629
4. 金堂县馨建家庭农场　联系人：郑建军　联系电话：18280185995
5. 金堂县佳通果蔬专业合作社　联系人：卿奇　联系电话：13882283930
6. 成都大地之秾农业专业合作社　联系人：陈明富　联系电话：13648096547
7. 金堂县聪明金堂农场　联系人：易启聪　联系电话：15882027335
8. 金堂县赵家镇飞龙家庭农场　联系人：高崇宽　联系电话：13541224496
9. 四川三邦羊肚菌业有限公司　联系人：钟克华　联系电话：13808239930

（登录编号：CAQS-MTYX-20190141）

武阳春雨 ◎

一、主要产地

浙江省金华市武义县所辖的 17 个乡镇。

二、品质特征

武阳春雨具有独特的品质特征"甜、绵、软"。①针形茶：外形肥壮挺直，绿润鲜活；汤色嫩绿明亮；香气清高馥郁，带花果香；滋味甜醇甘鲜；叶底嫩匀绿亮。②扁形茶：外形扁平挺直，嫩绿鲜活；汤色杏绿明亮；嫩栗香；滋味醇厚甘爽；叶底嫩匀绿亮。③卷曲形茶：外形条索细紧略卷，绿翠鲜润；汤色嫩绿明亮；香气高鲜馥郁；滋味甘醇鲜爽；叶底细嫩绿亮。

武阳春雨中（针形）的水浸出物含量 49.2%、茶多酚 23.4%、儿茶素 19.76%、维生素 C 216mg/100g；武阳春雨中（扁形）的水浸出物含量 49.4%、茶多酚 19.5%、儿茶素 13.76%、维生素 C 209mg/100g；武阳春雨中（卷曲形）的水浸出物含量 48%、茶多酚 20.2%、儿茶素 12.65%、维生素 C 342mg/100g。各项指标均优于参考样。

三、环境优势

武义县位于浙江省中部，呈"八山半水分半田"地理格局。境内森林茂密，覆盖率达 74%，植被丰富，自然生态环境优越，属亚热带季风气候，全年气候温和，四季分明。土壤类型以红壤土、黄壤土、岩性土为主，pH 值 4.6 ～ 5.5，酸性或微酸性，土质肥沃，富含有机质，保水保肥能力强，排灌条件好，非常适宜茶树生长。

四、收获时间

武阳春雨茶的采摘期是每年 2—5 月。

五、贮藏保鲜方法

贮藏保鲜方法：保存于干燥、防潮、避光处，密封、低温保存。

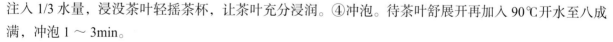

食用方法：①温杯。用温水清洗杯身有利于茶香的发挥。②投茶。取茶 2 ～ 3g 投入杯中初闻茶香。③润茶。注入 1/3 水量，浸没茶叶轻摇茶杯，让茶叶充分浸润。④冲泡。待茶叶舒展开再加入 90℃开水至八成满，冲泡 1 ～ 3min。

六、市场销售采购信息

1. 浙江更香有机茶业开发有限公司　联系人：徐欢　联系电话：0579–87660989
2. 浙江乡雨茶业有限公司　联系人：叶红燕　联系电话：0579–87675288
3. 浙江省武义茶业有限公司　联系人：韩尉　联系电话：0579–87642200
4. 武义县清溪茶叶专业合作社　联系人：汤忠法　联系电话：13905895449
5. 武义县方氏茶业有限公司　联系人：方理　联系电话：13806775520
6. 浙江叶常香茶业有限公司　联系人：邹建　联系电话：13566931557
7. 浙江武义郁清香茶业有限公司　联系人：徐倩玲　联系电话：0579–87671565
8. 武义县汤记高山茶业有限公司　联系人：汤玉平　联系电话：0579–87672783

◎ 鲁山香菇

（登录编号：CAQS-MTYX-20190162）

一、主要产地

河南省平顶山市鲁山县下汤镇十亩地洼村。

二、品质特征

鲁山香菇肉质肥厚，菌盖自然裂开，呈白色或红茶色，菌盖尺寸 3 ～ 7cm，菌褶浅黄色、排列整齐，气味清香。鲁山香菇蛋白质含量为 21.5g/100g，钾含量高达 216mg/100g，磷含量 457mg/100g，鲁山香菇含有多种维生素、矿物质和氨基酸，对促进人体新陈代谢、提高机体适应力有很大作用。

三、环境优势

鲁山县位于河南省中西部，伏牛山东麓，淮河流域沙河上游，生态条件良好，土壤、空气、水质优良，自然资源丰富，负氧离子资源优越，森林覆盖率 62.3%，植被覆盖率达到 83%，全年平均空气质量指数（AQI）85，空气优良天数 259 天，占全年 71%，山泉水和地下泉水遍布全县。鲁山香菇全部采用山泉水和地下泉水水管微喷方式加湿，确保了产品品质。

四、收获时间

全年均有干香菇。每年 2—4 月、10—12 月为鲜菇收获时间。

五、推荐贮藏保鲜和食用方法

贮藏方法：鲜香菇在 5℃可以保存 15 天左右，但是通常香菇在运输途中会受到损伤，保存时间在 10 天以下，所以在冰箱中贮藏最好不要超过一周，最佳的食用期在 3 天以内。将鲜香菇放入铁罐、陶瓷缸等容器中密封冷冻，可延长保存期，但不可反复冷冻。

干香菇贮藏必须保持低温、干燥、通风、背光，最好装在容器中密封后，放于温度 5℃左右、空气相对湿度 50% ～ 60% 的冰箱中冷藏。

食用方法：将干香菇用温水浸泡（3 ～ 4h），用清水洗干净，捞出，沥干水，即可煮、炒、烩、做汤等。

鲜虾酿香菇　材料：鲁山香菇 250g，鲜虾 200g，胡萝卜、马蹄、黄酒、盐、白糖、白胡椒粉、香葱、姜适量。做法：①鲜香菇洗净，控干水分后，去蒂成小碗托状备用。②备馅。鲜虾剥壳挑出虾线，洗净控干水分，用刀背碾压后剁碎。胡萝卜切小碎粒，马蹄洗净去皮切小碎粒，刚才切下来的香菇蒂取一两个也切小碎粒。③调馅儿。虾泥放碗中，加入黄酒、盐、白糖少许，白胡椒粉、葱姜水（一点点）搅打均匀。再加入胡萝卜碎、香菇蒂碎、马蹄碎搅打上劲。④把调好的馅儿嵌入香菇内。⑤蒸制。入蒸锅，沸水上锅，大火

6min。⑥取出盘子，将蒸出的汤汁倒入炒锅加热，加入少许的盐调味，再加入水淀粉勾薄芡，把芡汁淋在蒸好的虾仁酿香菇上，撒上少许的小香葱碎即可。

六、市场销售采购

河南省鲁山县库区乡照平湖环湖路权村　联系人：鲁吉学　联系电话：15093880030、17530851278

（登录编号：CAQS-MTYX-20190218）

黔江羊肚菌 ◎

一、主要产地

重庆市黔江区石会镇、黑溪镇、黄溪镇、黎水镇、金溪镇、马喇镇、小南海镇、邻鄂镇、五里乡、水田乡、金洞乡、水市乡、新华乡等 23 个乡镇、街道。

二、品质特征

黔江羊肚菌菌柄长 3～5cm，菌盖呈圆锥形，顶端稍尖，棱纹排列整齐，肉厚，久煮不烂，香味浓郁。

黔江羊肚菌蛋白质、膳食纤维、铁含量均优于同类产品参照值，品质优，其天然抗氧化剂麦角硫因的含量高达 500mg/kg，具有显著地域特征。

三、环境优势

重庆市黔江区位于重庆市的东南边缘，地处神秘的北纬 30°，海拔高度大多数在 400～1 200m，森林覆盖率高达 63.2%，生态环境优良，境内小溪山泉众多，清洁无污染。独特的低山槽谷地貌，小气候明显，11 月至次年 4 月的月均气温在 0～15℃，是羊肚菌生长的最适温度。

四、收获时间

黔江羊肚菌的采收时间在 2 月中旬—5 月中旬，最佳品质期在每年的 2 月底—4 月中旬。

五、储藏保鲜和食用方法

储藏保鲜：新鲜羊肚菌宜用食品袋密封包装，在 1～5℃下可保存 5～20 天。羊肚菌干品密封放置在避光、气温 15℃以下，可保存 1～3 年。

羊肚菌干品发泡方法：第一步除尘，将羊肚菌干品装入可以沥水的洗菜盆，用自来水直接冲洗 5～10s，边冲边摇。第二步发泡，将除尘后的羊肚菌装入洗菜盆，再加入适量 45～50℃的温水（以刚刚浸没过菇面为宜）静置浸泡 30min 以上，捞出羊肚菌备用。泡发羊肚菌的酒红色原汤经沉淀后，取清澈部分用于烧菜或煲汤。

推荐食用方法：

羊肚菌炖乌鸡　制作材料：主料为羊肚菌、乌鸡；辅料为枸杞、红枣、笋片；高汤调料为盐、鸡精、葱段、姜片、料酒。制作方法：①将鲜羊肚菌用温水泡后洗净，乌鸡宰杀去内脏洗净，放入沸水焯一下，捞出洗净；②点火放入高汤、乌鸡，用大火烧开，撇去浮沫，加入料酒、盐、鸡精、葱段、姜片、羊肚菌、枸杞、红枣，用中火炖至鸡肉软烂出锅即可。

六、市场销售采购信息

1. 重庆市黔江区羊肚菌产业技术协会　联系人：王方海、曾凡平、聂明亮　联系电话：18996955166、15334623520、13364096200

2. 重庆市黔江区佳德源菌业股份合作社　联系人：王帮龙　联系电话：13193003376、023-79332857

3. 重庆市璞琢农业开发有限公司

◎ 忠县桔橙

（登录编号：CAQS-MTYX-20190220）

一、主要产地

重庆市忠县双桂、拔山、新立镇等 10 个乡镇（街道）21 个行政村。

二、品质特征

忠县桔橙（春见）果实高扁圆形或倒阔卵圆形，果皮深橙色，富光泽，油胞小密而突出；果肉橙色，囊壁薄，少籽；脆嫩多汁，香浓味甜。

忠县桔橙（沃柑）果实扁圆形，果皮橙红色，富光泽；果肉橙色，少籽；味甜香浓。

忠县桔橙可溶性固形物含量为 11.4%（春见）、11.8%（沃柑）；可滴定酸含量为 0.69g/100ml（春见）、0.52g/100ml（沃柑）；可食率含量为 63.8%（春见）、65.06%（沃柑）；维生素 C 含量为 22.7mg/100g（春见）。

三、环境优势

忠县桔橙种植区域地处三峡库区腹心，海拔 200～500m。是《全国柑橘优势区域布局规划（2008—2015）》的长江中下游柑橘带核心区域，是柑橘发展优势区。果园选择远离城镇、工厂的土地，灌溉用水以山间泉水和天然降水为主，清洁无污染。土壤以灰棕紫色土为主，透气性好，保水保肥能力强，富含各类营养元素，有机质含量在 1.5g/kg 以上，地下水位 0.8m 以下，pH 值 6～7.5。气候温和，四季分明，年平均温度 18.2℃、有效积温 5 879℃、相对湿度 80%，平均降水量 1 193mm，日照时数 1 328h，无霜期 341 天，无周期性冻害。

四、收获时间

每年 2—5 月为忠县桔橙的收获期，2 月中下旬至 5 月，为忠县桔橙的最佳品质期。

五、推荐贮藏保鲜和食用方法

忠县桔橙沃柑品种常温贮藏在干燥、通风状态下能保存 10～15 天。冷库低温贮藏时库温 5℃为宜。

忠县桔橙以剥开生食为主，也可榨汁。一般人群均可食用，但胃酸过多及糖尿病患者不宜食用，不宜与萝卜同食，吃完萝卜后 1h 内不宜喝牛奶。

六、市场销售采购信息

1. 重庆三甲生态农业发展有限公司

联系人：罗小蓉　联系电话：13638278432

2. 重庆春垦农业开发有限公司

联系人：刘琴　联系电话：13658235622

3. 忠县新硕农业有限公司

联系人：李明超　联系电话：17723062367

4. 重庆春吉果业发展有限公司

联系人：李峦松　联系电话：13896293189

（登录编号：CAQS-MTYX-20190344）

徐闻对虾 ◉

一、主要产地

广东省徐闻县下洋、新寮、海安、和安、锦和、龙塘、西连、角尾、前山9个乡镇。

二、品质特征

徐闻对虾属凡纳滨对虾，鲜活品为淡青蓝色，全身不具斑纹。体型侧扁，甲壳薄，体表透明光滑有光泽，肉色晶莹，肉质鲜嫩饱满。规格整齐，个体差异小，成熟雌虾体长18～23cm，体重60～80g，成熟雄虾体长18～23cm，体重30～40g。

徐闻对虾蛋白质含量为24g/100g，锌含量为18.5mg/100g，鲜味类氨基酸含量为8.43%，氨基酸总量为19.2g/100g，各项指标均优于同类产品参照值。

三、环境优势

徐闻县位于中国大陆最南端，东、西、南三面环海，这里是"汉代海上丝绸之路的始发港"，是通向海南岛的必经之路。总面积为1 954.37km²，海岸线长372km，有50多个港口埠头和19.5万亩（15亩=1公顷。全书同）养殖海域。徐闻县地处热带，属热带季风气候，一年四季阳光充足，高温炎热，年平均气温23.3℃，年平均降水量1 364mm。滩涂平坦，沿海滩涂光照充足、热量大，海水交替频繁，海水水质好，且有海水盐度高的优势，有利于南美白对虾的生产。

四、收获时间

徐闻对虾主要以人工海水养殖为主，2—11月为主要收获期。

五、推荐贮藏保鲜和食用方法

贮藏方法：鲜虾冷冻主要有保鲜袋冷冻法、余水冷冻法等。

徐闻对虾可白灼、焖煮，是非常受欢迎的一种食材。

白灼虾　材料：鲜虾、姜、葱、酱料等。做法：①虾清洗干净，去掉虾线和虾须。②准备蘸料。姜切末，放入碗中，然后放入1勺白糖、1勺生抽、2勺蒸鱼豉油、2勺香醋调成碗汁备用。③锅中倒入适量清水，然后放入1勺盐、2勺料酒、几个姜片、几个葱段、十几粒花椒。④大火将水烧沸腾后，再煮2min。⑤将虾放入锅中，再次烧到沸腾后关火。然后让虾在锅里静置1～2min。⑥将虾捞出放入清水中，要换一两次水。⑦将虾和蘸料装盘即可食用。

六、市场销售采购信息

1. 湛江海壹水产种苗有限公司　联系人：王昌翰　联系电话：13702726887

2. 徐闻县海源养殖有限公司　联系人：李小飞　联系电话：18824786801

3. 广东金海角水产种业科技有限公司　联系人：柯国文　联系电话：13822554578

4. 湛江海长丰水产种苗有限公司　联系人：吴海生　联系电话：13702694308

龙川茗茶

（登录编号：CAQS-MTYX-20190357）

一、主要产地

广东省龙川县所辖 7 个乡镇。

二、品质特征

龙川茗茶根据客家传统工艺制作而成，茶叶灰绿紧结卷曲，黄绿明亮，炒米香，浓醇回甘，具有独特的客家风味。色碧绿澄清，香清幽悠远，味醇、鲜灵，入口清香甘冽，留在舌尖的茶韵散布四肢百骸，通体舒泰。

龙川茗茶的茶多酚含量为 18%，总灰分含量为 5.4%，水浸出物含量为 43%，粗纤维含量为 9.4%，水溶性灰分占总灰分的 64.8%。

三、环境优势

龙川县位于广东省东北部，生态条件良好，土壤、空气、水质优良，是国家级生态功能区。种植基地位于平均海拔高 500m 的山峰上，昼夜温差大，植被保护完好，四面环山，水资源丰富，是茶叶生长的理想场所。种植基地按照有机茶园的建设标准，建造优质高产生态茶园。优越的自然环境造就了龙川茗茶纯天然、无污染的先天品质。

四、采摘时间

龙川茗茶的茶叶采摘期为每年 2—10 月。

五、推荐贮藏保鲜和冲泡方法

贮藏方法：通风，干燥，避光，防潮，专柜箱贮藏，防止互相串味。

冲泡方法：即冲即饮，冲泡用水建议为天然的泉水，绿茶水温 80～85℃，红茶水温 85～90℃。

六、市场销售采购信息

1. 龙川县义都镇欧阳师傅桂林茶专业合作社　联系人：欧柏友　联系电话：13553277605
2. 龙川县义都镇桂林鳌顶峰茶叶种植农民专业合作社　联系人：邹志坚　联系电话：18316928923
3. 龙川县勾树农业发展有限公司　联系人：刘剑文　联系电话：13502298514
4. 龙川祥泷源农业发展有限公司　联系人：卓柳蕊　联系电话：18024876817

（登录编号：CAQS-MTYX-20190371）

开县春橙 ◉

一、主要产地

重庆市开州区岳溪、南门、长沙、赵家、渠口、镇安、竹溪、临江、中和、义和、南雅、铁桥、郭家、白鹤、白桥、和谦、大德、镇东、丰乐、厚坝、金峰、文峰等 22 个镇乡街道。

二、品质特征

开县春橙果皮橙红或红色，色泽均匀，果肉细嫩化渣，汁多味浓，酸甜适度，口感极佳。

开县春橙可溶性固形物含量为 12% 以上，富含维生素 C。营养价值高，具有消食、去油腻等功效。

三、环境优势

开县春橙主产地位于大巴山南麓、长江三峡腹地，属于亚热带季风气候区，年平均气温 10.8 ～ 18.2℃，年均积温 6 675℃，无霜期 306 天，日照时数 1 463h，年降水量 1 200mm 左右，相对湿度 80%。土层深厚肥沃，酸碱适度，有机质含量高，保水保肥能力极强。产地是种植开县春橙的适宜区域。

四、收获时间

每年 1—5 月为开县春橙的收获期，其中 2—4 月为开县春橙的最佳品质期。

五、推荐贮藏保鲜和食用方法

开县春橙鲜果采摘后，常温下可贮藏 2 ～ 3 个月；低温冷藏可贮藏 4 ～ 5 个月。

开县春橙鲜食、加工均可。

六、市场销售采购信息

1. 重庆市开州区金满甜农业科技开发有限公司　联系人：田燕　联系电话：18723631356
2. 重庆市开州区绿周果业有限公司　联系人：文太胜　联系电话：13452703838
3. 重庆开凡农业科技有限公司　联系人：郭伟　联系电话：13896394579
4. 开县传财柑桔种植股份合作社　联系人：唐传才　联系电话：15870558295
5. 重庆市开州区临江镇福德村柑桔种植股份合作社　联系人：熊炳科　联系电话：13638286777

一候桃始华；

二候仓庚（黄鹂）鸣；

三候鹰化为鸠。

春分

一候元鸟至；

二候雷乃发声；

三候始电。

⊙ 柏塘山茶

（登录编号：CAQS-MTYX-20190108）

一、主要产地

广东省惠州市博罗县柏塘镇。

二、品质特征

柏塘山茶外形卷曲紧结、细匀，净度好；叶片细嫩，色泽乌绿油润；叶底肥厚柔软，细嫩多芽，颜色嫩绿明亮；香气浓郁高长、纯正，呈"炒米香"或"花蜜香"；汤色嫩绿，明亮清澈，嫩栗香，滋味鲜爽浓厚，回味甘甜。

春分茶：每年3月初开始采摘的是春分茶，茶叶条索细紧，带有白色芽状，汤色清绿透明，冲泡时花香味飘然闻香，入口有嫩香，花味清醇感觉齿间甘甜，喉咙甘滑持久。

雪片茶：每年10月霜降节气后采摘的是雪片茶，茶叶外形较为粗糙，叶片呈金黄色，汤色金黄透绿。冲泡时，蜜香味飘放，入口有明显的茶花蜜味，甘甜、清爽口感，回味无穷。

柏塘山茶（小叶种茶和小叶种紫芽茶）茶底好，耐冲泡，茶多酚、水浸出物、水溶性灰分较同类产品参照值高，粗纤维含量低，据测定茶多酚20.8%、水浸出物34.0%、水溶性灰分3.2%、粗纤维9.8%、游离氨基酸0.6%。

三、环境优势

柏塘镇地处国家级自然保护区罗浮山和象头山脉之间，属丘陵区，地势群峰相连、峡谷纵横，气候温和、冬暖夏凉、雨量充沛。当地年平均气温22.7℃，降水量1 900mm，无霜期342天。土壤pH值5～5.5，土层深厚，有机质含量2%～3%。地形、土壤、气候等自然条件都有利于茶树的生长发育以及茶多酚和高芳香物质的形成。

四、收获时间

3—10月。

五、推荐贮藏保鲜和食用方法

保存最佳温度是0～15℃，采用避光的铁罐、锡罐或密封的锡纸袋放在阴凉地方储存，绿茶最好放在茶叶专用冰箱里储存。饮用前从冰箱拿出，放置到与室内温度相同时冲泡，香气、汤色、口感仍保留很好。5℃以下保存一年以上不会变质。

六、市场销售与采购信息

1. 博罗福波生态茶园专业合作社　联系人：卢天福　联系电话：13502208039

2. 惠州市柏塘镇山茶王茶叶专业合作社　联系人：黄卓平　联系电话：18666609944

3. 博罗县柏塘镇三棵松高山茶专业合作社　联系人：罗建强　联系电话：13531717399

4. 博罗县云雾壹号茶叶专业合作社　联系人：谢伟明　联系电话：13927303435

（登录编号：CAQS-MTYX-20190116）

镇安象园茶 ◉

一、主要产地

陕西省商洛市镇安县达仁镇象园村和柴坪镇桃园村。

二、品质特征

镇安象园茶色泽嫩绿光润，外形扁平挺直，香气怡人，滋味甘醇；冲泡时，汤色清澈黄亮，散发出浓郁的板栗香，回甘持久。镇安象园茶中的氨基酸、茶氨酸含量较高，儿茶素含量15.67%，游离氨基酸6.3%，呈清香型的戊烯醇、乙烯醇形成较多，而呈苦涩味的茶多酚含量较低，为18.4%。

三、环境优势

镇安象园茶产于最美秦岭南麓"中国栗乡"镇安县，地理坐标位于北纬33°07′35″～33°42′02″，是中国最北缘茶区。这里是我国南北气候交汇处，属亚热带湿润半温湿润气候。茶叶生长区在海拔800m以上的高山地带，常年云雾笼罩，空气湿润，水质洁净，光照适宜，土壤中性至微酸，腐殖质含量丰富，pH值5.79～6.21，冬季无冻土层，是茶树生长的理想基质。茶树生长在板栗林带间，充分吸收大自然灵气，具有独特的天然栗香。

四、采摘时间

上好的雾芽茶最佳采摘期在每年3月中旬至清明节后，由于雾芽茶属高端茶，时间要求比较严格，采摘期不到一个月。

五、推荐贮藏保鲜方法

茶叶要在干燥、避光、阴凉、通风好的空间内存放，贮藏保鲜的最佳湿度是3.5%～4.5%，最佳温度是5～10℃。储存茶叶的器皿须密封，不可和有异味的物品一起存放。

六、市场销售采购信息

1. 陕西盛华茶叶发展有限责任公司　联系人：黄璞　联系电话：18392989290
2. 镇安县绿晟茶叶有限责任公司　联系人：刘道生　联系电话：13991481209
3. 镇安县象园茶叶有限责任公司　联系人：刘娅　联系电话：17791189968

三水黑皮冬瓜

（登录编号：CAQS-MTYX-20190195）

一、主要产地

广东省佛山市三水区所辖白坭镇、西南街道、乐平镇、芦苞镇、大塘镇、南山镇等6个镇（街）。

二、品质特征

三水黑皮冬瓜呈长圆柱形，瓜长50～60cm，瓜肩宽25cm左右，皮色墨绿，带白色茸毛，头尾匀称，皮硬肉厚，瓜肉白色致密清香，瓜肉厚约6.5cm，单瓜重15kg左右。

三水黑皮冬瓜总糖含量为1.47%～1.77%，蛋白质含量0.36%～0.46%；每100g可食用部分镁含量4.69～6.89 mg，锌含量0.0517～0.0905mg，维生素C含量23.1～24.4mg，还含有微量的硒。三水黑皮冬瓜有清热、消暑、解渴等功效。

三、环境优势

三水区地处广东省中西部，属南亚热带海洋性季风气候。全区气温温和，年平均温度为21.9℃，年平均日照总时数达1 721.7h，无霜期354天，年平均降水量为1 682.8mm，年平均相对湿度80%。大部分土地属冲积平原，地势平坦，日照充足，河网交错，土地肥沃，是珠江三角洲地区典型的鱼米之乡，丰富的过境水资源为三水黑皮冬瓜种植提供了得天独厚的条件。

四、收获时间

三水黑皮冬瓜分春植与秋植，适播期是1月下旬和8月上旬。最适收获期为每年3月。

五、推荐贮藏保鲜和食用方法

三水黑皮冬瓜在阴凉干燥处存放即可，无须冷藏。黑皮冬瓜具有很高的食用价值，老嫩瓜均可食用，是蔬菜中味道最清淡的一种。

1. 冬瓜盅　①冬瓜洗净后，去外层薄皮。将冬瓜上端切下1/3留作盖用，然后挖去瓜籽及瓜瓤，放入开水锅中烫至六成熟，再放入凉水中浸泡冷透。②取冬菇、冬笋，山药洗净切成1cm见方的小丁，白果、莲子去皮洗净，并将山药、白果、莲子入笼蒸烂。③将锅烧热，放入清汤，再放入冬菇、冬笋、山药、白果、莲子，用大火烧开，再小火煨约5min，然后倒入冬瓜盅内。另加入清汤、精盐和少许熟油，盖上盖，上屉蒸15min，取出放在大碗里即成。

2. 消暑冬瓜薏米糖水　这道民间清凉饮品清热解暑、健脾利尿，对小孩子热痱多、膀胱湿热、小便少又黄，有一定的疗效。①薏米洗干净后，浸泡1h。②洗净冬瓜去籽留皮切成小块。冬瓜皮的功效是能清热、利水、消肿，最好连皮一起炖，把冬瓜皮的营养和功效发掘出来。也可以为了口感把皮去掉。③冬瓜与薏米一起放入汤煲里大火烧开后小火炖1h。④打开盖子，加入适量的冰糖，再煲5min至冰糖完全溶化，搅匀即可。此汤水咸甜做法都可以，咸味可加猪骨头。

冬瓜利尿，但性寒，特别是伴甜味，切记汤要喝热的，且不宜多喝。

六、市场销售采购信息

佛山市三水区白坭镇康喜莱蔬菜专业合作社

联系人：吴朝江　联系电话：13902853664

（登录编号：CAQS-MTYX-20190197）

恩平簕菜 ◎

一、主要产地

广东省恩平市恩城镇。

二、品质特征

恩平簕菜嫩梢叶片掌状、复叶互生，小叶3片，中央一片最大，椭圆形、长卵形，长4～10cm，宽2.5～4.5cm，质地脆嫩，色泽鲜绿，大小均匀，有簕菜特有的芳香。边缘有细锯齿或疏钝齿，无毛或脉上疏生刺毛。入口微甘，爽脆无渣。

恩平簕菜鲜品维生素C含量69.4mg/100g，钾含量561mg/100g，钠含量19mg/100kg，粗纤维含量0.6%。恩平簕菜具有清热排毒、消暑解渴、解酒、抗疲劳的功效。

三、环境优势

恩平市地处珠三角周边地区，属热带和亚热带过渡地带，气候温和，阳光充足，雨量充沛，水热同季，少霜无雪，四季如春，年平均气温23℃，是全国光、热、水资源最为丰富的地区之一，山地面积广阔，溪流密布，河流众多及自然资源丰富，具有种植簕菜得天独厚的自然条件，极其适合簕菜的生长。簕菜种植区生态环境良好，大型工矿企业少，山地多，森林覆盖率高达到65%，空气清新，水质好，适合建立绿色食品和有机食品生产基地。

四、收获时间

鲜簕菜全年可采收，作为鲜菜的最佳食用时间是3—6月，清明前后的簕菜是恩平人餐桌上必不可少的美味蔬菜，口感翠嫩爽口，甘甜清香。恩平有句谚语：清明吃簕菜，一年不生病。是因为簕菜具有清热去湿和护肝的作用。秋天是采收簕菜制作茶叶的好时机，制作的簕菜茶风味独特，回甘滋润，特别消暑解渴。

五、推荐贮藏保鲜和食用方法

新鲜簕菜放在阴凉通风的地方，可喷点水保鲜，也可放进冰箱冷藏。食用前，可将折断部位切除1cm，稍微浸泡一下，补充水分，簕菜会更脆嫩。

鲫鱼簕菜汤（恩平簕菜最经典的煮法）　①选500g左右的鲫鱼，煎至两面金黄；②用煎好的鲫鱼煮汤，煮10min左右，汤开始有点乳白色；③将洗净的簕菜放入沸腾的鱼汤中大火煮，煮2min左右，放入盐即可。切记：加入簕菜后，不要盖盖子。簕菜煮的时间不要过长，煮至油绿色即可。

六、市场销售采购信息

1. 恩平市雪莊茶业　免费热线电话：4000278984 或联系电话：13794265156
2. 恩平市金山温泉茶厂　联系电话：0750-7272569、13822421906
3. 黄亚山茶业专业合作社门市部　地址：恩平市西门城脚新村四巷1号首层
4. 黄亚山茶业专业合作社总经销　地址：恩平市金融街9号　联系电话：0750-7728963
5. 大量采购　联系人：黎女士　联系电话：18948979886

连州南岭高山茶

（登录编号：CAQS-MTYX-20190212）

一、主要产地

广东省清远市连州市三水瑶族乡、瑶安瑶族乡、丰阳镇、龙坪镇等乡镇。

二、品质特征

连州南岭高山茶外形细紧，露毫有锋苗，色乌黑油润、匀整，净度好，汤色橙黄明亮，香气纯正，有花果香，滋味鲜醇，叶底细嫩多芽、红色明亮。

连州南岭高山茶，茶多酚含量达16.2%，水浸出物达43%，游离氨基酸总量达2.00%，水溶性灰分占总灰分的比例达69%，粗纤维含量仅为7.5%，以上检测指标均远优于同类产品参照值。

三、环境优势

连州市位于广东省西北部，属南岭山区腹地，是广东省重点生态功能区。连州南岭高山茶主要种植在南岭的萌渚岭南麓，海拔450～1 000m的地区，该区域自然生态条件优越，植被覆盖率高，风景峻秀，空气清新，局部海拔高的山区常有云雾缭绕。属中亚热带季风性湿润气候区，四季分明、气候温和。光能丰裕，年平均日照总时数为1 510.6h，充足的阳光促进茶树的光合作用，有利于茶树的生长，增加氨基酸含量和内含芳香物质的积累，提升茶叶的品质和口感。全年雨量充沛，平均年总雨量1 609.3mm，地表及地下水资源丰富，为茶树生长提供充足的水源。土壤pH值4.5～6.5，偏酸性土壤且富含有机质，土层深厚肥沃，远离工业污染，非常适宜茶树生长。

四、收获时间

连州南岭高山茶采收期为每年3—9月，最佳品质期为每年3—9月。

五、推荐贮藏保鲜和食用方法

贮藏保鲜方法：以干燥、冷藏、无氧和避光保存为最理想。

推荐食用方法：用沸水冲泡，水最好是纯净水或矿泉水。具体步骤：①赏茶，鉴赏茶叶外形是否匀整及干茶色泽；②温杯，茶具中置入沸水，温壶、温杯，同时洗涤茶具；③投茶，取出适量茶叶投入盖碗或紫砂壶中；④注水，水温90～95℃左右沿杯壁倒入至7分满；⑤出汤，静候2～3s，均匀倒出茶杯，缓慢注入茶壶中；⑥分杯，分杯滤出茶汤饮用。

六、市场销售采购信息

1. 连州市南岭珍羞茶业有限公司　联系人：吴振玉　联系电话：0763-6311071
2. 连州市瑶乡雾雪岭野生茶有限公司　联系人：邓胜华　联系电话：13927612326
3. 连州市新八生态茶叶专业合作社　联系人：赵礼华　联系电话：0763-6266798
4. 连州市瑞盛农业综合开发有限公司　联系人：黄术威　联系电话：15218487888
5. 连州市新东茗农产品专业合作社　联系人：吴聪敏　联系电话：13828580832
6. 连州市西岸镇宝树茶叶专业合作社　联系人：谢任汉　联系电话：13922616463

（登录编号：CAQS-MTYX-20190231）

一、主要产地

宁夏吴忠市同心县下马关镇、预旺镇、田老庄乡、马高庄乡、张家塬乡。

二、品质特征

同心银柴胡干品呈类圆柱形，细长偶有分枝，长 20 ～ 45cm，直径 0.5 ～ 1.5cm。表面呈棕褐色或浅棕黄色，有扭曲的纵皱纹，且细腻明显，几无"砂眼"，根头部略膨大。

按照 2015 版《中国药典》的规定，银柴胡酸不溶性灰分不得超过 5.0%，浸出物不得少于 20.0%。经检测，同心银柴胡酸不溶性灰分为 0.48%，浸出物为 34.1%，硒含量为 0.055mg/kg。

三、环境优势

同心县地处宁夏回族自治区中南部，属于中温带干旱大陆性气候，其主要特征是干旱少雨，蒸发量大，冷暖干湿四季分明，日照长，太阳辐射强，夏秋短，冬春长。年均降水量277mm，且集中在 7 月、8 月、9 月三个月，光照资源丰富，年均日照时数 3 024h，≥ 10℃有效积温 2 737 ～ 3 149℃，无霜期 155 天，昼夜温差大，有利于光合积累。该区域土地面积广阔，土层疏松深厚，土质多为沙土或沙壤土，有机质含量达 1.0%，且纯属雨养农业区，所需水源主要以天然降水为主，水、土无污染，病虫害较少，银柴胡的生长期同当地降雨期相适应，独特的自然条件极有利于发展银柴胡等优质中药材。

四、收获时间

同心银柴胡于种植后第三年 10 月下旬（白露前后）种子收获后或第四年 3 月底至 4 月初收获的品质最佳。

五、推荐贮藏保鲜和食用方法

同心银柴胡通过自然晒干或者烘干房进行干燥处理后，切段包装放置于常温条件下即可。一般搭配其他中药材入药。

六、市场销售采购信息

可搜索微信公众号：同心县中药材产业协会、西北五省中药材群、宁夏中药材群购买。

◎ 卓资山鸡蛋

（登录编号：CAQS-MTYX-20190296）

一、主要产地

内蒙古自治区乌兰察布市卓资县复兴乡等 8 个乡镇。

二、品质特征

卓资山鸡蛋蛋壳洁净、完整，呈规则卵圆形，表面呈褐色；蛋黄较居中，轮廓较清晰，胚胎未发育；蛋白澄清透明、稀稠分明。

卓资山鸡蛋脂肪含量 8.12g/100g，蛋白质 11.8g/100g，胆固醇 520mg/100g，蛋氨酸 362mg/100g，铁 5.26mg/100g。卓资山鸡蛋营养价值高，特别适用孕妇、小孩、大病初愈或者体质较弱者食用。

三、环境优势

卓资山散养鸡主要养殖区分布在自然环境良好的环山地区，采用天然放养的方式，将公鸡和母鸡混合放养，使得鸡有足够的活动空间，可以自行觅食，食虫、吃草、喝天然山泉水，这些都富含人体所需要的微量元素，是散养鸡最好的食物。由于地理环境优势，培育出的都是优质散养鸡，独特的放养方法使其产的鸡蛋营养丰富、品质优良，非常受消费者欢迎。

四、收获时间

每年 3—7 月、9—11 月为最佳产蛋期。

五、推荐贮藏保鲜和食用方法

卓资山鸡蛋常温可保存 45 天，在阴凉通风干燥的环境下能延长保存期限。

卓资山鸡蛋可蒸、煮、煎、炒等，煮着吃其营养价值利用率最高。

六、市场销售采购信息

卓资县振耀农牧业农民专业合作社

地址：乌兰察布市卓资县复兴乡新德义行政村二道沟村

联系人：张建兵　联系电话：13947192897

（登录编号：CAQS-MTYX-20190311）

新华韭菜 ◉

一、主要产地

内蒙古自治区巴彦淖尔市临河区新华镇全境及两个农场。

二、品质特征

新华韭菜为多年生宿根草本植物，成品高度 30～50cm，叶宽 0.5～0.8cm，叶片宽厚，叶鞘粗壮，品质柔嫩，香味浓郁，叶色浓绿，叶面鲜亮。

新华韭菜富含多种营养成分，纤维少而细。维生素 C 含量≥18 mg/100g，蛋白质≥1.50mg/100g，钙含量≥25mg/100g，磷含量≥42mg/100g。新华韭菜叶、花葶和花均作蔬菜食用；种子等可入药，具有补肾、健胃、提神、止汗固涩等功效。在中医里，有人把韭菜称为"洗肠草"。

三、环境优势

新华镇位于中国北方内蒙古西部美丽富饶的河套平原腹地，海拔 1 029～1 034m，属温带大陆性气候，年平均气温 6.9℃，全年降雨少，蒸发大，日照时间长，昼夜温差大。年平均降水量为 156.2mm，无霜期为 127 天，太阳辐射总量为 152.38kcal/cm²，积温为 4 255℃。全境为黄河冲积平原，引黄自流灌溉，水源充足，土地肥沃，发展农林牧渔业生产有着得天独厚的自然资源优势，是自治区重要的优质农畜产品基地，享有"蔬菜之乡"的美称。"马莲牌"新华韭菜被认证为绿色食品，纳入了国家叶类甲级蔬菜品种的行列，产品深受广大消费者的青睐。

四、收获时间

新华韭菜收割季节主要在春秋两季。

五、推荐贮藏保鲜和食用方法

新华韭菜可置于阴凉干燥处短时间保存。洗净后切成段，沥干水分，装入密封袋后可冷藏保存两个月。

新华韭菜可以炒、拌，做配料、做馅等。隔夜的熟韭菜不宜再吃。

六、市场销售采购信息

内蒙古巴彦淖尔市临河区新华镇新丰村新丰五社　联系人：侯文凯　联系电话：15334988282

乌拉特羊肉

（登录编号：CAQS-MTYX-20190317）

一、主要产地

以内蒙古巴彦淖尔市乌拉特中旗海流图镇为中心产区，分布于德岭山镇、石哈河镇、乌加河镇、巴音乌兰苏木、川井苏木、呼鲁斯太苏木、新忽热苏木等地。

二、品质特征

乌拉特肉羊体质结实，结构匀称，头大小适中，颈短而粗，颈肩结合良好，前胸发达，背腰平直，臀部宽大，后躯发育良好，尻略斜，四肢端正，蹄质坚实，整个体型呈方形。

乌拉特羊肉肌肉呈红色，肉色鲜亮，脂肪呈白色；羊肉瘦肉居多，大理石花纹明显；肌纤维致密有韧性且富有弹性，脂肪和肌肉较硬实。

乌拉特羊肉具有丰富的营养价值，高蛋白，低脂肪，每 100g 中含有蛋白质 19.1g、谷氨酸 3 120mg、组氨酸 612mg。

三、环境优势

乌拉特草原位于北纬 41°～42° 的畜牧业黄金带，属荒漠半荒漠草原，草场总面积 3 221.65 万亩，空气清新、生态环境优美，牧草种类 400 多种，其中有 326 种药用植物，优质牧草主要有紫花苜蓿、青贮玉米等。以大陆性干旱气候为主，多年平均降水量在 115～250mm，平均蒸发量在 1 900～2 953mm，四季分明，昼夜温差大，光照充足，病虫害少，光、热等气候特点适宜牧草的生长，是优质肉羊和二狼山白绒山羊生产基地。

四、出栏时间

3 月至翌年 1 月。

五、推荐贮藏保鲜和食用方法

储存方法：屠宰后排酸 12h，–35℃超低温急速冷冻，然后 –20℃超低温冻储，保质期 12 个月。

推荐烹调方式：

清炖羊肉 羊肉切块、姜切片、葱切断；锅中开水煮羊肉 3min，倒掉血沫水后，与葱、姜一起入砂锅，中火煮 60min；炖熟后加入盐和土豆块，土豆块软烂时加入大白菜煮熟；加入葱花出锅。因肉质鲜美，故不需要多余调料。

六、市场销售采购信息

乌拉特中旗草原恒通食品有限公司 联系人：任海军 联系电话：13904780090

（登录编号：CAQS-MTYX-20190346）

廉江乌龙茶 ◉

一、主要产地

广东省湛江市廉江市长山、青平、石颈、良垌、新民、河唇、石角、高桥、石城等9个镇。

二、品质特征

廉江乌龙茶选用我国台湾高香乌龙茶品种"金萱"鲜叶制作而成，其外形紧结沉实，色泽乌黑，条索匀整无杂质，茶汤金黄明亮，香气清扬，叶底肥壮，红润有光泽。

廉江乌龙茶含水浸出物40%，总灰分6%，茶多酚13.4%，游离氨基酸总量2.1%，均优于参照值。

三、环境优势

廉江市位于广东省西南部，属南亚热带季风气候，年平均日照1 884h，年平均气温23.3℃，全年无霜，年平均降水量1 500～1 700mm，土壤肥沃，pH值4.5～6.5，茶园环境山高雾漫，气候湿润，造就了廉江乌龙茶茶叶品质优良的天然属性。

四、采摘时间

廉江乌龙茶每年3月中旬至11月底为采摘期。

五、推荐贮藏保鲜和饮用方法

贮藏方法：存放乌龙茶要放在干燥、避光、密封、没有异味的地方；储存容器要选择没有异味的瓷罐、铁罐、木盒、铝箔袋等，装好茶叶加盖密封后置于冰箱内冷藏；茶叶一旦受潮后，可用微波炉或没有油腻的锅慢慢烘干。

廉江乌龙茶冲泡方法：①茶具。可选用瓷盖碗或紫砂壶。水最好是矿泉水。②茶叶投放量。根据喝茶人数选定壶型，根据茶壶的容量确定茶叶的投放量。廉江乌龙茶外形圆结重实，投放量应需占到茶壶1/4～1/3。③水温要求。由于廉江乌龙茶含有特殊的芳香物质，所以一定要用沸水冲泡，才能使香气物质充分显露出来。④洗茶。将茶叶置入茶壶后，加入沸水，水量约超过茶叶3/4即可，洗茶要快速，沸水倒入后即可倒出。⑤泡茶。首泡出水时间3s即可，第二泡、第三泡出水时间为5s，到第四泡后可根据个人口味，适当延长一些时间。

六、市场销售采购信息

1.广东茗皇茶业有限公司　联系人：姚婷　联系电话：18927618091

2.廉江市涵香茶业有限公司　联系人：宣锐　联系电话：13356530357

3.湛江市茗禾茶业有限公司　联系人：颜英　联系电话：18820651868

4.广东茗上茗茶业有限公司　联系人：肖芬芳　联系电话：18122301699

5.廉江市萱人境茶业有限公司　联系人：戴文勇　联系电话：13824818238

6.廉江市伟霖茶业有限公司　联系人：李栩妃　联系电话：13902572303

7.廉江市劳福茂茶业有限公司　联系人：劳福茂　联系电话：13822538178

8.广东茗龙茶业有限公司　联系人：张锡岳　联系电话：15907597538

9.廉江市德道茶叶科技有限公司　联系人：郑永球　联系电话：13822268812

◎ 海丰莲花山茶

（登录编号：CAQS-MTYX-20190356）

一、主要产地

广东省汕尾市海丰县莲花山麓辖下莲花山、五指嶂山脉。

二、品质特征

海丰莲花山茶外形细索匀整，紧结卷曲，色泽墨绿，汤色黄绿，火工香，香味持久，滋味浓厚，回甘强，鲜爽生津，叶底细嫩，翠碧浓郁，匀齐。海丰莲花山茶富含多种营养成分，茶多酚测定值19.9%，水浸出物测定值44.3%，粗纤维测定值9.5%；游离氨基酸总量测定值0.9%；水溶性灰分测定值3.7%，均优于同类产品参照值。

三、环境优势

海丰莲花山茶产地位于海丰莲花山五指嶂山脉，平均海拔710m，地貌由低山浅丘构成，属亚热带季风气候，气候温和，全年无严寒酷暑，平均温度21℃，冬春多雾，空气湿润，适宜喜阴植物茶树的生长；产地降水量多而均匀，无霜期长，无明显旱季，2/3以上降水量集中在春夏季，且温度适宜，满足茶叶的生长需要。土壤条件优良，土壤排水性良好，表土深厚，pH值适中。大气环境、地面水环境质量达到国家一级标准，区域内无重工业和有毒有害环境污染源，森林覆盖率高，生态环境良好。为海丰莲花山茶生长提供了得天独厚的生态优势。

四、收获时间

海丰莲花山茶最佳采摘期为清明前3月至4月初，全年其他时间也有采收，最佳品质期为茶叶采收后的12个月内。

五、推荐贮藏保鲜和食用方法

保存方法：密封、防潮、防高温，防异味、防污染。

食用方法：冲泡，推荐茶具使用玻璃碗或白瓷壶。最佳水温为80～85℃，茶水比例为1：（50～60）。

六、市场销售采购信息

1.海丰县西坑五指嶂茶业有限公司　联系电话：0660-6638888　微信公众号：西坑五指嶂

2.海丰县莲银生态农业有限公司　联系电话：0660-6799338　微信公众号：莲银生态

3.海丰县莲花茶业有限公司　联系电话：0660-6799339

（登录编号：CAQS-MTYX-20190375）

都江堰绿茶 ◉

一、主要产地

四川省成都市都江堰市青城山镇、中兴镇、龙池镇、向峨乡等 4 个乡镇 62 个行政村。

二、品质特征

都江堰绿茶形态均匀，干茶条索紧细、直、露峰，似松针，色泽黄绿较润，完整、匀净；冲泡后，栗香浓郁持久带炒豆香，汤色黄绿明亮，滋味鲜醇回甘，叶底黄绿较亮。

都江堰绿茶水浸出物含量为 51%，茶多酚含量为 17.6%，儿茶素含量为 14.18%，游离氨基酸含量为 9.7%，茶氨酸含量为 3.83%。都江堰绿茶营养价值高，不仅具有提神清心、清热解暑、消食化痰、去脂减肥、生津止渴、降火明目、止痢除湿等药理作用，还对现代疾病，如辐射病、心脑血管病等疾病，有一定的功效。

三、环境优势

都江堰茶叶产区位于龙门山地带和成都平原岷江冲积扇扇顶部位，产区跨成都平原和龙门山脉两个不同自然地理区。产区土壤主要为平原冲积土（海拔 700 m 以下）、山地黄壤（海拔 700～1 600 m）、山地黄棕壤（海拔 1 600～2 500m），pH 值为 4.5～6.5，土层深厚，土壤肥沃，有机质含量高，非常适合茶树生长。产区属四川盆地中亚热带湿润气候区，四季分明，夏无酷暑，冬无严寒，雨量充沛，空气清新，气候宜人。产区年均气温 15.2℃，最冷月平均气温 4.6℃，最热月平均气温 24.4℃，年平均最大相对湿度 80%，最小相对湿度 75%，年平均降水量为 1 243.80 mm，年平均日照时数 1 016.9h，年均无霜期 280 天，具有气候温和、无霜期长、雨量充沛、云雾天多、空气湿度大等特点，是茶树的最佳生态区。

四、收获时间

每年 3—10 月为都江堰茶叶的收获期。

五、推荐贮藏保鲜和食用方法

都江堰绿茶推荐使用干燥密封保存和冰箱冷藏等方法贮藏，保鲜要满足 4 个条件：防潮、隔氧、低温、避光。都江堰绿茶可用 80～90℃开水冲泡饮用。

六、市场销售采购信息

1. 四川都江堰青城茶叶有限公司　联系人：刘汉庆　联系电话：18982013588

2. 都江堰市茅亭茶业有限公司　联系人：马梦戈　联系电话：13668255446

3. 都江堰青城贡品堂茶业有限公司　联系人：王小琴　联系电话：15828249986

◎ 都江堰白茶

（登录编号：CAQS-MTYX-20190376）

一、主要产地

四川省成都市都江堰市青城山镇、大观镇共2个镇32个行政村。

二、品质特征

都江堰白茶干茶芽叶细嫩成朵，色泽绿褐较润，完整、均匀；冲泡后香气浓郁，汤色绿黄较亮，滋味鲜醇回甘带花香，叶底红绿较亮。

都江堰白茶水浸出物含量为49.6%，茶多酚含量为16.6%，儿茶素含量为10.36%，微量元素锌含量为42.3mg/kg，微量元素硒含量为0.025mg/kg。白茶因其工艺不炒、不揉，导致白茶的活性酶含量高居茶类之首。活性酶是人体抵抗体内自由基最有效的物质，所以白茶于人的抗衰老、保护肝脏以及提高人体免疫力等比较有效。特别是对小孩预防感冒、流感有比较好的效果。

三、环境优势

都江堰茶叶产区位于龙门山地带和成都平原岷江冲积扇扇顶部位，产区跨成都平原和龙门山脉两个不同自然地理区。产区土壤主要为平原冲积土（海拔700m以下）、山地黄壤（海拔700～1600m）、山地黄棕壤（海拔1600～2500m），pH值为4.5～6.5，土层深厚，土壤肥沃，有机质含量高，非常适合茶树生长。产区属四川盆地中亚热带湿润气候区，四季分明，夏无酷暑，冬无严寒，雨量充沛，空气清新，气候宜人。产区年均气温15.2℃，最冷月平均气温4.6℃，最热月平均气温24.4℃，年平均最大相对湿度80%，最小相对湿度75%，年平均降水量为1243.80mm，年平均日照时数1016.9h，年均无霜期280天，具有气候温和、无霜期长、雨量充沛、云雾天多、空气湿度大等特点，是茶树的最佳生态区。

四、收获时间

每年3—10月为都江堰茶叶的收获期。

五、推荐贮藏保鲜和食用方法

都江堰白茶的贮藏环境应满足以下几个条件：干燥、常温、避光、通风、无异味。

都江堰白茶的冲泡方式有两种：热泡和冷泡。热泡分为杯泡和功夫泡。杯泡直接放茶在保温杯里，倒入开水即可；功夫泡法就是放茶在盖碗或紫砂壶里，倒入开水、又从壶里倒出，反复即可。冷泡，就是直接把茶放入矿泉水里可以直接饮用。

六、市场销售采购信息

1. 成都茗门良匠茶业有限责任公司　联系人：陈韵竹　联系电话：13795843222
2. 四川洞青茶叶有限公司　联系人：王康　联系电话：13708226058

都江堰红茶 ◉

（登录编号：CAQS-MTYX-20190377）

一、主要产地

四川省成都市都江堰市青城山镇 20 个行政村。

二、品质特征

都江堰红茶干茶条索紧结，较直，带毫，色泽乌润，完整、较匀净；冲泡后，甜香浓郁持久，汤色红，较亮，滋味鲜爽回甘，叶底红亮。

都江堰红茶水浸出物含量为 39.9%，茶多酚含量为 12.1%，茶氨酸含量为 0.86%，微量元素锌含量为 46.8mg/kg。都江堰红茶营养价值丰富，具有提神消疲、生津清热、利尿、消炎杀菌、解毒、抗氧化、延缓衰老、养胃护胃、舒张血管等功效。

三、环境优势

都江堰茶叶产区位于龙门山地带和成都平原岷江冲积扇扇顶部位，产区跨成都平原和龙门山脉两个不同自然地理区。产区土壤主要为平原冲积土（海拔 700m 以下）、山地黄壤（海拔 700～1 600m）、山地黄棕壤（海拔 1 600～2 500m），pH 值为 4.5～6.5，土层深厚，土壤肥沃，有机质含量高，非常适合茶树生长。产区属四川盆地中亚热带湿润气候区，四季分明，夏无酷暑，冬无严寒，雨量充沛，空气清新，气候宜人。产区年均气温 15.2℃，最冷月平均气温 4.6℃，最热月平均气温 24.4℃，年平均最大相对湿度 80%，最小相对湿度 75%，年平均降水量为 1 243.80 mm，年平均日照时数 1 016.9h，年均无霜期 280 天，具有气候温和、无霜期长、雨量充沛、云雾天多、空气湿度大等特点，是茶树的最佳生态区。

四、收获时间

每年 3—10 月为都江堰茶叶的收获期。

五、推荐贮藏保鲜和食用方法

都江堰红茶的贮藏应避潮湿高温，不可与清洁剂、香料、香皂等共同保存，以保持茶叶的纯净，最好放在茶叶罐里，移至阴暗、干爽的地方保存。开封后的茶叶最好尽快喝完，防止味道和香味的流失。

都江堰红茶的饮用可用杯泡和功夫泡。杯泡直接放茶在保温杯里，倒入开水即可；功夫泡法就是放茶在盖碗或紫砂壶里，倒入开水、又从壶里倒出，反复即可。

六、市场销售采购信息

成都茗门良匠茶业有限责任公司　联系人：陈韵竹　联系电话：13795843222

4
月

清明

一候桐始华；
二候田鼠化为鹌；
三候虹始见。

谷雨

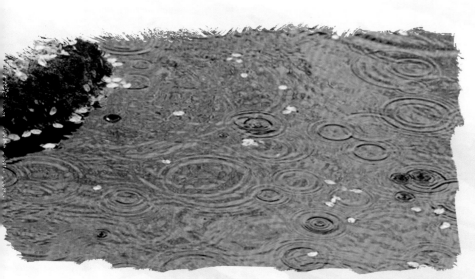

一候萍始生；
二候鸣鸠拂其羽；
三候为戴任降于桑。

通许玫瑰

（登录编号：CAQS-MTYX-20190006）

一、主要产地

河南省开封市通许县厉庄乡厉庄村、桂店村、张庙村。

二、品质特征

通许玫瑰干花花朵饱满、完整，直径约 2.5～3.5cm，花瓣密实肥厚，花色鲜艳，呈深紫红色，花香浓郁；温水冲泡，汤色清亮，淡黄中微带红色，饮之，气香、味甘、润喉。

通许玫瑰赖氨酸含量为 830mg/kg，苏氨酸 420mg/100g，亮氨酸 700mg/100g，异亮氨酸 410mg/100g，缬氨酸 560mg/100g。通许玫瑰能降火，美容养颜，缓解疲劳。

三、环境优势

通许玫瑰基地位于通许县厉庄乡厉庄村、桂店村、张庙村 3 个行政村。属于暖温带大陆季风气候，四季分明，冷暖适中。一般春暖干旱蒸发大，夏季湿热雨集中，秋凉晴和日照长，冬少雨雪气干冷。年平均日照 2 500h，年降水 775mm，无霜期 222 天。厉庄乡自然条件优越，气候温润，空气清洁，远离闹市。涡河直流直达天边沟渠，黄河水直接灌溉农田，自然的地貌，土壤肥沃，通透性良好，原生态的农耕，便利的交通，一派独特迷人的田园风光，这一得天独厚的自然条件和区位优势很适宜于玫瑰的生长，适合发展玫瑰花产业。符合原生态、无污染、绿色的各种条件。

四、收获时间

每年 4 月为通许玫瑰的收获期。通许玫瑰制成干花玫瑰花茶后的 6～8 个月内，为最佳饮用期。

五、推荐贮藏保鲜和食用方法

贮藏保鲜方法：玫瑰花茶建议存放在 18℃左右的保鲜库中密封避光存放，也可用铝箔袋或铁罐，关键做好避光和密封，才能保证花茶不褪色，具有浓郁花香。玫瑰酱建议存放在 4℃冰箱保鲜，也可常温保存，但需要避光保存，存放最好是玻璃或陶瓷器具内，封闭存放，如不注意避光，会有褪色现象，但不会影响口感。

食用方法：①玫瑰花茶。95℃开水冲泡直接饮用；玫瑰花茶冲泡时加红枣，能清除体内脂肪，美容、美白肌肤；玫瑰花茶 3～5 朵，金银花 1g，麦门冬 2g，山楂 2g，加开水泡，理气解郁，滋阴清热。②玫瑰酱。可用来加工成玫瑰糕点、玫瑰豆沙包、玫瑰汤圆等。

六、市场销售采购信息

购货地址：河南省通许县通大公路万寨村西侧河南莲祥食品有限公司

网址：www.henanliangxiang.com 联系电话：13503717899、17737116583、0371-24342678、0371-24344555

（登录编号：CAQS-MTYX-20190010）

尉氏蒲公英 ◉

一、主要产地

河南省开封市尉氏县南曹乡、大马乡、门楼任乡、张市镇等。

二、品质特征

尉氏蒲公英整株呈灰褐色，可见少量花，叶面棕褐色、皱缩，株型均匀；入水泡开后汤色淡黄，澄清、透亮、润滑、回甘。

尉氏蒲公英中钙元素含量 1 580mg/100g，铁元素含量 372mg/100g，β-胡萝卜素 1 860μg/100g。尉氏蒲公英有降低胆固醇、利尿、助消化、降血压等功效。

三、环境优势

尉氏县属暖温带大陆季风气候，四季分明，冷暖适中。年平均日照 2 500h，年平均气温 14.1℃，无霜期 222 天，非常有利于蒲公英的生长。

四、收获时间

每年 4—11 月为尉氏蒲公英的收获期。

五、推荐贮藏保鲜和食用方法

贮藏最佳的温度在 15 ～ 25℃，水分 45%。

食用方法：①蒲公英幼嫩的叶片可生食和炒食。②干制成蒲公英茶，冲泡饮之即可。③加工成蒲公英养生干面条。

六、市场销售采购信息

尉氏县世通生物科技有限公司　总经理：黄小勇　联系电话：13353785793

◎ 上方山香椿

（登录编号：CAQS-MTYX-20190089）

一、主要产地

北京市房山区所辖韩村河镇和周口店镇 2 个乡镇共计 24 个村。

二、品质特征

上方山香椿顶芽底端粗大，梗粗叶小，叶厚芽嫩，颜色紫红，叶面油亮，香气浓郁，色泽美观，品质佳。

上方山香椿营养丰富，品质优良。总膳食纤维含量为 1.94g/100g，还原糖（以葡萄糖计）含量为 1.5 g/100g，维生素 C 含量为 111mg/100g。上方山香椿具有清热利湿、利尿解毒之功效。

三、环境优势

上方山香椿产地位于北京市西南的房山区，地理坐标为东经 115°45′ ～ 115°56′，北纬 39°35′ ～ 39°45′。产地土壤类型为棕壤、褐土、山地草甸土，平均有机质含量较高，属中性土壤，适合香椿的自然生长。产区分布在海拔 300 ～ 800m，年平均气温 11℃，决定了采摘期可达 50 天。产地属暖温带山前半干旱、半湿润季风型大陆气候，年平均降水量 635mm，满足了生长季的需水量。

四、收获时间

上方山香椿从 4 月中旬开始采收，最佳品质期从 4 月中旬至 5 月中旬，尤以头茬香椿品质为最佳。

五、推荐贮藏保鲜和食用方法

贮藏方法：按照多年生蔬菜质量要求进行清拣、分级、标识后置于 5℃可冷藏保鲜 7 天。

上方山香椿可用于炸香椿鱼、香椿拌豆腐、香椿摊鸡蛋、香椿酱等，是非常受欢迎的一种食材。以下介绍 3 种最佳食用方法。

1. 炸香椿鱼　材料：上方山香椿 200g，鲜鸡蛋 100g，面粉 100g，油盐适量。做法：①香椿整棵洗净，开水焯一下，捞出备用。②将鸡蛋、面粉、盐混合，加水搅拌成糊状。③净锅上火，加入食用油 500g，小火烧至 5 ～ 6 成热时（150 ～ 180℃），将香椿裹上面粉糊放入油锅中炸至金黄色捞出即可食用。

2. 香椿拌豆腐　材料：上方山香椿 100g，豆腐 500g。做法：①香椿洗净，开水焯一下，过凉水捞出切碎备用。②豆腐切成小丁或压碎泥状。③将香椿和豆腐混合撒盐拌匀即可食用。

3. 香椿摊鸡蛋　材料：上方山香椿 100g，鲜鸡蛋 300g，油盐适量。做法：①香椿洗净切碎备用。②鸡蛋液搅匀，放入香椿和适量盐。③净锅上火，加入食用油 50g，小火烧至八成热，摊成金黄色饼状即可食用。

六、市场销售采购信息

1. 北京太湖山种植专业合作社　联系人：史德忠　联系电话：13261005077

2. 北京圣水绿洲农林生态园　联系人：庞宏涛　联系电话：13911661930

3. 北京上方山穗晟农业种植专业合作社　联系人：吕贵龙　联系电话：13701151921

（登录编号：CAQS-MTYX-20190098）

温岭甜瓜 ◎

一、主要产地
温岭甜瓜产自浙江省温岭市滨海镇。

二、品质特征
温岭甜瓜主栽品种为西周蜜 25 号，该甜瓜果实椭圆形，平均单果质量 2.0kg，果皮翠绿，瓜形均匀，条带与网纹整齐一致，果肉橘红色，果肉细，脆甜爽口，风味浓郁。

温岭甜瓜（网纹甜瓜）中心糖 15.1%、维生素 C 18.6 mg/100g、β-胡萝卜素 1930 μg/100g、天门冬氨酸 60 mg/100g、谷氨酸 150 mg/100g，各项主要指标均优于同类产品参照值。

三、环境优势
温岭市滨海镇地处浙江省东南沿海，属中亚热带季风气候，海洋性气候影响明显。气候温和，四季分明，雨量充沛，光照适宜。年均气温 18.4℃，年总降水量为 1 691.1mm，降水天数为 171 天，日照总时数 1 830h 左右。

四、收获时间
温岭甜瓜的采摘期是每年的 4—7 月。

五、推荐贮藏保鲜和食用方法
5℃冷藏较好。瓜肉直接食用。

六、市场销售采购信息
温岭市吉园果蔬专业合作社　联系人：冯云芬　联系电话：15857606666　网站：www.jygs168.com
微信号：fengxiaoyun6666

⊙ 徐闻菠萝

（登录编号：CAQS-MTYX-20190100）

一、主要产地

广东省湛江市徐闻县曲界镇。

二、品质特征

徐闻菠萝株形直立张开，呈长圆筒状，果品顶端有花冠，叶片短小呈绿色，叶子两边有刺，叶面中间呈浅紫色，叶面两边呈草绿色，果眼锥形凸起，平均果眼数 137 个，单果重 1.0 ～ 1.5kg，成熟时果皮金黄，果肉金黄色，香甜多汁。

每 100g 鲜菠萝果含 27.6mg 维生素 C，可溶性固形物约为 15%，可滴定酸为 0.5%，可溶性糖为 12%，粗纤维为 0.4%。

三、产地环境优势

徐闻县地处雷州半岛，是中国大陆最南端，东经 $109°52' \sim 110°35'$，北纬 $20°13' \sim 20°43'$，东、西、南三面环海，属热带季风性湿润气候区，一年四季阳光充足，高温炎热，年平均气温 23.3℃，年平均降水量 1 364mm，砖红土壤，pH 值呈酸性，土层深厚，肥力较高，耕性良好，有机质含量平均 2.79%，含氮 0.13%，"硒中等"和"高硒"土壤面积达 684.94km²，非常适合菠萝种植。

四、收获时间

一年四季都有收获，收获旺季为 4 月。

五、推荐贮藏保鲜和食用方法

贮藏保鲜方法：①气调贮藏法。主要是通过减少贮藏库中的含氧量和适当的低温来抑制呼吸作用达到保鲜的目的。由 2% 氧气和 98% 氮气组成的气调气体，在 7.2℃ 下，可以延长菠萝的保鲜期。②低温贮藏法。主要是通过降低温度来抑制呼吸作用，达到贮藏保鲜的目的。菠萝果实对贮藏温度的反应与菠萝果实的成熟度有关，成熟度高的果实可贮藏于 10℃ 以下，成熟度低的果实推荐在阴凉通风干燥处贮藏，11 ～ 13℃ 为宜。

食用方法：①生食。鲜果削皮，切块后泡淡盐水，直接进食或榨果汁。②果干。菠萝切成薄片，烘干或者冻干脱水，即可食用。③罐头。菠萝切成麻将方块，放入瓶子中，加保藏液制成罐头。④熟食。

菠萝米饭 将菠萝一端沿横切面切开，将剩余菠萝中间挖空，呈圆筒状，装入大米（可加佐料），添加适量饮用水，将菠萝拼接好，用竹签固定封口，蒸至熟透，即可食用。

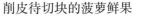

削皮待切块的菠萝鲜果　　　菠萝米饭

六、市场销售采购信息

1. 徐闻县连香农产品农民专业合作社 联系人：吴经理 联系电话：18316780001
2. 徐闻县天健行农业开发有限公司 联系人：杨经理 联系电话：13802349851
3. 徐闻县诺香园农民专业合作社 联系人：陈如约 联系电话：18902222655、15707508813
4. 广东红星农场 联系人：陆威龙 联系电话：18802500414

平利茯茶 ◉

（登录编号：CAQS-MTYX-20190115）

一、主要产地

陕西省安康市平利县 7 个乡镇，以八仙镇、长安镇、兴隆镇、广佛镇为核心产区。

二、品质特征

平利茯茶色泽黑褐，松紧适度，外形规格一致，发花茂盛，金花饱满，香味醇厚。冲泡时，汤色橙红明亮，散发出浓郁的菌花香，回甘持久。

平利茯茶冠突散囊菌含量为 61×10^4 CFU/g，氨基酸含量为 3.86%，茶多酚含量为 23.28%，咖啡碱含量为 4.70%，水浸出物含量为 34.3%，硒含量为 0.26mg/kg，有消油刮腻、养胃护肝等功效。

三、环境优势

平利县八仙镇位于陕西南部，巴山北麓，汉水南岸。境内峰峦叠嶂，溪流密布，气候温和，雨量充沛，土壤富含锌、硒，无任何污染，具有"山高谷深云如海，小溪纵横雾缭绕"的仙境之势，茶叶生长在海拔 800m 以上的高山偏远地带，空气、水质洁净，很少污染，常年云雾笼罩，光照适宜，空气湿润，非常适宜茶叶生长以及黑茶的生产加工。

四、收获时间

茯茶是季节性拼配茶，特级黑毛茶最佳采摘期是清明前后，夏茶采摘时间为端午节以后，秋茶采摘时间为中元节前后。采摘的鲜叶当天摊晾、杀青、揉捻、渥堆发酵，做好的黑毛茶需要陈化一年时间，后期制作经过高温蒸汽除菌、压制定型、发花等工艺，保证每一片叶子金花饱满。

五、推荐贮藏保鲜和食用方法

平利茯茶存储要求避光、通风、干燥、无异味的环境。因是后发酵茶类，所以保质期时间长，并且贮存时间越长陈化味越强，口感更醇厚。

饮用方法：

1. 冲沏法　用飘逸杯、玻璃壶、瓷壶等冲泡，沸水烫杯烫壶，茶水比 1∶25 投茶入壶，3～5min 后过滤，注入茗杯品饮，适合友人小聚。

2. 闷泡法　用保温壶冲泡，沸水烫壶，茶水比 1∶20 投茶入壶，再注满沸水，闷泡 3～5min 即成，适于团体品饮。

3. 烹煮法　用煮水壶烹煮，茶水比 1∶20 投茶入壶，注入冷水，煮至沸腾，过滤后注入茗杯品饮，烹煮会使茯茶菌香弥漫室内，令人赏心悦目。

六、市场销售采购信息

1. 平利县一茗茶业有限责任公司　联系电话：0915-8350218

2. 西安办事处　联系人：高虎　联系电话：18616644910

3. 平利县办事处　联系人：冉龙海　联系电话：15991318138

4. 淘宝网：https://shop175330836.taobao.com

5. 农行网：https://e.abchina.com/ebiz/#/product/productList

6. 供销网：http://www.sxcoo.com/goods_101480.htm

◎ 兰溪荞麦酒

（登录编号：CAQS-MTYX-20190142）

一、主要产地

浙江省金华兰溪市梅江镇。

二、品质特征

兰溪荞麦酒清澈透明，清香纯正，具有乙酸乙酯为主体的协调的复合香气。酒体柔和协调，绵甜、爽净、余味悠长。

兰溪荞麦酒中总黄酮、总多酚等营养成分为同类白酒产品特有，乙酸乙酯、乳酸乙酯和总酯等香气组分的含量优于同类产品参照值。其中总多酚实测值为 0.00069%，总黄酮 0.58mg/100g，乙酸乙酯 1.69g/L，乳酸乙酯 0.68g/L 和总酯 1.7g/L。

三、环境优势

兰溪梅江地处丘陵地带，有耕地 2.6 万亩，山林面积 13 万亩。兰溪市的梅江镇素有"醉乡"之称，梅江自然风光优美，素有"小方岩"之称的转轮岩，空气环境优，水质好。荞麦为兰溪当地特色作物，品质极佳。

四、收获时间

清明节、重阳节期间，酿酒温度 20 ～ 25℃品质最佳。

五、推荐贮藏保鲜和食用方法

贮藏环境要求阴凉通风，室内无杂味。直接饮用。

六、市场销售采购信息

联系人：汪海洋　联系电话：13858991999

淘宝店铺：兰溪荞麦酒—兰溪市梅江烧酒厂

（登录编号：CAQS-MTYX-20190176）

长葛枣花蜜 ◉

一、主要产地

河南省许昌市长葛市佛耳湖镇尚庄村、大周镇和尚杨村。

二、品质特征

长葛枣花蜜，色泽呈琥珀色，具有光泽感和浓郁的枣花蜂蜜特有香气，口感甘甜，常态下呈透明、半透明的黏稠液体，自然条件下存在结晶，呈雪花状，色黄白。

长葛枣花蜜营养品质丰富，含羟甲基糠醛 16.7mg/kg，淀粉酶活性 22.3ml/（g·h）。长葛枣花蜜性平味甘，具有补中益气、养血安神、护脾养胃、解毒润肺的功效。

三、环境优势

长葛市地处亚热带到暖温带的过渡地带，属北温带大陆性季风气候区，日光充足，地热丰富，土壤肥沃，气候适宜，四季分明，年均气温 14.3℃，年均降水量 711.1mm，无霜期 217 天，适宜枣树种植。养蜂场周围蜜源丰富，蜜源植物（枣树）生长旺盛，开花期长，水量充足，为蜜蜂采蜜创造了良好条件。

四、收获时间

长葛枣花蜜每年 4—9 月收获。

五、推荐贮藏保鲜和食用方法信息

贮藏温度及湿度：温度宜在 5～10℃，相对湿度 75%。

食用方法：冲服、煮。

1. 蜂蜜水　用温开水冲服，水温不要超过 60℃，以免破坏蜂蜜的营养成分。

2. 蜂蜜雪梨　将雪梨洗净，挖去果核，加入 15g 蜂蜜；将雪梨放入炖盅中，入蒸锅，大火烧开，中小火炖 50min 即可。

六、市场销售采购信息

1. 河南卓宇蜂业有限公司　联系人：王根法　联系电话：15937498737

2. 长葛市颐恒健蜂业有限公司　联系人：赵闯　联系电话：15939998830

3. 长葛市杰利蜂产品有限公司　联系人：杨宝科　联系电话：13803745736

4. 河南省维康蜂业有限公司　联系人：杨亚鹏　联系电话：13733662266

新县信阳毛尖

（登录编号：CAQS-MTYX-20190183）

一、主要产地

河南省新县全域，以陈店乡、八里畈镇、沙窝镇、陡山河乡为核心产地。

二、品质特征

新县信阳毛尖外形匀整、鲜绿有光泽、白毫较明显；茶香持久、浓醇、汤色清亮。

新县信阳毛尖含有丰富的茶多酚、维生素C、儿茶素等，茶多酚含量24.5%，维生素C含量227mg/100g，儿茶素总量15.16%，具有抗辐射、抗氧化、提高人体免疫力的功效。

三、环境优势

新县地处河南省信阳市东南部、大别山腹地，地跨长江、淮河两大流域，属南北气候过渡带，森林覆盖率76.7%，植被覆盖率93%以上，被誉为"北国江南，江南北国"，全县总面积1 612km²。区域群山环抱，主峰黄毛尖海拔1 011m，山间有谷地、盆地，小潢河境内长50km。属大陆性湿润季风气候，四季分明，雨量充沛，光照充足。年平均降水量1 313.8mm，日照时数1 742.3h，相对湿度77%，无霜期243.7天，年平均气温15.1℃，土壤、气候适合种植茶树。

四、收获时间

新县信阳毛尖以鲜叶采摘期为标准，只采摘春茶。习惯按春茶生长期将其分为明前茶、雨前茶、春末茶。

1. 明前茶　是清明节（阳历4月5日左右）前采制的茶叶。春天刚刚冒出的嫩芽采制而成。这期间的茶叶鲜嫩，叶底肥厚、香高味醇，是信阳毛尖里级别最高的茶。

2. 谷雨茶　是阳历4月20日左右采制的茶。春季温度适中，雨量较为充沛。茶叶的生长迅速，多为一芽一叶。品质仅次于明前茶，冲泡后汤清色绿、回味甘甜。属于信阳毛尖里的一级品质。

3. 春末茶　是谷雨后至五月中旬前采制的茶，多呈现一芽二叶，和明前茶、雨前茶相比，条形较为粗大、不规整，耐泡、有劲道，价格相对亲民，为大多数人所接受。

五、推荐贮存保鲜和食用方法

贮存保鲜：将干燥的茶叶装入真空密封袋或茶叶罐中，放入冰箱里，可以达到长期冷藏保鲜的效果。0～5℃的温度下，可以存放一年。–15～–10℃的温度下，可以存放二年。注意防潮湿、避阳光、避异味（单独存放，密封好），可保持茶叶短期不变质。

食用方法：直接冲泡，宜选用玻璃器皿，以山泉水、井水冲泡最佳。由于春茶芽叶细嫩，冲泡水温一定要保持在85℃左右，可复泡3～4次。

六、市场销售采购信息

1. 河南草木人生态茶叶有限公司　联系人；喻光齐　联系电话：17656387123

2. 河南新林茶业有限公司　联系人：余长琪　联系电话：0376-2644223、13782949158

3. 新县大地茶业有限公司　联系人：李东　联系电话：13903976678

4. 新县云山茶场有限公司　联系人：曹高峰　联系电话：15978528888

梅县绿茶 ◉

（登录编号：CAQS-MTYX-20190201）

一、主要产地

广东省梅州市梅县区雁洋、丙村、梅南、水车、石坑、梅西、大坪等镇。

二、品质特征

梅县绿茶外形条索紧结卷曲，色泽绿润灰白上霜；香气野韵、高香、细腻、粟香与花香显著；滋味鲜爽醇厚回甘；汤色绿明亮；叶底柔软匀整。

梅县绿茶含有茶多酚 20.7%、水浸出物 45.3%，大幅高于同类产品参照值，可溶性糖 2.60%，与参考值基本一致。

三、环境优势

梅县区地处亚热带季风气候区，年平均温度 18 ～ 21℃，最低温 –3 ～ 6.9℃，最高温 42℃，≥ 10℃ 年积温 5 900 ～ 8 458℃，≥ 10℃ 日数 250 天以上，气候温和，雨量充沛。茶园主要分布于莲花山脉高海拔的山区和半山区，终年云雾较多，空气湿度大，昼夜温差大，形成独特的茶园生态系统，茶叶病虫害较少，同时水源清洁，土壤肥沃，日照充足，温度适宜，远离污染源，所产茶叶具有香浓、味纯、耐泡、无污染的内在品质，是高山云雾出好茶、出名茶的好区域。

四、收获时间

梅县绿茶主要采收期在每年 4—5 月和 9—10 月春秋两季为主，其中以春茶为最佳。

五、推荐贮藏保鲜和食用方法

贮藏方式：①罐藏法。铁罐密封贮藏，此法简单方便。②塑料袋贮茶法。选用密度高、高压、厚实、强度好、无异味的食品包装袋。茶叶可以事先用较柔软的净纸包好，然后置于食品袋内，封口即成。③真空包装保藏。茶叶装入包装袋，抽出包装袋内的空气，达到预定真空度后，完成封口工序。

食用方法：①用水。以山泉水为最佳，次之矿泉水，再次是过滤水或蒸馏水。②水温。泡茶要求水沸立即冲泡绿茶，最好水温为 100℃。

六、市场销售采购信息

1. 梅州市华银茶业有限公司　　联系人：陈宏辉　　联系电话：13750540210
2. 梅州市骏珲实业有限公司　　联系人：王淦强　　联系电话：13823823411
3. 梅州雁南飞茶田有限公司　　联系人：吕桂香　　联系电话：13825983330

◉ 巴南乌皮樱桃

（登录编号：CAQS-MTYX-20190216）

一、主要产地

重庆市巴南区鱼洞街道百胜村、仙池村等 5 个乡镇 10 个行政村。

二、品质特征

巴南乌皮樱桃果实颗粒大，果形端正、整齐，果面鲜洁；果皮厚，着色均匀。可食率高，果肉淡黄色，肉质细嫩，爽口化渣，果汁丰富，果香味浓郁，味甜，口感极佳。

巴南乌皮樱桃可溶性固形物含量为 17.7%；可食率为 91.24%；钙含量为 17.3mg/100g；铁含量为 0.517mg/100g；可滴定酸含量为 0.57%。

三、环境优势

巴南区位于重庆市主城南部，樱桃在全区范围内均有种植，其中以鱼洞街道云篆山百胜村规模较大。优势区海拔 500～1 000m；属亚热带湿润气候，四季分明，春早秋迟，夏热冬暖，初夏有梅雨，盛夏多伏旱，秋季有绵雨，冬季多云雾，霜雪甚少，无霜期长，日照少，风力小，湿度大；年日均气温 18.7℃，年降水量 1 000～1 200mm，主要集中在 5—7 月；雾期 60～90 天，日照 1 100～1 300h；无霜期在 300 天以上。

四、收获时间

每年 4 月为乌皮樱桃的收获期，4 月中下旬，为乌皮樱桃的最佳品质期。

五、推荐贮藏保鲜和食用方法

乌皮樱桃鲜果可冷藏保存，冷藏时间 2～3 天。

乌皮樱桃可做果酒、果酱及水果罐头，也可做糕点的装饰。

六、市场销售采购信息

1. 重庆雨萱居家庭农场　联系人：张建　联系电话：13140258268

2. 重庆市敬弘水果种植专业合作社　联系人：张敬　联系电话：15923356473

3. 重庆鑫天佳果树种植专业合作社　联系人：牟永荣　联系电话：18523582580

（登录编号：CAQS-MTYX-20190219）

一、主要产地

重庆市铜梁区双山镇建新村。

二、品质特征

铜梁樱桃产品果形端正整齐，单果重为 4.65g，果皮红色，充分成熟时果皮紫红色，着色均匀。果肉淡黄色，离核，肉质细嫩，爽口化渣，果香味浓郁，风味十足，味甜，口感佳。可食率为 91.22%。

铜梁樱桃可溶性固形物含量为 17.8%，可滴定酸含量为 0.69%，维生素 C 含量为 11.4mg/100g，钙含量为 18.5mg/100g，铁含量为 1.2 mg/100g。

三、环境优势

双山镇建新村地处铜梁区西部，境内西面有掌印山，北面有仙隐山。属浅中丘地貌，海拔高度 265～544m。土壤属于紫色丘陵区土壤，土壤质地疏松，非常适合樱桃生长。属雨热同季的亚热带季风气候，气候温和，热量丰富，四季分明；多年平均气温 17.8℃，年平均日照 1 149.9h，无霜期年平均 327 天，年平均降水量 1 017mm，年平均空气相对湿度 82%；产区周围 20km 内无污染源，为发展绿色樱桃创造了得天独厚的条件。

四、收获时间

每年 4 月为铜梁樱桃的收获期，4 月中旬至 5 月为铜梁樱桃的最佳品质期。

五、推荐贮藏保鲜和食用方法

铜梁樱桃鲜果可冷藏保存，铜梁樱桃鲜食口感最佳，亦可加工泡制樱桃酒品。

六、市场销售采购信息

重庆市铜梁区仙隐樱桃种植专业合作社

地址：重庆市铜梁区双山镇建新村

联系人：陶秋福　联系电话：13527545886

微信扫一扫，使用小程序

⊙ 汉滨红茶

（登录编号：CAQS-MTYX-201900227）

一、主要产地

陕西省安康市汉滨区所辖 27 个乡镇，主产区在牛蹄、双龙、大竹园、晏坝、瀛湖镇。

二、品质特征

汉滨红茶外形条索紧细匀整，紧秀红润，金毫披露，内质蜜香，馥郁持久，汤色红艳明亮，滋味甘鲜醇厚。

汉滨红茶水浸出物 38.2%，茶多酚 17.7%，游离氨基酸 3%，硒 0.089mg/kg。汉滨红茶可提神消疲、生津清热、利尿解毒、强骨抗衰老、舒张血管、养胃健胃，能保护胃黏膜、增强免疫力。

三、环境优势

汉滨区位于陕西省南部，地处秦巴腹地、汉江上游，属北亚热带湿润季风气候区，光照适中，雨量充沛，气候温和，四季分明。汉滨境内河流纵横，沟溪密布，是南水北调中心工程的主要水源涵养地，全区森林覆盖率达 70%。蓝天映碧水、碧水润青山的理想生态环境，造就了汉滨茶叶无污染、原生态的特质。汉滨茶叶发展始于商周、兴于秦汉、盛于唐宋，是我国最早栽培茶树、生产贡茶的地方之一，也是茶马古道上的重要茶叶集散地，在汉江黄金水道上，留存着"茶栈村""粮茶村"等与茶相关的众多地名和历史传说。

四、收获时间

红茶采摘时间：全年均为采摘期。最佳品质期：4 月中旬至 5 月下旬。

五、推荐贮藏保鲜和食用方法

贮藏方法：在清洁、干燥、通风、无异味、无污染的环境中密封保存，冷藏为宜。

冲泡方法：宜选用高档瓷质盖碗，以植被茂密的高山溪泉水最佳，每克茶叶用 50ml 开水冲泡，水温在 85～90℃为宜，冲泡 3～4min 即可饮用。

六、市场销售采购信息

1. 安康市京康现代农业开发有限公司　联系电话：0915-8889155、15029856055
2. 安康市天铭农业综合开发有限公司　联系电话：18829451041
3. 安康市汉滨区东旭生态农业开发有限公司　联系电话：15719152888

（登录编号：CAQS-MTYX-201900228）

汉滨绿茶 ◉

一、主要产地

陕西省安康市汉滨区所辖 27 个乡镇，主产区在瀛湖、流水、牛蹄、双龙、大竹园、晏坝镇。

二、品质特征

汉滨绿茶以鲜叶为原料，色泽黄绿，较匀整，净度好；汤色黄绿明亮，清香，尚醇厚；叶底嫩匀有芽，黄绿，尚匀齐。水浸出物 39.9%，茶多酚 20.7%，游离氨基酸 4.1%，硒 0.74mg/kg。汉滨富硒绿茶具有较高的保健和药用价值，对提高人体免疫机能、防治心脑血管疾病、保护肝脏、抗氧化、延缓衰老等有作用。

三、环境优势

汉滨区地处巴山腹地，气候适宜，土壤肥沃，物产丰富，盛产茶叶，属巴山低山沟壑区，两山夹一川地形。最高峰太平寨 842m，最低处瀛湖岸边 331m，境内群山叠嶂、沟壑纵横，主要地貌分为川道、山地两大自然地貌。地处北亚热带湿润季风气候区，光照适中，雨量充沛，气候温和，四季分明。由于

受地形影响，气候具有明显的垂直地带性特征。年平均气温 15.5℃，平均降水量 799.3mm。气候、土壤适宜茶树生长。

四、收获时间

绿茶采摘时间：全年均为采摘期。3 月 20 日至 4 月 10 日适宜加工精品绿茶，可加工为银针、特级毛尖、翠峰、精品茶叶。

五、推荐贮藏保鲜和食用方法

绿茶产品适合低温冷藏、防潮、避光、密封存放，存放温度为 –5℃，条件允许可单独存放，避免异味影响产品品质。

品饮方法：选透明玻璃杯或细腻白瓷杯，先用开水温杯，取茶叶 3 ～ 4g 投入杯中，加 85℃开水冲泡至杯的 1/3 处，润茶后迅速倒去初泡水，即刻闻香；一泡加开水七成，3 ～ 5min 即可品饮，之后可依次加开水品饮二泡、三泡等。

六、市场销售采购信息

1. 安康市天铭农业综合开发有限公司　联系电话：18829451041
2. 陕西安康山川秀美农业有限公司　联系电话：13709153382
3. 安康市汉滨区东旭生态农业开发有限公司　联系电话：15719152888
4. 安康市京康现代农业开发有限公司　联系电话：0915-8889155、15029856055
5. 安康市汉滨区承英生态农业开发有限公司　联系电话：13259158886、13909151368
6. 安康市汉滨区德润天然富硒农产品开发有限公司　联系电话：029-89580107、0915-3235812
7. 线上：建设银行善融商城·德润富硒茶旗舰店

◎ 彭阳辣椒

（登录编号：CAQS-MTYX-20190236）

一、主要产地

宁夏固原市彭阳县红河乡、城阳乡、白阳镇、古城镇、新集乡、草庙乡、孟塬乡等12个乡镇，友联村、上王村、温沟村、高庄村等20个行政村。

二、品质特征

彭阳辣椒果实粗长，牛角形，果面光亮，微有皱褶，黄绿色，色泽鲜丽，口感微辣，辣味适中，辣而不烈，果肉厚，果实坚硬，商品好。

彭阳辣椒含维生素C 102mg/100g、钙35.8mg/100g、钾226mg/100g、铁0.58mg/100g。

三、环境优势

彭阳县位于宁夏回族自治区南部边缘，六盘山东麓，海拔1 248～2 418m，年降水量450～550mm，年均气温7.4～8.5℃，日照时数2 311.2h，年辐射量127.6kcal/cm²，无霜期140～170天，≥10℃有效积温2 200～2 750℃，属典型的温带半干旱大陆性季风气候，是典型的黄土高原丘陵地貌。该地貌类型复杂多样，分为北部黄土丘陵区、中部河谷残塬区和西南部土石质山区3个自然类型区。土壤类型是黑垆土，土壤有机质及其他养分含量较高，有机质含量0.74%，速效磷4.2mg/kg，水解氮54mg/kg，速效钾140mg/kg。质地以中壤土为主，适宜辣椒种植。

四、收获时间

彭阳辣椒种植方式不同，收获时间也不同，日光温室3—5月收获，拱棚6—9月收获，露地种植8—9月收获，4月、7月为最佳收获期。

五、推荐贮藏保鲜和食用方法

贮藏保鲜：保鲜的最佳温度应保持在8～10℃，空气相对湿度应保持在85%～90%。保证气流均匀流通。

食用方法：彭阳辣椒可鲜食亦可熟食。鲜食可直接食用、凉拌食用。熟食可炒、烹。

推荐菜谱：青椒炒牛肉（牛肉、青辣椒、洋葱、生姜、食用油、食盐、生抽等）。

六、市场销售采购信息

彭阳辣椒主要以原产地批发及各农贸市场零售的方式销售，消费者可到农贸市场、蔬菜零售店购买，购买时认准"彭阳辣椒"商标。

联系人：扈志武　联系电话：13639547855

武川羊肚菌 ◉

（登录编号：CAQS-MTYX-20190250）

一、主要产地

内蒙古呼和浩特市武川县耗赖山乡耗赖山村委会。

二、品质特征

武川羊肚菌菇形饱满完整，菌盖表面有许多凹坑，好像马蜂窝，形似羊肚状，因此得名羊肚菌。菌柄基部剪切平整，菌盖呈椭圆形，子囊果实呈浅茶色至深褐色，长度 3～12cm，菌柄呈白色至浅黄色；菌肉紧实，口感弹韧，具有羊肚菌特有香味。

武川羊肚菌含多糖 6.85%，天冬氨酸 2.84%，谷氨酸 4.69%。由于含多种氨基酸和矿物质元素，所以羊肚菌具有益肠胃、强身健体、补肾提神、抑制脂褐质形成、美容减肥、提高睡眠质量的功效。

三、环境优势

武川县周边地势平坦，年平均气温 16.5℃，年降水量 300mm，昼夜温差 12～15℃。水源充足、土壤肥沃、疏松透气、无污染源、排灌方便，最适宜优质羊肚菌生长。由于羊肚菌属于低温状态下生长菌种，故北方高寒地区是唯一可以一年种两茬的地带。即：每年 3 月种植，6—7 月出菇，8 月种植，10—11 月出菇（温室大棚），且因昼夜温差大，生产出的菇不仅品质非常高，而且药用价值非常大，所以备受国内外客商的赞誉。

四、收获时间

春季的 4 月底一直到 11 月底是最佳出菇时间，正是全国鲜菇断收季节。

五、推荐储藏保鲜和食用方法

冷藏温度下能保存 7～10 天，羊肚菌可以深加工制成咖啡、饮料等，还可以做成菜品和煲汤。

六、市场销售采购信息

内蒙古新浩盛生物科技有限公司　联系人：郭志英　联系电话：0471-8895003

鄂托克旗螺旋藻

（登录编号：CAQS-MTYX-20190275）

一、主要产地

内蒙古自治区鄂尔多斯市鄂托克旗乌兰镇螺旋藻产业园区。

二、品质特征

鄂托克旗螺旋藻是一类低等植物，属于蓝藻门，颤藻科。生长于水体中，呈蓝绿色或墨绿色，在显微镜下可见其形态为螺旋丝状，故而得名。成品是略带海藻鲜味的墨绿色均匀粉末。

鄂托克旗螺旋藻是优秀的纯天然蛋白质食品源，蛋白质含量高达 72.36g/100g，相当于大豆的 1.7 倍、小麦的 6 倍。含有特有的藻蓝蛋白和螺旋藻多糖，且含有丰富的叶绿素、维生素及矿物质，含有大量的 γ- 亚麻酸。螺旋藻中脂肪含量只有 0.5g/100g，多糖含量 27%，且不含胆固醇。具有很高的营养价值和药用保健功效：对高血压、高血脂、高血糖有一定预防和抑制作用；抗氧化、抗衰老、抗疲劳；增强免疫系统。

三、环境优势

鄂托克旗螺旋藻产品生产于鄂托克旗螺旋藻产业园区，具有发展螺旋藻得天独厚的条件。一是当地日照时间长、积温高、昼夜温差大，符合螺旋藻生长对高温、强光照的要求，具备生产优质、高产螺旋藻的条件，比全国平均单产高出 20%。二是螺旋藻生长需要高碱性环境，其人工养殖的主要原料为 $NaHCO_3$（小苏打）。当地是我国天然碱主要产地，原材料供应充足。三是当地以轻工业为主，地下水质好，无污染，其生产的螺旋藻粉，经国家权威部门检验，产品质量完全符合国家标准，不仅重金属指标在国内同行业中最低，而且蛋白质含量高达 70% 以上，属国内较高水平，完全符合欧盟规定的进口食品标准。

四、收获时间

每年的 4 月 15 日至 10 月 15 日。

五、推荐贮藏保鲜和食用方法

贮藏方法：密闭、置阴凉干燥处。

食用方法：螺旋藻粉或片，可适量加入菜中以增加菜品的蛋白质和维生素含量。用螺旋藻粉做汤、面包、沙拉等味道都很好。为避免破坏其丰富的营养，用螺旋藻制作食物时，要尽可能少加热。

六、市场销售采购信息

1. 鄂尔多斯市加力螺旋藻业有限责任公司　联系人：张宏伟　联系电话：18647748666

2. 内蒙古怡健蓝藻有限责任公司　联系人：张玉慧　联系电话：15924401949

五原灯笼红香瓜

（登录编号：CAQS-MTYX-20190314）

一、主要产地

内蒙古巴彦淖尔市五原县隆兴昌镇隆盛村、联合村、荣誉村；胜丰镇新红村、新丰村。

二、品质特征

五原灯笼红香瓜果形端正，近圆柱形或阔梨形；果皮光滑，着色均匀，皮薄肉厚，果皮呈灰绿色，果肉外层绿色，内层为橘色；瓜瓤含水较少，果肉与瓜瓤易于分离；口感甜脆，芳香味浓。

五原灯笼红香瓜蛋白质含量0.913g/100g，维生素C含量33.5mg/100g，可溶性糖含量6g/100g，可溶性固形物含量8.5%，锌含量0.17mg/100g。各项指标高于同类产品参照值，五原灯笼红香瓜营养价值高，具有加快新陈代谢、增加身体微量元素、保持身体健康等功效。

三、环境优势

五原县位于内蒙古西部巴彦淖尔市，地处河套平原腹地，地势平坦，土地耕作层为灌淤层，耕作性好，含钾量高，对糖和淀粉的积累非常有利。五原县水源充沛，灌溉便利，全县有5大干渠，9条分干渠，135条农渠，密如蛛网的毛渠灌溉着全县土地，每年引黄河水量10亿～11.6亿 m³；气候具有光能丰富、日照充足、昼夜温差大、降水量少而集中的特点，利于糖分的积累。独特的气候条件，适宜灯笼红香瓜的生长发育，并且远离污染，产品品质尤佳，是国家和内蒙古自治区重要的绿色农畜产品生产基地。

四、收获时间

五原灯笼红香瓜有温室种植、拱棚种植、大田种植，每年4—8月为产品上市期。

五、推荐贮藏保鲜和食用方法

五原灯笼红香瓜可鲜食，可冷藏保存一周。

六、市场销售采购信息

1. 五原县隆兴昌镇绿色有机蔬菜农民专业合作社　联系人：王东琴　联系电话：13781141986
2. 五原县古郡田园农民专业合作社　联系人：韩福胜　联系电话：13847860699
3. 五原县胜丰镇新红村晏安和桥香蜜瓜农民专业合作社　联系人：张建军　联系电话：13154782866

◎ 龙泉红

（登录编号：CAQS-MTYX-20190323）

一、主要产地

浙江省龙泉市兰巨乡、小梅镇等 7 个乡镇 17 个自然村。

二、品质特征

"龙泉红"外形条索紧实、略卷曲、微有毫、乌褐；汤色橙黄明亮；香气鲜甜；滋味甘和、鲜爽；叶底软均、较厚、微泛青。入口则醇香淡雅，柔滑不涩。香气回味于唇齿之间，历久不散。

"龙泉红"茶多酚含量为 17.7%，维生素 C 含量为 54.1mg/100g，茶水浸出物 46.7%。"龙泉红"红茶是全发酵茶，温和不刺激，可以帮助胃肠消化、促进食欲，可利尿、消除水肿，并有增强心肌功能等功效。

三、环境优势

龙泉红种植于北纬 27°42′ ~ 28°20′、东经 118°42′ ~ 119°25′，处于"黄金纬度"中，境内洞宫山脉和仙霞岭山脉同属武夷山系，气候、土质、生态等方面都与福建武夷山颇为相似。土层深厚、土质肥沃，山地多砾石质土壤，pH 值在 5 ~ 5.5。气候温和，冬暖夏凉，年平均气温 16.9 ~ 17.5℃，无霜期 226 ~ 263 天，年降水量 1 564 ~ 1 824 mm，属典型中亚热带湿润季风气候，为茶树生长最适宜的地区。龙泉市森林覆盖率达 84.2%，空气质量优良率达到 99.7%，植被茂密，山间常年云雾缭绕，漫射光多，是形成优异红茶品质的基础。

四、收获时间

收获期 2—11 月，以 4 月前后出产的春茶为最佳，秋茶品质次之。春茶一般无病虫危害，茶叶无污染，芽叶细嫩，且含有丰富的维生素，特别是氨基酸含量丰富，因此品质好。

五、推荐贮藏保鲜和饮用方法

贮藏方式：真空包装或冷藏保鲜。

饮用方法：先在茶杯中注入大约十分之一的热水烫杯，再投入 3 ~ 5g 龙泉红，然后再沿杯壁注水进行冲泡，茶叶在杯中舒展开，散发出其特有的馥郁芳香。

六、市场销售采购信息

1. 浙江金福茶业有限公司　联系人：金艳　联系电话：15990858399

2. 浙江龙泉阳光农业有限公司　联系人：方利淳　联系电话：13506825260

3. 浙江顶峰生态农业有限公司　联系人：杨少贤　联系电话：13506825456

4. 浙江龙泉地阳红生态农业有限公司　联系人：张金发　联系电话：15024614499

5. 龙泉市凤阳春有限公司　联系人：李任波　联系电话：13606695892

6. 浙江正韵茶业有限责任公司　联系人：周虞鑫　联系电话：13757854037

7. 浙江龙泉五龙山茶业有限公司　联系人：吴兴发　联系电话：15857803288

8. 浙江昂山茶叶有限公司　联系人：徐平　联系电话：13906785991

9. 龙泉市陈氏家庭农场　联系人：陈怀齐　联系电话：13906885902

（登录编号：CAQS-MTYX-20190338）

罗坑茶 ◉

一、主要产地

广东省曲江区罗坑镇所辖6个村（居）委和樟市镇芦溪瑶族村委。

二、品质特征

罗坑茶条索紧结，有锋苗，汤色红浓明亮，香气纯正，甜香浓郁，滋味浓醇鲜爽，叶底嫩匀齐。

罗坑茶茶多酚含量为13.2%，水浸出物含量为39%，粗纤维含量为9.5%，游离氨基酸总量为1.4%，水溶性灰分占总灰分的比例为73%。罗坑红茶是一个具有较高茶多酚、氨基酸、咖啡碱、茶黄素、活性糖、可溶性蛋白型的独特营养品质的产品，具有较高的抗氧化、抗病毒、抗凝血和调节人体神经等功能的高品质红茶。

三、环境优势

罗坑镇地处广东省罗坑鳄蜥国家级自然保护区，属中亚热带湿润性季风型气候区，全年盛行南北气流，冷暖交替明显，昼夜温差大。辖区内有极其珍贵的野生、半野生和栽培型大茶树几万株，包括乔木型、半乔木型和改良后的灌木型三大类共十多种茶树品种资源，不少树龄在200～800年，部分达到千年以上。这些茶树品种在罗坑不同的地域又呈现出不同的地域风格，形成了罗坑茶"甜香圆润"这种独特的高山古树香味特征。罗坑红茶的茶鲜叶全部产自罗坑的野生古茶树和高山有机茶园，茶树品种为罗坑的群体种和从当地古茶树群落中选育出来的品质特异的无性系"半山园茶"品种。独特的高山森林环境，使这些茶树鲜叶富含人体健康所需的维生素、矿物质、茶多酚、茶氨酸、功能蛋白等成分。

四、收获时间

每年3—9月为收获期，但最佳品质期为3—5月，尤以清明前后采收的为最佳。

五、推荐贮藏保鲜和食用方法

贮藏方法：存放于密封、干燥、避光、无异味的环境中，最佳保质期为三年。

冲泡方法：宜选用陶瓷或玻璃茶具和优质山泉水，水沸腾后将水凉至80～90℃水温，在温壶后取茶5～8g进行冲泡，第一次冲泡约6s，后续每泡累加5～10s，可依个人喜好酌量增减冲泡时间。亦可加入奶粉，冲泡成奶茶风味更佳。

六、市场销售采购信息

1.广东雪花岩茶叶有限公司

联系人：赖国清　联系电话：1592966819

2.广东仙塘红茶业有限公司

联系人：温俊波　联系电话：0751-6888188

3.韶关市曲江罗坑猴采红茶叶有限公司

联系人：王荣合　联系电话：18982786289

4.韶关市曲江区罗坑镇大窝山茶业专业合作社

联系人：丘永澄　联系电话：13727567898

◎ 徐闻良姜

（登录编号：CAQS-MTYX-20190345）

一、主要产地

广东省湛江市徐闻县龙塘镇、曲界镇、城北乡、南山镇、海安镇、锦和镇、下洋镇、前山镇等 8 个乡镇。

二、品质特征

徐闻良姜呈不规则圆柱形，分枝较多，长 5～9cm，直径 1～1.5cm，姜球丰满，节间短，排列紧密。成姜表皮呈红棕色至暗褐色，质地坚韧，不易折断，断面棕黄色，纤维性，姜味浓郁。

徐闻良姜蛋白质含量 1.2g/100g，粗纤维含量 3.4%，钙含量 42.7mg/100g，锌含量 2.7mg/kg，灰分 0.85%，各项指标优于同类产品参照值。

三、环境优势

徐闻良姜产区徐闻县地处热带，属热带季风气候，光热资源丰富，境内地势自北向东、西、南三面倾斜，多数平坦连片，坡度较小，适于农产品规模化种植和机械化作业。徐闻良姜产区以砖红壤土为主，土层深厚，肥力较高，有机质含量丰富，是高良姜的天然优良产区。

四、收获时间

徐闻良姜主生长周期为 3～5 年，收获季节为 4—10 月。

五、推荐贮藏保鲜和食用方法

贮藏方法：鲜姜主要通过干燥后，放于阴凉通风避光仓库保存。

该产品分为食用和药用，是非常受欢迎的一种食材。

以下介绍 3 种产品。

1. 高良姜速溶茶　高良姜速溶茶采用自主研发的温控萃取浓缩工艺，结合低温喷雾干燥技术，形成高良姜速溶茶独特的持香保辣工艺，使高良姜中醇溶性活性成分得到有效保留，且能在沸水中快速溶解分散，高良姜香辣风味浓郁。功效：饮用本产品，具有止呕、暖胃、提高免疫力等显著功效。

2. 高良姜干燥片　采用具有自主知识产权的固形护色干燥技术，能够大幅降低高良姜干制品皱缩率，使其表面棕红，质地坚硬，而且使高良姜活性成分在干燥过程中得到有效保留，干制品贮藏期可长达 12 个月以上，产品品质可得到有效控制。功效：长期食用，具有温胃止呕，散寒止痛之功效。

3. 高良姜咀嚼片　采用极性提取分离技术富集高良姜中活性成分，与丁香等传统药食两用资源科学复配压制而成，结合活性包埋技术使有效物质在目标位置缓慢释放，避免高良姜素、黄酮类活性物质在消化过程中的氧化分解。本品携带方便，可咀嚼可吞咽，是居家旅行良品。功效：本产品具有温胃、养胃之功效。

六、市场销售采购信息

1. 广东丰硒良姜有限公司

联系人：黄亮舞　联系电话：13827143444

2. 徐闻奥泰农业有限公司

联系人：杨洪桑　联系电话：15976805580

东源仙湖茶

（登录编号：CAQS-MTYX-20190359）

一、主要产地

广东省东源县上莞镇。

二、品质特征

东源仙湖茶的品种主要为仙湖茶本地群体种及其分离、选育的品种，利用原有的优质老茶树进行科学育种，采摘中小叶种茶树的芽、叶嫩茎为原料，采用客家传统手工加工方法精制而成，其独特的土壤、生长环境和加工方法，孕育出东源仙湖茶独特的甘、香、醇、滑风味，茶叶中富含多种有机成分和矿质元素，其中具有营养价值的有机成分主要有茶多酚、咖啡碱、多糖等，还有多种维生素、氨基酸和矿质元素，水分的质量分数低于 5%，水浸出物含量高于 43%，茶多酚高于 16%，游离氨基酸总量高于 2%。

三、环境优势

东源仙湖茶产于广东省河源市东源县上莞镇海拔 1 080 米的仙湖山脉，传说中神仙取土筑山建塔而得湖，茶生湖边，故称"仙湖茶"。仙湖山一年 250 多天被云雾笼罩，常年云雾缭绕，如人间仙境。仙湖茶树普遍种植在 850 ～ 1 080m 的崇山峻岭，山腰峡谷之中，由于茶园地势高耸，四季云雾缭绕，空气湿度大，日照短，漫射光多，土层深厚，有机质含量高。因此仙湖茶茶树大多茎干较矮，茸毛发达，叶绿素多，内含的茶素和含氮芳香类物质丰富。东源仙湖茶基地种植的茶树树龄均已在 20 年以上。仙湖茶利用原有的优质老茶树进行科学育种，其独特的土壤和生长环境，采用客家传统手工加工方法精制而成，在众多绿茶中风味独具一格，深受人民喜欢。

四、收获时间

东源仙湖茶全年分春、秋两季采茶期，最佳品质期为 4—5 月。

五、推荐贮藏保鲜和食用方法

贮藏方法：密封、放置于干燥阴凉处。

东源仙湖茶可用于冲泡、煮菜、入药等，是非常受欢迎的一种食材。以下介绍 3 种食用方法。

1.茶叶蛋　材料：土鸡蛋 8 个，绿茶叶 20g，酱油、香叶、桂皮、八角、盐适量。做法：①土鸡蛋洗干净、冷水下锅；②依次放入酱油、香叶、桂皮、八角、茶叶、盐等；③大火煮开，煮四五分钟后，拿勺子把鸡蛋壳敲裂，然后小火炖煮 10min 即可。

2.茶叶虾　材料：鲜虾 15 只，绿茶叶 20g，姜 3 片，花生油 3 茶匙，酱油 3 茶匙，料酒、糖、盐少许。做法：①鲜虾去须虾线处理好，茶叶提前泡好；②热锅下油，下姜片，放入沥干的鲜虾，中大火煸炒；③炒出虾油后，放入稍沥水的茶叶，炒至茶叶差不多干水；④加入酱油 3 茶匙，料酒、糖、盐少许，翻炒下，出锅即可。

3.蜂蜜浸泡茶叶　材料：蜂蜜 500g，绿茶 100g。做法：①将绿茶、蜂蜜倒入玻璃罐密封储存；②温水冲泡饮用。

六、市场销售采购信息

1.东源县仙湖山农业发展有限公司　联系人：李晓川，联系电话：18122522266

2.河源市丹仙湖茶叶有限公司　联系人：邱丽芳，联系电话：18218536118

◎ 陂面淮山

（登录编号：CAQS-MTYX-20190364）

一、主要产地

广东省阳春市陂面镇所辖三朗、南河、新民、潭寮、湾口、联民、石尾、大同等村。

二、品质特征

陂面淮山呈棒棍状，圆润顺直；根茎质地壮实，根须细且少；表皮黄灰色；外皮薄，刨皮或折断断面有黏液，雪白久不变色，味清糯香。陂面淮山中淀粉、蛋白质含量高，灰分少，并富含铁等多种营养成分。陂面淮山淀粉含量22g/100g，蛋白质含量3.77g/100g，灰分1.2%，铁含量0.32mg/100g，均高于同类产品参照值。

三、环境优势

陂面淮山主要种植在阳春市陂面镇内，该镇位于环境优美的漠阳江上游河畔。淮山生产区域为河道冲积平原，生产生活用水来源于广东省"百涌自然保护区"，距市区25km，远离工业和生活污染，该镇有二十几年的种植淮山历史，所生产的淮山质优，色、香、味俱全，品质上乘。

四、收获时间

每年1—9月均为收获期，但最佳品质期以4—7月出产的为最佳。

五、推荐贮藏保鲜和食用方法

贮藏方法：常温可保存20天；7～12℃可冷藏保鲜30天。

陂面淮山可用于煲汤、清炒、初加工、深加工等，是非常受欢迎的一种食材、药材。以下介绍3种最佳食用方法。

1. 淮山炆排骨　原料：淮山500g，排骨400g，花生油、生抽、盐适量。做法：①淮山去皮，切成片条状；②排骨剁好骨段，浸泡半小时，滤去血水，再下盐拌匀腌制5min。③排骨放入油锅中，匀炒2min，加入足量开水（约600ml），大火烧开保持水沸约5min，倒入淮山片煮，再转文火炆煮15min，淮山炆排骨完成。

2. 淮山蒸土鸡　材料：淮山500g，土鸡300g，枸杞10g，红枣3颗，油盐适量。做法：①把鸡洗净并切块倒入碗中，加盐、少量生抽和油，再加入杞子、红枣，拌匀腌制15min。②将淮山切片，厚度0.5～0.6cm。③将腌制鸡块和淮山拌匀放入蒸碟中，上锅蒸20min，淮山蒸土鸡完成。

3. 淮山炒木耳　原料：淮山、木耳、大蒜、青椒、彩椒。做法：①把黑木耳用温水提前泡发，泡发的木耳撕成小朵；将淮山去皮洗净之后，切成薄片；青椒切块，红椒切块，大蒜拍碎。②锅中烧水放入淮山片焯一下水捞出，木耳焯水捞出。③锅中倒油，放入大蒜煸香，倒入木耳和山药快速翻炒；接着倒入辣椒翻炒，放入蚝油、盐、酱油，翻炒均匀，2min后，盛出装盘，淮山炒木耳完成。

六、市场销售采购信息

阳春市三朗淮山种植专业合作社　联系人：郑宏律　联系电话：13829809311

5月

一候蝼蝈鸣；
二候蚯蚓出；
三候王瓜生。

小满

一候苦菜秀；
二候靡草死；
三候麦秋至。

杞县大蒜

（登录编号：CAQS-MTYX-20190005）

一、主要产地

河南省开封市杞县 22 个乡镇区 597 个行政村。

二、品质特征

杞县大蒜蒜头的皮层数多，颜色为淡紫色，里有两层蒜瓣，外瓣大、里瓣稍小，围绕蒜薹座生在茎盘上，每头蒜有蒜瓣 10～20 粒。蒜瓣具有辛辣风味，个头大，呈现乳白色，皮较厚实，不散头。

杞县大蒜的大蒜素含量为 1 108mg/kg，钾元素 522mg/100g，抗坏血酸 7.08mg/100g，亮氨酸 220mg/100g，异亮氨酸 120mg/100g，赖氨酸 270mg/100g。杞县大蒜营养价值丰富，具有抗炎杀菌、预防疾病的功效。

三、环境优势

杞县大蒜产自北纬 $34°13'$～$34°46'$，东经 $114°36'$～$114°56'$。县境内有东西走向的惠济河、淤泥河，南北纵贯的铁底河、杞兰干渠和东西二干渠，杞县平均年降水量为 722.9mm，水资源十分丰富。杞县地处北暖温带，属大陆性季风气候区，四季分明，热量资源丰富。杞县的土壤以潮土类为主，主要土种为小两合土和两合土，土壤肥沃，富含有机质，杞县耕地耕层土壤 pH 值平均为 8.30，变化范围 8.10～8.60，非常适宜大蒜种植。

四、收获时间

每年 5 月为杞县大蒜的收获期，也是杞县大蒜的最佳品质期。

五、推荐贮藏保鲜和食用方法

贮藏方法：杞县大蒜 6—8 月常温保存，到 9 月，蒜瓣萌发芽，影响大蒜风味，所以杞县大蒜一般在 8 月初都会存入冷库，大蒜经过低温处理，呼吸作用降低，出库的大蒜更加甘甜爽口。

食用方法：杞县大蒜的蒜薹、蒜头都是美味食材，可生食，可熟食，可爆炒，可捣碎吃，还可做成鸡蛋蒜泥，蒜薹尾巴还可做蒸菜。

下面是 2 种杞县大蒜制品的传统工艺。

1. 绿蒜　又名腊八蒜、翡翠蒜，蒜瓣晶莹透绿。绿蒜传统制作需在气温降到 0℃左右方可。绿蒜腌成后，容器里可添加白菜叶、胡萝卜片、山姜片等，腌 3～5 天后，添加的辅菜食用味道更佳。

2. 五香蒜　也叫碰蒜，是杞县特有一种鲜蒜加工食用方法。材料选有 4～5 层皮的新出土鲜嫩蒜头（这是制作的关键），加以八角粉、花椒粉、精盐、白糖等辅料制作。

六、市场销售采购信息

1. 杞县潘安食品有限公司　联系人：郭景战　联系电话：0371-23226263　13937843636

2. 杞县众鑫农产品专业合作社　联系人：翟强　联系电话：13592106234

3. 杞县雍丘农民种植专业合作社　联系人：董国振　联系电话：18337897266

4. 杞县家强农作物种植专业合作社　联系人：宋家强　联系电话：13069329498

5. 杞县麦丹农作物种植专业合作社　联系人：胡培霞　联系电话：13460755655

6. 杞县依农为民农作物种植专业合作社　联系人：徐浩博　联系电话：17637888369

信阳毛尖 ◎

（登录编号：CAQS-MTYX-20190048）

一、主要产地

河南省信阳市浉河区全域，以董家河镇"五云山"（车云、集云、云雾、天云、连云五座山）、浉河港镇"两潭"（黑龙潭、白龙潭）、"一寨"（何家寨）、谭家河乡"一门"（土门村）为核心产地。

二、品质特征

信阳毛尖干茶外形匀整、鲜绿有光泽、白毫明显；冲后汤色明亮清澈，香高持久，滋味浓醇，回甘生津。

信阳毛尖茶多酚含量 24%，维生素 C 含量 191.7mg/100g，儿茶素含量 13.53%，具有生津解渴、清心明目、提神醒脑、去腻消食等多种功效。

三、环境优势

信阳市浉河区地处亚热带向暖温带过渡区，属高纬度产茶区，500m 以上的山峰有 20 多座，由于山体风化强烈，有相当厚的残积物、堆积物，是发展林业、牧业和立体农业的理想环境。茶叶产区生态良好，森林覆盖率高，且四季分明，春季多雨，昼夜温差较大，茶叶生长缓慢，持嫩性强，肥厚多毫；夏季高温高湿，光照充足，降水量多，茶树生长旺盛。境内土壤多为黄、黑沙壤土，深厚疏松，腐殖质含量较多，肥力较高，pH 值在 4.0～6.5。茶农多选择在海拔 300～800m 的高山区种茶。这里是亚热带丘陵山区云雾日最高值区之一，年均 130 天，可谓"云雾高山有好茶"。优越的地理条件，造就信阳毛尖茶的优良品质。

四、收获时间

5 月底之前采制的春茶品质最好。

6—7 月底采制的夏茶和 8 月以后采制的秋茶（白露茶）多用于制作红茶。

五、推荐贮存保鲜和食用方法

贮存保鲜：将干燥的信阳毛尖茶装入密封袋或茶叶罐中，放入冰箱，0～5℃可以存放一年，−15～−10℃可以存放二年。

饮用方法：一般情况按三分茶七分水或四分茶六分水的比例，芽头超过 80% 的毛尖最好用 70～85℃的水冲泡，不易烫坏茶叶嫩芽，口感也会更好一些。

六、市场销售采购信息

1. 信阳祥云茶业有限公司　联系人：吴军　联系电话：15225380558
2. 信阳发扬茶业有限公司　联系人：曾钰　联系电话：0376–3551299　13403766300
3. 信阳市文新茶叶有限责任公司　联系人：宋同亚　联系电话：0376–6208333
4. 信阳贤峰茶业有限公司，联系人：刘浩　联系电话：13503768826　15503767779
5. 信阳市昌东商贸有限公司　联系人：陈经理　联系电话：0376–6195588　0376–6796688

新蔡莲子

（登录编号：CAQS-MTYX-20190056）

一、主要产地

河南省新蔡县龙口镇、孙召乡和河坞乡。

二、品质特征

新蔡莲子大小均匀，颗粒饱满，呈椭圆形，长 1.2～1.4cm，直径 1.1～1.3cm。浅黄白色，表面光滑，附有少量白色粉状物，一端中心稍有凸起，深棕色，有裂口；煮熟后口感粉糯、清香、味甘。

新蔡莲子蛋白质含量 19.2%、淀粉含量 54.3%、水分含量 9.34%，均优于同类产品参照值。新蔡莲子味甘、性平，具有清热降火、养心安神、降血压等功效。

三、环境优势

新蔡县地处淮北平原，位于河南省东南部，豫皖两省交界处，为淮北冲积平原区，属大陆性季风性亚湿润气候，年平均日照 2 180.4h，全年太阳辐射总量平均为 120.17kcal/cm^2，全年平均气温 15℃，年平均降水量为 885.85mm，平均无霜期 221 天。全县热量、光能、降水较为丰富，且雨热同季，有利于农作物生长。新蔡莲子产地势低平且洼，排水便利，土层深厚，且为中性土壤，远离工业园区，无工业废水污染，为优质莲子的生产提供优越的地理环境。

四、收获时间

鲜莲子每年 7—10 月收获。采摘当天鲜食味道清甜，干莲子 5 个月内味道最佳。

五、推荐贮藏保鲜和食用方法

鲜莲子应即时去皮食用。干莲子可在干燥的环境下用保鲜盒常温保存。

银耳莲子粥　①红枣、莲子、大米、枸杞等洗净备用，银耳泡发。②把银耳洗干净倒入锅中，放入红枣和莲子，加水煮沸，放入大米煮半小时左右。③放入枸杞、冰糖再煮上几分钟，银耳莲子粥就完成了。

六、市场销售采购信息

新蔡县忆莲香莲业有限公司　联系人：王争争　联系电话：17739643880

柞水黑木耳

（登录编号：CAQS-MTYX-20190063）

一、主要产地

陕西省商洛市柞水县所辖的 9 个镇（办）。

二、品质特征

柞水黑木耳耳面色泽黑褐，质地呈胶质透明，耳瓣舒展，体质轻，干燥时收缩变为脆硬的角质近似革质。浸泡品尝清淡无味，肉厚质软，鲜美脆滑。

柞水黑木耳营养丰富，各项品质指标符合国家一级标准要求，粗蛋白质含量 13.0%，粗脂肪含量 0.6%，粗纤维含量 6.6%，硒含量 0.19mg/kg，上述指标均优于同类产品参照值。柞水黑木耳营养丰富，被誉为"菌中之冠"。黑木耳具有清肺润肠、滋阴补血、活血化瘀、明目养胃等功效，能有效增强人体免疫力、预防心血管等疾病。

三、环境优势

陕西省柞水县黑木耳生产区域以秦岭为脊，以乾佑、金井、社川、小金井四河为谷向东南延伸，具有"九山半水半分田"的自然地貌，地势西北高，东南低，海拔 541 ～ 2802.1m。境内自然土壤主要为棕壤土和黄棕壤。土壤有机质含量 1.1%，全氮 80mg/kg，速效磷 45mg/kg，速效钾 120mg/kg，pH 值 6.6 ～ 8.0。柞水县属亚热带与温带的过渡地带，全年日照 1 860.2h，最冷平均气温 0.2℃，最热平均气温 23.6℃。无霜期 209 天，年降水量 742mm，四季分明，温暖湿润，夏无酷暑，冬无严寒。优越的自然地理条件，适宜的土壤和降水，为黑木耳生产提供了理想的自然环境。

四、收获时间

最佳采收期为每年的 5—7 月和 9—11 月，采收 3 次。

五、推荐贮藏保鲜和食用方法

干木耳应放在通风、透气、干燥、凉爽、避光的地方保存；远离气味较重的食物，防止串味。如果水发之后吃不完，装在密闭保鲜盒里，冰箱冷藏可保存 2 ～ 3 天。

推荐食用方法：

凉拌黑木耳　①甜青红椒洗净切小丁，生姜切细丝。②木耳泡发后，撕成小朵。③木耳下开水，快速焯水后捞出装盘备用。④加入酱油、凉拌醋。⑤锅里倒少许食油，油热后放入青红椒丁爆香，放入白糖、少许精盐，炒匀。⑥将炒好的料汁倒在木耳上，拌匀。⑦最后倒入少量花椒油，拌匀即可。

六、市场销售采购信息

1. 陕西秦峰农业股份有限公司　联系电话：13363988883

2. 柞水野森林生态农业有限公司　联系电话：0914-4328998、15389521321

3. 柞水中博农业科技有限发展公司　联系电话：029-88315182、15309254308

4. 柞水秦岭天下电子商务有限公司　联系电话：029-88326650、18710710278

5. 柞水县科技投资发展有限公司　联系电话：13991483728

6. 柞水县杏坪镇肖台村股份经济合作社　联系电话：13891400512

7. 柞水县绿源农业发展有限公司　联系电话：13991443617

8. 柞水县曹坪镇中坪社区股份经济合作社　联系电话：13152267096

◎ 吴川火龙果

（登录编号：CAQS-MTYX-20190101）

一、主要产地

广东省湛江市吴川市振文镇。

二、品质特征

吴川火龙果果形独特，呈球形或近球形，直径9～13cm，单果重300～500g，果皮结实，有蜡质，皮薄而易剥离，果皮斜生鳞片有光泽，呈浅紫红色，带绿边，果顶盖口有皱缩或轻微裂开，果实饱满，果肉呈紫红色，有香气，肉间密生黑芝麻状种子。

吴川火龙果维生素C含量4.2mg/100g，可溶性固形物含量14.8%，可滴定酸含量0.3%，总糖含量10.3%，营养丰富，含葡萄糖、维生素C和多种矿物质，具有低脂肪、高磷脂、低热量等特点，有预防便秘、护肤养颜、降低血糖和血脂等功效。

三、环境优势

吴川滨江临海、水系发达、资源丰富，地属亚热带季风气候，日照充足、热量丰富、高温多雨。年平均日照总计为2 008.2h，日照百分率为45%；平均气温22.5℃，夏季平均27.8℃，冬季平均17.9℃；平均相对湿度为85%；年均降水量为1 597.8mm，适宜火龙果生长。

四、收获时间

每年5月至次年2月。

五、推荐贮藏保鲜和食用方法

贮藏保鲜方法：在常温下可保存15天以上，若装箱冷藏，贮藏温度在15℃左右，保存时间可长达一个月以上。如放入冰箱冷藏，应置于温度较高的蔬果槽中，保存时间最好不超过两天。从冰箱取出后，在常温下会加速变质，所以要尽快食用。

食用方法：火龙果营养丰富，适宜生食。先将火龙果的两端都切掉一部分，接下来用刀在果皮上划开一道口子，口子的深度以刚刚触及果肉为宜，个头较大或成熟度不高的火龙果，可以多划上几道口子，然后将皮剥开即可。

六、市场销售采购信息

1. 吴川市祥瑞农业有限公司　联系人：李上才　联系电话：13827115061
2. 吴川市祥龙生态种植专业合作社　联系人：易康荣　联系电话：18898867077

（登录编号：CAQS-MTYX-20190147）

开封西瓜 ◉

一、主要产地

河南省开封市新区水稻乡花生庄，杏花营镇贺寨村，杏花营农场胡寨村。

二、品质特征

开封西瓜呈圆球形，瓜形端正、偏小；瓜皮薄且坚硬光亮，花纹清晰；瓜瓤鲜红色无籽，脆沙瓤，甘甜爽口，西瓜味浓。

开封西瓜中铁元素含量为 0.719mg/100g；维生素 C 含量 6.92mg/100g；瓜瓤中心可溶性固形物含量为 12.1%，瓜瓤边缘可溶性固形物含量为 11.3%，总酸含量 0.96g/kg。开封西瓜具有清热解暑、生津解渴、利尿除烦之功效。

三、环境优势

开封西瓜产地属沙性土壤，地势平坦，生态环境良好，沙地土质肥软，土壤通透性好，使得所种植的西瓜根系深扎，根系通透性好，特别适宜西瓜的种植。开封市河流分属于黄河和淮河两大水系，灌溉水资源丰富，水质较好。开封地处北暖温带地带，是典型的季风性大陆性气候，四季分明，年平均气温 14.24℃，年均日照时数 2 267.6h，年日照率为 51%，年均无霜期 213～215 天；年均降水量 670mm，平均在 0℃以上的积温 5 162.5℃，年均 305 天；5℃以上的积温 4 972.6℃，年均 255 天；10℃以上的积温 4 611.2℃，年均 215 天；15℃以上的积温 3 942.5℃，年均 167 天。以上积温完全可以满足喜温作物开封西瓜生长期内的温度需要。

四、收获时间

每年 5 月为开封西瓜的收获期，最佳品质期为每年的 5—9 月。

五、推荐贮藏保鲜和食用方法

贮藏方法：家庭贮藏时，选择通风、干净、凉爽的房屋，避免阳光直射，室温贮藏即可。也可选择用保鲜膜包裹整个西瓜，放置于冰箱内贮存。

食用方法：直接切开，生食甘甜爽口；亦可制成西瓜汁直接饮用。

六、市场销售采购信息

1. 开封市金明区西花西瓜种植农民专业合作社　经理：姜魁　联系电话：13937860810

2. 开封市示范区硕之果果蔬种植农民专业合作社　经理：胡百胜　联系电话：18937859229

3. 开封市汴玉生态农业发展有限公司　经理：王广山　联系电话：13938626118

网址：http://www.kfbyxg.com/

4. 开封市朗润农业科技有限公司　经理：代炬　联系电话：18637889006

⊙ 通许大蒜

（登录编号：CAQS-MTYX-20190152）

一、主要产地

河南省开封市通许县朱砂镇朱砂村；竖岗镇百里池村；孙营乡北孙营村、南孙营村。

二、品质特征

通许大蒜外形呈扁圆形，干燥、清洁，须尾短，梗略长；蒜头大，横茎 55～66mm，单重 63～76g；蒜头外皮为浅紫色，包裹紧实，每头大蒜有蒜瓣 8～12 粒，蒜粒大、内质呈乳白色、辛辣味浓郁。

通许大蒜中大蒜素含量为 0.151%，钙元素含量为 19.7mg/100g，钾元素含量为 453mg/100g。通许大蒜具有食用和保健功效，具有解毒杀菌、健脾开胃、消食去积、抗氧化等保健作用，同时对预防心脏病及血液循环系统疾病亦有良好效果。

三、环境优势

通许县属暖温带大陆季风气候，四季分明，气候温和，雨量适中。地处河南省光能高值区，太阳辐射量年平均 122kcal/cm²，年平均日照 2 500h，年平均温度 14.9℃，10℃以上的有效积温 4 660℃，无霜期 222 天，年降水量 775mm，具有良好的自然条件和区位优势。县域内灌排体系完善、沟渠路畅通，林网密布，水质良好，季蓄水充足，具备良好的灌溉条件，地势平坦、土层深厚，土壤肥沃，以壤质土为主，pH 值在 7.8～8.8，有机质含量 10～14g/kg，有利于生产优质安全大蒜。通许大蒜产地环境质量符合《绿色食品 产地环境质量》NY/T 391 的相关要求。通许大蒜种植基地生态环境良好、远离中心城市，无"三废"，不受污染源影响。

四、收获时间

每年 5 月为通许大蒜的收获期。

五、推荐贮藏保鲜和食用方法

大蒜冷藏的最适温度 –2～–1℃，相对湿度为 50%～60%，最高不要超过 80%。

食用方法：①生吃。②调味品。炒、炖菜的调味品。③制作成糖蒜。原料：大蒜（整颗）10 个，盐 1/2 大匙，红糖 1 杯半，白醋 3 杯，水 1 杯，盐 1 小匙，酱油 1 大匙。做法：将 10 个整颗大蒜外皮略微剥去一层备用。将 1 锅水煮沸加入少许盐溶解后熄火，再放入大蒜浸渍 20min，捞起沥干水分放凉备用。将所有调味料置于锅中混合加热，煮沸后离火冷却，即为糖醋汁。将大蒜与冷却的糖醋汁一起放入容器中腌渍，糖醋汁需盖过大蒜，加盖后置于冰箱冷藏浸泡 2 周以上，可保存 1～2 个月。

六、市场销售采购信息

1. 通许县政丰种植农民专业合作社　网址：http://txzfhzs.v3.hnrich.net/

联系人：陶文建　联系电话：15333783268

2. 通许县宏运蔬菜种植农民专业合作社

联系人：侯瑜　联系电话：13592115336

3. 通许县张国高效农业技术服务专业合作

联系人：张留国　联系电话：13783780858

4. 通许县汴梁西瓜合作社

联系人：王自卫　联系电话：15837897999

（登录编号：CAQS-MTYX-20190153）

通许洋葱

一、主要产地

河南省开封市通许县朱砂镇徐屯村；孙营乡城耳岗村、南孙营村、北孙营村。

二、品质特征

通许洋葱球体完整呈扁圆形，表皮干燥光滑呈紫红色。鳞片紧密、外皮为浅紫色，肉白里带红，组织致密，质地较脆，汁多，辣味和甜味浓。

通许洋葱硬度为 12.3×10^5Pa，可溶性固形物含量为9.5%，维生素C含量为8.46mg/100g。通许洋葱具有抗氧化、防衰老等功效。

三、环境优势

通许县属暖温带大陆季风气候，四季分明，气候温和，雨量适中。地处河南省光能高值区，太阳辐射量年平均 122kcal/cm^2，年平均日照2 500h，年平均温度14.9℃，10℃以上的有效积温4 660℃，无霜期222天，年降水量775mm。县域内灌排体系完善、沟渠路畅通，林网密布，水质良好，季蓄水充足，具备良好的灌溉条件，地势平坦、土层深厚，土壤肥沃，以壤质土为主，pH值在7.8～8.8，有机质含量10～14g/kg，有利于生产优质安全洋葱。通许洋葱种植基地远离中心城市，产地环境质量符合《绿色食品 产地环境质量》（NY/T 391—2013）的相关要求。

四、收获时间

每年5月为通许洋葱的收获期。5—7月洋葱大量上市，此时是通许洋葱的最佳品质期。

五、推荐贮藏保鲜和食用方法

新鲜的洋葱置于通风阴凉处晾干放置，避免与马铃薯放在一起。冷藏温度控制在0～3℃。

食用方法：生、熟食均可。

1. 凉拌洋葱　将洋葱洗净切成细丝，然后将洋葱丝浸于水中，放入冰箱冷藏一会儿，吃时将洋葱丝捞出，依自己口味放入醋、酱油、香菜、蚝油、柠檬汁或辣椒油拌匀，可将辛辣味去掉，甜脆可口。

2. 洋葱小炒肉　做法：①瘦肉切片，加料酒一小勺，酱油两小勺，胡椒粉，蒜末，少许淀粉腌制。青椒切段，洋葱切丝，大蒜和干辣椒切末。②热锅，倒油，下入腌好的瘦肉煸炒。③待肉颜色变后盛起，锅内下蒜末、干辣椒炸香，再下青椒，炒至皱皮时加入洋葱丝，放盐，不断翻炒。④洋葱炒至呈透明状时，倒入瘦肉片，加入两小勺甜面酱，翻炒均匀后淋入一点起锅醋提香，盛盘即可。

六、市场销售采购信息

1. 通许县政丰种植农民专业合作社　网址：http://txzfhzs.v3.hnrich.net/　联系人：陶文建　联系电话：15333783268

2. 通许县张国高效农业技术服务专业合作　联系人：张留国　联系电话：13783780858

3. 通许县鑫源绿色蔬菜专业合作社　联系人：王振现　联系电话：18737806669

4. 通许县宏运蔬菜种植农民专业合作社　联系人：侯瑜　联系电话：13592115336

◉ 通许花椰菜

（登录编号：CAQS-MTYX-20190154）

一、主要产地

河南省开封市通许县朱砂镇徐屯村；孙营乡城耳岗村、南孙营村、北孙营村。

二、品质特征

通许花椰菜花球鲜嫩、紧致肥大、洁白匀称，花粒细密、花枝肥短、口感细嫩。

通许花椰菜中蛋白质含量为1.64g/100g，维生素B_1含量为0.044mg/100g，维生素B_2含量为0.036mg/100g，维生素C含量为89.7mg/100g，粗纤维含量为0.6%。通许花椰菜营养丰富，还具有促进肝脏解毒、提高人体免疫功能的功效。

三、环境优势

通许县属暖温带大陆季风气候，四季分明，气候温和，雨量适中。地处河南省光能高值区，太阳辐射量年平均122kcal/cm^2，年平均日照2 500h，年平均温度14.9℃，10℃以上的有效积温4 660℃，无霜期222天，年降水量775mm。县域内灌排体系完善、沟渠路畅通，林网密布，水质良好，季蓄水充足，具备良好的灌溉条件，地势平坦、土层深厚，土壤肥沃，以壤质土为主，pH值在7.8～8.8，有机质含量10～14g/kg，有利于生产优质安全花椰菜。通许花椰菜产地环境质量符合《绿色食品 产地环境质量》NY/T 391—2013的相关要求。通许县农业生产种植结构调整优化，打造了"一带三区六大生产基地"，形成一批瓜菜标准化生产基地和主导产品，建成一批高标准的规模化种植基地，具有花椰菜生产的成熟技术和农业生产结构优势。

四、收获时间

每年5月为通许花椰菜的收获期，收获后1个月时间内，为通许花椰菜的最佳品质期。

五、推荐贮藏保鲜和食用方法

贮藏方法：花椰菜采收时保留3～4片外叶，适宜的贮藏温度为0～2℃、相对湿度为90%。大批量可采用窖藏法、冷库保藏法、埋藏法。

推荐食用方法：

炒菜花　将菜花掰成小块，然后清洗干净，菜花放入开水中焯一下，过滤控干水后，放入锅中炒，根据个人喜好添加其他配菜，最后添加适量的蚝油、盐、酱油等调料。

六、市场销售采购信息

1.通许县汴梁西瓜合作社　联系人：王自卫　联系电话：15837897999

2.通许县张国高效农业技术服务专业合作　联系人：张留国　联系电话：13783780858

3.通许县鑫源绿色蔬菜专业合作社　联系人：王振现　联系电话：18737806669

4.通许县宏运蔬菜种植农民专业合作社　联系人：侯瑜　联系电话：13592115336

（登录编号：CAQS-MTYX-20190155）

通许甘蓝

一、主要产地

河南省开封市通许县竖岗镇百里池村；孙营乡城耳岗村、南孙营村、北孙营村。

二、品质特征

通许甘蓝结球包裹坚实紧密，球色翠绿，球内部乳白色，中心柱短。叶面光滑，叶肉肥厚，蜡粉少，质地脆嫩。

通许甘蓝营养丰富，其中蛋白质含量为 1.23g/100g，维生素 C 含量为 50mg/100g，钙元素含量为 52.2mg/100g，锌元素含量为 0.12mg/100g，粗纤维含量 0.6%，可溶性总糖含量 3.51%。通许甘蓝具有益脾和胃、缓急止痛的功效，能提高身体免疫力，促进身体健康。

三、环境优势

通许县属暖温带大陆季风气候，四季分明，气候温和，雨量适中。地处河南省光能高值区，太阳辐射量年平均 122kcal/cm^2，年平均日照 2 500h，年平均温度 14.9℃，10℃以上的有效积温 4 660℃，无霜期 222 天，年降水量 775mm。县域内灌排体系完善、沟渠路畅通，林网密布，水质良好，季蓄水充足，具备良好的灌溉条件，地势平坦、土层深厚，土壤肥沃，以壤质土为主，pH 值在 7.8～8.8，有机质含量 10～14g/kg，有利于生产优质安全甘蓝。通许甘蓝产地环境质量符合《绿色食品 产地环境质量》NY/T 391—2013 的相关要求。通许甘蓝种植基地远离中心城市，无"三废"，不受污染源影响，生态环境良好。通许甘蓝种植区域土壤肥沃、富含有机质、疏松、排水良好，属于优质甘蓝种植区域。得天独厚的自然条件和区位优势很适宜甘蓝的生产。

四、收获时间

每年 5 月为通许甘蓝的收获期，5—7 月为通许甘蓝的最佳品质期。

五、推荐贮藏保鲜和食用方法

贮藏方法：甘蓝贮藏时将外边叶片除去，用破洞的保鲜膜包裹起来，温度保持 0℃左右，相对湿度在 98%～100%。大批量可采用窖藏法、冷库保藏法、埋藏法。

食用方法：①生吃。凉拌、沙拉。②炒。把甘蓝菜洗净，切片、丝，再备好姜丝、蒜片，锅中倒油，放入锅中炒；或者搭配肉丝，先放入肉丝翻炒后再放甘蓝，最后，加入蚝油、盐、酱油等调料。③可作为肉馅原料。

六、市场销售采购信息

1. 通许县汴梁西瓜合作社　联系人：王自卫　联系电话：15837897999
2. 通许县张国高效农业技术服务专业合作　联系人：张留国　联系电话：13783780858
3. 通许县鑫源绿色蔬菜专业合作社　联系人：王振现　联系电话：18737806669
4. 通许县宏运蔬菜种植农民专业合作社　联系人：侯瑜　联系电话：13592115336

◎ 尉氏大桃

（登录编号：CAQS-MTYX-20190156）

一、主要产地

河南省开封市尉氏县 14 个乡镇 210 个行政村。

二、品质特征

尉氏大桃果实呈扁圆形，有稍突出的尖，果实缝合线浅，果重 250～280g，果皮为红色，果肉为乳白色。风味浓甜、多汁、质地紧密、离核、淡香。

尉氏大桃味道鲜美，营养丰富，可溶性固形物含量为 12.5%，总酸含量为 0.2%，维生素 C 含量 19.0mg/100g、铁元素含量 0.47mg/100g、钾元素含量 156mg/100g。尉氏大桃味甘、性温，含丰富铁质，能增加人体血红蛋白，同时具有美容养颜等功效。

三、环境优势

尉氏大桃主要分布于河南省开封市尉氏县张市镇、门楼任乡、南曹乡、大马乡等乡镇。尉氏县地处亚热带向暖温带过渡地带，气候温暖湿润，四季分明，阳光充足，雨量充沛，无霜期长。夏天是亚热带气候，受夏季季风影响，气温经常上升至 37℃，年平均降水量为 1 143 mm，春夏多雨，6 月是最潮湿的一个月，有利于尉州大桃早期生长；7 月、8 月阳光充足，气温高，有利于提高桃的糖度。得天独厚的自然条件和区位优势，非常适宜发展桃产业。

四、收获时间

每年 5—7 月为尉氏大桃的收获期。5—9 月为尉氏大桃的最佳品质期。

五、推荐贮藏保鲜和食用方法

贮藏方法：新鲜采摘的尉氏大桃耐贮存，置于阴凉、通风处可存放一周左右。家庭贮存可放入冰箱中冷藏。如果长时间冷藏的话，要先用纸将桃子一个个地包好，再放入箱子中，避免桃子直接与冷气接触。

食用方法：尉氏大桃味道鲜美，营养丰富，是人们最喜欢的鲜果之一。新鲜采摘的尉氏大桃洗净后可直接食用，还可加工成桃脯、桃酱、桃汁、桃干和桃罐头等。

六、市场销售采购信息

1. 尉氏县风情园种植专业合作社　联系人：刘冠军　联系电话：13460658018
2. 尉氏县联众瓜果种植专业合作社　联系人：张孝峰　联系电话：13598782660
3. 开封市金沙沃实业有限公司　联系人：刘学义　联系电话：13608602007

（登录编号：CAQS-MTYX-20190157）

崔庄大樱桃 ◉

一、主要产地

河南省开封市尉氏县张市镇崔庄村。

二、品质特征

崔庄大樱桃果近球形，直径 1 ～ 1.5cm，果形端正，单果重 8.5 ～ 10.2g；果皮紫红色，有光泽，美观；果肉为红色，肥厚多汁，酸甜适口。

崔庄大樱桃营养价值丰富，可溶性总糖含量为 10.28%，总酸含量为 0.819%，维生素 C 含量为 23mg/100g，铁元素含量为 0.92mg/100g。丰富的铁质和维生素 C 可增加人体血红蛋白，提高免疫力，美容养颜又有益于身体健康。

三、环境优势

崔庄大樱桃主要分布于岗李乡、十八里镇、邢庄乡等多个乡镇，以张市镇崔庄为主。尉氏县属暖温带大陆季风气候，四季分明，冷暖适中。年平均日照 2 500h，气温 14.1℃，年平均气温 14.9℃，无霜期 222 天。张市镇地势平坦，属黄河冲积平原，土壤肥沃，透水透气性好，境内主要河流有贾鲁河及尉扶河，水资源丰富，利于大樱桃的生长。

四、收获时间

每年 5 月、6 月为崔庄大樱桃的收获期，也是崔庄大樱桃的最佳品质期。

五、推荐贮藏保鲜和食用方法

贮藏方法：崔庄大樱桃耐贮存，新鲜的大樱桃可贮存 10 天左右，但建议不宜过长时间存放。新鲜大樱桃最好平铺开存放，避免磕碰，亦可放入冰箱冷藏贮存。

食用方法：采摘的新鲜樱桃洗净后可直接食用，也可制作成果汁、果酱、罐头等。

六、市场销售采购信息

万家鑫种植专业合作社　联系人：崔四庆　电话：13837855505

◉ 新安樱桃

（登录编号：CAQS-MTYX-20190159）

一、主要产地

河南省洛阳市新安县五头镇马头村、王府庄村、仓上村、大洼村；磁涧镇礼河村；仓头镇黄洼村等。

二、品质特征

新安樱桃外表新鲜清洁，整齐度好，大型果；阔心形，顶端稍平；紫红色，有光泽；果皮较厚；果肉色泽紫红色，质地脆而不软，肥厚多汁；果汁紫红色；风味酸甜可口；半离核。

新安樱桃可溶性固形物含量 18.6%，可滴定酸含量 0.82%，维生素 C 含量 11.12mg/100g，均优于同类产品参照值，具有抗贫血、养颜驻容、收涩止痛、预防麻疹等功效。

三、环境优势

新安县位于河南省洛阳市西部，农作地区大多海拔在 300 ～ 400m。属豫西浅山丘陵区，地势相对平坦，耕地集中连片，土层深厚，耕作农业历史悠久。土壤酸碱度中性偏碱。属北暖温带大陆性季风气候，四季分明，光、热、水等自然资源丰富，全年无霜期平均为 218 天，年平均日照时数为 2 186h。新安县历年平均气温 14.6℃，适宜新安樱桃生长。

四、收获时间

新安樱桃每年 4—5 月收获。最佳品质期为 5 月。

五、推荐贮藏保鲜和食用方法

贮藏保鲜：以冷库保鲜为主，温度 3 ～ 5℃，可保存 7 ～ 15 天。

食用方法：

1. 鲜食　采摘后洗净即食。

2. 樱桃果脯　将樱桃洗干净，放淡盐水浸泡 2h 后，沥干水分；去蒂放入容器中，倒入白糖拌匀腌制半小时，白糖开始有些融化出水后，容器敞开，大火加热 3 ～ 5min，倒出汁水后再加热 3 ～ 5min，容器中基本没有汁水为好。放入密封瓶中入冰箱冷藏。

六、市场销售采购信息

1. 新安县卓成种植专业合作社　联系人：张韶东　联系电话：18903790101

2. 河南省天兴农业科技开发有限公司　联系人：刘进喜　联系电话：13700792258

3. 新安县旺众种植专业合作社　联系人：张金练　联系电话：13926571086

4. 河南省稼禾种植专业合作社　联系人：韩尽伟　联系电话：18736377000

5. 新安县浦汇稼禾种植农民专业合作社　联系人：赵瑞环　联系电话：15290538109

6. 洛阳爵士农业技术有限公司　联系人：孙桂暖　联系电话：13837958141

7. 新安县佳农农业开发有限公司　联系人：刘伟东　联系电话：13525909767

8. 新安县利飞大樱桃种植专业合作社　联系人：王白涛　联系电话：18736388566

襄城西瓜

（登录编号：CAQS-MTYX-20190171）

一、主要产地

河南省许昌市襄城县湛北乡尚庄村；库庄镇李吾庄村。

二、品质特征

襄城西瓜新鲜清洁，整齐度良好，大果型，圆形；果皮墨绿色齿条清晰，底色绿色，果皮厚度中等，剖面均匀一致，无硬块，无白筋；果肉色泽红色，汁多，质脆，纤维中等，味甜爽口；种子黑色，大小中等。

襄城西瓜营养品质丰富，其中果实中心含可溶性固形物 11.0%、近皮部可溶性固形物 8.0%、总酸 0.13%、维生素 C 5.44mg/100g、钾 1 580mg/kg、番茄红素 44.3mg/kg。襄城西瓜性凉、味甘，具有清热消暑、生津止渴、利尿消肿等功效。

三、环境优势

襄城县位于中原腹地，东倚伏牛山脉之首，西接黄淮平原东缘，属暖温带大陆季风气候，四季分明。襄城县年均降水量 750mm，境内有大小河流 16 条，过境水量平均达 11.51 亿 m³ 以上，浅层地下水总储量 1.4 亿 m³，建设有完善的灌溉体系，灌排方便。襄城县年平均气温 14.7℃，无霜期为 210 天。年平均日照总时数为 2 281.9h，土层深厚，有机质和速效氮含量中等，低氯。土壤中沙黏颗粒比例适当，疏密适度，通透性好，非常适宜西瓜的生长。

四、收获时间

襄城西瓜一般在 5 月中旬开始收获，根据气温情况可延长到 5 月底。最佳品质期在 5 月中旬。

五、推荐贮藏保鲜和食用方法

贮藏方法：温度宜在 10 ～ 25℃，相对湿度 80% ～ 85%。

食用方法：直接食用、爆炒、榨汁。

1. 西瓜汁　①西瓜去皮切成小块。②加柠檬打汁即可。

2. 爆炒西瓜皮　做法：①西瓜皮去外层硬皮后切成条。②热锅中火倒入适量的植物油，当油温烧至 7 成热放入姜、蒜炒香后，加切好的西瓜皮爆炒几分钟。③炒至西瓜皮变软后加食用盐、鸡精、生抽调味，出锅装盘即可。

六、市场销售采购信息

1. 襄城县绿之洲果蔬专业合作社　联系人：雪二套　联系电话：13080163686

2. 襄城县阿旺家庭农场　联系人：李顶　联系电话：15339996666

3. 襄城县晁源种植专业合作社　联系人：邓二伟　联系电话：18337413333

禹州金银花

（登录编号：CAQS-MTYX-20190174）

一、主要产地

河南省许昌市禹州市鸠山镇大潭沟村、文殊镇顾庄村、文殊镇边庄村、文殊镇川张村、鸿畅镇老君洞村、鸿畅镇朱西村、顺店镇贾漫村。

二、品质特征

禹州金银花花蕾呈棒状，上粗下细，略弯曲，表面绿白色或黄白色，花冠厚稍硬；气味清香，沸水冲泡后，汤色澄清、淡黄绿色、鲜亮、气味清香，微苦。

禹州金银花含水分 4.28g/100g、总灰分 5.6g/100g、酸不溶性灰分 0.08g/100g、绿原酸（以干燥品计算）3.24%、木犀草苷（以干燥品计算）0.079%。禹州金银花性寒、微苦，对预防和治疗风热感冒、咽喉肿痛、头昏头晕、口干作渴、多汗烦闷等有一定的疗效。

三、环境优势

禹州市位于河南省中部，全市土地面积 1 461km^2，地貌类型主要有山地、丘陵、岗地和平原。禹州市属北暖温带季风气候区，热量资源丰富，雨量充沛，光照充足，无霜期长，境内西部山区和平原结合部的土壤矿物质含量丰富，适合金银花的种植。禹州金银花道地药材已取得国家原产地域地理标志保护。

四、收获时间

禹州金银花于移栽后 3～4 年开花，适时采摘是提高产量和质量的重要环节。

采摘时间：5 月中下旬采头茬花，6 月下旬至 7 月中旬采二茬花，7 月中旬至 8 月下旬采三茬花，9 月中旬至 10 月初采四茬花。采摘时期在花蕾尚未开放之前，当花蕾由绿变白、上部膨大、下部为青色时采摘。

五、推荐贮藏方法

在清洁、阴凉干燥、通风、无异味的专用仓库中避光贮藏，距地面 20cm 高，不得与有毒有害物品混存、混放。温度＜30℃，相对湿度 70%～75%，安全水分＜16%，防潮、防蛀。

六、市场销售采购信息

1.禹州市鼎信中药科技有限公司

联系人：郭帅领　联系电话：18337416999

2.禹州市道地药材种植专业合作社联合社

联系人：宋石头　联系电话：15937467769

3.禹州市利园种植专业合作社

联系人：薛迎超　联系电话：18737462031

4.禹州市农源种植专业合作社

联系人：刘宗峰　联系电话：13937482318

（登录编号：CAQS-MTYX-20190180）

睢阳辣椒 ◉

一、主要产地

河南省商丘市睢阳区闫集镇、郭村镇共 2 个乡镇。

二、品质特征

睢阳辣椒果荚为青绿色，着色均匀，有光泽、自然鲜亮，果荚新鲜、清洁，硬实，呈细长羊角形；果核柔软、纤细、种子白色、脆嫩；具有辣椒应有的刺激性辛辣气味；果肉质地脆嫩，微辣，咀嚼后无残渣，生食口感较好。

睢阳辣椒蛋白质含量为 1.34g/100g，维生素 C 含量为 76.4mg/100g，钾含量为 204mg/100g，钙 17.4mg/100g，均优于同类产品参照值。睢阳辣椒味辛、性热、营养丰富，具有温中散寒、增进食欲、帮助消化等功效。

三、环境优势

睢阳区位于豫东平原的中部偏北，属黄淮冲积平原，地势基本平坦，整个地形以 1:（5 000～7 000）的坡降自西北向东南微倾，海拔高度在 30～63.5m。属暖温带半湿润半干旱季风性气候，夏秋两季多雨，冬春两季干燥，干湿两季非常分明。平均气温 13.9℃，7 月最热，平均气温 27.1℃，1 月最冷，平均气温 –0.9℃，冬不太冷。境内地势平坦，光照充足，降水适中，环境条件十分优越。

四、收获时间

睢阳辣椒的收获期为每年 3 月至 7 月中旬，最佳品质期为 5—7 月。

五、推荐贮藏保鲜和食用方法

贮藏方法：临时贮存需在通风、阴凉、清洁、卫生的场所进行；长期贮存时，应存入低温冷库，存入前应逐步降温预冷。

睢阳辣椒可用于清炒、腌制加工等，是非常受欢迎的一种食材。

线椒炒肉　线椒4根，猪肉适量，油、盐、生抽适量。做法：①五花肉切丁，加入生抽搅拌均匀备用，线椒切圈。②锅中加油，倒入蒜末炒香，加肉、辣椒，炒香后加入 1 勺盐、1 勺鸡精，炒匀后即可出锅。

六、市场销售采购信息

1. 商丘市睢阳区闫圃种植家庭农场　联系人：闫超峰　联系电话：15136036169
2. 商丘市睢阳区亿联农作物种植农民专业合作社　联系人：刘建　联系电话：15836868879
3. 商丘市睢阳区兴立家庭农场　联系人：袁兴立　联系电话：18438278552。
4. 商丘市睢阳区畅通农作物种植农民专业合作社　联系人：路东风　联系电话：13523162634
5. 商丘市明华农作物种植专业合作社　联系人：李明华　联系电话：13223908635
6. 商丘市睢阳区星光农作物种植农民专业合作社　联系人：张红星　联系电话：13608401478
7. 商丘市睢阳区现祥种植农民专业合作社　联系人：孙现祥　联系电话：18937028083
8. 商丘市睢阳区富尔乐农作物种植农民专业合作社　联系人：李建营　联系电话：13781469338
9. 商丘市睢阳区鹏泰农作物种植农民专业合作社　联系人：简修举　联系电话：15036666217
10. 商丘市睢阳区旭日农作物种植农民专业合作社　联系人：李明坤　联系电话：13271083267

◎ 郭村马铃薯

（登录编号：CAQS-MTYX-20190181）

一、主要产地

河南省商丘市睢阳区郭村镇沈梅村、东胥村、西李村、大王楼村等 10 个行政村。

二、品质特征

郭村马铃薯块茎大，呈扁圆或长圆形，外观圆润、规整，薯皮黄色，芽眼浅，表面光滑，薯肉呈黄色。烹饪加工成熟后，清脆爽口或入口软面，味道鲜美。

郭村马铃薯蛋白质含量为 1.69g/100g、淀粉含量为 14.6g/100g、抗坏血酸含量为 38.1mg/100g，钙含量为 129mg/kg、钾含量为 31.8mg/kg。郭村马铃薯蛋白质、抗坏血酸、钙含量高，具有抗氧化、促进骨骼生长等功效，特别适合儿童、中老年人食用。

三、环境优势

睢阳区郭村镇属半湿半干的季风性气候，夏秋多雨，冬春干燥，四季分明，平均气温 13.9℃，7 月最热，平均气温 27.1℃，1 月最冷，平均气温 -0.9℃。无霜期 206 天，最长年份 238 天，最短年份 172 天。年日照时数为 2 508.9h；太阳总辐射年均达 122.2kcal/cm^2，光照充足，光能源丰富。尤其是 4 月、5 月昼夜温差大，为马铃薯积累矿物质提供了有利的气温条件。郭村马铃薯产地属黄淮冲积平原，地势基本平坦。土质松软，属于不淤不沙的两合土，土层深厚，土质保水保肥能力强，潜在肥力高，有机质含量 0.8% ～ 1.1%，含氮 0.05% ～ 1.09%，含磷 0.119% ～ 0.159%，非常适于马铃薯生长。

四、收获时间

郭村马铃薯收获期在 5 月中旬至 6 月中旬，最佳收获期在 5 月下旬至 6 月上旬。

五、推荐贮藏保鲜和食用方法

贮藏方法：按照马铃薯质量要求进行清拣、分级，于 0 ～ 5℃下可密封避光冷藏保鲜 20 天至 1 个月。马铃薯可用于凉拌、清炒、油炸等，是非常受欢迎的一种食材。

六、市场销售采购信息

1. 商丘市睢阳区旭日农作物种植农民专业合作社　联系人：李明坤　联系电话：13271083267
2. 商丘市睢阳区郭村镇农科达土豆种植服务农民专业合作社　联系人：尚传忠　联系电话：13938925860
3. 商丘市睢阳区沈梅农作物种植农民专业合作社　联系人：史运刚　联系电话：15839075830
4. 商丘市睢阳区贤续土豆种植农民专业合作社　联系人：侯贤续　联系电话：13937005728
5. 商丘市睢阳区峰泰农作物种植农民专业合作社　联系人：谢立峰　联系电话：18530263670
6. 商丘市睢阳区顺民农作物种植农民专业合作社　联系人：张久超　联系电话：13037555677
7. 商丘市睢阳区长军农作物种植农民专业合作社　联系人：刘长军　联系电话：手机：13937099738
8. 商丘市睢阳区永合农作物种植农民专业合作社　联系人：程永河　联系电话：15617006622
9. 商丘市睢阳区博涵农作物种植农民专业合作社　联系人：侯贤文　联系电话：13037520966
10. 商丘市睢阳区益发农作物农民专业合作社　联系人：王修库　联系电话：17737062286

（登录编号：CAQS-MTYX-20190182）

夏邑西瓜 ◎

一、主要产地

河南省商丘市夏邑县会亭镇、北岭镇、火店乡、杨集镇、王集乡。

二、品质特征

夏邑西瓜呈圆形，瓜形端正；瓜皮薄且光亮，花纹清晰，皮薄；瓜瓤粉红色，脆沙瓤，甘甜适口，汁多、有籽，西瓜风味浓郁。

夏邑西瓜锌含量 0.130mg/100g，铁含量 0.345mg/100g，钙含量 10.1mg/100g，维生素 C 含量 8.72mg/100g，瓜瓤中心可溶性固形物含量 11.9%、瓜瓤边缘 9.9%，均优于同类产品参照值。夏邑西瓜性凉、味甘，营养丰富，具有清热生津、解渴除烦等功效。

三、环境优势

夏邑县位于河南省东部，陇海铁路南侧，属黄淮冲积平原，地表平坦。土壤为潮土类沙质壤土，耕作层深厚，土地肥沃，土壤通透性好，两合土和淤土属性的土壤面积占土壤总面积的94%。无污染源，病虫害少，非常适合西瓜生长。夏邑县属淮河流域，水资源丰沛，年平均水资源总量为 3.413 亿 m^3，水质富含硒，地下水质达到国家灌溉水源标准。夏邑地处南北气候过渡带，属暖温带半湿润季风气候区，年平均气温 14.1℃。全年光照充足，冷暖适中，四季分明，气候温和，种植西瓜的环境条件十分优越。

四、收获时间

4 月下旬夏邑西瓜大量上市，5—6 月品质最好。

五、推荐贮藏保鲜和食用方法

临时贮存需在通风、阴凉、清洁、卫生的场所进行。长期贮存时，应存入低温冷库，存入前应逐步降温预冷。应贮存于适宜的温度和空气相对湿度下，在贮存过程中，应经常进行检查，发现病瓜立即清除。严禁与其他有毒、有异味、有害、发霉散热及病虫害的物品混合存放。

介绍 3 种推荐的食用方法：

1. 西瓜皮炒西红柿　①西瓜皮去掉外面的绿色硬皮，切成小条。②西红柿切块。③锅内放油，先将西红柿煸炒出汁。④加入西瓜皮煸炒至瓜皮变软。⑤调入适量盐即可。

2. 鲜榨西瓜汁　西瓜去籽，用榨汁机打成汁状即可。

3. 西瓜草莓奶昔　①草莓去蒂，西瓜去皮、籽。②与牛奶混合放入搅拌机打碎即可。

六、市场销售采购信息

1. 夏邑县高翔种植专业合作社　联系人：高　波　联系电话：15937038598
2. 夏邑县李涛种植专业合作社　联系人：李　涛　联系电话：18639053525
3. 夏邑县火店长寿家庭农场　联系人：班安民　联系电话：15082959666
4. 夏邑县德发种植专业合作社　联系人：张得发　联系电话：15514934222
5. 夏邑县宝存种植专业合作社　联系人：许宝存　联系电话：13781429486

东源蓝莓

（登录编号：CAQS-MTYX-20190207）

一、主要产地

广东省东源县灯塔镇、船塘镇、顺天镇。

二、品质特征

东源蓝莓鲜果主要特点：群果实较大，单果中大，直径 0.5～2.5cm；深蓝色，果粉厚，香味浓，品质佳，鲜食口感好，甜酸适口，且具有香爽宜人的香气。

东源蓝莓原花青素含量为 0.40g/100g，维生素 C 含量为 12.5mg/100g，可溶性固形物为 15%，总酸为 0.4%，总糖含量为 12.3g/100g，还原糖为 10.6%。蓝莓中的果胶含量很高，能有效降低胆固醇，防止动脉粥样硬化，促进心血管健康；所含花青贰色素具有活化视网膜功效，可以强化视力，防止眼球疲劳；所含维生素 C 可增强心脏功能，能防止脑神经衰老。

三、环境优势

东源蓝莓种植区位于广东省灯塔盆地示范区，境内气候温和、雨量充足、土地肥沃、生态优良，是粤港澳大湾区绿色农产品的重要供应基地。东源县蓝莓种植区土壤为红壤类型的砂页岩红泥地，耕层土 15cm 左右，土壤肥沃，自然条件非常适合蓝莓种植，且多为平缓的丘陵山地，满足蓝莓对土壤排水的要求。东源县蓝莓种植区水系属新丰江流域，水资源丰富，水质良好，极端自然灾害极少发生。充足的阳光、新鲜的空气、优美的环境、清洁的淡水，确保了产品品质。

四、收获时间

东源蓝莓的采摘期在 4—7 月，其中以 5—6 月为丰产期，期间出产的蓝莓口感为最佳。

五、推荐贮藏保鲜及食用方法

鲜果贮藏方法：鲜果于 2℃可冷藏保鲜 20 天。

东源蓝莓可鲜吃，也可用于深加工，是非常健康且受欢迎的食材。以下介绍 3 种最佳食用方法。

1. 鲜吃 将蓝莓用清水冲洗可以直接生吃。

2. 蓝莓果汁 新鲜蓝莓 1 盒、蜜糖适量、纯净水。做法：首先蓝莓洗净，放入榨汁机中，加入适量的蜂蜜与纯净水（1:1），榨出一杯美味可口的健康饮品。

3. 蓝莓果酱 新鲜蓝莓 1.5kg、白糖适量、柠檬汁、密封罐、平底锅。做法：首先将锅和密封罐洗干净备用，将洗干净的蓝莓放入适量白糖和柠檬汁拌匀后放置 10min，然后将拌好的蓝莓放入搅拌机中搅碎，没有搅拌机的也可以在盆中用勺子碾碎，搅碎或碾碎后的蓝莓糊倒入锅中，用小火不停搅拌直到黏稠，放凉后装入密封罐内保存即可。

六、市场销售采购信息

1. 广东融和生态农业集团有限公司

联系人：谢小姐 联系电话：0762-3223966、15876219696

2. 河源市茂青农业发展有限公司

联系人：叶振银 联系电话：13603060987 微信公众号：茂青蓝莓庄园

（登录编号：CAQS-MTYX-20190209）

海皮西瓜 ◉

一、主要产地

广东省阳江市阳西县上洋镇周新、双鱼、石桥、白石等村委会。

二、品质特征

海皮西瓜果实呈椭球形，表面光滑，表皮草绿色或翠绿色，间有深绿色细网纹，单瓜重 3kg 以上。果肉鲜红，肉质细腻爽口，无纤维感，香甜适度，清香纯正，感官品质佳。

海皮西瓜可溶性固形物含量为 10%，维生素 C 含量为 6.3mg/100g，钾含量为 95mg/100g，均优于同类产品参照值，其糖度高，酸度低，糖酸比达 139，高于同类产品平均值 30% 以上。

三、环境优势

海皮西瓜产地位于阳西县城东南方，距县城 18km，三面环山，一面临海，地势平坦，地理位置得天独厚，灌溉水质清澈无污染，气温常年保持在 25℃左右，土壤肥沃，土地富含腐熟有机质，且含钾元素非常高，适宜西瓜生长。

四、收获时间

海皮西瓜收获时间在 4—6 月，最佳品质期是 5 月。

五、贮藏保鲜及食用方法

贮藏保鲜：常温阴凉处贮藏；切开后放冰箱短期贮藏。

食用方法：直接食用或榨果汁或做水果沙拉。

六、市场销售采购信息

1.线下销售　联系人：吴顿华　联系电话：15018124771

2.线上销售　销售网址：https://m.ule.com，在搜索中输入"海皮西瓜"

网上销售时间：每年 4 月中旬到 5 月中旬

西瓜的各种吃法

冰糖银耳西瓜盅　　西瓜沙拉　　鲜榨西瓜汁

鲜食

◉ 五间西瓜

（登录编号：CAQS-MTYX-20190222）

一、主要产地

重庆市永川区五间镇、何埂镇、仙龙镇等。

二、品质特征

五间西瓜呈短椭圆形，瓜皮薄，瓜霜浓厚，果肉淡红色、果肉细腻、爽口化渣，多汁、味甜，口感极佳。

五间西瓜可溶性糖含量为5.53%，可溶性固形物含量为13.8%，维生素C含量为7.16 mg/100g，可食率为71.8%，硒含量为1.3μg/100g。

三、环境优势

五间西瓜产地位于重庆市永川区五间镇圣水湖坝下罐区（国家一级水源保护区），覆盖五间镇、何埂镇、仙龙镇等区域，海拔300m左右，周边无工业及废气污染，空气清新，森林覆盖率高，土壤无重金属及有害物质，农业用水为圣水湖自流灌溉水。年降水量1 100mm，夏季最高气温39℃，冬季最低气温3℃以上，非常适合西瓜的生长发育。

四、收获时间

每年5—9月为五间西瓜的收获期，5月下旬至6月下旬为五间西瓜的最佳品质期。

五、推荐贮藏保鲜和食用方法

常温下可自然保鲜3～5天，可通过保鲜库进行保鲜，保鲜时间可达15天以上。

五间西瓜适宜鲜食。西瓜皮可用来做蔬菜或泡酒食用。

六、市场销售采购信息

1.重庆益保种植专业合作社　联系人：王彬　联系电话：15823515728

2.重庆市永川区洪明凯西瓜种植场　联系人：洪明凯　联系电话：13883478157

3.重庆市永川区凯彬西瓜种植场　联系人：王彬　联系电话：15823515728

4.重庆市永川区安刚西瓜种植场　联系人：喻安刚　联系电话：13452987977

5.重庆市永川区老外婆西瓜种植家庭农场　联系人：邓贤友　联系电话：18983033490

6.重庆市永川区爱宜家蔬菜种植家庭农场　联系人：侯良勇　联系电话：13808332831

7.重庆市永川区甜美人生水果种植家庭农场　联系人：何丽　联系电话：13648422098

8.重庆市永川区祝培富食用菌种植家庭农场　联系人：祝培富　联系电话：18602306425

（登录编号：CAQS-MTYX-20190223）

涪城蚕茧 ◉

一、主要产地

四川省绵阳市涪城区关帝镇、玉皇镇、金峰镇、丰谷镇、杨家镇、吴家镇、石洞乡、新皂镇共8个乡镇76个行政村。

二、品质特征

涪城蚕茧茧色洁白，茧形匀整，缩皱适中，浅束腰，呈长椭圆形。蚕茧长 3～4cm，直径 1.7～2.1cm，茧层厚实。毛茧出丝率≥38%、解舒率≥70%、洁净指标≥95分。

三、环境优势

涪城蚕茧产区属于亚热带湿润季风性气候，日照充足，雨量适中，气候宜人，四季分明，年平均气温16.7℃，常年最冷月平均气温3.9～6.2℃，年日照1 298.1h，年降水量963.2mm，年平均空气相对湿度79%，年平均雾日51天。冬无严寒，夏无酷暑，气候温和，湿度适中，有利于提高蚕茧解舒率和洁净指标，是生产优质蚕茧的最佳适宜区。涪城区境是以涪江、安昌河及其支流冲积河谷平坝为主要地貌类型，丘陵地带较为平缓，呈条状分布，地势西北高，东南低，海拔410～693m，属典型浅丘地貌区，区域内平坝、河谷地带多为冲积土，丘状台地和丘陵地带多为黄壤、紫色土，属成都平原都江堰灌区县之一。全区土壤pH值以中性为主，75.80%的耕地土壤有机质处于中等含量水平（20～30g/kg），农田灌溉、道路等基础设施完善。

四、收获时间

每年5—10月为涪城蚕茧的收获期。

五、推荐加工成品和贮藏方法

涪城蚕茧收获后通过烘干制成干茧，选择整理，专用标识包装，专用库房贮藏，主要用作缫制高品位生丝原料。

六、市场销售采购信息

绵阳天虹丝绸有限责任公司　联系电话：0816-2691338

⦿ 陇县香菇

（登录编号：CAQS-MTYX-20190224）

一、主要产地

陕西省陇县温水镇坪头村，八渡镇碾盘村，城关镇高垎村，城关镇东关村等 8 村。

二、品质特征

陇县香菇上市时一般菌盖直径 3.5～4.5cm，呈淡褐色或褐色，表面有白色天然龟裂纹，肉质肥厚；菌褶乳白色；菌柄与菌盖边缘有白色丝膜相连。

陇县香菇粗纤维含量为 1.2g/100g，蛋白质含量为 4.39g/100g，铁含量为 6.4mg/100g。

三、环境优势

陇县位于陕西省西部，是陕西的西大门，素有"秦都汉关"之称，地处东经 106°26′32″～107°8′11″，北纬 34°35′17″～35°6′45″。县境内大部分地区海拔在 800～1 200m，年平均气温 10.7℃左右，无霜期 195 天左右，年降水量 600mm 左右，四季分明，属暖温带大陆性季风气候区。境内森林覆盖率 62%，水资源丰富，大小河流 49 条，为香菇提供了得天独厚的生长环境。陇县香菇全部采用山泉水和地下泉水灌溉，确保了产品品质。

四、收获时间

全年均为收获期，但最佳品质期为 4—11 月，尤以春秋出产（5 月、10 月）的为最佳，年采收 8～12 次。

五、推荐贮藏保鲜和食用方法

贮藏方法：5℃冷藏可保鲜 7～10 天。

陇县香菇可用于清炒、煲汤等，是非常受欢迎的一种食材。以下介绍 2 种最佳食用方法。

1. 香菇烧菜心　材料：陇县香菇 100～200g 洗净撕成小块，菜心半斤，葱切段，生姜、油、盐适量。做法：锅内下入少许油，烧热下入青菜煸炒，然后下入香菇同炒，加入料酒、盐、鸡精、小磨香油，旺火急炒，加点水。青菜出水后，出锅。

2. 香菇排骨汤　材料：陇县香菇 100g，排骨 500g，姜一大块，水、食盐适量。制法：陇县香菇用开水泡软，洗净；排骨洗干净，和香菇一起放入高压锅，加水上盖，大火上气，转中火煮 20min；关火等气出完，下红枣煮 5min，加适量盐和鸡精，再煮片刻即可。

六、市场销售采购信息

1. 陇县宏盛农牧有限责任公司　联系人：李晓宏　联系电话：0917-4652666、15877420555
2. 陇县晨晖新农业科技有限责任公司　联系人：凌军　联系电话：0917-4606938、15353796123

（登录编号：CAQS-MTYX-20190233）

青铜峡芥蓝 ◉

一、主要产地

宁夏吴忠市青铜峡市瞿靖镇蒯桥村、友谊村、毛桥村、新明村。

二、品质特征

青铜峡芥蓝植株深蓝绿色，叶片卵圆形，叶子颜色深绿厚重，茎的颜色稍浅一些；其外皮韧，中心脆；质地爽脆。青铜峡芥蓝的菜薹柔嫩、鲜脆、清甜、味鲜美，以肥嫩的花薹和嫩叶供食用。

青铜峡芥蓝含水分92.6g/100g，维生素C 100mg/100g，钙139mg/100g，均优于同类产品参照值。

三、环境优势

青铜峡芥蓝产区瞿靖镇位于青铜峡市中部，属典型的温带大陆性气候，冬无严寒，夏无酷暑，四季分明，气候干燥，日照充足，光能丰富。历年平均气温9.2℃，极端最高气温37.7℃，极端最低气温–25.5℃，≥10℃的积温3 272℃，气温日较差12～15℃，全年总日照2 980.1h，日照率为68%。年均无霜期178天，年均降水量175.8mm。环境洁净，再加上黄河灌溉之利，为芥蓝的生长提供了有利的环境条件。同时，由于昼夜温差大，光合效率高，营养物质积累多，因此色泽洁白，结球紧实，质地致密，外形美观，优质，很受南方及东南亚地区群众的欢迎。

四、收获时间

青铜峡芥蓝收获时间为每年的5月、7月、9月。

五、推荐贮藏保鲜和食用方法

青铜峡芥蓝是以鲜销为主的蔬菜，只宜作短期贮藏和中短途调运。贮运的最适温度为0℃，长期处于0℃以下会出现冻害。

青铜峡芥蓝的花薹和嫩叶品质脆嫩，清淡爽脆，爽而不硬，脆而不韧，以炒食最佳，如芥蓝炒牛肉、炒腰花。炒芥蓝的特点是要放少量豉油、糖调味，起锅前加入少量料酒。另外可用沸水焯熟作凉拌菜。

推荐食用方法：

白灼芥蓝　主料：芥蓝。辅料：红彩椒、鲜姜、枸杞。调味品：生抽2勺、白糖1勺、鸡精1/4勺。做法：①将芥蓝择洗干净，根部用削皮刀刮去表皮；鲜姜切丝、红彩椒切丝备用。②用生抽2勺、白糖1勺、鸡精1/4勺、清水1勺，调成味汁。③洗净的芥蓝放到加盐的沸水里烫熟，捞出。④芥蓝盛入盘中待用。⑤锅置火上放少许油烧热，放入姜丝稍煸出香味。⑥下入彩椒丝、味汁。⑦用小火煮至糖溶化。⑧挑走姜丝，酱汁淋在排好的芥蓝上，摆上泡发枸杞作装饰。

六、市场销售采购信息

以青铜峡芥蓝为主的叶菜类蔬菜不仅占领了广东、香港等地高端市场，还成功进入新加坡、马来西亚等国家。在广东、香港的沃尔玛、家乐福、华联、世纪联华、家世界、乐购等大型超市均可购买。

◎ 克旗香菇

（登录编号：CAQS-MTYX-20190255）

一、主要产地

内蒙古赤峰市克什克腾旗万合永镇永明村、经棚镇光明直属社区。

二、品质特征

克旗香菇菌盖稍扁平，菇形规整，表面呈深褐色，菌褶呈乳白色；厚度约 1.5 ～ 2.0cm，菌盖直径约 5.3 ～ 6.5cm，开伞度小；菌柄与菌盖边缘有白色丝膜相连，伴有鲜香菇特有的沁人香气，菌肉紧实，口感弹韧。

克旗香菇蛋白质含量为 2.91g/100g，铁含量为 3.39mg/100g，锌含量为 1.5mg/100g，赖氨酸含量为 124mg/100g，缬氨酸含量为 118mg/100g。克旗香菇含有多种氨基酸、维生素及微量元素，有提高机体免疫功能的作用，对延缓衰老、降血压、降血脂等有一定好处，对糖尿病、肺结核、肝炎、神经炎等有辅助治疗作用，并有助于减轻消化不良、便秘等症状。

三、环境优势

克什克腾旗地处内蒙古高原东端，平均海拔 1 000m 以上，常年多风少雨，属于半干旱性气候区域，早晚温差鲜明，特别适合出产优质香菇，香菇产地远离城市喧嚣，没有污染，为大青山保护区。水源用深井水，品质优良。水源上游以农牧业为主，无污染矿山或企业。产地年活动积温在 2 400℃，无霜期 120 ～ 125 天，年降水量为 400mm 左右，年均气温为 3.8℃，年日照时间为 2 800h 左右。特殊的气候条件为克旗香菇的高品质创造了最佳条件。

四、收获时间

每年 5—10 月为克旗香菇的收获期。

五、推荐贮藏保鲜和食用方法

克旗香菇鲜菇可冷藏保存，亦可直接晾晒或烘干。克旗香菇干菇可置于阴凉干燥处进行长时间保存。

克旗香菇可鲜食，也可干制后食用，其香味浓郁，是炒菜、火锅的绝佳食材。

六、市场销售采购信息

1. 克什克腾旗宇润农业发展有限责任公司　联系人：李志存　联系电话：17804768588

2. 内蒙古美图生态旅游农业发展有限公司　联系人：李芬　联系电话：15774767777

（登录编号：CAQS-MTYX-20190288）

鄂伦春芸豆 ◉

一、主要产地

内蒙古鄂伦春自治旗大杨树镇、乌鲁布铁镇、古里乡、宜里和诺敏、甘河农场、巴彦农场、欧肯河农场等7个乡镇（农场）。

二、品质特征

鄂伦春芸豆内肉呈乳白色，长腰形籽粒长度15～20mm，外形饱满。

鄂伦春芸豆为高蛋白、低脂肪、中淀粉食物，每100g干籽粒中含蛋白质≥18g、脂肪≤2g（多为不饱和脂肪酸）、淀粉30～45g、钾＞1g、镁＞100mg、铁10～40mg、磷≥350mg，为高钾、高镁食品，铁、磷含量丰富。

三、环境优势

鄂伦春芸豆生长所处的自然环境属寒温带和中温带大陆性季风气候，大兴安岭以南北走向纵贯呼伦贝尔市中部，将其分为岭东、岭西。鄂伦春地处岭东，为季风气候区，以农业为主。岭东地区为嫩江西岸的浅山丘陵与河谷平原，海拔200～500m，为半湿润性气候，年降水量500～800mm，昼夜温差大，属温凉气候，日照丰富（年总辐射量在76 758kW/m^{2}以上，日照时数为2 500～3 100h），利于绿色植物光合作用和干物质的积累，降水期集中于7—8月的植物生长旺期，且雨热同期，气候适宜芸豆生长。

四、收割时间

一年一季。生长期为5月20日至9月20日。

五、推荐贮藏保鲜和食用方法

贮藏方法：储存于清洁、干燥、通风处。

推荐烹调方式：

1. 柳蒿芽炖芸豆　食材：柳蒿芽500g，排骨250g，土豆2个，芸豆1碗。做法：①焯排骨，焯柳蒿芽，煮芸豆，捞出来备用。②锅里放上水大火煮沸，放入柳蒿芽转慢火5min后放入排骨、芸豆和土豆。③慢火煮开即可，配米饭很好吃。

2. 自制糖芸豆的做法　①芸豆放清水浸泡2天（放冰箱里不易变质），中间可换水。泡好后放入高压锅，水没过芸豆，放糖，压25min。②移到普通锅中，烧开后，中小火慢慢收汁，不够甜可以再放糖，收到汤汁黏稠再放凉静置几个小时即可食用。

3. 芸豆的其他吃法　芸豆可煲汤、煮八宝粥、番茄豆罐头、蒸豆饭、做豆沙、做豆馅等。

六、市场销售采购信息

1. 鄂伦春自治旗大杨树荣盛商贸有限责任公司　联系人：曲彦文　联系电话：13947041578

2. 鄂伦春自治旗兴梅农副产品有限责任公司　联系人：梅彦忠　联系电话：15249433999

3. 鄂伦春自治旗大杨树兴晟农副产品有限责任公司　联系人：骆兴海　联系电话：13134952598

4. 鄂伦春自治旗大杨树镇千年丰种植农民专业合作社　联系人：孙继景　联系电话：15248711788

⊙ 雷州菠萝蜜

（登录编号：CAQS-MTYX-20190347）

一、主要产地

广东省雷州市所辖 21 个镇街，均为雷州菠萝蜜的生产地域范围。

二、品质特征

雷州菠萝蜜为长椭圆形，视成熟程度为黄绿色或黄褐色，表面有坚硬多角形瘤状凸体，果实巨大，平均重 8 ～ 10kg。熟果果皮有弹性，果肉呈金黄色，香甜爽滑，有特殊的蜜香味。雷州菠萝蜜维生素 C 含量为 10.2mg/100g，蛋白质含量 1.7g/100g，可溶性固形物 21.7%，可溶性糖 17.4g/100g，均优于同类产品参照值，脂肪含量低、维生素含量高。

三、环境优势

雷州半岛位于大陆最南端，拥有 70 多个火山爆发口，土壤肥沃；土地平坦，耕地面积 142 万 hm²，是广东省农业大市（县）；拥有独特的海洋气候，地下水资源丰富，全年平均温度在 22℃左右，非常适合菠萝蜜生长；雷州市日照平均 2 003.6h，年平均气温 22℃，年积温 8 382.3℃，无霜期达 364 天，年降水量 1 711mm，有优越的光温水湿等气候条件；全市土地面积 3 644km²，耕地面积 142 万 hm²，属低丘陵地区，土地平坦肥沃，有良好的土地资源和土壤条件；有河流水面 3 800hm²，水库水面 5 600hm²，坑塘水面 16 000hm²，总库容 5 亿 m³，地下水资源量 13 亿 m³，其中浅层水 8.9 亿 m³，有丰富的水资源。雷州市有得天独厚发展优质菠萝蜜的环境资源。

四、收获时间

全年均为收获期，但最佳品质期为 5—6 月。

五、推荐贮藏保鲜和食用方法

贮藏方法：按照水果质量要求进行清拣、分级、标识后于 8℃下可冷藏保鲜 15 天。

雷州菠萝蜜可直接食用或用于食材配料、初加工等用途，是非常受欢迎的一种食材。以下介绍 2 种最佳食用方法。

1. 菠萝蜜丝与鸡蛋和面粉一起油炸　材料：菠萝蜜丝 500g，鸡蛋 4 枚，面粉 100g，花生油 150g。做法：①剥开菠萝蜜皮，用刀片取下菠萝蜜丝备用。②将鸡蛋与面粉搅拌均匀。③放入菠萝蜜丝再搅拌。④把花生油放入锅中加热 6 成热后放入搅拌好的菠萝蜜丝炸 4 ～ 6min 即可，脆香甜可口。

2. 菠萝蜜炒肉丝　材料：菠萝蜜果肉 300g，肉丝、葱片、调味料适量。做法：①剥出果肉切丝，清水浸泡片刻并清洗，沥干水备用。②肉丝、菠萝蜜丝、葱片等备齐。③炒锅烧热加入食用油，下葱片将肉煸炒，加入适量生抽、少许盐翻炒片刻加入菠萝蜜丝继续翻炒片刻后，加入适量蚝油翻炒即可出锅。

六、市场销售采购信息

1. 雷州市喜原生态农业发展有限公司　联系人：许生　联系电话：13356503339

2. 雷州市百分百原生态农业专业合作社　联系人：许勇　联系电话：13266405888

3. 雷州市宋园家庭农场　联系人：宋学贤　联系电话：13590001422

古楼枇杷 ◎

（登录编号：CAQS-MTYX-20190374）

一、主要产地

重庆市合川区古楼镇摇金村、骑龙村等全镇共计 8 个村，并延伸至大石街道、三庙镇及燕窝镇。

二、品质特征

古楼枇杷果形圆形或卵圆形，萼孔开张，多为五角星形，少数为圆形。果型较大，金黄色，着色均匀。果皮较厚，易剥离。果肉橙红色，质地细嫩，有核 2～3 粒，可食率高。风味十足，糖多酸少，口感甘甜。

古楼枇杷可溶性固形物含量为 17.3%，可溶性糖含量为 9.32%，可滴定酸含量为 0.15%，可食率为 72.94%；胡萝卜素含量为 7.685mg/100g。

三、环境优势

古楼枇杷核心产区位于古楼镇紫色砂页岩形成的紫色壤土上，多数属中性土壤，土地肥沃。年均降水量 1 100mm，境内有嘉陵江及塘库堰、小型蓄水池、提灌站，水质优良，能够保证灌溉面积 30 000 亩以上。对于喜肥水湿润、排水良好土壤的枇杷是优良的种植产地。境内属丘陵区，海拔在 200～400m，地形起伏不大，为枇杷生产作业提供了较好的地理条件。冬季不低于 –3℃，避免冻害，适宜枇杷花期和幼果期安全生长。年均温在 17.5～18.1℃，昼夜温差不大，季节温差明显，适宜枇杷果实丰美成熟。全年气候温和，四季分明，无霜期在 300 天以上，年均日照 1 316.2h，充分的日照促进了枇杷果实糖分的形成。

四、收获时间

古楼枇杷成熟于 4—6 月，5 月中旬为最佳品质期。

五、推荐贮藏保鲜和食用方法

古楼枇杷鲜果可冷藏保存，也可暂存于阴凉、干燥、通风处。

古楼枇杷可鲜食，也可榨汁饮用，滋味可口；也可制作成枇杷膏、枇杷片，利肺气，止吐逆，主上焦热，润五脏；亦可酿成枇杷酒，在采摘节上边品尝果实边饮枇杷酒，是休闲放松的极佳食物。

六、市场销售采购信息

1. 重庆侃然苗木有限公司　联系人：张凯　联系电话：18996258066
2. 重庆成玺生态农业发展有限公司　联系人：谭成　联系电话：13883468388
3. 重庆市合川区金茂水土保持科技有限责任公司　联系人：叶春华　联系电话：13808355536

汶川甜樱桃

（登录编号：CAQS-MTYX-20190378）

一、主要产地

四川省阿坝州汶川县威州镇、克枯乡、绵虒镇、雁门镇、龙溪乡共 5 个乡镇 44 个行政村。

二、品质特征

汶川甜樱桃果实外观艳丽、中大果（直径 > 21.1mm），果形端正，果面光洁、呈紫黑色、着色均匀；果香浓郁；果肉殷红饱满、核小肉厚，口感细腻、甜脆多汁。

汶川甜樱桃可溶性固形物含量 26.8%，抗坏血酸含量 12.5mg/100g、花青素含量 365mg/kg，素有"百果之先"和"春果第一枝"之美誉，酸甜适口、营养丰富，每百克含铁量最高可达到 11.4mg。

三、环境优势

汶川县地处岷江上游，海拔 780 ~ 4 450m，汶川甜樱桃主产区分布在半湿润季风气候的峡谷区，空气清新、水质良好，全年光照充足，年日照 1 042.2 ~ 1 693.9h，日照百分率达 38%；无霜期长，为 247 ~ 269 天；温差大，极端最高温 33.2℃，极端最低温 –4.7℃，年平均气温 12.6℃，> 10℃积温 4 316.2℃；年平均降水量 526mm，降水日数 150.6 天，是发展特色种植业的理想地。

四、收获时间

每年 5 月为汶川甜樱桃的收获期，5 月下旬至 6 月上旬为汶川甜樱桃的最佳品质期。

五、推荐贮藏保鲜和食用方法

贮藏保鲜：鲜果入库前 7 ~ 10 天进行贮藏库消毒，将预冷后的甜樱桃果实放入 –1 ~ 1℃冷库中，冷库温度尽可能保持在此范围内。

食用方法：主要是应季鲜食，也可以用来泡酒、做果酱、做罐头。

樱桃酱　选个大、味酸甜的樱桃，1 000g 左右，洗净后分别将每个樱桃切一小口，剥皮，去核；将果肉和砂糖一起放入锅内，上旺火将、其煮沸后转中火煮，撇去浮沫涩汁，再煮；煮至黏稠状时，加入柠檬汁，略煮一下，离火，晾凉即成。

六、市场销售采购信息

1. 四川九耕农业开发科技有限责任公司　联系人：刘明清　联系电话：18090231113
2. 汶川县火红甜樱桃种植专合作社　联系人：尚贤品　联系电话：15808378307
3. 汶川县国全生态农业专业合作社　联系人：顺国全　联系电话：13778692299
4. 汶川县两股齐家庭农场　联系人：蒲涛　联系电话：13558597910
5. 汶川县慧伟大樱桃种植专业合作社　联系人：蒲伟　联系电话：15351436777
6. 汶川羌达旅游开发有限责任公司　联系人：张富康　联系电话：18783754302
7. 汶川县新睿大樱桃种植专业合作社　联系人：付猛　联系电话：13558598458

大荔冬枣 ◉

（登录编号：CAQS-MTYX-20190382）

一、主要产地

陕西省大荔县安仁镇、朝邑镇、范家镇、两宜镇、双泉镇、许庄镇、段家镇、冯村镇、埝桥镇、羌白镇、下寨镇、赵渡镇、韦林镇、东城街道办、西城街道办共 13 个镇 2 个街道办。

二、品质特征

大荔冬枣果形周正，大小均匀，色泽鲜艳，黄红相间，圆润饱满。果皮薄，果肉厚，果核小，果肉细腻白嫩。口感酥脆爽口，汁多无渣，香甜可口，枣香浓郁。

大荔冬枣单果重 18.9g，内含可溶性固形物 36.9%，维生素 C 488mg/100g，铁 0.48mg/100g，锌 0.54mg/100g。具有健脾养胃、益血壮神之功效。

三、环境优势

大荔县地处关中平原东部最开阔地带，海拔在 327 ～ 520m，属暖温带半湿润、半干旱季风气候。境内黄、洛、渭三河环绕，土地肥沃。大荔冬枣生产区年平均气温 13.4℃，年光照时数 2 385.2h，全年 ≥10℃有效积温 4 312℃，光热资源丰富，昼夜温差大，年降水量 514mm，无霜期 212 天。区域内地势平坦，土壤类型以黏质壤土为主，有机质丰富，保墒性能好。独特的自然资源优势使大荔冬枣具有果个大、色泽好、甜度高、成熟早的特点。

四、收获时间

春暖大棚：5 月底—7 月底。

钢架双膜棚：8 月初—9 月底。

冷棚：9 月初—10 月中旬。

五、推荐贮藏保鲜和食用方法

大荔冬枣属于鲜食水果，采摘之后贮藏保鲜，建议 5℃冷藏保鲜 7 天。

食用方法：可生食或蒸食。

1. 生食　清水冲洗之后，即可食用。

2. 蒸食　冬枣洗净，入蒸锅，蒸汽上来后蒸约 15 ～ 20min 即可。

六、市场销售采购信息

1. 大荔县绿源农庄冬枣专业合作社　联系人：薛安全　联系电话：13892549688

2. 大荔县瑞丰果品专业合作社　联系人：蔚岳峰　联系电话：13379132860

3. 陕西金裕阳农业科技有限公司　联系人：程红蕊　联系电话：13991673909

东府九阳春大荔特产品牌店

4. 线上销售：

于田沙漠玫瑰

（登录编号：CAQS-MTYX-20190397）

一、主要产地

新疆维吾尔自治区和田地区于田县阿热勒乡共3个行政村。

二、品质特征

于田沙漠玫瑰干品花蕾个体完整，萼尖微张，蕾尖发红，含苞待放，大小均一，花色艳丽，呈玫瑰紫红色，花朵饱满，花瓣密实肥厚，玫瑰花香浓郁。水溶性很强，温水冲泡汤色清亮，淡黄色，花瓣自然绽放，饮之，气香味甘，味道香醇浓郁，回味悠长。

于田沙漠玫瑰含有高含量的亚油酸和亚麻酸，富含17种氨基酸，氨基酸总量为8.57g/100g；黄酮含量为50mg/g，多酚含量约为2.5mg/g，含铁8.01mg/100g；含钙572mg/100g；含钾760mg/100g。

三、环境优势

于田沙漠玫瑰产区属于大陆性暖温带干旱沙漠气候区。产区光照充足，热量条件好，降水稀少，蒸发量大，昼夜温差大，日照丰富，多大风。年平均日照时数为2 769.5h，全年太阳辐射总量143.086kcal/cm^2。农业生产主要靠地表水、泉水、地下水灌溉，能够满足于田沙漠玫瑰生长结果的需水要求。适宜的水土、光照自然条件以及得天独厚的地理优势使玫瑰的株形美丽、香味浓郁，尤其是于田玫瑰生长在昆仑山脚下，塔克拉玛干沙漠南缘绿洲，属世界唯一高地玫瑰资源，该区域无任何污染，适宜玫瑰种植。

四、收获时间

于田沙漠玫瑰采收时间为5—6月。

五、推荐贮藏保鲜和食用方法

贮藏方法：按照企业标准及质量要求对于田沙漠玫瑰进行挑选、分级、包装、销售，放在干燥处常温保存。

食用方法：玫瑰花作为药食同源的食物，特别适合女性饮用。玫瑰花茶是一种珍贵的养生茶，它具有美容养颜、通经活络、调和肝脾等功效。玫瑰蜂蜜茶能清热降火、消脂减肥、滋阴润燥、调理肠胃、加快血液循环，能让人们的面色变得红润。

六、市场销售采购信息

1. 乌鲁木齐绿地店　联系人：毕媚　联系电话：13150335270

2. 乌鲁木齐文艺路店　联系人：杨海玲　联系电话：18690250068

3. 和田机场店　联系人：董得秀　联系电话：15214122863

4. 于田体验店　联系人：任勤　联系电话：13418975010

芒种

一候螳螂生；
二候鵙始鸣；
三候反舌无声。

夏至

一候鹿角解；
二候蝉始鸣；
三候半夏生。

⊙ 通许小麦

（登录编号：CAQS-MTYX-20190008）

一、主要产地

河南省开封市通许县 12 个乡镇 1 个产业集聚区 304 个行政村。

二、品质特征

通许小麦籽粒均匀，胚乳饱满，品相好，适宜加工成各类专用小麦粉。

通许小麦蛋白质含量 16.8g/100g，钙元素含量 43.3mg/100g，钾元素含量 360mg/100g，硒元素含量 16μg/100g。通许小麦营养价值丰富，能有效补充人体所需的蛋白质和微量元素。

三、环境优势

通许县属暖温带大陆季风气候，四季分明，冷暖适中。年平均日照 2 500h，年平均温度 14.1℃，无霜期 222 天，年降水量 775mm。县域内灌排体系完善，沟渠路畅通，林网密布，水质良好，旱季蓄水充足，具备良好的灌溉种植用水条件，有利于生产优质安全小麦。小麦种植基地远离中心城市，无"三废"，不受污染源影响或污染物含量在允许范围之内，生态环境良好。通许小麦种植区域内土地肥沃，土壤富含有机质，疏松、排水良好，属于优质小麦种植区域。

四、收获时间

每年 6 月为通许小麦的收获期。

五、推荐贮藏保鲜和食用方法

贮藏方法：新收获的小麦经日晒干燥后入库常温密闭保存。也可暴晒到 45 ～ 48℃、水分含量降到 12% 以下时高温密闭贮藏。还可低温密闭贮藏。

食用方法：加工成面粉可以做成糕点、馒头、拉面、包子等各种面食。

六、市场销售采购信息

通许县政丰种植农民专业合作社　网址：http://txzfhzs.v3.hnrich.net/　联系电话：16627553268

（登录编号：CAQS-MTYX-20190050）

淮阳黄花菜 ◉

一、主要产地

河南省周口市淮阳县曹河乡、白楼镇、四通镇、临蔡镇等。

二、品质特征

淮阳黄花菜花形完整，色泽金黄，油性大，弹性强，质地劲脆，久煮不面，香气浓郁。

淮阳黄花菜碳水化合物含量高达73.26%，蛋白质含量11.4g/100g，β–胡萝卜素高达420μg/100g，脂肪含量2.0%。

淮阳黄花菜味甘微凉，具有除湿通淋、止渴消烦、健胃、利尿、通乳、消肿等功效，对增强和改善大脑功能有重要作用。

三、环境优势

淮阳县地处豫东平原周口市腹地，地理位置为东经114°38′～115°04′，北纬33°20′～34°00′。境域系黄河冲积平原，地势平坦，土层深厚肥沃，土壤以沙、壤两合土为主，速效氮、速效磷含量丰富，为氨基酸合成提供了充足的物质。淮阳县属暖温带半湿润季风气候，气候温和，雨水充沛，四季分明，无霜期长，日照时数较多。常年降水量平均在740mm上下，年均日照时数2 354.6h，年平均气温为14.6℃，年累计积温达5 324.2℃，热能资源富足。独特的产地环境形成了淮阳黄花菜独特的品质特性。

四、收获时间

淮阳黄花菜在公历5—8月为成熟期，从5月开始采收。采收的黄花菜无法长期保存，需要马上蒸馏或者加工冷藏，最佳品质期为6月、7月中旬的二码菜。

五、推荐贮藏保鲜和食用方法

1.贮藏保鲜

鲜菜：速冻，−30℃；保鲜，−18℃。

干菜：避光、常温、干燥。

2.推荐食用方法

凉拌黄花菜　新采摘的鲜黄花菜冲洗干净，水烧开，沸水里焯一下，捞起，过凉开水，小米椒切圈、蒜切末，与酱油、鸡精、白糖、盐、蚝油制成酱汁，淋在备好的黄花菜上。淋上辣椒油拌匀即可食用。

清炒黄花菜　①黄花菜温水浸泡10min，然后沥干水分。②热油放葱花、大蒜瓣爆锅，加生抽。③黄花菜下锅，加鸡精、盐调味，快速翻炒出锅。

六、市场销售采购信息

购买热线：0394–2669959

◎ 盐池黄花菜

（登录编号：CAQS-MTYX-20190072）

一、主要产地

宁夏回族自治区盐池县花马池、大水坑、惠安堡、高沙窝 4 个镇，王乐井、冯记沟、青山、麻黄山 4 个乡。

二、品质特征

盐池黄花菜较同类产品花长 1～2cm，花瓣肥厚，条纹清晰，色泽棕黄，嘴部乌黄，无油性，条子长且粗细均匀，香味浓郁，食之有爽快的清香气，味鲜质嫩，口感好，品质高，营养丰富，被视作"席上珍品"。

盐池黄花菜蛋白质含量 9.88g/100g，脂肪含量 0.8g/100g，钙含量 339.4mg/100g，磷含量 210mg/100g，铁含量 29.9mg/100g。盐池黄花菜性味甘凉，有止血、消炎、清热、利湿、消食、明目、安神等功效，对出血、小便不通、失眠、乳汁不下等有疗效，可作为病后或产后的调补品。

三、环境优势

盐池县位于宁夏回族自治区东部，属典型大陆性季风气候，年均气温 9.2℃，年均日照时数 3 124h，无霜期 148 天，年均降水量 280mm 左右，年均蒸发量 2 100mm，日照充足，地下浅水层的分布较广，水质好，且矿物质元素丰富，有利于黄花菜种苗的成活和分蘖，使盐池黄花菜品质好，产量高。1986 年起，盐池县建立黄花菜生产基地，是当地主要的蔬菜作物之一，生产区域主要集中在盐池县南部的惠安堡镇，种植面积 5 400hm²，产量 31 000t。

四、收获时间

黄花菜采摘期从 6 月下旬开始到 8 月上旬结束，历时 40 多天。在采摘期每天采摘应在上午 5～10 时为宜。

五、推荐贮藏保鲜和食用方法

贮藏方法：散装黄花菜可选择干度达到 93%～95% 的菜品（晒干后用手可以折断），自然贮藏即可。对吸潮但未霉变的黄花菜，可以晒干、冷却、密封包装后继续贮藏。黄花菜的保鲜期随着贮藏温度的降低而延长，需注意防潮。

推荐食用方法：

1. 凉拌黄花菜　主料：黄花菜适量、辣椒 2 个、大蒜 3 瓣、生姜 1 小块。烹饪方法：水烧开，倒入黄花菜，焯水捞起，大蒜生姜剁碎装入碗里，倒入盐、味精搅拌均匀，倒入酸醋搅拌均匀，倒入调和油再次搅拌均匀，趁热倒入黄花菜里搅拌，这样才入味。

2. 排骨烩黄花菜　原料：排骨段 500g、水发黄花菜 300g、姜片 30g、葱段 30g、盐 5g、鸡粉 5g、加饭酒 20g。做法：排骨段洗净，黄花菜挤干水分；热锅下油爆香姜、葱后下入排骨，煸炒出油，烹酒；加适量汤汁，调味，下入黄花菜，大火烧开，撇去浮沫；小火炖至排骨熟烂，点味精，装碗。黄花菜喜油，适合多脂肉类配合烹制，但每餐不可过多食用，必须熟透食用。

六、市场销售采购信息

1. 宁夏黄花供销网站（WWW.NXHHGX.COM）

2. 盐池县农业技术推广服务中心　李强 13709534846

3. 宁夏坤美农业发展有限公司

（登录编号：CAQS-MTYX-20190074）

一、主要产地

宁夏回族自治区中卫市中宁县所辖宁安、恩和、鸣沙、新堡、大战场、石空、舟塔、余丁、白马、喊叫水、徐套、太阳梁共 12 个乡镇 120 个行政村。

二、品质特征

中宁枸杞果粒形状为类纺锤形略扁稍皱缩，果皮色泽为枣红色、粒大、皮薄、肉厚、籽少，每 100g 中宁枸杞含总糖 60.8g、枸杞多糖 3.33g、蛋白 12.0g、脂肪 1.20g，微量元素"硒"含量优于同类普通枸杞。

中宁枸杞是我国传统的名贵中药和滋补品。枸杞子俗称枸杞，性平味甘，药物主要功能为滋补肝肾，益精明目。枸杞子为扶正固本、生精补髓、滋阴补肾、益气安神、强身健体、延缓衰老之良药，能抑制脂肪在肝细胞内沉积，并促进肝细胞的新生。

三、环境优势

中宁县是世界枸杞的发源地，是中国枸杞主产区和新品种选育、新科技研究推广开发区，有 600 余年的枸杞栽种历史，是国务院命名的枸杞生产基地县、"中国枸杞之乡"和"中国特产之乡"。中宁地处中国枸杞野生自然分布区域的中心地带，光照充足，有效积温高，昼夜温差大，是清水河与黄河交汇的冲积平原，土壤矿物质含量极为丰富（尤其是硒含量），腐殖质多，熟化度高，水质独特，加上适宜的优良品种、配套的园艺技术，使得中宁枸杞"甘美异于他乡"。

四、收获时间

枸杞采摘期，夏果一般在 6—8 月，秋果在 9—10 月。

五、推荐贮藏保鲜和食用方法

中宁枸杞干果应贮藏于干燥阴凉处或冰箱冷藏室保存。

食用方法：泡茶、泡水、泡酒、炖肉、煲汤、菜肴、煮粥、蒸饭等。也可以直接嚼着吃。

六、市场销售采购信息

1. 消费者可以通过实体店进行购买，也可以登录网址 zn.s315.net，在中宁枸杞质量安全追溯系统管理界面了解相关情况

2. 中宁枸杞产业发展服务中心电商平台　天猫：宁夏原产地商品官方旗舰店　苏宁易购：中华特色馆·宁夏馆　京东商城：中国特产·宁夏馆　联系人：孟跃军　联系电话：13629558109

3. 宁夏宁安堡土特产品有限公司　京东店铺名称：宁安堡旗舰店

4. 宁夏源乡枸杞产业发展有限公司　京东店铺名称：中宁枸杞官方旗舰店

联系电话：0951-6096777、0951-5568777

5. 宁夏早康生物科技有限公司　联系电话：0951-5095323、13409515111

6. 宁夏中杞枸杞贸易集团有限公司　联系电话：0955-5796000、400-1008-196、15909563080

长子青椒

（登录编号：CAQS-MTYX-20190076）

一、主要产地

山西省长治市长子县所辖 12 个乡镇。

二、品质特征

长子青椒个大肉厚、色泽鲜艳、耐藏易运，享有"天下第一甜椒"之美称。长子青椒叶绿素含量 0.0921mg/g，维生素含量 127.8mg/100g，蛋白质 1.02g/100g，铁 1.17g/100g，均优于同类青椒参照值。

三、环境优势

长子县地处山西省东南部、上党盆地西侧，海拔平均在 1 000m 左右，属大陆性半干旱气候，高温多雨集中，四季分明。春季干旱多风，夏季炎热多雨，秋季天高气爽，冬季寒冷少雪。全年封冻日 102 天左右，平均无霜期 165 天，产地土肥水美、碧水蓝天，远离工业污染，为长子青椒的高品质生产提供了得天独厚的条件。

四、收获时间

长子青椒最佳收获期为 6—10 月，一般采收 3 ～ 5 次。

五、推荐贮藏保鲜和食用方法

贮藏方法：按照长子青椒质量要求进行分级挑选、包装标识后于 0 ～ 5℃可冷藏保鲜 7 天。

食用方式：生吃可当水果，烹、炒、煎、炸、煮、蒸、拌馅、腌渍食之，香美可口，加工成青椒酱，常年尝鲜。以下介绍 2 种最佳食用方法。

1.青椒炒肉丝　材料：青椒 200g，肉丝 500g。做法：①肉切成肉丝；②青椒去掉籽、洗净切成丝；③锅里放入少许油烧热，肉丝过油取出；④锅里再放少许油；⑤放入青椒丝，再放入肉丝，放入盐，翻炒均匀即可出锅。

2.青椒炒鸡蛋　材料：青椒 500g，鸡蛋 500g。做法：①鸡蛋打入碗里；②放入少许水用打蛋器搅拌均匀；③青椒去掉籽、洗净切成丝；④锅里放入少许油烧热，放入蛋液凝固取出；⑤锅里再放少许油；⑥放入青椒丝翻炒一两分钟，再放入炒好的鸡蛋，放入盐，翻炒均匀即可出锅。

六、市场销售采购信息

长子县椒王蔬菜营销专业合作社　联系人：郭旭姣　联系电话：18935338139

（登录编号：CAQS-MTYX-2019099）

遂溪火龙果 ◎

一、主要产地

广东省湛江市遂溪县杨柑、洋青、岭北和建新等镇。

二、品质特征

遂溪火龙果果形呈球形，具有不规则排列、卵状而顶端有急尖的鳞片；表皮色泽均匀鲜艳，呈紫红色；果实饱满有弹性，皮薄而易剥离；果肉紫红色或白色，肉间具有黑芝麻状种子，果肉味甜多汁，口感绵柔。

遂溪火龙果维生素 C 含量为 4.3mg/100g，总糖含量 10.7%，可滴定酸含量 ≤ 0.3%。维生素 C 含量丰富，口感甜，酸度较低，其所测得的特征指标均优于同类产品参照值。

三、环境优势

遂溪县素有"湛江市区后花园"之称，是著名的"鱼米之乡"。遂溪县地处北纬 21°，土壤质地优良，基本是优质的农业和牧业用地，有超过 7 成的土地可以用作集中式生活饮用水水源地、茶园、牧场和其他保护地区的土地使用。遂溪土壤含硒、磷、铁等较多，特别是硒平均含量比我国土壤背景值约高 10%，土壤含硒量超过 0.4mg/kg 的村庄总面积超过 500km²。在这样的土壤中生长的火龙果，含有更加丰富的维生素 C 及糖分，口感更加清甜爽滑。

四、收获时间

每年 6—11 月为收获期。遂溪火龙果一般在每年的 6 月 10 日左右收获第一批果实，在 11 月 15 日前后收获最后一批果实，以第一批和最后一批果实的品质最佳。

五、推荐贮藏保鲜和食用方法

火龙果的最佳贮藏温度为 5℃，食用方法为直接食用。

六、市场销售采购信息

1. 遂溪一亩田万禾科技有限公司　联系人：陈国伟　联系电话：18820660288
2. 遂溪县海英火龙果种植专业合作社　联系人：李九　联系电话：15016488817
3. 湛江市桥红农业发展有限公司　联系人：李景双　联系电话：15875956992
4. 湛江市绿态农业发展有限公司　联系人：钟华越　联系电话：17676529299
5. 遂溪县洋青火龙果种植专业合作社　联系人：宋宁　联系电话：13922072538

德庆鸳鸯桂味荔枝

（登录编号：CAQS-MTYX-20190104）

一、主要产地

广东省肇庆市德庆县官圩镇胜敢村、官圩镇谢村。

二、品质特征

德庆鸳鸯桂味荔枝呈圆球形或近圆球形，果顶浑圆，果肩平，果大，皮薄，平均单果重20.4g，果皮鲜红。龟裂片凸起呈不规则圆锥形，裂片峰尖锐刺手，裂纹显著，缝合线明显，窄深且有凹陷，肉厚核小，果肉呈半透明的凝脂状，肉质爽嫩，香甜多汁，有桂花香。

德庆鸳鸯桂味荔枝可食率79%，含可溶性固形物20%，总糖17.6g/100g，总酸0.1%。

三、环境优势

德庆县位于广东省的中西部，属亚热带季风气候区，雨量充沛，光热充足。年平均气温22.3℃，年日照时数1 848h，年降水量1 513mm，霜期很短。县内低山丘陵居多，土层深厚，土壤肥沃、有机质含量丰富，独特土质和气候造就了荔枝独特的口感和品质。德庆鸳鸯桂味荔枝属增城挂绿支系，是德庆县官圩人谢氏在100多年前由增城引种栽培而成，一直以来因其独特的果形及清甜爽口的味道，驰名于粤、港、澳，具有很好的区域优势。

四、收获时间

每年6—7月收获，6月树上8～9成熟的果实品质最佳，适宜现场售卖或快递直销。

五、推荐贮藏保鲜和食用方法

8～9成熟的果实常温可以贮藏2～3天，冷库贮藏可存放15～20天，严格控制温度等条件可以存放40天甚至更久。食用方法以鲜食为主，也可以晒成荔枝干。

六、市场销售采购信息

德庆县鸳鸯桂味荔枝种植农民专业合作社　联系人：孔妹莲　联系电话：13727232440

(登录编号：CAQS-MTYX-20190107）

博罗山前荔枝 ◉

一、主要产地

广东省惠州市博罗县龙华镇。

二、品质特征

博罗山前荔枝以早中熟妃子笑、桂味等品种为主，果品圆球形，中等大小，平均单果重 20g，果皮鲜红，皮薄且脆，果顶浑圆，种柄细而不明显，多数核小，果肉乳白色，肉质爽脆、清甜蜜味，圆润多汁。

博罗山前荔枝的可食用率为 75%，可溶性固形物含量为 19%，总酸为 0.1%，总糖则为 16.8g/100g，均优于市场同类产品参照值。

三、环境优势

博罗山前荔枝生产基地位于博罗县龙华镇太平山下，紧靠太平山水库边，环境优越，空气清新，土壤肥沃。属亚热带季风气候区，光热充足，为缓坡地果园，土层深厚，科学管理的荔枝长势良好。园区周边生态环境优美，水土保持良好，村落与自然风光相互映衬，景色宜人。

四、收获时间

每年 6—7 月为荔枝收获期。

五、推荐贮藏保鲜和食用方法

贮藏保鲜方法：低温 3 ～ 5℃贮藏，小袋包装，袋内放一些可吸潮的纸，可保存 40 天左右。

食用禁忌：忌空腹食用荔枝。荔枝含有比较高的糖分，空腹食用很有可能会刺激胃黏膜，出现胃痛胃胀的状况。

小贴士：荔枝怎么吃不上火

①吃掉荔枝果膜。剥开荔枝时能看到一层薄薄的白膜，一般我们都是将它剥掉的，但是如果要防止上火，建议将薄膜一起吃掉或者用带有果膜的荔枝壳煲水喝，这是最直接最方便的方法。②冷藏后再吃。将荔枝放进冰箱冷藏，第二天再吃，不仅冰心透凉，滋味可口，而且还不上火，化燥气而补阴。③盐水浸泡。将荔枝放入淡盐水中浸泡 1.5h 左右再吃，这样对于降火有一定的帮助。

推荐食用方法：

荔枝干老鸭汤　材料：荔枝干 30 个、瑶柱 20g、光鸭 1 只、陈皮 1/4 个、生姜 2 片。做法：荔枝干去壳去核，取出果肉，瑶柱用清水泡发。陈皮用水泡软，刮去白瓤洗净。光鸭去皮斩成块状，放入沸水中氽烫，捞起过冷水，沥干水备用。瓦煲注入适量清水，放入鸭肉、荔枝干、瑶柱、陈皮和姜片，加盖大火煮沸，改小火 2h，加盐调味即成。功效：荔枝干滋心肾、益肝血，而老鸭滋阴、补气血，合而为汤，共奏补中益气、补血生津之功。

六、市场销售采购信息

博罗县山前荔枝专业合作社　联系人：刘荣辉（社长）

联系电话：0752-6768818、13802357619

◉ 洪洞麦纤粉

（登录编号：CAQS-MTYX-20190125）

一、主要产地

山西省洪洞县。

二、品质特征

洪洞麦纤粉为粉状，浅黄色，色泽均匀。具有麦香味，冲泡后为糊状。麦纤粉膳食纤维含量为 38g/100g，硒含量 47μg/100g，钾含量 1 003mg/100g，锌含量 9.29mg/100g，不溶性膳食纤维 29.3g/100g，总膳食纤维及钾锌硒微量元素均优于同类产品参照值，对于肥胖、便秘、三高人群有良好功效。

三、环境优势

洪洞麦纤粉以高品质小麦原料为基础生产。洪洞县东西北三面环山，汾河由北向南纵贯县境中部。南部低平，形成东西高、中间低、北窄南宽的河谷盆地。全县平均海拔 530m。在谷物种植管理上，依托洪洞县地理优势，基地主要分布山地、丘陵区域，海拔高，昼夜温差大，周围无污染源，生产小麦周期长、品质好、病害少，完全适宜生产有机小麦。无霜期、光照时数、有效积温等生产小麦的自然条件高于国家生产优质有机冬小麦的标准，生产出来的小麦具有蛋白含量高及营养成分含量高、无农药残留的优势。麦纤粉生产中则采用科学的竖式石质磨盘以低温、低速加工研磨，并且采用皮心并重的制粉工艺，使小麦研磨遍数大为减少，最大限度地保留了小麦中的营养物质，且无任何添加剂，优质的小麦原料保证了洪洞麦纤粉的安全、优质、天然、绿色。

四、收获时间

小麦收获期为每年的 6 月 10—20 日，洪洞麦纤粉全年可生产。

五、推荐贮藏保鲜和食用方法

贮藏方法：预包装后常温保存 9 个月。

麦纤粉用于减肥代餐、营养辅食等。以下介绍 3 种最佳食用方法。

1. 搭配牛奶冲调做早餐营养粥　材料：麦纤粉 30g，鲜奶 350ml，煮鸡蛋 1 个。做法：①麦纤粉 30g 加入 350ml 牛奶。②放置于微波炉加热 1～2min 即可。③搭配鸡蛋食用，满足一上午的营养。

2. 搭配小米或大米做粗粮粥　材料：小米或大米粥、麦纤粉 30g。做法：①小米或大米粥盛好放置 2～3min。②将麦纤粉 30g 加入粥里搅拌均匀。

3. 作为代餐品　50～70℃热水直接冲泡后饮用代餐。

六、市场销售采购信息

消费者可通过电话订购，快递到家。联系电话：0357-6222226

口肯板香瓜 ◉

（登录编号：CAQS-MTYX-20190128）

一、主要产地

内蒙古自治区呼和浩特市土默特左旗塔布赛乡口肯板村。

二、品质特征

口肯板香瓜果形端正，近圆柱形或阔梨形；果皮光滑，着色均匀，皮薄肉厚，果皮底色为白色，果皮覆纹为浅绿色点状条带，果肉为白色；瓜瓤含水较少，果肉与瓜瓤易于分离；口感脆甜，芳香味浓，品质极佳。

口肯板香瓜水分含量87.2%，可溶性糖7.72%。每100g含维生素C 41.3mg，铁3.74mg，钙20.06mg。

三、环境优势

口肯板香瓜产区主要分布在口肯板村，周边沿黑河故道有八九个村落也在种植，面积约7 000亩左右。该地无霜期为133天，≥10℃的平均数为157天，积温2 917℃，年日照时数为2 952h，海拔1 000m，非常适宜香瓜的种植。

四、收获时间

口肯板香瓜一般在每年的6月中、下旬到7月初为采收的最佳时期，这时的香瓜芳香味浓口感脆甜，所含的营养物质丰富。

五、推荐贮藏保鲜和食用方法

贮藏条件：在冷藏条件下可以保存15天左右。

食用方法：口肯板香瓜清洗干净后可直接食用。

六、市场销售采购信息

1. 土默特左旗金满地种养殖农民专业合作社、土默特左旗口肯板申香瓜种植农民专业合作社
联系人：任兴旺　联系电话：13948106898

2. 土默特左旗溢丰种植农民专业合作社　联系人：乔文平　联系电话：13722048677

3. 土默特左旗金丰惠农种养殖农民专业合作社　联系人：郭俊龙　联系电话：15024916665

4. 土默特左旗闫丽平种植农民专业合作社　联系人：闫丽平　联系电话：15049154828

5. 土默特左旗仁忠义种养殖农民专业合作社　联系人：任忠义　联系电话：13948191851

6. 土默特左旗众创种养殖农民专业合作社　联系人：郭根成　联系电话：15134838876

◎ 武川香菇

（登录编号：CAQS-MTYX-20190133）

一、主要产地

内蒙古自治区呼和浩特市武川县耗赖山乡大豆铺村。

二、品质特征

武川香菇菌盖稍扁平，表面呈深褐色，菌褶呈乳白色，厚度为 1.1～1.3cm，菌盖直径 4～5cm，开伞度小，菌柄长度较菌盖直径长；有鲜香菇特有的沁人香气，菌肉紧实，口感弹韧。

武川香菇蛋白质、谷氨酸、天冬氨酸、赖氨酸、丙氨酸、精氨酸、钙、铁、锌、钾、镁、铜、钠、锰含量均高于参考值近 1.3 倍。

每 100g 武川香菇中含谷氨酸 487.5mg，赖氨酸 132.1mg，精氨酸 90mg。

三、环境优势

武川县耗赖山乡大豆铺村位于内蒙古自治区中部，阴山北麓，周边无任何工业企业，环境良好无污染，为食用菌种植提供了保障性条件，因为食用菌属真菌类植物，最容易受到污染。该地区气候类型属中温带大陆性季风气候，年平均气温 3.0℃，昼夜温差大，最热月为 7 月，平均气温 18.8℃。年平均降水为 354.1mm 左右。无霜期 124 天左右。夏季高温多雨，冬季寒冷干燥，借此特殊季节，秋冬季节生产菌棒，夏秋出菇，正好和南方出菇高峰期相反，以此来填补市场需求。

四、收获时间

每年的 6—10 月是香菇的出菇期。

五、推荐贮藏保鲜和食用方法

武川香菇鲜品适宜冷藏保鲜，在 4～5℃时可以贮藏半个月左右。

武川香菇有多种食用方法，其中炒、炖是最为常见的食用方法，葱油香菇、小鸡炖蘑菇等名菜都离不开香菇。

葱油香菇　材料：香菇 8 朵、彩椒少许、大葱 2 根、白糖少许、盐少许、色拉油 3 汤匙、鸡精 1/4 茶匙。做法：武川香菇洗净、彩椒切丝，葱洗净切成葱末；锅中水烧开，放一小勺盐，倒入香菇和胡萝卜片，焯水 1min 后捞出，晾凉，晾凉的香菇用手挤去水分，每朵香菇撕成四块；胡萝卜片和撕好的香菇放入一大碗中，放 1/2 茶匙盐、一点点白糖、1/4 茶匙鸡精拌匀；把葱末放入一小碗中，锅烧热放入三汤匙色拉油烧到冒烟，立即倒入葱末中激出香味儿，倒入碗中，拌匀即可。

六、市场销售采购信息

呼和浩特蒙禾源菌业有限公司　联系人：郭志英　联系电话：0471-8895003

（登录编号：CAQS-MTYX-20190146）

新密金银花 ◉

一、主要产地

河南省新密市尖山风景区管委会巩密关村。

二、品质特征

新密金银花质地纯净，气味清香；沸水冲泡后，花蕾直斜相伴，垂而不倒；汤色澄清、金黄鲜亮、香气醇厚、微苦、有回甘。

新密金银花绿原酸含量为3.89%，木犀草苷含量为0.0553%，赖氨酸含量1 090mg/100g，蛋氨酸含量180mg/100g，精氨酸含量740mg/100g。新密金银花性凉、微苦，具有清热解毒、消炎止痛等功效，氨基酸含量丰富，能够提高人体免疫力。

三、环境优势

新密市地处中原经济区、郑州都市区中心地带和郑州航空港综合实验区经济圈，距郑州国际机场20km，区位优越，交通便利。新密市属浅山丘陵区，多数丘陵海拔在300～800m，山地海拔500～1 000m。属温带大陆性季风气候，冬寒干燥，风多雪少，夏季雨量集中，秋凉晴爽，四季分明，年平均气温14.3℃，光照充足，年日照时数2241.3h；雨量适中，年平均降水量637.2mm；全年无霜期222天，光热资源丰富。境内分布有褐土、潮土和棕壤三个土类，其中褐土类面积最大，占总面积80%以上。土壤养分平均含量：有机质1.08%，速效磷4mg/kg，速效氮37mg/kg，速效钾87mg/kg。pH值7.5左右，非常适合金银花的种植。

四、收获时间

新密金银花每年4—9月采摘，最佳品质期是采摘干制后的6～12个月。

五、推荐贮藏保鲜和食用方法

贮藏方法：干燥、避光保存。

新密金银花可用于生食、蒸煮、泡茶等。以下介绍3种最佳食用方法。

1.生食　取少量的金银花嫩茎叶及少量的花瓣，用冷开水洗净之后，慢慢咀嚼。可缓解毒蘑菇或水银中毒。

2.蒸煮　①金银花粥。煮粥时加入少量金银花蕾。可提高免疫力。②金银花露。金银花的花、叶加水，先用猛火后用小火蒸30min，滤出汤汁加冰糖后饮用。可清热、解暑。③金银桃花饮。桃花15朵，金银花10g，水煎服。可用于痢疾。

3.泡茶　①金银花山楂饮。金银花、山楂热水冲泡，代茶饮。可开胃、消食。②金银花薄荷茶。将金银花、薄荷用沸水冲泡，加盖闷15min，加入蜂蜜即可。可用于痱子。

六、市场销售采购信息

消费者可以发送电子邮件至邮箱1661030689@qq.com或拨打电话18638630567联系购买。

◎ 通许马铃薯

（登录编号：CAQS-MTYX-20190151）

一、主要产地

河南省开封市通许县朱砂镇朱砂村；竖岗镇百里池村；孙营乡北孙营村、南孙营村。

二、品质特征

通许马铃薯块茎较大，扁圆形或长圆形，外形圆润、规整，薯皮黄色，芽眼浅，表面光滑，薯肉呈黄色。烹饪加工成熟食后，清脆爽口或入口软面，略带香味，味道鲜美。

通许马铃薯营养价值高，除富含丰富的碳水化合物外，还含有丰富的维生素 C 和微量元素钾，维生素 C 含量为 39.3mg/100g，钾元素含量为 463mg/100g，粗纤维含量 0.4g/100g，淀粉含量 12.4g/100g。通许马铃薯有保护心肌、降低血压的功效。

三、环境优势

通许县属暖温带大陆季风气候，四季分明，气候温和，雨量适中。地处河南省光能高值区，太阳辐射量年平均 122kcal/cm²，年平均日照 2 500h，年平均温度 14.9℃，10℃以上的有效积温 4 660℃，无霜期 222 天，年降水量 775mm，具有良好的自然条件和区位优势。县域内灌排体系完善、沟渠路畅通，林网密布，水质良好，季蓄水充足，具备良好的灌溉条件，地势平坦、土层深厚，土壤肥沃，以壤质土为主，pH 值在 7.8～8.8，有机质含量 10～14g/kg，有利于生产优质安全马铃薯。通许马铃薯产地环境质量符合《绿色食品　产地环境质量》NY/T 391 的相关要求。通许马铃薯种植基地生态环境良好、远离中心城市，无"三废"，不受污染源影响。

四、收获时间

每年 6 月为通许马铃薯的收获期。6—9 月为通许马铃薯的最佳品质期。

五、推荐贮藏保鲜和食用方法

常温贮藏：通风、干燥处保存。低温冷藏：将温度控制在 3～5℃，相对湿度 85%～90%。

食用方法：马铃薯鲜薯可供烧煮作为粮食或蔬菜。也可加工成多种食品，如法式冻炸条、炸片、速溶全粉、淀粉以及花样繁多的糕点、蛋卷等。

炒土豆丝　①把土豆去皮切细丝，红干椒切段，大葱切丝。②切好的土豆丝用水冲洗两遍去淀粉，再泡到清水里备用。③锅中放适量油烧至五成热，放入花椒粒、葱丝和红椒段爆香。④把土豆丝捞出放入锅中，大火快速翻炒均匀。⑤调入生抽、米醋和糖翻炒 3～5min。⑥再调入盐和鸡精。⑦翻炒均匀即可。

六、市场销售采购信息

1. 通许县汴梁土豆合作社　联系人：王自卫　联系电话：15837897999
2. 通许县张国高效农业技术服务专业合作社　联系人：张留国　联系电话：13783780858
3. 通许县鑫源绿色蔬菜专业合作社　联系人：王振现　联系电话：18737806669
4. 通许县宏运蔬菜种植农民专业合作社　联系人：侯瑜　联系电话：13592115336

（登录编号：CAQS-MTYX-20190158）

八里湾小麦 ◉

一、主要产地

河南省开封市祥符区八里湾镇磨角楼村、内官营村、鹅赵村、曹寺村、杜营村、姬坡农场、文府村、小河村、大王寨村共 9 个村。

二、品质特征

八里湾小麦为白麦，麦皮呈褐色，角质率高，属中强筋小麦。八里湾小麦中蛋白质含量为 15.8g/100g，水分含量 9.12%，湿面筋为 28.6%，吸水量为 66.8ml/100g，稳定时间 25.4min，烘焙品质评分值为 86.4 分。另外八里湾小麦还含有丰富的微量元素钾，含量为 354mg/100g。八里湾小麦能补充人体所需要的营养成分，可增强人体免疫力，有益于身体健康。

三、环境优势

八里湾小麦种植地区属于黄河冲积平原组成部分，环境优美，交通便利，地势平坦，土地肥沃，土壤有机质含量高，年平均气温 14℃，年降水量 628mm，无霜期 214 天。境内水资源丰富、水质好，非常有利于种植业的发展，素有开封小粮仓之称。种出来的小麦，产量高、籽粒硬度大，蛋白质含量高，面筋质量好，吸水率高、面团的稳定特性较好，面团拉伸阻力大，弹性好，深受消费者的认可。

四、收获时间

每年 6 月为八里湾小麦的收获期。

五、推荐贮藏保鲜和食用方法

贮藏方法：低温密封保存。

食用方法：八里湾小麦可制成各类专用小麦面粉，可做面食、糕点等。

六、市场销售采购信息

1. 开封市祥符区君华农作物种植农民专业合作社　联系人：王岩　联系电话：13803786027

2. 开封市祥符区东领蔬菜种植农民专业合作社　联系人：王东领　联系电话：15837869688

3. 开封市祥符区小河农作物种植农民专业合作社　联系人：李明　联系电话：13592139909

鄢陵油桃

（登录编号：CAQS-MTYX-20190170）

一、主要产地

河南省许昌市鄢陵县马坊镇程岗村。

二、品质特征

鄢陵油桃果形端正，果肩平，果色呈红白色，果肉黄红色，果核小。

鄢陵油桃营养品质丰富、肉质鲜美，其中所含可溶性固形物 13.0%、钾 223mg/100g、镁 9.04 mg/100g。鄢陵油桃适宜低血钾和缺铁性贫血患者食用。

三、环境优势

鄢陵县位于河南省中东部，一年四季分明，历年平均日照时数为 2 438h，气候温和，地下水优质，降雨充足；春季干旱多风，夏季炎热雨量集中，秋季晴朗清爽，冬季寒冷干燥；质地多为轻壤和中壤，土层深厚，土壤 pH 值为 6.5 ～ 7.8。鄢陵县在油桃树生长适宜期的 3—8 月间每月的日照时数在 200 ～ 260h，平均每天在 7h 以上，良好的生态环境有利于油桃和各种果树的种植生长。

四、收获时间

鄢陵油桃 6 月采收，6 月为最佳品质期。

五、推荐贮藏保鲜和食用方法

贮藏方法：用毛巾把油桃表面的水分擦干后，装入塑料袋或保鲜袋，放入冰箱，温度控制在 0℃，相对湿度保持在 85% ～ 90%，可保存 1 个月左右。

食用方法：用 50℃ 左右的水清洗油桃后直接食用，因为 50℃ 的水可以杀死或清洗掉油桃表皮的细菌和虫子，又不会烫坏油桃。

六、市场销售采购信息

鄢陵县永泓农业开发有限公司　联系人：姚占勇　联系电话：15617498888

长葛桃 ◉

（登录编号：CAQS-MTYX-20190175）

一、主要产地

河南省长葛市后河镇王买村，大周镇大周村，石象镇左场村、坡李王村，古桥镇石庄村。

二、品质特征

长葛桃外观色泽鲜嫩，有红色、黄色或淡黄色，果圆形或椭圆形，果肉呈黄色或玫瑰红，多汁，酸甜可口。

长葛桃营养品质丰富、肉质鲜美，其中所含可溶性固形物11.8%、钾164mg/100g、铁0.33mg/100g和镁8.75 mg/100g。长葛桃适宜低血钾和缺铁性贫血患者食用。

三、环境优势

长葛市位于河南省中部，地处亚热带到暖温带的过渡地带，属北温带大陆性季风气候区，日光充足，地热丰富，气候适宜，四季分明，年均气温14.3℃，日照时数2 422h，年均降水量711.1mm，无霜期217天。全市耕地面积67.5万亩，土壤主要有褐土和潮土，质地为轻壤或中壤，土壤肥沃，保水保肥能力强，可耕性良好，适宜长葛桃等多种农作物、林木和其他植物生长。

四、收获时间

每年6月为长葛桃的采收期，6月也是长葛桃的最佳品质期。

五、推荐贮藏保鲜和食用方法

贮藏温度及湿度：冷藏 –0.5 ～ 0℃，相对湿度为90%。

食用方法：直接鲜食或加工后食用。

1. 桃子酱　①将5个桃子洗净去皮切小块。②加入200g白砂糖或冰糖腌制……小火熬，期间不停地搅拌，防止粘锅，熬到黏稠即可。

2. 桃汁　桃子洗净去核切小块，放入榨汁机倒入适当冷开水榨汁。

六、市场销售采购信息

1. 河南福多多生态农业有限公司　联系人：陈瑞甫　联系电话：13837445508
2. 长葛市丰民家庭农场　联系人：周明学　联系电话：13653746868
3. 长葛市乐丰种植专业合作社　联系人：朱小娟　联系电话：15038985986
4. 长葛市金玉农业发展有限公司　联系人：李守生　联系电话：15037476423
5. 长葛市丰景园家庭农场　联系人：李现伟　联系电话：15617279866

◎ 仰韶大杏

（登录编号：CAQS-MTYX-20190177）

一、主要产地

河南省三门峡市渑池县果园乡的李家村、毛沟村、窑屋村等 12 个行政村。

二、品质特征

仰韶大杏果实大，卵圆形，果顶平、微凹，缝合线浅，两半部不对称，梗洼深广。单果平均重 73 ～ 94g；果皮和果肉橙黄色，阳面着红晕；肉质细韧，致密，纤维少，汁液丰富，酸甜可口，香气浓郁，离核，苦仁。

仰韶大杏可溶性固形物含量达 15.5%，维生素 C 含量高达 17.6mg/100g，总酸含量 0.823%，均远优于同类产品参照值。仰韶大杏具有健脾化积、软化血管、降压、降低胆固醇等功效。

三、环境优势

仰韶大杏产地位于河南省西北部渑池县东南丘陵腹地，光照充足，太阳辐射量大，且气候凉爽，昼夜温差大，得天独厚的气候条件造就了仰韶大杏的独特品质，产地周边山地较多，植被茂盛，林地及植物资源丰富，多乔木和灌木成为绝佳的天然屏障，且产地周围均种植有柏树、杨树、刺槐为主要树种的绿化防风带，空气清新，比较适宜大杏生长。现如今，在仰韶大杏的主产区渑池县李家村仍然生长着 300 余棵逾百年树龄的老杏树，根繁叶茂，果实累累。

四、收获时间

仰韶大杏收获时间为每年的 5 月底至 6 月初，最佳品质期在 6 月 10 日左右。

五、推荐贮藏保鲜和食用方法

贮藏保鲜方法：仰韶大杏在八成熟时采摘，3 ～ 5℃冷库贮藏，或在冰箱冷藏保鲜，一般可贮藏 20 天左右。

食用方法：果实清洗干净后直接食用。

六、市场销售采购信息

渑池县果园乡李家大杏农民专业合作社　联系人：李松涛　联系电话：13949767169

陕州红梨 ◉

（登录编号：CAQS-MTYX-20190178）

一、主要产地

河南省三门峡市陕州区张汴乡、张湾乡、菜园乡、西张村镇等4个乡（镇）106个行政村。

二、品质特征

陕州红梨呈葫芦状，果重150～192g，果实横径6～9cm，纵径7～9cm。果面光亮，呈紫红色，果实硬度较大，口感果肉细嫩，绵软酸甜，有梨的干爽和苹果的香甜味。

陕州红梨可溶性固形物含量13.5%，维生素C含量16mg/100g，钾含量143mg/100g，有美白、抗氧化、促进人体组织新陈代谢、调节体液酸碱平衡、增强机体抵抗力等功效。

三、环境优势

陕州红梨种植区属暖温带大陆性季风气候，昼夜温差较大，年平均气温13.9℃。年降水量一般在551mm，无霜期216天，全年日照时间约2 261h，光照充足、四季分明，非常适合多种落叶果树的生长。产地黄土层厚20～70m，地面由南向北呈阶梯降落，海拔高度在308～800m。此区域的土壤有机质含量10.81g/kg、全氮1.29 g/kg、有效磷34.48mg/kg、速效钾80 mg/kg。有机质含量高，土层深厚，无污染源，非常适合红梨生长。

四、收获时间

陕州红梨6—7月成熟。最佳品质期为6—7月。

五、推荐贮藏保鲜和食用方法

红梨采摘后最好进行冷库或冰箱贮藏，最适贮温一般为–1～0.5℃，相对湿度为90%～95%。贮藏过程中应保持库温稳定，库内温度变化幅度不超过1℃。

陕州红梨可鲜食，或将鲜果常温放置，待果品变软后冷冻3～4天，再放冷藏解冻，随后可用吸管吸食。

六、市场销售采购信息

1.消费者可以在淘宝网搜索陕州红梨，进入网店购买

2.三门峡四季丰果蔬有限公司　联系人：赵彦举　联系电话：13503980826

3.三门峡金秋农业开发有限公司　联系人：宁海峡　联系电话：13839819789

◎ 郭村黄花菜

（登录编号：CAQS-MTYX-20190179）

一、主要产地

河南省商丘市睢阳区郭村镇境内。

二、品质特征

郭村黄花菜为新鲜黄花菜，花蕾丰满且未开花；气味清香，颜色鲜艳而有光泽；烹调后口感细嫩、清香。

郭村黄花菜维生素 C 含量为 48.8mg/100g，总灰分含量为 0.77g/100g，脂肪含量为 0.4g/100g，均优于同类产品参照值。营养价值高，有美容养颜等功效，维生素含量丰富，特别适合儿童、中老年人食用。

三、环境优势

睢阳区郭村镇位于豫东平原的中部偏北，属黄淮冲积平原，地势基本平坦，整个地形以 1:（5 000 ～ 7 000）的坡降自西北向东南微倾，海拔高度在 30 ～ 63.5m。属暖温带半湿润半干旱季风性气候，平均气温 13.9℃，7 月最热，平均气温 27.1℃，1 月最冷，平均气温 -0.9℃，冬不太冷。无霜期 206 天，最长年份 238 天，最短年份 172 天。年日照时数 2 508.9h，太阳总辐射年均达 122.2kcal/cm^2 左右，光照充足，光能源丰富。境内地势平坦，土壤肥沃，降水适中，特别适合黄花菜的生长需要。

四、收获时间

郭村黄花菜采收期为 5 个月，从 5 月中旬开始采摘，至 10 月上旬结束。尤以 6 月底至 7 月中旬的产品，品质最佳。

五、推荐贮藏保鲜和食用方法

贮藏方法：按照黄花菜质量要求进行清拣、分级、标识后于 5℃可冷藏保鲜一年。

黄花菜可用于凉拌、煲汤、炖菜等，是非常受欢迎的一种食材。

干黄花菜炒鸡蛋 做法：①黄花菜用水泡透，去掉老梗，清洗干净备用。②鸡蛋打入碗里，加点盐，搅拌均匀。③开小火，锅热加底油，油热倒入鸡蛋液摊开，蛋液凝固后翻炒几下。④倒入黄花菜翻炒，加少量水，再加入适量盐、糖、醋，淋几滴香油，盖盖子闷 1min 即可出锅。

六、市场销售采购信息

1. 商丘市睢阳区鹏泰农作物种植农民专业合作社　联系人：简修举　联系电话：15036666217
2. 商丘市睢阳区岚宇黄花菜种植农民专业合作社　联系人：王延涛　联系电话：15803702626
3. 商丘市睢阳区永合农作物种植农民专业合作社　联系人：程永河　联系电话：15617006622
4. 商丘市睢阳区勤旺农作物种植农民专业合作社　联系人：王守才　联系电话：13323607866
5. 商丘市睢阳区长军农作物种植农民专业合作社　联系人：谢立峰　联系电话：13937099738
6. 商丘市睢阳区绿美佳黄花菜种植农民专业合作社　联系人：王科技　联系电话：178390588051
7. 商丘市睢阳区长军农作物种植农民专业合作社　联系人：刘长军　联系电话：13937099738
8. 商丘市睢阳区旭日农作物种植农民专业合作社　联系人：李明坤　联系电话：13271083267

西平西瓜 ◉

（登录编号：CAQS-MTYX-20190185）

一、主要产地

河南省驻马店市西平县所辖 5 个乡镇 8 个行政村。

二、品种特征

西平西瓜呈圆球形，瓜形端正，单个瓜重 4.2 ～ 4.5kg；瓜皮光滑、薄且坚硬，花纹清晰；瓜瓤为无籽、红色、脆瓤沙，甘甜爽口，西瓜味浓。

西平西瓜可溶性固形物瓜瓤中心为 11.2%，瓜瓤边缘为 9.8%；维生素 C 的含量为 8.7mg/100g；微量元素锌的含量为 0.078mg/100g；总酸（以柠檬酸计）0.84g/100g。西平西瓜清爽解渴，甘味多汁，具有生津止渴、利尿等功效。

三、环境优势

西平县位于河南省中南部，耕地主要有潮土和砂姜黑土，耕层土壤全氮、有效磷、速效钾、缓效钾、有机质含量属中上等肥力水平。境内有历史上洪河泛滥形成的姚湖坡、白寺坡和老王坡 3 个冲积平原，土层深厚，土壤肥沃，成为现在旱涝保收的丰收田。西平县属于亚热带向暖温带过渡的大陆性季风性气候，四季分明，春暖秋凉，夏热冬冷。常年平均气温 14.9℃，5 月中下旬平均气温 20.2 ～ 22.9℃，日温差平均为 12.1℃，年日照时数 2 078.5h，5 月中下旬平均日照时数 7.2h。西平县地处豫南雨养区，年降水量为 800mm 多，独特的气候成就了独特的西平西瓜品质。

四、收获时间

西平西瓜收获期为 5 月 1 日至 11 月 10 日。最佳品质期为每年的 6 月初至 8 月底。

五、推荐贮藏保鲜和食用方法

贮藏方法：可以整个放入冰箱里冷藏，切开的西瓜可以用保鲜膜包裹放入冰箱内冷藏。

食用方法：直接鲜食。

六、市场销售采购信息

1. 西平县广源专业合作社　联系人：周广超　联系电话：15978881893

2. 西平县旺农禾种植专业合作社　联系人：李学文　联系电话：13939613211

3. 西平县重渠乡武海村材德种植专业合作社　联系人：武新利　联系电话：18272900146

4. 西平县润谷生态园艺有限公司　联系人：韩军政　联系电话：15938012666

5. 西平县师灵镇诚信种植专业合作社　联系人：屈群成　联系电话：13939633345

6. 西平县金枝家庭农场　联系人：张成烈　联系电话：13643968222

7. 西平县四季鸿种植有限公司　联系人：于二峰　联系电话：13783331127

8. 西平县重渠乡丰源种植农民专业合作社　联系人：文长兴　联系电话：13839568627

◎ 增城荔枝

(登录编号：CAQS-MTYX-20190191)

一、主要产地

广州市增城区所辖 13 个镇街，均为增城荔枝生产范围。

二、品质特征

增城荔枝品种有桂味、仙进奉、挂绿、水晶球、糯米糍，其中桂味：果实中等大，单果重 15.0 ～ 22.4g，圆球形或近圆球形，果肩平，果顶浑圆。龟裂片凸起，呈不规则圆锥形，近果顶及果蒂处龟裂片较细密，裂片峰尖锐刺手，裂纹显著；缝合线明显、深窄、凹陷；果梗细；果肉乳白色，肉质厚实，细嫩爽脆，清甜多汁，有桂花香味。其可溶性固形物 18% ～ 21%；100ml 果汁中含维生素 C 26.84 ～ 29.48mg，总酸 0.15 ～ 0.21g。可食率 75% ～ 80.8%。

三、环境优势

增城地处南昆山山脉和罗浮山山脉余脉的延伸部分，这两大山脉在增城东北部形成了巨大的天然绿色屏障，增城北部群山起伏，以中低山地为主；丘陵主要分布在中南部；南部是珠江三角洲的冲积平原。境内河流众多，水资源丰富。增城荔枝多分布于低矮的山坡、丘陵和河堤塘埂。土类主要为赤红壤和潮沙泥土，土地肥沃，土层深厚，有机质含量丰富。增城处于南亚热带海洋性季风气候带，气候温和，光照充足，春夏季雨水充沛，秋冬季适度低温、干燥。年均气温 22.2℃，年均霜日3 天，年均日照 1 868.4h，年均总降水量 1 909.9mm。

四、收获时间

6 月中旬至 7 月中旬为收获期。

五、推荐贮藏保鲜和食用方法

贮藏方法：常温下可以保存 2 ～ 3 天；推荐 2 ～ 4℃冷藏保存，可保存 2 周左右。

食用方法：增城荔枝可生食，也可制作菜肴、荔枝干、荔枝酒、荔枝醋等。

六、市场销售采购信息

1. 广州市东林生态农业发展有限公司　联系人：刘镜超　联系电话：13580545109　网址：donglin360.com、https://limingsp.tmall.com/　微信小程序：增城东林果业

2. 广州市仙基农业发展有限公司　联系人：陈浩潮　联系电话：13802803844　网址：https://shop312290648.taobao.com　微信公众号：仙基农业

3. 广州市汇强农业发展有限公司　联系人：邹佛桃　联系电话：13580588789　网址：https://shop63611844.taobao.com/　微店：邹庄生鲜农场

4. 广州市增城步云果场　联系人：钟铁锋　联系电话：13580495854　微信公众号：何步云

5. 广州增城民合麻车金丰园荔枝专业合作社　联系人：刘植良　联系电话：13922381521

从化荔枝 ◎

（登录编号：CAQS-MTYX-20190192）

一、主要产地

广东省广州市从化区流溪河沿岸的太平镇、江埔街道、城郊街道、温泉镇一带。

二、品质特征

从化荔枝最具特色的品种为钱岗糯米糍、流溪桂味、水厅桂味、井岗红糯、双壳槐枝。

钱岗糯米糍：果形大，单果重24g以上，扁心形，果肩明显，果形美观，皮较厚而裂果少，果肉白蜡色略透明，肉厚，核小。味浓甜带香，可食率约80%，可溶性固形物18%～21%，风味极佳。

从化荔枝的维生素C含量为18mg/100g，可溶性固形物含量为20%，总酸含量为0.1%，总糖含量为18.1g/100g，均优于同类产品参照值。

三、环境优势

从化区位于广东省广州市东北面，气候温和，雨量充沛。从化区以珍稀温泉闻名于世，有"中国温泉之都"之美称，且素有"北回归线上的明珠"和"广州后花园"之誉。境内有100多个湖泊水库，12万 hm^2 青山，森林覆盖率67.2%。而流溪河以其优美的自然生态环境和清澈甘甜的水质闻名，从化荔枝依流溪河而生长，形成了其优良独特的风味品质。

四、收获时间

钱岗糯米糍、流溪桂味、水厅桂味：6月下旬至7月上旬成熟。井岗红糯：7月初至7月底成熟。双壳槐枝：7月上旬至7月下旬成熟。

五、推荐贮藏保鲜和食用方法

推荐贮藏方法：低温3～5℃，相对湿度90%～95%条件下，荔枝保鲜期约30天，并且外观鲜艳，口感正常。

推荐食用方法：①去皮鲜吃。去皮直接鲜吃，或者冷藏后再吃，冰爽好吃，口感更佳。②加工荔枝干，传统方法是利用太阳生晒和烘干两种，荔枝干味道鲜美，滋补。③用鲜荔枝浸酒，酒精度15～50℃，酒味有浓郁的荔枝香甜，深厚醇和，风格独特，色、香、味俱全，加冰加热饮用色香味不变。④还可以加工成荔枝菜圃、荔枝红茶、荔枝糕点、荔枝酸奶、荔枝多酚等。

六、市场销售采购信息

1. 现场购买　从化荔枝上市时间（6—7月），各镇荔枝果农会在城镇上售卖。

2. 网上销售　微信小程序搜索"华隆果菜"购买。

3. 荔枝订制　在荔枝成熟期前，通过定数或定量进行私人订制荔枝。

⊙ 乾塘莲藕

（登录编号：CAQS-MTYX-20190198）

一、主要产地

广东省湛江市坡头区乾塘镇。

二、品质特征

乾塘莲藕节长6～15cm，横径5～7cm，藕节均重228g。藕表鲜嫩，结实无皱缩，藕节间有须根。内腔7个大孔、孔呈扁圆形。藕皮米黄色，藕质米白，藕丝较少。乾塘莲藕生食熟食皆宜，生食细嫩质脆，甘甜清香，水分足；炒食粉脆回甜；炖汤口感粉糯，清香味美，感官品质佳。

乾塘莲藕含可溶性糖2.9g/100g、铁5.84mg/100g、蛋白质2.2g/100g，优于同类产品参照值，粗纤维少，为0.8g/100g。

三、环境优势

湛江市坡头区乾塘镇东、南、北三面临南海，镇内鉴西江横贯南北，淡水资源、海洋资源、生态资源丰富，土质以河流冲积沙质土为主，土质疏松，土壤肥沃，水质清澈，盛产莲藕，素有"莲藕之乡"的美誉。近年来，随着农户创新种植方法，把莲藕从河塘引种到泥地，乾塘莲藕的种植技术越发成熟。

四、收获时间

坡头区乾塘镇农民勇于探索，创新发展，因地制宜地在坡地上引种水植莲藕，一年两造，第一造收获时间是6—9月，第二造收获时间为12月到翌年3月。

五、推荐贮藏保鲜和食用方法

贮藏方法：按照莲藕质量要求进行清拣、分级、标识后于16℃可冷藏保鲜7天或者放点清水保鲜。

食用方法：乾塘莲藕可煲汤、清炒，也可用于加工，是非常受欢迎的一种食材。

六、市场销售采购信息

1. 湛江市坡头区乾塘莲藕专业合作社　联系人：李燕玲　联系电话：15113619888
联系人：黄玲玲　联系电话：13729001878　联系人：韦凤薇　联系电话：15917574464

2. 乾塘镇绿健生态农业种植专业合作社　联系人：林海燕　联系电话：13553582182

高州桂味荔枝 ◉

（登录编号：CAQS-MTYX-20190200）

一、主要产地

广东省高州市根子镇、分界镇、沙田镇、平山镇、金山街道办，大井镇等。

二、品质特征

桂味又名桂枝，个头较小，果顶浑圆，果肩平，果梗细，果皮鲜红，果肩有墨绿色斑，皮薄而脆；果肉如羊脂透亮，肉厚质实，清甜多汁，有淡淡的桂花香味，多为小核，可食率74.4% ～ 80.8%。

高州桂味荔枝平均单果重20.2 ～ 22.0g，可溶性固形物19.9% ～ 21.0%，100ml果汁中含维生素C 26.84 ～ 29.48mg，总酸0.15 ～ 0.21g。桂味荔枝品质风味极佳，以细核、肉质爽脆、清甜、有桂花味闻名。

三、环境优势

高州地属热带和亚热带过渡地带，属南亚热带季风气候，光照充足，热量丰富。日照年平均1 945.3h。年平均气温为22.8℃，最高温度为37.6℃，最低温度 –1.5℃。年积温约8 176℃，无霜期361天。年均降水量为1 892.7mm。境内分布着一江十河及众多湖泊山塘，为种植农作物和经济作物提供了得天独厚的水资源优势。

四、收获时间

上市时间为每年6月下旬（因天气问题略有差异），采摘期为最佳品质期。

五、推荐贮藏保鲜和食用方法

荔枝娇嫩易坏务必冷藏，剥壳取核即可食用。荔枝糖分高，多食易"上火"，可沾盐食用，味道更佳。

六、市场销售采购信息

高州市丰盛有限公司　官方销售网址：https://jackey838.1688.com　官方销售热线：18122585722

◎ 连平三华李

（登录编号：CAQS-MTYX-20190205）

一、主要产地

连平县管辖 13 个乡镇，其中元善镇、内莞镇为三华李的主要产区。

二、品质特征

连平三华李果形美观，呈圆球形或近圆球形，果粉明显，果点小，果皮薄，呈淡紫红色，果梗细短，个大肉厚核小，果肉呈深紫红色，质地脆爽，酸甜适口，汁多芳香蜜味。单果重 60 ~ 70g，平均可食率达 95 % 以上。

连平三华李的总糖和可溶性固形物含量高，酸度低，糖酸比远超同类产品参照值，含碳水化合物 11.9%，果酸 0.6% ~ 2%，蛋白质 0.7%，还含有维生素 E，具有较高的营养价值。

三、环境优势

连平县三华李种植地属亚热带季风气候区，光照充足，雨量充沛，气候宜人，山清水秀，长年云雾笼罩。土壤类型主要为红壤和黄壤，土层深厚。基地附近为省级黄牛石自然保护区，森林覆盖率达 90% 以上，自然条件好，具有适宜三华李的栽植和生长的得天独厚的条件。

四、收获时间

三华李果实收获期一般在 6 月上旬至 7 月上旬，6 月为最佳品质期。

五、推荐贮藏保鲜和食用方法

贮藏方法：采用可食性涂膜、结合适当包装及低温贮藏的方法保鲜三华李，可显著延长贮藏期。

食用方法：该产品果实除生食外，还可以制蜜饯、果酱、李脯、李干、糖水李罐头和酿酒等。

六、市场销售采购信息

连平县绿地王种养专业合作社　联系人：周仙见　联系电话：13829321510

（登录编号：CAQS-MTYX-20190225）

大荔黄花菜 ◉

一、主要产地

陕西省大荔县官池镇、苏村镇。

二、品质特征

大荔黄花菜干状态：色泽呈自然的淡黄色，肉质干度适中，条长肉厚，肥硕完整，手感柔软且有弹性，具有黄花菜本身的清香味。泡发后：浑圆饱满，无黏液，顺滑柔软，肉质醇厚，有淡淡的清香味，口感脆嫩。

大荔黄花菜含蛋白质 14.9%、脂肪 3.6%、β–胡萝卜素 584μg/100g、钾 2 080mg/100g 等营养物质。

三、环境优势

大荔县地处关中平原东部最开阔地带，海拔在 327～520m，属暖温带半湿润、半干旱季风气候。境内黄、洛、渭三河环绕，土地肥沃，光热资源充足，大荔黄花菜产区在大荔县南部沙苑地区，位于洛、渭两河之间，土质肥沃松软，排水性能好，适宜黄花菜生长。大荔黄花菜种植历史悠久，可追溯至唐代，唐代诗人白居易饮酒作诗："杜康能解闷，萱草可忘忧"，萱草即指现在的黄花菜。

四、收获时间

鲜黄花菜收获时间为 6—7 月，最佳品质期为 6 月下旬。

五、推荐贮藏保鲜和食用方法

贮藏方法：干制的黄花菜含糖量高，容易吸收水分，宜密封放置阴凉干燥通风处或冰箱内保存。温度、湿度适宜的情况下，可以存放一年半左右。

食用方法：黄花菜适宜凉拌（应先焯熟）、炒、氽汤或做配料。新鲜黄花菜不可食用，其含秋水仙碱，可使人中毒。

黄花菜炖猪蹄 主料：猪蹄 200g，干黄花菜 50g。辅料：清汤、料酒、食盐、姜片、葱段各适量。做法：①干黄花菜泡好，去根洗净，切段；猪蹄去毛洗净，放入开水锅中煮 5min，捞出。②锅置旺火上，放入猪蹄、清汤、料酒、食用姜片、葱段，大火烧开。③再改用小火，煨炖约 1h，放入黄花菜，煮至肉烂即可。功效：健脾化湿，润肤养颜。适用于肾虚骨弱者或产后乳汁不足者食用，情绪不良、神经衰弱、失眠者食用可宽胸、理气安神。

六、市场销售采购信息

1. 天猫商城　店铺名称：秦苑食品旗舰店　联系人：潘琳　联系电话：18502929729
2. 微信商城　微信商城地址：DaLiQinYuan　联系人：王雅儒　联系电话：17791054829
3. 陕西省渭南市大荔县官池镇官池园区黄花集团　联系电话：0913-3662225

◎ 高石脆瓜

（登录编号：CAQS-MTYX-20190226）

一、主要产地

陕西省大荔县两宜镇、朝邑镇。

二、品质特征

高石脆瓜瓜体呈均一黄绿色，瓜形呈圆柱形，柱体直径约 12cm，长约 30cm，单瓜重约 1.5kg；瓜面、头部顶端生有圆形脉纹。瓜肉呈白色，接近瓜皮处呈淡绿色；瓜香味浓郁，瓜皮较薄，瓜肉口感细腻、酥脆，味美香甜。

高石脆瓜含水分 85.4%，可溶性固形物 11.6%，总酸 0.95g/100g，磷 82.6mg/100g。

三、环境优势

大荔县地处关中平原东部最开阔地带，海拔在 327～520m，属暖温带半湿润、半干旱季风气候。境内黄、洛、渭三河环绕，土地肥沃，光热资源充足，高石脆瓜生产区域正是位于大荔县东北部塬区，特别是地处金水沟旁，通风好，光照足，昼夜温差大，土壤为白墡土，透气性好，自然条件非常有利于高石脆瓜种植。几百年来，当地人自留自种，高石脆瓜形成了"香甜酥脆美"的独特风味。据《大荔县商业志》记载，清朝高石脆瓜成为皇宫贡品。

四、收获时间

日光温室：春节和中秋节前后，小面积上市，五一劳动节前后大面积上市。

大中棚：6 月大面积上市。

露地覆膜：7 月大面积上市。

五、推荐贮藏保鲜和食用方法

高石脆瓜属于鲜食水果，建议低温放置，5℃冷藏可保鲜 3～7 天。

六、市场销售采购信息

消费者可采用邮寄和市场采购方式购买高石脆瓜。

1. 线下销售　大荔县高明东高城高石脆瓜专业合作社　联系人：王安康　联系电话：13772733126

2. 微信销售　13772733126　联系人：王安康　联系电话：13772733126

马家湖西瓜 ◉

（登录编号：CAQS-MTYX-20190230）

一、主要产地

宁夏回族自治区吴忠市利通区高闸镇、扁担沟镇、金银滩镇。

二、品质特征

马家湖西瓜果实高圆形，浅绿底色布深绿条带，外形美观，单瓜重3.5kg以上，商品率高。果实质地酥脆，果肉鲜红，汁多味甜，风味爽。

马家湖西瓜营养价值高，其维生素C含量为6.07mg/100g，钙含量为19.5mg/100g，钾含量为112mg/100g，均优于同类产品参照值。马家湖西瓜有开胃、助消化、利尿、促代谢、去暑疾、滋身体的功能。新鲜的西瓜汁和鲜嫩的瓜皮可增加皮肤弹性，减少皱纹，增添光泽。

三、环境优势

宁夏吴忠市利通区地势南高北低，似宝瓶形，平均海拔1 125m，属温带半干旱气候区，地跨东经106°05′～106°22′，北纬37°～38°08′。土壤类型以覆沙、半覆沙为主，适宜西瓜种植。年降水量在260.7mm，年蒸发量在2 018mm，平均气温9.4℃，年日照时数为2 884.7～3 130.2h，日照率63%～69%，平均有效积温3 285℃，昼夜温差13℃，无霜期171天，四季分明，日照充足，蒸发强烈，雨雪稀少，是全国太阳辐射最充足的地区之一。具有春暖迟、夏热短、秋凉早、冬寒长的特点。气候条件有利于马家湖西瓜的生长发育、开花结果，尤其是结果期白天温度高达28～35℃，昼夜温差高达13℃，较低的夜温有利于马家湖西瓜同化产物的运输和降低呼吸对养分的消耗，提高果实含糖量，形成马家湖西瓜的独特风味；冬季严寒漫长，有利于杀死土壤中的各种土传性病菌和越冬虫卵，基本不使用化学农药，确保了马家湖西瓜的品质。

四、收获时间

马家湖西瓜采用"二膜一苫"弓棚栽培技术，相比同类产品可提早15～20天收获。马家湖西瓜采收期为6月上旬至7月初，最佳品质期为6月中旬。应在上午6～10时采收为宜，此时间段采收的西瓜口感清凉爽脆。

五、推荐贮藏保鲜方法

马家湖西瓜当室内温度在13℃时可存放14～21天。贮藏在冰箱冷藏室，温度调至5℃时可存放7天。建议贮藏保鲜效果最佳的温度：短期贮藏的适宜温度在7～10℃，较长期贮藏的适宜温度为12～14℃。西瓜在贮藏时要注意轻拿轻放，放置在纸质包装箱内可防止破裂、受潮，需保持室内通风干燥。

六、市场销售采购信息

联系人：马兴　联系电话：13895286256

联系人：杨福成　联系电话：18995391311

青铜峡西兰花

（登录编号：CAQS-MTYX-20190232）

一、主要产地

宁夏吴忠市青铜峡市瞿靖镇友谊村。

二、品质特征

青铜峡西兰花，产品植株高大，长势强健，顶端生花蕾，紧密聚集成花球状，形状是半球形，花蕾为青绿色，根茎粗大表皮薄，中间髓腔含水量大、鲜嫩，根系发达。品质柔嫩，纤维少，水分多，风味鲜美，感官品质上乘。

青铜峡西兰花中的营养成分不仅含量高，而且十分全面，主要包括蛋白质、碳水化合物、脂肪、矿物质、维生素C和胡萝卜素等，其中矿物质成分比其他蔬菜更全面，钙、磷、铁、钾、锌、锰等含量都很丰富。青铜峡西兰花维生素C含量为97.5mg/100g、磷含量为127mg/100g、铁含量为1.24mg/100g，均优于同类产品参照值。

三、环境优势

青铜峡西兰花产区瞿靖镇位于青铜峡市中部，属典型的温带大陆性气候，冬无严寒，夏无酷暑，四季分明，气候干燥，日照充足，光能丰富。历年平均气温9.2℃，极端最高气温37.7℃，极端最低气温-25.5℃，≥10℃的积温3 272℃，气温日较差12～15℃，全年总日照时数2 980.1h，日照率为68%。年均无霜期178天，年均降水量175.8mm。环境洁净，再加上黄河灌溉之利，为西兰花的生长提供了有利的环境条件。同时，由于昼夜温差大，光合效率高，营养物质积累多，因此结球紧实，质地致密，外形美观，优质，很受南方及东南亚地区群众的欢迎。

四、收获时间

青铜峡西兰花收获时间为每年6月、10月。

五、推荐贮藏保鲜和食用方法

青铜峡西兰花是以鲜销为主的蔬菜，只宜作短期贮藏和中短途调运。贮运的最适温度为0℃，长期处于0℃以下会出现冻害；相对湿度宜在95%以上。因西兰花食用部位以生殖器官为主，采后仍保持其生长优势，呼吸代谢旺盛，所以即使是在冷库中短贮或是在适温条件下运输，都需装筐，并应注意通风换气。

青铜峡西兰花品质柔嫩，纤维少，水分多，主要供西餐配菜或做色拉，凉拌有利于保存营养。西兰花水煮或用水焯过后颜色会依然翠绿，而且口感更加爽脆，凉拌或做汤是很好的选择。习惯吃热菜的人，也可以将它与肉类、鸡蛋或虾仁搭配炒着吃。

六、市场销售采购信息

青铜峡西兰花不仅受到了广东、香港等地市民青睐，还远销新加坡、马来西亚等国家。在广东、香港的沃尔玛、家乐福、华联、世纪联华、家世界、乐购等大型超市均可购买。

（登录编号：CAQS-MTYX-20190265）

扎鲁特旗珍珠油杏

一、主要产地

内蒙古自治区通辽市扎鲁特旗区域内。

二、品质特征

扎鲁特旗珍珠油杏果形端正，近圆形或卵圆形；果皮光滑，着色均匀，果皮底色为橙色，果肉颜色为橙色，果面无绒毛，油性大；果肉纤维较粗，较脆韧，风味脆甜，香气较浓，品质极佳。

扎鲁特旗珍珠油杏，水分为89.4%，维生素C含量为23.3mg/100g，可溶性糖含量为9.3g，总酸含量为10.69%，铁1.02mg/100g，锌0.3mg/100g，硒1.62μg/100g，类胡萝卜素4.17mg/kg。杏是食药两用产品，是滋补佳品，具有润肺定喘、生津止渴之效。可治疗口干唇燥、肺虚内燥、大便干燥。未熟果实中含类黄体酮较多，类黄体酮有预防心脏病和减少心肌梗死的作用；苦杏仁有止咳平喘、润肠通便之效，可以治疗肺病、咳嗽等疾病。

三、环境优势

扎鲁特旗地处内蒙古自治区通辽市西北部，大兴安岭南麓，科尔沁草原西北端，属内蒙古高原向松辽平原过渡地带。扎鲁特旗四季分明，光照充足，日照时间长。年均气温6.6℃，年均日照时数2 882.7h，温差大。无霜期中南部较长，北部较短，平均139天。春旱多风，年均降水量382.5mm，年均湿度49%，年均风速2.7m/s。境内有较大河流9条，支流49条，分属嫩江和辽河两大水系。扎鲁特旗素有"中国山杏第一林"之称，是全国山杏四大产区之一，旗内山杏分布广，面积大，产量高。山杏核是全旗重要出口资源。

四、收获时间

扎鲁特旗珍珠油杏花期为3月至4月末，果期为6—7月。

五、推荐贮藏保鲜和食用方法

扎鲁特旗珍珠油杏鲜果采摘后应即时食用，置入冰箱冷藏保鲜，鲜果保存4～6天；制成罐头、蜜饯或果酱，保存时间较长。

扎鲁特旗珍珠油杏可生食，也可制成杏干、杏脯等加工品；甜杏核泡发后可生食杏仁，亦可作凉拌菜或制成杏仁露饮用。

银耳杏仁汤　原料：甜杏仁20g，银耳20g，桂圆肉20g，冰糖少许。做法：①银耳用冷水泡发好，捞起放入炖盅内，加适量清水，上笼蒸1h后取出备用。②杏仁在开水中浸泡15min，捞起过冷水。③桂圆肉加清水浸泡一会儿，捞起后与杏仁一起另放入一炖盅中，上笼熬2h后，放入银耳、冰糖，再蒸30min即可。

六、市场销售采购信息

扎鲁特旗神山杏谷现代农业有限公司　联系人：黄秉瑞　联系电话：15647550066

鄂托克前旗辣椒

（登录编号：CAQS-MTYX-20190274）

一、主要产地

内蒙古自治区鄂尔多斯市鄂托克前旗城川镇、敖勒召其镇等4个乡镇318个行政村。

二、品质特征

鄂托克前旗辣椒外观颜色鲜亮，绿色或红色，外形似羊角和螺旋状，整体修长；个头较均匀，长20～25cm；肉色为青白或红色，内部有白色辣椒籽，自带鲜辣椒特有的辛辣味，口感较辣，微带甜味。

鄂托克前旗辣椒含水分88.4%，维生素C 302mg/100g，可溶性糖4.5%，铁1.58mg/100g，锌0.35mg/100g，蛋白质1.49g/100g，辣椒素0.0156%。鄂托克前旗辣椒营养价值丰富，具有促进食欲、祛除胃寒、加快新陈代谢等功效。

三、环境优势

鄂托克前旗位于内蒙古自治区鄂尔多斯市西南，地处北纬37°42′～38°45′，东经106°30′～108°32′。光热资源丰富，日照充足，无霜期125～135天，昼夜温差较大，非常有利于作物营养物质的积累。鄂托克前旗属于西北干旱半干旱气候，土壤多为沙质土，透气性好，空气湿度小，农作物病害较少，无污染，非常适合种植辣椒。

四、收获时间

每年6—11月为鄂托克前旗辣椒的收获期。

五、推荐贮藏保鲜和食用方法

鄂托克前旗辣椒采摘后可在冷库制冷后长途运输，可使用硬质纸板箱或泡沫箱包装保鲜。

鄂托克前旗辣椒可鲜食，是辣椒炒肉、辣子鸡丁等炒菜的优质原料；也可作为原料制作泡菜、辣椒酱等调味品。

六、市场销售采购信息

1. 鄂托克前旗宏野农牧业开发有限公司　联系人：李宏　联系电话：13664852888

2. 鄂尔多斯市金润园农牧业开发有限公司　联系人：杨志文　联系电话：15134908638

（登录编号：CAQS-MTYX-20190276）

一、主要产地

内蒙古自治区鄂尔多斯市乌审旗乌兰陶勒盖镇、图克镇。

二、品质特征

乌审奶酪直径为 0.2cm 的线状、硬质、中脂干酪；颜色呈白色，表面较粗糙，有油性；自身散发出清新的奶香与淡淡的酸味，味道爽口。

乌审奶酪营养价值高，蛋白质含量 55.61g/100g、铁含量 4.60mg/100g、赖氨酸含量 4 018mg/100g、酪氨酸含量 2 789mg/100g。奶酪能提高人体抵抗疾病的能力，促进代谢，增强活力，保护眼睛健康，促进肌肤健美。

三、环境优势

乌审奶酪产地位于内蒙古鄂尔多斯市乌审旗中东部，地貌复杂多样，平均海拔 1 000 ～ 1 500m，呈北高南低，境内草原、沙漠、平原、丘陵等地质齐全，自然景观异彩纷呈，绚丽多彩；气候属于典型的温带大陆性气候，日照丰富，无霜期短，降水稀少，最高温度为 38℃，最低温度为 –30℃，昼夜温差在 10 ～ 15℃，年降水量平均为 360mm，年平均风速为 3.4m/s，无霜期 135 天左右，霜期有效积温为 3 000℃左右。当地草原茂盛，水源丰富，有七一水库、跃进水库、胜利塘坝等水利工程，希布尔河穿境而过，地表水面积超过 2 000 亩；希布尔河河水清冽甘甜，内含 50 余种对人体有益的矿物质和微量元素，所以当地奶制品含有丰富的矿物质、微量元素和维生素，是乌审草原红牛繁衍生息和培育的绝佳天然牧场。

四、收获时间

乌审奶酪一年四季均可生产，6—8 月为乌审奶酪的最佳品质期。

五、推荐贮藏保鲜和食用方法

乌审奶酪可冷藏保存，可置于阴凉干燥处进行长时间保存。

奶酪可制作西式菜肴，奶酪还可以切成小块，配上红酒直接食用，也可夹在馒头、面包、饼干、汉堡包里一起吃，或与色拉、炒米拌食。

六、市场销售采购信息

1.乌审旗巴音萨利专业奶食品合作社

联系人：布音巴亚尔　联系电话：15750678827

2.乌审旗三洁养殖专业合作社

联系人：叶奇乐　联系电话：15947275858

3.内蒙古牧民奶食品有限责任公司

联系人：敖特根脑日布　联系电话：15352888848

◎ 乌审乳清

（登录编号：CAQS-MTYX-20190277）

一、主要产地

内蒙古自治区鄂尔多斯市乌审旗乌兰陶勒盖镇、图克镇。

二、品质特征

乌审乳清为黄绿色透明液体，静置状态下有少量白色絮状物，摇一摇即溶化；该乳清口感偏酸，伴有乳清特有的香气。

乌审乳清营养价值高，蛋白质含量 0.78g/100g，脂肪含量 0.86g/100g，钙含量 120.3mg/100g，铁含量 0.62mg/100g。乌审乳清有降"三高"、解酒及排毒清肠功效。

三、环境优势

乌审乳清产地位于内蒙古鄂尔多斯市乌审旗中东部，地貌复杂多样，平均海拔 1 000 ～ 1 500m，呈北高南低，境内草原、沙漠、平原、丘陵等地质齐全，自然景观异彩纷呈，绚丽多彩；气候属于典型的温带大陆性气候，日照丰富，无霜期短，降水稀少，最高温度为 38℃，最低温度为 –30℃，昼夜温差在 10 ～ 15℃，年降水量平均为 360mm，年平均风速为 3.4m/s，无霜期 135 天左右，霜期有效积温为 3 000℃左右。当地草原茂盛，水源丰富，有七一水库、跃进水库、胜利塘坝等水利工程，希布尔河穿境而过，地表水面积超过 2 000 亩；希布尔河河水清冽甘甜，经水利部门专业检测，内含 50 余种对人体有益的矿物质和微量元素，所以当地奶制品含有丰富的矿物质、微量元素和维生素，是乌审草原红牛繁衍生息和培育的绝佳天然牧场。

四、收获时间

乌审乳清一年四季都可生产，6—8 月为乌审乳清的最佳品质期。

五、推荐贮藏保鲜和食用方法

乌审乳清可冷藏保存。

乌审乳清可以直接饮用。

六、市场销售采购信息

1. 乌审旗巴音萨利专业奶食品合作社　联系人：布音巴亚尔　联系电话：15750678827

2. 乌审旗三洁养殖专业合作社　联系人：叶奇乐　联系电话：15947275858

3. 内蒙古牧民奶食品有限责任公司　联系人：敖特根脑日布　联系电话：15352888848

乌审酥油 ◉

（登录编号：CAQS-MTYX-20190278）

一、主要产地

内蒙古自治区鄂尔多斯市乌审旗乌兰陶勒盖镇、图克镇。

二、品质特征

乌审酥油是一种牛奶黄油，其色泽鲜黄，常温下呈蜡状固体，有光泽，可塑性好，带有酥油特有的香味。

乌审酥油脂肪含量99.4g/100g、总不饱和脂肪酸含量32.6%、锌含量0.41mg/100g，含多种维生素，营养价值颇高。乌审酥油具有滋润肠胃、和脾温中的功效。

三、环境优势

乌审酥油产地位于内蒙古鄂尔多斯市乌审旗中东部，地貌复杂多样，平均海拔1 000～1 500m，呈北高南低，境内草原、沙漠、平原、丘陵等地质齐全，自然景观异彩纷呈，绚丽多彩；气候属于典型的温带大陆性气候，日照丰富，无霜期短，降水稀少，最高温度为38℃，最低温度为–30℃，昼夜温差在10～15℃，年降水量平均为360mm，年平均风速为3.4m/s，无霜期135天左右，霜期有效积温为3 000℃左右。当地草原茂盛，水源丰富，有七一水库、跃进水库、胜利塘坝等水利工程，希布尔河穿境而过，地表水面积超过2 000亩；希布尔河河水清冽甘甜，经水利部门专业检测，内含50余种对人体有益的矿物质和微量元素，所以当地奶制品含有丰富的矿物质、微量元素和维生素，是乌审草原红牛繁衍生息和培育的绝佳天然牧场。

四、收获时间

乌审酥油一年四季都可生产，6—8月为乌审酥油的最佳品质期。

五、推荐贮藏保鲜和食用方法

乌审酥油可冷藏保存，可置于阴凉干燥处进行长时间保存。

酥油有多种吃法，可制作面包、蛋糕，还有奶油松饼。

六、市场销售采购信息

1. 乌审旗巴音萨利专业奶食品合作社　联系人：布音巴亚尔　联系电话：15750678827

2. 乌审旗三洁养殖专业合作社　联系人：叶奇乐　联系电话：15947275858

3. 内蒙古牧民奶食品有限责任公司　联系人：敖特根脑日布　联系电话：15352888848

⊙奉贤南瓜

（登录编号：CAQS-MTYX-20190320）

一、主要产地

上海市奉贤区柘林镇海湾村。

二、品质特征

奉贤南瓜果形端正，呈扁锥形，个体中等，平均单果重 2.0kg，果皮绿色具白色条带，果面不光滑，手感质地硬。果肉 4.0cm 左右，呈黄色，肉质细致紧密，入口内滑外糯，口感淡香怡人。

奉贤南瓜维生素 C 含量为 10.5mg/100g，维生素 E 含量为 3.02mg/100g，可溶性固形物含量为 13.4%，淀粉含量为 2.04g/100g。奉贤南瓜口感香甜软糯，易于消化，具有润肺、益气、消食通便等功效，保健价值高。

三、环境优势

奉贤南瓜产区位于上海市奉贤区柘林镇，地处上海南部，位于东海之滨，属于亚热带季风气候区，年降水量约 1 300mm，年均气温 17.5℃。海湾村距离海岸线不到 10km，海风的吹动有助于空气流通，冲积平原的土壤质地为黏质壤土，早春栽培昼夜温差大，有利于南瓜品质提升，特别是促进淀粉及可溶性固形物的积累，增加南瓜的贮运期。奉贤南瓜种植上与水稻、洋葱等作物轮作，施用有机肥，土壤疏松健康，地力条件好，独特的种植优势造就了奉贤南瓜优良的品质。

四、收获时间

每年 6 月为奉贤南瓜的收获期，6 月中下旬至 9 月为奉贤南瓜的最佳品质期。

五、推荐贮藏保鲜和食用方法

奉贤南瓜采收后置于阴凉干燥处进行贮藏。

奉贤南瓜可直接蒸熟后食用，口感软糯香甜，也可以制作成南瓜粥、南瓜饼、南瓜蛋糕等，风味更佳。

六、市场销售采购信息

1. 上海曹野农业发展有限公司　联系人：唐正军　联系电话：13801981761
2. 上海艾妮维农产品专业合作社　联系人：翁志华　联系电话：13801764865

（登录编号：CAQS-MTYX-20190321）

文成杨梅 ◉

一、主要产地

浙江省温州市文成县珊溪镇、大峃镇、南田镇、黄坦镇等 15 个乡镇。

二、品质特征

文成杨梅果型端正，呈扁圆形，色泽紫红色至紫黑色，肉质柔软，肉柱较粗、厚实，果型特大，味道特甜，甜酸适口，风味浓郁。具有"成熟早、品质优、绿色、生态"的特点。

文成杨梅可溶性固形物 11.1%，可食率 94.4%，平均单果重 39.69g，维生素 C 含量 7.38mg/100g，固酸比为 13.47，各项指标均明显优于同类产品参照值。文成杨梅营养价值丰富，具有帮助消化、增进食欲、生津止渴、止泻消炎、利尿除湿等功效。

三、环境优势

文成县位于温州市西南部，是一个八山一水一分田的山区县，境内群山起伏，沟谷纵横，小气候特征明显，早春气温回升快，昼夜温差大，有利于杨梅的生长发育和营养积累。境内山清水秀、生态奇美，是国家级生态旅游县，全县森林覆盖率达 71.7%，空气质量优于国家一级标准，飞云江水质排名全省八大水系之首，是温州 700 万人民的"大水缸"，被誉为"温州之肺""天然氧吧"。土壤、空气和水体等环境质量完全符合国家 A 级绿色食品生产要求，是生产绿色无公害杨梅的"天然果园"。

四、收获时间

每年 6 月初至 7 月中旬为文成杨梅的收获期，采摘期长达 45 天以上，6 月中旬至 7 月初为文成杨梅的最佳品质期。

五、推荐贮藏保鲜和食用方法

贮藏方法：文成杨梅鲜果可通过冷藏保鲜，亦可直接晾晒或烘干制成杨梅干，置于阴凉干燥处进行长时间保存。

食用方法：文成杨梅既可鲜食，也可做成杨梅干、杨梅酒、杨梅果汁、杨梅罐头等。

六、市场销售采购信息

1. 文成县里阳红枫林农业种植专业合作社　联系人：周作荣　联系电话：13868688618
2. 文成县仰山杨梅专业合作社　联系人：程启岁　联系电话：13867754234
3. 文成县双丰水果专业合作社　联系人：邢新勇　联系电话：13968867506
4. 文成县望湖农业专业合作社　联系人：吴士荣　联系电话：13868662187
5. 文成县珊溪台农果业专业合作社　联系人：谢菊友　联系电话：15858799368
6. 文成县莲头杨梅专业合作社　联系人：郑碎微　联系电话：13856510893

连平丝苗米

（登录编号：CAQS-MTYX-20190358）

一、主要产地

广东省连平县所辖各个乡镇。

二、品质特征

连平丝苗米稻谷较小，谷壳金黄色，有的品种为黄褐色，谷身较修长，谷粒末端呈关刀尾状。米粒晶莹，泛丝光，无腹白，米粒细长苗条，油分及蛋白质含量丰富；米粒爽脆、润滑、松软，饭味芳香，特别可口。连平丝苗米直链淀粉含量为16.7%，碳水化合物含量为79%，垩白度为0.6%，均优于参照值，连平丝苗米还富含锌（55.7mg/kg）等微量元素。

三、环境优势

连平丝苗米产地位于"无山不绿，有水皆清，四季飘香，万壑鸟鸣"有广东"香格里拉"之称的连平县，拥有"一流的环境，一流的森林，一流的水质"，是"广东省生态县""全国生态建设示范区"，特别适宜连平丝苗米的种植。优良的产地环境造就了连平丝苗米优良的品质，有饭中佳品的美誉。

四、收获时间

全年可种植二造，上造收获期在6—7月，晚造收获期在9月下旬至10月下旬。

五、推荐贮藏保鲜和食用方法

贮藏方法：常温，阴凉干燥处保存。

最佳食用方法：免淘即煮。煮饭用水比普通米要少一些。

六、市场销售采购信息

连平县九连山源丰生态农业有限公司 联系人：赖少辉 联系电话：13318238111

7月

一候温风至；
二候蟋蟀居宇；
三候鹰始鸷。

大暑

一候腐草为萤；
二候土润溽暑；
三候大雨时行。

梁园辣椒

（登录编号：CAQS-MTYX-20190040）

一、主要产地
河南省商丘市梁园区水池铺乡张王李村、大史庄村、房庄村。

二、品质特征
梁园辣椒中果型，羊角形；果面绿色，光滑有光泽；果肉厚度中等，质地脆，微辣，有甜味，种子乳白色，数量中等。

梁园辣椒维生素 C 含量 143mg/100g，蛋白质含量 1.05mg/100g，辣椒素含量 6.03mg/kg。梁园辣椒味辛微辣、营养丰富，有促进食欲、改善消化等功效。

三、产地环境
梁园辣椒产地位于河南省商丘市梁园区西南部，属于北温带，气候温润，耐热力强。土壤养分丰富，有机质含量高，土层深厚，团粒结构良好，属于疏松透气性良好的沙土或沙壤土，水资源丰富，适宜辣椒生长。

四、收获时间
梁园辣椒经过 90 天的生长期就可以采摘，收获时间为 7 月中旬至 10 月中旬。

五、推荐贮藏保鲜和食用方法
辣椒放入专用鲜贮袋中，同时应注意避免碰到辣椒，避光 0～4℃冷藏。严禁与其他有异味或发霉食物混合存放。

食用方法：辣椒可直接食用，也可作为凉拌菜、炒菜时的调料。

辣椒炒肉丝　食材：辣椒 4 个，瘦猪肉适量，食用油、生抽、盐、姜丝、蚝油少许。做法：①辣椒去蒂洗干净切成丝，瘦猪肉切成细丝，放生抽腌制 3min。②炒锅上火烧热，放食用油，把姜丝放进去炒出香味，然后放入腌好的肉丝。③翻炒至瘦肉丝变色断生，再放入少许生抽翻炒，把切好的辣椒丝放进油锅里，翻炒均匀，放入适量的盐，翻炒均匀出锅装盘。

六、市场销售采购信息
梁园辣椒协会负责人：郑红　联系电话：13569333799

（登录编号：CAQS-MTYX-20190057）

一、主要产地

河南省新蔡县今是街道和陈店镇。

二、品质特征

新蔡甘薯形状不规则，薯皮紫红光滑，薯肉米白色，熟食软面香甜，无丝。

新蔡甘薯每100g含蛋白质1.41g、脂肪0.3g、抗坏血酸24.1mg、钙42.6mg，均优于同类产品参照值。新蔡甘薯味甘性平，具有补脾胃、养心神、益气力等功效。

三、环境优势

新蔡县地处淮北平原，位于河南省东南部，豫皖两省交界处，为淮北冲积平原区，地势低平，属大陆性季风型亚湿润气候。年平均日照时数2 180.4h，全年太阳辐射总量平均为120.17kcal/cm^2，全年平均气温15℃，年平均降水量为885.85mm，平均无霜期221天。全县热量、光能、降水较为丰富，且雨热同季，有利于农作物生长。新蔡县地形平坦，排水便利，土层深厚，且为中性土壤，为甘薯的生长提供了丰富的土壤资源。甘薯生产地远离工业园区，无工业废水污染，为优质甘薯的生产提供了优越的地理环境。

四、收获时间

春薯每年7—8月收获，秋薯每年10月中旬收获，收获后窖藏15天以上味道更甜美，11月至翌年2月食用味最佳。

五、推荐贮藏保鲜和食用方法

少量可常温保存，大量需窖藏保存，温度在10℃左右最佳，不宜低于4℃。可直接食用，也可蒸可煮，口感绵甜，烤熟味更香。

六、市场销售采购信息

1. 新蔡万辉种植农民专业合作社

联系人：万辉　联系电话：18839628967

2. 新蔡县万润家庭农场

联系人：管振兴　联系电话：15093523529

网　址：http://jinshiny.com

◎ 江屯龙须菜

（登录编号：CAQS-MTYX-20190103）

一、主要产地

广东省广宁县江屯镇。

二、品质特征

龙须菜，其实是佛手瓜植株的嫩梢，由于形似龙须，故被称为"龙须菜"。江屯龙须菜营养丰富，维生素 C 含量 10.2mg/100g，蛋白质 2.6g/100g，钾 327mg/100g，同时还含有维生素 B_1、B_2 和胡萝卜素等多种营养成分，其纤维幼嫩，香脆可口，深得消费者青睐。

三、环境优势信息

龙须菜适宜在温暖、湿度的地方，特别是北纬 22° 附近的区域范围内种植。江屯镇地处广宁县的东北部，属亚热带气候地区，镇内年平均气温 20.7 ～ 21.2℃，年日照时数 1 800h 左右，年降水量 1 700 ～ 2 100mm，山清水秀、空气清爽、雨热同期、气候温和，对龙须菜的生长非常有利。江屯镇的农户在种植上以有机肥料为主，远离工业污染，接近自然生产，出产成品质量上乘，符合绿色食品标准。

四、收获时间

龙须菜采摘时间在每年的 4—10 月，而在 7—9 月是采摘旺盛期。

五、推荐贮藏保鲜和食用方法

贮藏方法：龙须菜需要冷藏保鲜。

推荐食用方法：

凉拌龙须菜　用手将龙须菜掐成小段，黄瓜切丝、蒜瓣捣成泥备用，将龙须菜焯水变色后捞出。陈醋、蒜泥、香油、味极鲜、白糖搅拌成汁备用，干净容器内倒入龙须菜、黄瓜丝、香菜，再倒入调好的汁搅拌均匀，装盘即可。

六、市场销售采购信息

1. 广宁县江屯镇乡里农业专业合作社　联系人：张明洪　联系电话：13827509568
2. 广宁县江屯镇新坑农产品专业合作社　联系人：邓德洪　联系电话：13727222142
3. 广宁县德利蔬菜专业合作社　联系人：何灶连　联系电话：13413876551
4. 广宁县和佳龙须菜专业合作社　联系人：陈奕波　联系电话：13672337303
5. 广宁县江屯镇高氏农业技有限公司　联系人：高超洪　联系电话：18211404742
6. 广宁县真源龙须菜专业合作社　联系人：黎进深　联系电话：15915021961
7. 广宁县大丰岭农副产品专业合作社　联系人：钟秋河　联系电话：13824522670
8. 广宁县江屯镇联星农副产品专业合作社　联系人：梁肇淦　联系电话：13560937926

活道粉葛 ◎

（登录编号：CAQS-MTYX-20190106）

一、主要产地

广东省肇庆市高要区活道镇仙洞村。

二、品质特征

活道粉葛外形如饱满的橄榄，皮色乳黄，表皮光滑少皱褶。肉质呈乳白色，多汁少渣，气味清香。烹熟后香味浓郁，带黏性，味道清香甘甜，少渣醇正，口感细嫩，感官品质佳。

活道粉葛含可溶性固形物 14.1%，淀粉 24.8%，蛋白质 3.5%，粗纤维 0.9%。其中可溶性固形物、淀粉、蛋白质含量均高于同类产品参照值，纤维含量稍低，是一种营养独特、药食兼优的天然食品。粉葛因其含有黄酮类及皂苷等成分，具有解热、降血糖之功效，民间以葛根入药。

三、环境优势

活道镇位于肇庆市高要区西南，土地肥沃，气候温热，光照充足，雨量充沛。年平气温为 22～25℃，年平均降水量在 1 200mm 以上，年平均日照时数 1 800h，年平均相对湿度 35%～70%。土壤为沙壤土或腐殖质土，土质疏松，保水肥力强，土层深厚≥70cm，排水良好；土壤 pH 值为 6.0～8.0，有机质含量≥1.5%，每年春季 3、4、5 月有水源保证，排灌方便，缓坡耕地光照充足。自然资源优势突出，粉葛种植基地周边生态环境优良，植被保护良好，非常适合粉葛生长且符合绿色食品种植的要求，又采用传统天然栽培，所出产的粉葛品种优良。

四、收获时间

每年冬季（12 月至翌年 1 月）粉葛已停止生长，进入休眠期，此时采收最佳。但由于广东地区气候独特，一般在 7—8 月收获、上市销售。

五、推荐贮藏保鲜和食用方法

贮藏保鲜方法：活道粉葛运用普通仓库存放法、黄泥埋藏法、冷藏法及传统沙藏法等 4 种不同的方法进行贮藏及保鲜。其中冷藏法保鲜效果最好，黄泥埋藏法最实用。

粉葛的食用方法：

1. 磨粉食用 粉葛收取后，去掉外皮，经过研磨加工以后可以得到葛根粉。新鲜葛粉直接加热开水调匀，制成糊状即可直接食用。这种食用方法能品尝到粉葛的原汁原味，且有利于营养成分的吸收。

2. 煲汤 粉葛鲮鱼汤是一道色香味俱全的传统名肴，具有润肠的功效，春季常饮此汤有清热、除烦和去湿的作用，适合上火的人群饮食。制作方法：①粉葛切成块，蜜枣去核，陈皮泡软，赤小豆用清水浸泡一夜，瘦肉洗净切块，鲮鱼洗净拭干水备用。②锅烧热放入 2 汤匙油爆香姜片，放入鲮鱼煎至两面呈金黄色，盛入瓦煲内注入适量清水，放入备好的瘦肉、蜜枣、陈皮、赤小豆，大火煮沸后改小火煲 1h 即可饮用。

六、市场销售采购信息

活道粉葛 80% 出口我国香港、澳门等地或批发给经销商。

◎ 阳山西洋菜

（登录编号：CAQS-MTYX-20190110）

一、主要产地

阳山西洋菜主要产地范围在广东省阳山县所辖 13 个乡镇。

二、品质特征

阳山西洋菜上市时一般长 15～25cm，茎粗 0.35～0.55cm，分枝多，茎节叶腋处萌发白色须根，色泽青绿色，叶为奇数羽状复叶，顶端小叶较大，小叶片 1～4 对，叶片呈卵形或近圆形，质地脆嫩多汁，清香爽口。

阳山西洋菜碳水化合物含量为 2.32g/100g，粗纤维含量为 0.7g/100g，蛋白质含量为 2.08g/100g，蛋氨酸含量为 20mg/100g。阳山西洋菜性凉，有清热利尿等功效。

三、环境优势

阳山县位于广东省西北部，森林覆盖率达 72.97%，生态条件良好，土壤、空气、水质优良，是国家级生态功能区和省"生态发展区"。阳山县地处山区，山泉水（也称岩洞水多属矿泉水）和地下泉水遍布全县。按测流法计算基岩裂间隙水和岩溶水天然排泄量，平均为 428.26 万 m^3，相当于 15.63 亿 m^3/年。阳山西洋菜全部采用山泉水和地下泉水灌溉，确保了产品品质。

四、收获时间

全年均为收获期，但最佳品质期从 7 月至翌年 5 月，尤以越夏（7—11 月）出产的为最佳，采收 6～10 次。

五、推荐贮藏保鲜和食用方法

贮藏方法：按照西洋菜质量要求进行清拣、分级、标识后于 5℃可冷藏保鲜 7 天。

阳山西洋菜可用于煲汤、清炒、初加工等，是非常受欢迎的一种食材。以下介绍 2 种最佳食用方法。

1. 清炒阳山西洋菜　材料：阳山西洋菜 500g，蒜头 1 瓣，油盐适量。做法：①西洋菜洗净，蒜头切碎。②净锅上火，加入食用油 20g，小火烧至五成热，放入蒜头和西洋菜大火翻炒至熟，撒盐即可出锅。

2. 阳山西洋菜猪骨汤　材料：阳山西洋菜 500g，胡萝卜 1 根，猪骨 500g，姜 3 片。做法：①西洋菜、胡萝卜洗净备用。②将猪骨和胡萝卜放入瓦锅内加水，煮沸去沫，炖煮 30min。③放入西洋菜，炖煮大约 40min 后撒盐即可出锅。

六、市场销售采购信息

1. 阳山县鱼水村态保西洋菜专业合作社　联系人：陈小贤　联系电话：13828583624

2. 阳山县小江镇下坪村森南蔬菜专业合作社　联系人：毛少雄　联系电话：13610511668

3. 阳山县西阳农业发展有限公司　联系人：陈志明　联系电话：15119763028

繁峙大杏

（登录编号：CAQS-MTYX-20190126）

一、主要产地

山西省繁峙县所辖金山铺乡、繁城镇、杏园乡、下茹越乡、光裕堡乡、集义庄乡、砂河镇等7个乡镇。

二、品质特征

繁峙大杏为大果型；果形端正，圆形；果皮底色橙黄色，着少量紫红色斑点；果肉橙黄色；果皮薄；肉厚，味甜多汁，香气浓；离核。

繁峙大杏可溶性固形物含量为14.4%、总酸含量为0.84%、维生素C含量为9.44mg/100g、胡萝卜素含量为940μg/100g，均优于同类产品参照值，维生素和胡萝卜素含量是同类产品参照值的2倍多。

三、环境优势

繁峙县位于晋北东部，繁峙大杏主要种植区在东经113°11′～113°31′，北纬39°08′～39°18′，海拔1 150～1 250m，年平均气温6℃左右，1月平均气温–9℃左右，7月平均气温23℃左右，10℃以上的年平均积温2 500℃左右，年太阳总辐射能为144.3kcal/cm^2，属于太阳辐射能高值区，适宜于大杏生长发育。气候特点是：四季分明，冬季干寒，春季干旱，夏季多雨，春温高于秋温，昼夜温差大，秋雨多于春雨，降雨高度集中，无霜期短，光照充足。土壤中钙元素含量较少，铜、锌、铁、硒、钠、镍和有效磷含量较高。这样的地形、土壤、气候特征造就了繁峙大杏的优良品质。

四、收获时间

7月上旬是繁峙大杏采收最佳时期。

五、推荐食用方法

繁峙大杏推荐食用方法为鲜食。

六、市场销售采购信息

1. 繁峙县海丰杏业专业合作社　联系人：张海明　联系电话：13513509363

2. 繁峙县繁城镇杏业专业合作社　联系人：闫智财　联系电话：13835008680　联系人：闫存林　联系电话：13835059211　微信号：gh_67fbe95f8fe3

3. 繁峙县林茂扶贫攻坚造林专业合作社　联系人：刘卫林　联系电话：15034473926

◎ 灵石荆条蜂蜜

（登录编号：CAQS-MTYX-20190127）

一、主要产地

山西省晋中市灵石县所辖翠峰镇、两渡镇、夏门镇、段纯镇、交口乡、英武乡、王禹乡、坛镇乡共8个乡镇。

二、品质特征

灵石荆条蜂蜜色泽艳，呈浅琥珀状；结晶细腻乳白，气味芬芳，口感甜而不腻。其淀粉酶活性含量为21.7ml/（g·h）、脯氨酸含量为410.4mg/kg。

三、环境优势

灵石县属暖温带大陆性季风气候。春季干旱多风，夏季炎热多雨，秋季秋高气爽，冬季少雪干冷。纬度较高、日照充足、昼夜温差大，县境内年降水量近年来一般在500mm以上，最多可达650mm，年均气温10℃左右，相对湿度60%左右，年无霜期140天，非常适合荆条的生长，是全国荆条蜂蜜三大主产区之一。灵石荆条多生长在石灰岩和沙石岩的山坡上（其他地方荆条生长多为黄土山坡），由于气候、海拔和生长环境不同，灵

石县荆条所开花为紫色花（其他地方多为白色荆条花），灵石荆条蜂蜜色泽为琥珀色（其他地方为白色）并具有独特的芳香味，在全国首屈一指。

四、收获时间

每年7月为灵石荆条蜂蜜的最佳采收期。

五、推荐贮藏保鲜和食用方法

贮藏方法：蜂蜜宜放在阴凉低温处避光保存。采用非金属容器如陶瓷、玻璃瓶等容器贮存蜂蜜。

食用方法：荆条蜂蜜最常见且最简单的吃法是冲蜂蜜水，制作时只需要将荆条蜜用40℃的温开水调和均匀即可，在冲泡时可以搭配其他材料如柠檬、红枣等，也可以将其抹在面包上食用。

六、市场销售采购信息

地址：山西省晋中市灵石县

联系人：张雄　13303440818、15333051618

（登录编号：CAQS-MTYX-20190134）

夏家店大扁杏 ◉

一、主要产地

内蒙古赤峰市松山区夏家店乡三家村。

二、品质特征

夏家店大扁杏个大、杏仁饱满、整齐度好；杏仁外壳形状为扁心形，色泽为黄褐色，表面光滑。杏仁为棕黄色，色泽均匀，仁肉纯白色，味苦而酥脆，杏仁味很浓。

夏家店大扁杏蛋白质含量 24.1g/100g，维生素 C 含量 61.9mg/100g，锌含量 7.11mg/100g，铁含量 5.83mg/100g，营养丰富。

三、环境优势

夏家店大扁杏产地年平均气温 5℃，最冷 1 月，月平均气温 –12℃，最热 7 月，月平均气温 23℃，年有效积温 2 200℃，年平均降水量 330.4mm（且集中在 6、7、8、9 月），无霜期 130 天左右，年日照时数 2 500h，平均每天 8.3h，日照百分率为 67%；全年太阳辐射总量为 120kcal/cm^2。作物生长期内，作物光合作用有效太阳幅射总量 365kcal/cm^2；地形、地貌主要以中低山、丘陵区为主，地势较为平坦。地形起伏不大，地势北高南低，坡度在 3%。土壤为中黏壤土，有机质含量平均在 0.9%，土壤容重 1.42g/cm^3，田间持水量 23%，水质 pH 值 6.9 ～ 7.8。主要以浅褐土、沙壤土为主。流域大部分区域含水和储水条件较丰富，地下水类型主要为第四系松散层孔隙水，富水不均。山间谷地河川平原，具有良好的含水性、补给性及汇水条件。地下水属于孔隙潜水，主要靠天然降水补给、地下断面径流补给，地面有英金河和跃进渠流过，水质优良。

四、收获时间

大扁杏每年 7 月末 8 月初收获。

五、推荐贮藏保鲜和食用方法

将大扁杏核晒干后易储存，贮藏于通风干燥处即可。

食用方法：可做干果使用，也可以深加工为杏仁露等饮品，还可以用微火放油将杏仁炸制金黄作为餐桌上的一道美食。

六、市场销售采购信息

赤峰市松山区夏家店林木果品农民专业合作社　联系电话：13847600032　联系人：李艳梅

◎ 科尔沁左翼中旗小麦粉

（登录编号：CAQS-MTYX-20190136）

一、主要产地

内蒙古通辽市科尔沁左翼中旗架玛吐镇司令套布嘎查、北架玛吐嘎查、前架玛吐嘎查、舍伯吐镇团结一村、旭光村、胜利乡谢家窑村等。

二、品质特征

科尔沁左翼中旗小麦粉色泽白净，粒度较小；其小麦颗粒呈卵形或椭圆形，籽粒腹沟较深，有少量冠毛，颗粒饱满整齐、粒质坚硬、粒色为红色。

科尔沁左翼中旗小麦粉每100g含蛋白质为12.4g，钙为35.44mg，铁为25.50 mg，锌为0.87 mg。

三、环境优势信息

科尔沁左翼中旗位于内蒙古东部、松辽平原西端。这里的自然环境条件优良，有青山绿水、蓝天白云，有独特的土质地貌，土壤肥沃，含有丰富的硒元素和铁、锌等微量元素。在作物生长季节，气温回升快、雨热同步、日夜温差大，生产出的产品品质优、口感好、营养丰富，而且没有工业污染，产品质量安全可靠。

四、收获时间

一般在每年7月上、中旬，籽粒饱满、营养丰富、口感最佳时期及时收获。

五、贮藏保鲜和食用方法

贮藏方法：在通风干燥的库房内常温贮藏，同时采取防潮、防虫、防鼠措施。

食用方法：通过初加工进行脱粒、磨成面粉后做成面条、饺子、馒头、饼等煮（蒸）熟食用。

六、市场销售采购信息

消费者可通过美食推荐平台和电子商务平台购买，或在当地直接购买。

联系单位：科尔沁左翼中旗金家种植专业合作社

联系人：金永喜

联系电话：0475-2859245、18747859888

（登录编号：CAQS-MTYX-20190140）

婺禾富硒米 ◉

一、主要产地

浙江省金华市婺城区蒋堂镇。

二、品质特征

婺禾富硒大米颗粒饱满均匀，纺锤形，长粒，米白色，透明，有光泽，垩白较少，有较浓的米香。

婺禾富硒米蛋白质含量为 7.08%，碱消值为 7.0 级，胶稠度为 74mm，脂肪含量为 0.3%，直链淀粉含量 17.7%，铁含量 3.54mg/kg，硒含量 0.071mg/kg，锌含量 20.3mg/kg。碱值量、胶稠度、直链淀粉符合 NY/T 595—2013《食用籼米》一等米要求。

三、环境优势

婺禾富硒米种植于浙江省金华市婺城区蒋堂镇，是金衢盆地中心地带，区域内黄土丘陵资源和水资源极为丰富，农产品丰饶，素称江南鱼米之乡。蒋堂镇有着农业发展得天独厚的自然资源，土壤类型主要是潴育型水稻土、黄土壤和紫色土，是浙江省 II 级富硒土壤区。蒋堂镇富硒区富硒土地面积约 18 500 亩，认证面积 10 174 亩，占富硒区总耕地面积的 61.67%，土壤硒含量适中，环境质量优良。

四、收获时间

婺禾富硒米有早稻和晚稻。早稻播种一般在 4 月上旬，7 月中旬左右收获。晚稻播种一般在 6 月底 7 月初，11 月上中旬左右收获。

五、推荐贮藏保鲜方法

贮藏方法：按照正常的大米储存即可。

六、市场销售采购信息

1. 金华市婺城区盛桂有家庭农场　联系人：盛桂有　联系电话：13857983231
2. 金华市蒋堂建富粮食专业合作社　联系人：陈建军　联系电话：13588662197
3. 金华市婺城区陈兴洪家庭农场　联系人：陈兴洪　联系电话：13486987502
4. 金华市婺城区洪卫国家庭农场　联系人：洪卫国　联系电话：13868989615
5. 金华市婺城区姜春有家庭农场　联系人：姜春有　联系电话：15905891218
6. 金华市婺城区云耕花卉种植场　联系人：姜丽东　联系电话：13665888101
7. 金华市婺城区蒋献勇家庭农场　联系人：蒋献勇　联系电话：13516974862
8. 金华市婺城区周汤和家庭农场　联系人：周汤和　联系电话：13506581646

通许西瓜

（登录编号：CAQS-MTYX-20190150）

一、主要产地

河南省开封市通许县。

二、品质特征

通许西瓜瓜皮光亮，花纹清晰，皮薄，瓜瓤鲜红色，汁多籽少，无粗纤维，有"起沙"的感觉，甘甜适口，西瓜味浓。

通许西瓜不仅口感好，而且营养价值丰富，水分含量为89.6%，铁元素含量为0.536mg/100g，维生素C含量为13.2mg/100g，瓜瓤中心可溶性总糖含量为11.8%，瓜瓤边缘可溶性固形物含量为9.8%，总酸含量0.78%。通许西瓜具有清热解暑、生津解渴、利尿除烦之功效。

三、环境优势

通许县属暖温带大陆季风气候，四季分明，气候温和，雨量适中。属于河南省光能高值区，太阳辐射量年平均122kcal/cm^2，年平均日照2 500h，年平均温度14.9℃，10℃以上的有效积温4 660℃，无霜期222天，年降水量775mm，具有良好的自然条件和区位优势。县域内灌排体系完善、沟渠路畅通，林网密布，水质良好，具备良好的灌溉种植用水条件，地势平坦、土层深厚，土壤肥沃，以壤质土为主，pH值7.8～8.8，有机质含量10～14g/kg。通许西瓜产地环境质量符合《绿色食品 产地环境质量》NY/T 391的相关要求。通许西瓜种植基地生态环境良好、远离中心城市，无"三废"，不受污染源影响。

四、收获时间

每年7月为通许西瓜的收获期，7—10月为通许西瓜的最佳品质期。

五、推荐贮藏保鲜和食用方法

一般置于阴凉干燥的地方存放。

食用方法：西瓜以鲜食为主，也可榨汁食用或做成西瓜酱。

六、市场销售采购信息

1. 通许县汴梁西瓜合作社　联系人：王自卫　电话：15837897999

2. 通许县政丰种植农民专业合作社　联系人：陶文建　电话：15333783268

3. 通许县聚丰源种植农民专业合作社　联系人：闫文亮　电话：15226089400

4. 通许县宏运蔬菜种植农民专业合作社　联系人：侯瑜　电话：13592115336

5. 通许县辉杰种植农民专业合作社　联系人：张小辉　电话：15993364535

（登录编号：CAQS-MTYX-20190190）

增城丝苗米 ◉

一、主要产地

广东省广州市增城区所辖 13 个镇街，均为增城丝苗米生产范围。

二、品质特征

增城丝苗米呈扁圆形，米粒细长，平均长 7mm，宽 1.8mm，晶莹洁白，米泛丝光，玻璃质，质地软硬适中，油质丰富，千粒重 15.5g，无腹白。煮饭爽滑可口，具有清新香味，口感佳，饭粒条状而不烂。增城丝苗米素有米中碧玉、饭中佳品的美誉。

增城丝苗米含直链淀粉 17.2%，锌 0.16mg/100g，垩白度 0.8%，蛋白质 6.7g/100g，碳水化合物 79g/100g，均优于同类产品参照值。

三、环境优势

增城区位于广州东部，地处珠三角重要城市群的黄金走廊，气候温润，生态环境优良，为丝苗米提供了独特的生长环境：①气候适宜：亚热带季风气候，全年平均气温为 22.2℃，气候温和、雨量充沛、光照充足，水稻安全生长期 263 天，无霜期 355～360 天，在该气候条件下，增城丝苗米生长良好。②土壤条件：地处丘陵地带，土壤有机质较丰富，耕作层土壤 pH 值 6.5～7.0，使种植的增城丝苗米有效穗数多，结实率高，穗粒饱满，米质好。③水资源丰富：增城区河流众多，水资源丰富，地表水多，地表年径流量 1099.9mm，年径流量 19.15 亿 m^3，可以满足增城丝苗米生长的需要。

四、收获时间

每年 7 月、11 月两次收获。

五、推荐贮藏保鲜和食用方法

贮藏方法：置于阴凉干燥通风处，保质期为 365 天。

食用方法：该产品可用于煲粥、煮米饭等。以下推荐 2 种最佳食用方法。

1. 香蒸米饭　材料：增城丝苗米、纯净水、盐少许。做法：①将增城丝苗米淘洗干净后浸泡半小时；②大米沥干水分后倒入压力锅内，并倒入开水适量；③加入少许盐；④调至煮饭键煮 20～30min，米饭即可食用。

2. 广式腊味饭　材料：增城丝苗米、腊肉、腊肠、花生油、酱油、葱。做法：①腊肉、腊肠切片；②锅底抹一层油，倒入米和水（米水比例 1:1.3），用大火烧煮；③烧开后加入腊肉和腊肠，盖上锅盖，改小火煮 3～4min 后，关火，用余温焗 15min；④加入花生油、酱油、葱即可食用。

六、市场销售采购信息

1. 广州增城区新塘粮食管理所　联系人：曾小帆　联系电话：15914387435　微信小程序：新塘粮所　微信公众号：新塘粮食管理所

2. 增城市优质米生产基地公司　联系人：姚志锐　联系电话：13535536488　网上购买：挂绿京东自营旗舰店

3. 广东友粮粮油实业有限公司　联系人　卢庆忠　联系电话：13902338530

4. 广州增城区泰稷米业发展有限公司　联系人：曾尉翀　联系电话：13512737331

黄塱无花果

（登录编号：CAQS-MTYX-20190193）

一、主要产地

广东省韶关市武江区西河镇黄塱村。

二、品质特征

黄塱无花果外形独特，呈扁圆形或卵形，皮薄无核，平均单果重46.4g，成熟时果皮黄绿色，果肉淡黄色，肉质松软，风味甘甜，感官品质佳。

黄塱无花果维生素C含量为2.4mg/100g，粗纤维含量为1.1%，均高于参考值，还含有大量葡萄糖、果糖、蔗糖、柠檬酸以及少量苹果酸、琥珀酸等营养成分。果实特别是果皮中含有大量膳食纤维，润肠通便作用明显，同时还有润肺解燥、消肿解毒的功效。

三、环境优势

韶关市武江区西河镇黄塱村位于广东省北部，属于亚热带季风气候，地貌类型为丘陵地带和冲积小平原，土质疏松，夏季盛行偏南暖温气候，光、热、水资源丰富，非常适合无花果种植。

四、收获时间

黄塱无花果收采期在每年6月底至11月中旬，其中最佳摘果期在7月中旬到国庆期间，果大味甜。

五、推荐贮藏保鲜和食用方法

无花果鲜果在8℃条件下可保鲜3天，–10℃可保存3个月；干果可较长时间保存。

无花果、果干可直接食用，也可煲汤、煲糖水。无花果猪肺汤、无花果浸鸡在广东非常受欢迎，已成为中老年的保健汤。无花果糖水可起到生津止渴、润燥热的作用。

六、市场销售采购信息

地址：韶关市武江区西河镇黄塱村卓康农业专业合作社　联系人：林振超　电话：13450333188

恩平大米 ◉

（登录编号：CAQS-MTYX-20190196）

一、主要产地

广东省恩平市辖区 11 个镇（街道）151 个行政村均为恩平大米的生产区域范围。

二、品质特征

恩平大米属"一年两熟"籼稻，其外观谷粒均匀细长、金黄饱满，米粒色泽均匀，晶莹透亮，腹白小，其米饭松软可口、黏度适中、糯而不腻、清香四溢、久食不厌。

恩平大米直链淀粉含量 17.6%，硒 0.06mg/kg，垩白度 0.8%，碳水化合物 79g/100g，以上品质特征均优于同类产品参照值。恩平大米营养价值高，其米汤具备益气、养阴、润燥之功能。

三、环境优势

恩平市位于广东省西南部，处北回归线以南，属珠江三角洲区域，属亚热带季风气候。冬短夏长，冬暖夏凉，日照充足，雨量充沛，年平均气温 23℃，极端最高气温 35℃，极端最低气温 9℃，年平均降水量为 2 348mm，总有效积温 4 800℃，无霜期 360 天。年均相对湿度 78.8%。属丘陵地带，地形复杂，中部为农田，土壤多样。有机质平均含量为 21.20%～30.29%；水解氮平均含量为 83.38～121.76mg/kg；有效磷为 50.55～104.42mg/kg；速效钾的含量为 51.64～86.00mg/kg；土壤 pH 值的变幅范围 5.40～5.65，比较适宜种植水稻。境内水源丰富，水质优良，有大小河流 13 条，水库 200 多个，为水稻生产提供了得天独厚的优质水资源条件。

四、收获时间

早稻 7 月上旬，晚稻 11 月上旬。

五、推荐贮藏保鲜和食用方法

贮藏方法：①将大米储存在低温环境中，比如冰箱中，可以防止油脂氧化和米虫的滋生。②橘皮中含有柠檬醛，在大米中埋入橘皮可以驱虫防虫。③选用大容量的瓶子，将大米装进瓶子密封。④白酒可起到防米虫的作用。在瓶中装入 100ml 白酒，敞开瓶盖，把装有白酒的瓶子插入大米中，瓶口露出，然后密闭米缸保存。

食用方法：取米适量放入锅中，加入清水，米、水的比例为 1:（1.1～1.4），加热煮饭。大米适当浸泡效果更佳。蒸煮过程中不要掀开锅盖，煮熟后焖 10min 食用味道更佳。

六、市场销售采购信息

1. 广东省丰穗米业有限公司

淘宝网站：https://fengsui.taobao.com/?spm=2013.1.1000126.d21.4ec52db400u8uc

微信公众号：沙湖丰穗　联系电话：0750-7695229。

2. 恩平市沙湖镇合源粮食加工厂

免费热线：18675011878　淘宝企业店：合源米业淘宝二维码

3. 恩平市大田镇锦泉农产品专业合作社

联系电话：0750-7321332、13828091008　微信：恩平市大田供销社

海丰油占米

（登录编号：CAQS-MTYX-20190204）

一、主要产地

广东省汕尾市海丰县所辖下城东镇、可塘镇、赤坑镇、附城镇、联安镇、梅陇镇、梅陇农场、陶河镇共8个镇（农场）138个行政村。

二、品质特征

海丰油占米外观靓丽，粒长饱满，整齐匀称，晶莹通透，香气浓郁，米泛丝光，质地软硬适中，油质丰富，无腹白。蒸煮时有自然浓郁米饭香味，烹制出的米饭晶莹剔透，米饭油亮，香润黏滑，口感好。冷却后不硬、不回生。

海丰油占米含直链淀粉14%，锌0.20mg/100g，垩白度0.9%，碳水化合物79g/100g，碳水化合物、直链淀粉符合同类产品参照值，垩白度、锌含量优于参照值。

三、环境优势

海丰县地处广东省东南部，海丰取义于"南海物丰"，素有"鱼米之乡"之称。海丰第一大河流黄江河流域两岸有连片达15万亩的优质水田，2018年被定为广东省六大粮食功能区划分试点县之一，划定面积达22.3万亩。海丰县属南亚热带季风气候区，地处沿海和莲花山脉南麓，有海洋季风调节和北部群山的天然屏障，种植区气候温和，空气质量优，光照充足，热量丰富，雨量充沛，水质优良，土壤肥沃，富含稻米生长所需要的多种矿物质，为海丰油占米的生产提供了得天独厚的优势。

四、收获时间

早稻：7月；晚稻：11月。最佳品质期：6个月。

五、推荐贮藏保鲜和食用方法

贮藏条件：阴凉、干燥处保存，贮藏保鲜最佳温度12～15℃。

推荐食用方法：①加入适量的大米。②加水，使米与水的比例达到1:1。若蒸前浸泡15min左右，口感更佳。③用电饭煲加热约20min。④加热蒸熟后再焖10min左右食用口感最佳。

六、市场销售采购信息

1. 海丰县中禾农业专业合作社　联系电话：0660-6920999　网站：http://www.zhhzs.cn
2. 汕尾市丰隆米业有限公司　联系电话：0660-6742366　网站：https://shop.swtstore.com

（登录编号：CAQS-MTYX-20190211）

连州鹰嘴桃 ◎

一、主要产地

广东省连州市龙坪镇、西江镇、九陂镇等。

二、品质特征

连州鹰嘴桃果实近圆形，果顶鹰嘴状突起，梗洼较深，缝合线浅，两半较对称；平均果径 67.3mm、单果重 150g；果皮大多浅绿色，部分红晕，外表有一层厚密的细绒毛；果实皮肉紧密相连，果肉淡绿色，近核处紫红色，粘核，皮薄肉厚，肉质爽脆，味甜且有蜜味，香气纯正。

连州鹰嘴桃维生素 C 含量达 10mg/100g，可溶性固形物含量达 11.8%，总糖含量达 9%，营养品质特性均优于同类产品参照值。

三、环境优势

连州市位于广东省西北部，属南岭山区腹地，是广东省重点生态功能区。连州鹰嘴桃主要种植在南岭的萌渚岭南麓，海拔 300～500m 的丘陵地区。该区域内土壤质地疏松、肥沃、排水性能好，富含有机质，远离工业污染。属中亚热带季风性湿润气候区，四季分明、气候温和。光能

丰裕，年平均日照总时数为 1 510.6h，充足的阳光促进果树的光合作用，有利于果树的生长。雨量充沛，平均年总雨量 1 609.3mm，地表及地下水资源丰富，为果树生长提供充足的水源。域内山地比平原气温低、水热时空分布不均，形成明显山区立体气候，非常有利于连州鹰嘴桃的生长及糖分的积累。

四、收获时间

连州鹰嘴桃每年 7 月中旬开始成熟上市，采收期与最佳品质期为每年 7—8 月。

五、推荐贮藏保鲜和食用方法

连州鹰嘴桃果品应低温干燥储存。

推荐食用方法是鲜食，清洗后（去皮）直接食用，冷藏后食用口感更佳。

六、市场销售采购信息

1. 连州市益农蔬菜专业合作社　联系人：李志贤　联系电话：0763-6677831
2. 连州市高山公诚蔬果专业合作　联系人：陈志国　联系电话：0763-6634198
3. 连州市盛丰种植有限公司　联系人：梁丰　联系电话：0763-6661123
4. 连州市龙潭峡谷百果庄园有限公司　联系人：禤毅　联系电话：13719411338
5. 连州市大山地种植专业合作社　联系人：官业桃　联系电话：13926608142
6. 连州市王屋果业专业合作社　联系人：叶小琴　联系电话：13902357135
7. 连州市荣记农业发展有限公司　联系人：陈继荣　联系电话：0763-6536016
8. 连州市粤北鹰嘴桃种植专业合作社　联系人：成承军　联系电话：13727188699
9. 连州市高山季丰种养专业合作社　联系人：黄俊波　联系电话：18926650081

连州水晶梨

（登录编号：CAQS-MTYX-20190213）

一、主要产地

广东省清远市连州市龙坪、西江、九陂、星子及大路边等乡镇。

二、品质特征

连州水晶梨果形端正，果实近圆形，单果重200～300g；成熟时果皮颜色接近乳黄，皮薄果嫩、表面晶莹光亮，果肉洁白、果心小，切开果肉自然放置24h保持不变色，肉质细嫩多汁、清甜爽口，石细胞少。

连州水晶梨，维生素C含量达4.4mg/100g，可溶性固形物含量达11.5%，总糖含量达8.6%，营养品质特性均优于同类产品参照值。

三、环境优势

连州水晶梨主要种植在东经112°7′～112°47′，北纬24°37′～25°12′，海拔400～650m的地区。该区域内土壤质地疏松、肥沃、排水性能好，富含有机质，远离工业污染。属中亚热带季风性湿润气候区，四季分明、气候温

和。年平均气温为17.5℃，光能丰裕，年日照时间达1 600h，充足的阳光促进果树的光合作用，有利于果树的生长。雨量充沛，平均年总雨量1 609.3mm，地表及地下水资源丰富，为果树生长提供充足的水源。域内山地比平原气温低、水热时空分布不均，形成明显山区立体气候，非常有利于连州水晶梨的生长及糖分的积累。独特的环境条件造就了连州水晶梨上市早且品质高的优势。

四、收获时间

连州水晶梨每年7月上旬开始成熟上市，采收期与最佳品质期为每年7—8月。

五、推荐贮藏保鲜和食用方法

果品应低温干燥储存。

推荐食用方法是鲜食，去皮后直接食用，冷藏后食用口感更佳。

六、市场销售采购信息

1.连州市高山公诚蔬果专业合作　联系人：陈志国　联系电话：0763-6634198

2.连州市益农蔬菜专业合作社　联系人：李志贤　联系电话：0763-6677831

3.连州市海阳人家农业发展有限公司　联系人：刘越飞　联系电话：13501454321

4.连州市益民水晶梨专业合作社　联系人：成运辉　联系电话：13425206985

5.连州市绿丰水晶梨专业合作社　联系人：雷建德　联系电话：13927612302

6.连州市海行水晶梨专业合作社　联系人：吴海萍　联系电话：13417279798

7.清远市大丰果业有限公司　联系人：梁智毅　联系电话：020-83221237

8.连州市潭源绿兴水果种植专业合作社　联系人：黄树强　联系电话：15816237021

9.连州市华海农业发展有限公司　联系人：官水海　联系电话：13902357377

（登录编号：CAQS-MTYX-20190221）

巫山脆李 ⊙

一、主要产地

重庆市巫山县、万州区、开州区、云阳县、奉节县、巫溪县共6个区县170个乡镇（街道）。

二、品质特征

巫山脆李果形端正，近圆形，缝合线明显，离核，果面特有的白色粉层明显，平均单果重35g，整齐度好。果皮绿色或黄绿色，果肉浅黄色。肉质脆嫩，汁多味香，酸甜适度。单果重为55.3g，可食率为97.76%，可溶性固形物含量为12.7%，总酸含量为0.80%，固酸比为15.88。

三、环境优势

巫山脆李种植区内海拔180～1 000m，年均光照1 463～1 639h，年均温度17.6～18.7℃，年均降水量1 057～1 243mm，气候条件适宜，巫山县位于神奇的北纬30°附近，雨量充沛，四季分明，非常适合种植脆李。地理环境独特，长江横贯东西，大宁河穿越南北，地貌上呈深谷和中低山相间形态，土壤环境良好，土壤土类多样，土质疏松、土壤肥沃，透气性好。县内9条支流和54条小溪组成网状水系。这些要素正好满足巫山脆李生长所需的光、温、水、肥、气等基础条件，造就了巫山脆李优异的品质。

四、收获时间

每年6月底至8月底为巫山脆李的收获期，7月初至8月上中旬为巫山脆李的最佳品质期。

五、推荐贮藏保鲜和食用方法

巫山脆李属于鲜食水果，冷藏后口感更佳，适宜贮藏温度1～4℃，相对湿度85%～95%。

六、市场销售采购信息

消费者可通过重庆市农业农村委员会打造的重庆农产品电商大平台，搜索"巴味渝珍"进入公众号进行购买。也可在淘宝京东中搜索店铺"巫山汇"进行购买。

宁夏菜心

（登录编号：CAQS-MTYX-20190229）

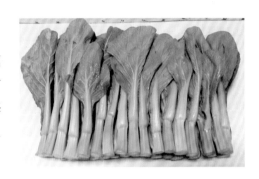

一、主要产地

宁夏银川市金凤区、西夏区、贺兰县、永宁县、灵武市；石嘴山市惠农区、大武口区、平罗县；吴忠市利通区、青铜峡市、盐池县；中卫市沙坡头区、中宁县、海原县、吴忠市利通区、青铜峡市、盐池县；中卫市沙坡头区、中宁县、海原县；固原市原州区、彭阳县、西吉县、隆德县共18个市、县（区）。

二、品质特征

宁夏菜心抽薹前茎短缩，呈绿色，叶宽卵圆或椭圆形，叶脉明显，叶柄狭长，有浅沟，横切面为半月形，呈浅绿色。抽生的花茎，叶片较小，呈卵形或披针形，下部叶柄短，上部无叶柄。

宁夏菜心品质柔嫩、风味独特、纤维含量少、口感好、味甘甜，营养丰富。每千克可食用部分含蛋白质 13～16g、脂肪 1～3g、碳水化合物 22～42g，还含有钙 410～1 350mg、磷 270mg、铁 13mg、胡萝卜素 1～13.6mg、维生素 C 790mg，同时具有清热解毒、杀菌、降血脂的功能。

三、环境优势

宁夏菜心的主要种植基地集中位于宁夏北部引黄灌区，地势平坦，土壤肥沃，素有"塞上江南"的美誉。平均海拔 1 100～1 200m，年平均太阳总辐射量 4 950～6 100kcal/m²，年日照时数 2 250～3 100h，日照百分率 50%～69%，无霜期 126～170 天，是全国日照和太阳辐射最充足的地区之一。年平均气温为 5.3～9.9℃，各地气温 7 月最高，平均为 16.9～24.7℃，1 月最低，平均为 -9.3～6.5℃，气温年温差大，达 25.2～31.2℃。加之主产区得黄河灌溉的便利条件，为生产特色优质农产品提供了先决条件，现已成为粤港澳大湾区菜心的主要生产基地。

四、收获时间

宁夏菜心每年从 4 月开始种植，种下后根据季节不同，30～40 天可以收获，一直可以采摘到 11 月，可以种植 4～5 茬。其中 7 月、8 月、9 月是菜心大量上市的最佳时节，也是菜心的最佳品质期。

五、推荐贮藏保鲜和食用方法

宁夏菜心贮藏保鲜效果最佳的温度为 0～5℃，可生食，亦可熟食。生食，口感清脆、甘甜，熟食方法多种多样。以下介绍两种较为普遍的熟食方式。

1. 白灼菜心　水中加入盐、糖、味精入味，再加入少许食用油提色；水烧开后，放入菜心，2min 后出水（记得翻面）摆盘；加葱丝、加滚油、淋汁（蚝油、生抽均可）。

2. 牛肉炒菜心　牛肉切薄片，并用姜丝、料酒、少许盐、油、生粉腌制；锅烧热后倒入油将蒜蓉炸香，放入菜心翻炒，菜心炒熟后加入适量的盐，盛出；锅内放入适量的油，倒入牛肉，翻炒均匀后加入适量的蚝油；然后倒入炒熟的菜心，炒均匀即可盛出（牛肉变色即可）。

六、市场销售采购信息

消费者可通过生鲜网购、宁夏农业服务微信公众号、大型超市、大型市场等方式购买。

中卫硒砂瓜

（登录编号：CAQS-MTYX-20190234）

一、主要产地

宁夏中卫市沙坡头区香山乡红圈村、景庄村、三眼井村、新水村等；兴仁镇兴仁村、东滩村、拓寨村、西里村、高庄村等；常乐镇罗泉村、熊水村等；宣和镇喜沟村、丹阳村、草台村等；永康镇党家水、校育川等。

二、品质特征

中卫硒砂瓜果实椭圆形，个大，平均单果重4kg，果实表面花纹清晰，果皮厚，表皮用手触摸感到光滑，果实靠地面底部自然生成石头"印记"，呈深黄色；瓜瓤呈粉红色，果肉鲜嫩、汁多，甘甜如蜜。

中卫硒砂瓜总酸含量0.12g/kg，维生素C含量8.0mg/100g，钙含量27.6 mg/100g，钾含量226/100g，硒含量2.0μg/100g。

三、环境优势

中卫硒砂瓜生产基地处于宁夏中卫市的环香山地区，平均海拔为1 760m，具有典型的大陆性季风气候和温带荒漠气候特点，春暖迟、夏热短、秋凉早、冬寒长，干旱少雨，日照充足。全年平均降水量为179.6mm，多集中在7—9月。全年平均蒸发量为1 829.6mm，蒸发量为降水量的10.2倍。全年无霜期平均167天，全年日照时数2 883h，年太阳总辐射量为5 872.9kcal/cm^2，年平均气温8.8℃，气温日差较大，平均为10～16℃，≥5℃积温为3 300～3 800℃，≥10℃积温为3 100～3 500℃，气温和热量状况有利于作物干物质积累和土壤有机质分解。压砂地具有提高土壤温度，抑制蒸发，提高土壤水分利用率，抑制地表盐碱的积累，保持地力，减轻病害杂草危害，促进作物发育和早熟丰产及增进品质的功效。

四、收获时间

中卫硒砂瓜每年的7—8月采摘上市。

五、推荐贮藏保鲜和食用方法

中卫硒砂瓜最佳贮藏温度是18℃，环境通风。直接食用即可。

六、市场销售

淘宝店销售：hi0955.taobao.com

抖音：hi0955　快手：hi095588

联系人：杨丽萍　联系电话：15309550666

联系人：张　勇　联系电话：17795583999

彭阳红梅杏

（登录编号：CAQS-MTYX-20190235）

一、主要产地

宁夏彭阳县白阳镇、红河镇、古城镇、王洼镇、新集乡、城阳乡、草庙乡等全县12乡镇，上王村、长城村、阳洼村等30个行政村。

二、品质特征

彭阳红梅杏果实外形近似圆形，果皮阳面鲜红色、阴面金黄色，色泽油光鲜亮，皮薄肉厚核小；果肉艳黄或金黄色，柔软味甜、汁液多，酸甜适口，香气宜人。

彭阳红梅杏含维生素C 13.7mg/100g、钾236mg/100g、可溶性固形物12.6%、总酸1.6%。

三、环境优势

彭阳县位于宁夏回族自治区南部边缘，六盘山东麓，海拔1 248～2 418m，年降水量450～550mm，年均气温7.4～8.5℃，日照时数2 311.2h，年辐射量127.6kcal/cm^2，无霜期140～170天，≥10℃有效积温2 200～2 750℃。属典型的温带半干旱大陆性季风气候，是典型的黄土高原丘陵地貌。该地貌类型复杂多样，分为北部黄土丘陵区、中部河谷残塬区和西南部土石质山区3个自然类型区。土壤类型是黑垆土，土壤有机质及其他养分含量较高，是较好的农业生产土壤。土层深厚，土壤疏松，质地以中壤土为主，天然隔离条件好，土传病害少，生产的杏子质量高。彭阳优越的气候条件和立地条件适合杏子的大面积种植和发展。

四、收获时间

彭阳县红梅杏花期为每年4—5月，鲜果采收期为每年7月，红梅杏采收时不宜熟透，7月中旬为最佳采收期。

五、推荐贮藏保鲜和食用方法

彭阳红梅杏一般为鲜食，鲜食口感好，商品价值高。贮藏保鲜方法为低温2～5℃保鲜，一般不超过7天，贮藏时间过长，鲜果颜色变暗，果质变软，口感变差。

六、市场销售采购信息

1. 宁夏彭阳县云雾山庄果脯专卖店　联系人：席维平　联系电话：13995047403

2. 网上销售网址：https://vip.1688.com/mc/seller_index.htm

（登录编号：CAQS-MTYX-20190238）

阜康打瓜籽

一、主要产地

新疆昌吉州阜康市所辖城关镇、九运街镇、滋泥泉子镇、上户沟乡、水磨沟乡、三工河哈萨克自治乡共6个乡镇。

二、品质特征

阜康打瓜籽单瓜重2～3kg，单瓜结籽数160～220粒，籽粒均匀，10粒横径11.5～12cm，所产瓜子果实近圆形，黑边白心，颗粒饱满，片形较大，籽粒皮薄，仁核比高为1∶1.5以下，板平、翘板率低，麻板少。千粒重可达290～320g，亩产达150～180kg，高产田可达250kg以上。阜康打瓜籽个大质优，优品率较高，深受客商青睐。

阜康打瓜籽具有较高的营养价值，富含亚麻酸、12种氨基酸、多种微量元素，其中亚麻酸含量0.053 3g/100g，天冬氨酸含量3.09g/100g，钙元素含量0.096mg/kg，铁元素含量71.1mg/kg，钾元素含量0.911μg/kg。

三、环境优势

阜康市地处天山东段（博格达山）北麓、准噶尔盆地南缘。地理坐标为北纬43°45′～45°30′，东经87°46′～88°44′。阜康市地处中温带大陆性干旱气候区，四季分明，光照充足，昼夜温差大。年均气温6.7℃，年日照时数2 931.3h，年平均相对湿度5.8%，有效积温35 551.5℃，年均无霜期174天，年均降水量205mm，年平均风力2.4m/s，非常适合瓜果类农作物生长。

四、收获时间

阜康打瓜籽收获期为每年7—8月。

五、推荐贮藏保鲜和食用方法

阜康打瓜籽进行倒籽晾晒后，用编织袋包装好，放入冷藏库贮藏。

阜康打瓜籽需进行炒制后销售，去壳食用。阜康打瓜籽进行加工后，是非常受欢迎的一种食品。加工后主要有3种口味：奶油味、甘草味、话梅味。

六、市场销售采购信息

新疆源森农业开发有限公司　联系人：童莲花　联系电话：18099001806

老龙河小麦粉

（登录编号：CAQS-MTYX-20190240）

一、主要产地

新疆维吾尔自治区昌吉回族自治州昌吉国家农业科技园区大西渠乡老龙河村。

二、品质特征

老龙河小麦粉麦香味浓郁，色泽微黄，颜色均匀一致，不发暗，粉质细腻。老龙河小麦粉蛋白质、面筋质含量较高，锌、钾元素含量较丰富，做出的面食口感更劲道爽滑。

老龙河小麦粉蛋白质含量11.62g/100g，面筋质（以湿重计）28.7%，锌含量1.62mg/100g，钾含量160mg/100g。

三、环境优势

老龙河小麦粉产地全年无霜期155天左右，年活动积温3 400℃以上，年均降水200mm。天山融雪灌溉，充足的阳光，优沃的土地，生产基地在无污染和生态条件良好的地区，远离工矿区和公路干线，避开了工业和城市污染源的影响，空气质量、灌溉水质分别达到绿色食品质量标准。源头管理好，让每一份食品都可以追溯源头，让每一位消费者的健康都有保障。

四、收获时间

老龙河小麦粉收获期为全年，小麦7—8月为收获期。

五、推荐贮藏保鲜和食用方法

贮藏方法：小麦磨制成小麦粉后进行灌装，储存于阴凉干燥处。

老龙河小麦粉可用于包子、面条、饺子、馒头等面食的制作。以下介绍2种比较受欢迎的食用方法。

1. 新疆拌面　材料：老龙河小麦粉适量、老龙河葵花籽油、羊肉、洋葱、芹菜、大蒜、番茄、辣椒、酱油、番茄酱、鸡精。做法：①先煸炒羊肉，煸香后放辣子、洋葱翻炒。②再放芹菜，番茄。③翻炒5min后加适量水焖一会儿，烧开就可以出盘。④另一个锅里烧开水。⑤拉面。⑥煮面。⑦捞面过一下凉开水，装盘浇菜。

2. 馒头　材料：老龙河小麦粉500g、清水250g、酵母6g、白糖适量。做法：①面粉放入大盘，加白糖和6g酵母拌匀，倒入清水搅拌成絮状。②用手揉直至表面光滑。③揉好后盖布发酵至两倍大。④将发酵好的面拿出揉匀排掉气体，搓成长条状。⑤切分成等份大小的面团。⑥将面团用手向内收，制成圆形馒头面坯。⑦将做好的馒头面坯静置15～20min。⑧锅里加足冷水，将发酵好的馒头面坯放入蒸笼，至水开后再蒸15～20min后关火，过2～4min后取出即可。

六、市场销售采购信息

昌吉润兴农业发展有限责任公司　联系人：左振江　联系电话：13079998050　客服电话：400-880-6355

扎兰屯鹅 ◎

（登录编号：CAQS-MTYX-20190281）

一、主要产地

内蒙古扎兰屯市浩饶山镇、蘑菇气镇、大河湾镇、成吉思汗镇、卧牛河镇等 10 个乡镇 96 个行政村。

二、品质特征

扎兰屯鹅净重大约 3～4kg，个头较大，颈较长，鹅皮较厚，鹅肉质红润，皮下脂肪为黄色，鹅腿较长且粗壮，鹅肉轻压后回弹较快，肌肉弹性好，肉质无异味。

扎兰屯鹅蛋白质含量 18.44g/100g，不饱和脂肪酸 11.2%，赖氨酸 1 990mg/100g。鹅肉是理想的高蛋白、低脂肪、低胆固醇的营养健康食品。其肉质肥瘦分明，滑爽鲜嫩，汤鲜味美。民间有"喝鹅汤，吃鹅肉，一年四季不咳嗽"的说法。

三、环境优势

扎兰屯鹅养殖区域处于东经 120°28′51″～123°17′30″，北纬 47°5′40″～48°36′34″，森林覆盖率 70.04%，水资源总量约 25 亿 m³，年平均降水量 485～540mm，土壤有机质平均含量为 47.1g/kg，水质清新，属于中温带大陆性半湿润气候，四季分明，年平均气温 2.4℃，无霜期年均 123 天。无大型工业污染源，属于一片天然绿色净土。草场宽阔，生态环境优越，为扎兰屯优质农畜林产品提供了有利的资源条件。

四、收获时间

每年 7 月中旬至 10 月上旬为扎兰屯鹅收获时期，生育期一般满足 100～120 天。

五、推荐贮藏保鲜和食用方法

贮藏方法：在 –20～–17℃冷库中冷冻贮藏，保质期 12 个月。

推荐食用方法：

1. 家常鹅肉　主料：鹅肉。辅料及配料：姜、花椒、八角、桂皮、盐。步骤：鹅肉用开水焯一下；高压锅提前烧水；焯好的鹅肉直接放入温水中，放姜片、花椒、八角、桂皮；开锅转小火 40min。

2. 土豆炖鹅肉　食材用料：鹅肉、土豆、姜、蒜、八角、盐、糖、青红椒、料酒、老抽。做法：①鹅肉切块，土豆切块，准备姜、蒜、八角，红椒切斜刀，青椒切块。②油锅烧热，下姜蒜爆香，加入鹅肉翻炒，炒至变色，加入土豆炒 2min，加入适量盐、糖、老抽、料酒，加差不多跟食材齐平的水，大火煮开后转小火煮约 20min，至汤汁快干时加入青红椒，大火收浓汤汁，出锅。

六、市场销售采购信息

1. 内蒙古托欣河鹅业股份有限责任公司　联系人：李有民　电话：15734841110

2. 扎兰屯市浩饶山镇托欣河养殖农民专业合作社　联系人：李德军　电话：15148568999

扎兰屯黑木耳

（登录编号：CAQS-MTYX-20190286）

一、主要产地

内蒙古扎兰屯市卧牛河、中和、大河湾等 12 个乡镇 128 个行政村。

二、品质特征

扎兰屯黑木耳，黑中透明，形如人耳，耳朵硕大，耳片正面黑褐色，背面暗灰色，耳片完整均匀，二瓣自然卷曲，正背面分明，耳片厚度约 1.5mm。

扎兰屯黑木耳蛋白质含量 14.3g/100g，膳食纤维 31.7g/100g，钙 292.9mg/100g，硒 4.3μg/100g，多糖 6.7%。扎兰屯黑木耳培育基质采用多年生长的柞木段或柞木锯末进行栽培种植，含有人体所需的多种营养元素，具有食用和药用保健之功效。

三、环境优势

扎兰屯市位于内蒙古自治区东北部，属于中温带大陆性半湿润气候区，年均气温 2.4℃，年均降水量 480～550mm，无霜期年均 123 天，年均日照时数为 2 773.3h；绿色农畜林资源丰富，境内森林面积 105 万 hm²，森林覆盖率为 70% 以上，土壤有机质含量平均 6.54%，生态环境良好，空气清新，水质纯净，拥有柞、桦混交林 180 万 hm²，为优质黑木耳栽培提供了原料保障。

四、收获时间

每年的 6—10 月是黑木耳收获期，其中 7—8 月为木耳的最佳收获期，这个时期的木耳品质最好。

五、推荐贮藏保鲜和食用方法

扎兰屯黑木耳采摘之后，通过晾晒或烘干，可以在低温下保存 1～2 年。

扎兰屯黑木耳干制品，食用前用凉水进行泡发 20～30min，再煮沸 10～15min，可以火锅、凉拌、炒菜，口感更好，也可以加工黑木耳饮料、黑木耳粉、黑木耳月饼等。

六、市场销售采购信息

1. 呼伦贝尔森宝农业科技发展有限公司　联系人：李辉　联系电话：15147077771
2. 扎兰屯市森通食品开发有限责任公司　联系人：蒋玫　联系电话：13948309890
3. 扎兰屯市蒙森森林食品开发有限责任公司　联系人：张志忠　联系电话：15332903555
4. 呼伦贝尔市满都盛达生物菌有限责任公司　联系人：李春平　联系电话：13847035899

（登录编号：CAQS-MTYX-20190290）

鄂伦春黑木耳 ◉

一、主要产地

内蒙古自治区呼伦贝尔市鄂伦春自治旗。

二、品质特征

鄂伦春黑木耳黑中透明，耳朵硕大，耳肉肥厚，口感清脆，质地柔软，味道鲜美，直径一般5～10cm。

鄂伦春黑木耳粗纤维含量13.8%，膳食纤维30.5g/100g，多糖4.7%。蛋白质、粗纤维、钾、镁、膳食纤维均高于参考值。

三、环境优势

鄂伦春自治旗位于呼伦贝尔市东北部，地处大兴安岭腹地，是内蒙古大兴安岭野生食用菌的主要产区之一。地属寒温带大陆性季风气候区，冬季寒冷而漫长，夏季短暂而温热，四季昼夜温差较大，易刺激优质食用菌的生长，采用地下水灌溉，产出的黑木耳从质量以及功效上皆高于国内其他产品。全年空气质量优良天数超过97%，黑木耳种植区域周边数千米没有工业污染，空气、水源、土壤环境十分纯净，为黑木耳的培植与生长提供了得天独厚的条件，所以黑木耳具有泡发率高、胶质丰富、肉质细腻、口感极佳等特点。

四、收获时间

每年的7月中下旬至8月末进行采摘。

五、推荐贮藏保鲜方法

直接自然晒干，放置阴凉干燥处，通风保存。

六、市场销售采购信息

1.大兴安岭诺敏绿业有限责任公司　联系人：李光　联系电话：0470-5771185

2.呼伦贝尔市鄂伦春自治旗原生态制品有限责任公司　联系人：刘建立　联系电话：0470-5628199

3.鄂伦春自治旗绿天缘山产品有限责任公司　联系人：邵泽华　联系电话：0470-5789888

4.鄂伦春自治旗豫蔺山产品有限责任公司　联系人：张淑兰　联系电话：0470-5624749

◎ 苏尼特羊肉

（登录编号：CAQS-MTYX-20190292）

一、主要产地

内蒙古自治区苏尼特左旗满都拉图镇、巴彦淖尔镇、巴彦乌拉苏木、达来苏木等7个苏木镇。

二、品质特征

苏尼特羊肉肉色鲜红、有光泽，脂肪呈白色，肥瘦均匀，有大理石花纹，肌纤维致密有韧性富有弹性，脂肪和肌肉较硬实，切面湿润不黏手，具有新鲜羊肉固有气味。苏尼特羊肉水煮时无膻味，肉质细嫩，肥而不腻，肉香味美。

苏尼特羊肉蛋白质含量19.4g/100g，脂肪含量17.9g/100g，钙17.19mg/100g，不饱和脂肪酸5.5%，铁3.92mg/100g，天冬氨酸2 126mg/100g，赖氨酸1 990mg/100g，亮氨酸1 872mg/100g，都高于同类产品参照值。

三、环境优势

苏尼特左旗地处蒙古高原中北部，位于中国四大天然牧场之一的锡林郭勒大草原西北，属半干旱大陆性气候，四季变化明显，日照充足，雨热集中在夏季，无霜期120天左右。年平均气温3.6℃，平均相对湿度为60%以下，平均降水量180.5mm，年日照时数平均为3 196h，日照率为72%，全年辐射总能量为5 964 ~ 6 174kcal/m²。特定的自然地理环境和气候，孕育了境内草木科、大百合科植物为主的优良牧草，如多节植物蒿、碱葱、沙葱、冰草等，为形成独特品质的苏尼特羊提供了丰富的优良牧草，也是苏尼特羊生长繁殖理想场所。

四、出栏时间

养殖周期6 ~ 7个月，7—8月出栏，年出栏量55.86万只。

五、推荐贮藏保鲜和食用方法

贮存方法：-18℃超低温冷储存放，保质期18个月。宰后24h排酸，-33℃超低温急速冷冻，无活菌冰鲜肉。

推荐烹调方式：

苏尼特手扒羊肉　选用肥嫩的小口羯羊（2 ~ 3岁最为适宜），把带骨肉卸成若干块，不加任何调味品放入白水锅中煮，加入几节葱段和适量的盐；待水滚肉熟即取出锅。

注意：煮羊肉时，须掌握好火候，防止过老。

六、市场销售采购信息

1. 乔宇肉食品有限公司　联系人：乔宇　联系电话：0479-2524168

2. 满都拉图肉食品有限公司　联系人：李凤艳　联系电话：0479-2809068

3. 大都苏尼特肉食品有限公司　联系人：刘兵锁　联系电话：0479-2809066

4. 功宽肉食品有限公司　联系人：赵绪安　联系电话：13947925264

（登录编号：CAQS-MTYX-20190306）

察右前旗樱桃番茄 ◎

一、主要产地

内蒙古自治区乌兰察布市察右前旗巴音镇陈三村、大哈拉村、田家梁村。

二、品质特征

察右前旗樱桃番茄直径为 3～4cm，果形圆润，果色为红色，色泽均匀，表皮光洁；果实横切面为圆形，果肉颜色为红色，果实坚实，富有弹性；汁水丰满，风味酸甜，有清香味。

察右前旗樱桃番茄可溶性糖含量为 6.21g/100g，番茄红素含量为 105mg/kg，维生素 C 含量为 51mg/100g，铁含量为 2.17mg/100g，硒含量为 0.74μg/100g。察右前旗樱桃番茄味甘酸、性微寒，对便结、食肉过多、口渴口臭、胸膈闷热、咽喉肿痛等有益。大量的维生素 C 是人体结缔组织所需要的成分，它对软骨、血壁管、韧带和骨的基层部分有增大其动力和伸缩自如能力的作用。

三、环境优势

察右前旗樱桃番茄核心产区位于察右前旗黄旗海北岸巴音塔拉镇，此处主要为沙质土壤，肥沃且偏碱性，富含丰富的钙、硼、铁等多种微量元素，地下水 EC 值较高，为卤水，以上自然环境优势为樱桃番茄糖度的提升和着色起到至关重要的作用。并且该产区临近霸王河，地下水资源丰富，为樱桃番茄的生产灌溉提供了便利条件。樱桃番茄核心产区位于 1 300m 高海拔地段，这里属于典型的温带大陆性季风气候，四季分明，气候冷凉，昼夜温差大，年均气温 5℃左右，光照充足且时间长，日平均可达

10h 左右，光合作用旺盛，雨热同期，降雨多集中在每年 7 月、8 月、9 月，是全国夏季生产樱桃番茄的最佳产地，这样的自然环境极大地弥补了其他地区因夏季高温而导致番茄口感不佳的劣势。

四、收获时间

每年 7 月为察右前旗樱桃番茄的收获期，7 月中下旬至 10 月，为察右前旗樱桃番茄的最佳品质期。

五、推荐贮藏保鲜和食用方法

察右前旗樱桃番茄鲜果可冷藏保存，温度保持在 5℃，隔绝氧气可以延长保存期。

察右前旗樱桃番茄可以当蔬菜也可以当水果直接食用，而且味清甜，无核，口感好，富含多种人体所需要的营养元素，是幼儿营养来源以及孕妇的最佳食品之一。

六、市场销售采购信息

1. 内蒙古物泽生态农业科技发展有限公司　联系人：李树棣　联系电话：17753615254

2. 内蒙古沃也生态农业有限公司　联系人：寇彦玲　联系电话：13204749000

3. 察右前旗佳经纬种养殖专业合作社　联系人：李瑞峰　联系电话：15164727788

◎ 临河小麦

（登录编号：CAQS-MTYX-20190312）

一、主要产地

内蒙古自治区巴彦淖尔市临河区 11 个乡镇及 2 个农场。

二、品质特征

临河小麦颗粒呈卵形或椭圆形，粒色为红色，籽粒腹沟较深，有少量冠毛，颗粒饱满整齐、粒质坚硬；具有小麦固有的光泽、颜色、气味。

临河小麦营养丰富，蛋白质含量可达 13.56g/100g，淀粉含量为 76%，铁含量为 5.80mg/100g，锌含量为 2.92mg/100g，湿面筋含量高达 31.2%。

内蒙古河套地区种植的小麦，主要以"永良 4 号"红皮硬麦为主，小麦籽粒大而坚实饱满，蛋白质、面筋含量高且质量好、烘焙性能好，是生产各类优质面粉的专用原料，也是我国目前唯一可以与美国、加拿大的优质小麦相媲美的高筋度硬质小麦。

三、环境优势

巴彦淖尔市临河区属河套地区，位于中国北疆，内蒙古自治区西部，属温带大陆性气候，年降水量为 90 ～ 300mm，年日照时数为 3 100 ～ 3 300h，土地肥沃，灌溉条件好，积温高，日照充足，昼夜温差较大，40° 高纬度，黄河水浇灌，使得产出的小麦品质好，是全国重要的优质小麦生产基地。内蒙古春小麦播种面积稳定在 600 万亩以上，占到全国春小麦的 1/4 以上，并有增加趋势。

四、收获时间

临河小麦每年 7 月中旬收获。

五、推荐贮藏保鲜和食用方法

贮存方法：一是高温入仓。在盛夏气温高的天气，将麦温晒到 50℃左右，延续 2h 以上，水分降到 12.5% 以下，趁热入仓，散堆压盖，整仓密闭，使粮温在 40℃以上持续 10 天左右，根据情况可以选择继续密闭，也可以转为通风，可长期贮存。二是低温冷冻。在冬季低温时，进行翻仓、除杂、冷冻，将麦温降到 0℃左右后趁冷密闭，对消灭麦堆中的越冬害虫有较好的效果。

食用方法：小麦是三大谷物之一，主要作为食用，仅有 1/6 作为饲料使用，磨成面粉后可制作馒头、面条、饼干、面包等食物，是人类的主食之一；小麦发酵后可以制成啤酒、酒精、白酒或者生物质燃料。

六、市场销售采购信息

1. 内蒙古恒丰食品工业（集团）股份有限公司　联系人：王金帅　联系电话：13947888015

2. 内蒙古兆丰河套面业有限公司　联系人：王艳茹　联系电话：15044898922

（登录编号：CAQS-MTYX-20190322）

浦江葡萄 ◎

一、主要产地

浙江省金华市浦江县浦南街道、黄宅镇、白马镇等15 个乡镇。

二、品质特征

浦江葡萄果穗整齐紧密，平均果穗重 551 g；果粒饱满，大小均匀，平均果粒重 13.7g，呈卵圆形，有籽；果粉完整；果皮紫黑色、易剥离，厚度薄、无涩味；果肉软，酸甜适度，汁液丰富，具有明显的草莓香气。

浦江葡萄可溶性固形物 20.2%，总酸 0.384%，多酚含量 940mg/kg。浦江葡萄不仅味美可口，而且营养价值很高，具有舒筋活血、开胃健脾、助消化等功效。

三、环境优势

浦江县位于浙江省中部，地处北纬 29°，恰在北纬 25°～40° 葡萄生长的黄金带，县内两条水系浦阳江和壶源江均为钱塘江的主要支流。浦江土壤属于亚热带

常绿阔叶林红壤带，主要以红壤、黄壤和紫色土为主，有机质含量 2.1%～4.2%，pH 值为 5.5～6.5，偏酸性，适宜葡萄的生长，造就了浦江葡萄内质的改善。浦江属于亚热带季风气候区，四季分明，气温适中，雨量充沛，光照充足，年平均气温 17℃，1 月最冷平均气温 4.7℃，7 月平均气温 28℃；年平均降水量 1 512mm，年均降水日数 156 天；平均年日照总时数达到 1 746.3h，年均无霜期 247 天。浦江拥有与新疆"吐鲁番"相似的盆地环境，昼夜温差大，葡萄的成长周期长，积温更达到了 2 200℃以上，大大增加了浦江葡萄的甜度。

四、收获时间

每年 7 月为浦江葡萄的收获期，7 月中下旬至 9 月，为浦江葡萄的最佳品质期。

五、推荐贮藏保鲜和食用方法

浦江葡萄鲜果可冷藏保存，亦可洗净后剥皮直接食用。冷藏后食用味道更鲜美。

浦江葡萄可鲜食，亦可酿制成酒，其酒色清亮透明，口感纯正，亦有淡淡的果香，是亲朋好友聚会的佳品。

六、市场销售采购信息

1. 浦江县众惠农业科技有限公司　联系人：黄国容　联系电话：1596792332
2. 浦江县众盛家庭农场　联系人：沈靖凯　联系电话：15557987777
3. 浦江县蒋才文葡萄专业合作社　联系人：蒋红跃　联系电话：13454922189
4. 浦江县益繁家庭农场　联系人：黄世惠　联系电话：15267986118
5. 浦江县靓松家庭农场　联系人：陈青松　联系电话：13967954598
6. 浦江县大潘家庭农场　联系人：潘伟正　联系电话：13857911969
7. 浦江县浩哥家庭农场　联系人：黄浩　联系电话：18867983698
8. 浦江县郑家畈家庭农场　联系人：黄世惠　联系电话：15267986118

建安羊肉

（登录编号：CAQS-MTYX-20190330）

一、主要产地

河南省许昌市建安区桂村乡王门村。

二、品质特征

建安羊肉鲜品肌肉暗红色、纹路清晰有弹性，脂肪白色；煮熟后肉质软嫩多汁、口感鲜美、无明显膻味；肉汤澄清透明，脂肪团聚于肉汤表面，鲜香味明显。

建安羊肉品质好、营养丰富，其中钾含量348mg/100g，硒含量5.6μg/100g，油酸含量45.2%，花生四烯酸含量0.754%，均优于同类产品参照值。

三、环境优势

建安区位于河南省中部，环抱许昌市区，地势平缓，西北高东南低，处在豫西断块与华北拗陷的邻接部位上。属大陆性暖温带季风性气候，形成春暖、夏热、秋爽、冬寒的季节特征，粮食播种面积154.32万亩，粮食总产量68.9万t，农作物种植主要品种为小麦、玉米、大豆，为养羊提供了充足的饲草来源，一年四季分明，非常适合肉用绵羊的养殖，有利于建安区无公害肉羊的生产。

四、出栏时间

全年出栏。肉羊的养殖周期一般为7～9个月的自然生长周期，此时羊肉的品质鲜嫩，口感好。

五、推荐贮藏保鲜和食用方法

贮藏温度及保质期：温度宜在0～4℃下保存。保质期25天。

食用方法：生煎、炖、炒、卤等。推荐以下两种烹调方式。

1. 孜然羊肉　制作流程：①羊肉切成拇指大小的块，不要切太薄（容易老）。②生姜切片，大葱、香菜洗净切段备用。③切好后的羊肉用清水冲洗5min去除血水，加入生粉、料酒、白胡椒粉、大葱段、生姜、孜然粒、盐腌30min。④食用油烧至六成热，腌好的羊肉翻炒。⑤翻炒至羊肉的表面变得微微发焦，散发出香味，再加入适量的辣椒面和孜然粉继续炒1min左右。⑥最后再撒上熟芝麻翻炒均匀即可出锅。⑦装盘撒上香菜。

2. 手抓羊肉　制作流程：①将羊腰窝肉剁成2寸（1寸≈3.33cm）长、5cm宽的块，用水洗净。香菜去根洗净，切成2cm长的段。葱15g切成一寸长的段、10g切末。②把葱末、蒜末、香菜、酱油、味精、胡椒粉、芝麻油、辣椒油等对成调料汁。③锅内倒入清水适量，放入羊肉旺火烧开，撇去油沫，把肉捞出洗净。接着再换清水烧开，放入羊肉、大料、花椒、小茴香、桂皮、葱段、姜片和精盐。待汤再烧开后，盖上锅盖，调至微火煮到肉烂为止。④将肉捞出，盛在盘内，蘸着调料汁即可食用。

六、市场销售采购信息

宰厂地址：许昌市建安区桂村乡王门村向南500m　电话：13937493689、13639661179

许昌直营店：梨园转盘东中原农产品物流港5栋22铺　电话：13937493689、13639661179

（登录编号：CAQS-MTYX-20190331）

建安梨 ◉

一、主要产地

河南省许昌市建安区榆林乡。

二、品质特征

建安梨果形呈圆形，单果重 260～320g，果皮青黄色，果肉白色，肉质细脆、多汁、无渣、微甜，有淡香味。建安梨品质好、营养丰富，其中所含可溶性固形物 12.0%、总酸量（可滴定酸）0.12%、钾 102mg/100g，均优于同类产品参照值。

三、环境优势

建安区位于郑州以南 70km，距新郑国际机场 40km，农业强而优，26.8 万亩高效节水灌溉工程建成投用，打造了全市乃至全省现代农业标杆。境内河路纵横，地下水清澈无污染，土质松软肥沃，属暖温带亚湿润季风气候，年平均气温在 15℃左右，年均日照 2 280h，年降水量 700mm 左右，无霜期 217 天，光照充足、热量资源丰富、雨量适中、无霜期长，有利于果实积累糖分，良好的生态环境极有利于梨树的生长。

四、收获时间

每年 7 月为建安梨的收获期，收获 15 天左右口感最佳。

五、推荐贮藏保鲜和食用方法

建安梨贮藏保鲜温度应保持在 0～5℃，相对湿度保持在 85%～95%。

食用方法：采摘后直接食用，放入冰箱冷藏 3 天后食用口感更佳。

推荐一种食用方式：银耳枣梨羹。

制作方法：

（1）把银耳、红枣洗净放入砂锅中，加入适量的水，小火炖 30min 左右。

（2）炖银耳的同时，把梨洗净，去皮切成小块。

（3）银耳炖到汤汁稍黏稠，倒入梨块，继续炖 15min。

（4）开盖放入枸杞和冰糖，继续加盖炖 5min。

六、市场销售采购信息

地址：许昌市建安区榆林乡贾庄村

联系人：周岑川　13947968035

◎ 台山大米

（登录编号：CAQS-MTYX-20190341）

一、主要产地

广东省台山市所辖台城街道、大江镇、水步镇、四九镇、三合镇、白沙镇、冲蒌镇、斗山镇、都斛镇、赤溪镇、端芬镇、广海镇、海宴镇、汶村镇、深井镇、北陡镇和川岛镇共 17 个镇（街）。

二、品质特征

台山大米米粒细长，粒长一般在 6.5～7.5mm，长宽比值＞3.0，米粒晶莹透亮、无心白腹白、米有香味；饭软滑不黏、冷而不硬、食味清香、弹性可口、饭香四溢。与普通米相比，台山大米米粒更加细长，晶莹透亮。

台山大米营养价值高，富含蛋白质和淀粉，直链淀粉 17.4%～19.12%，胶稠度 83～88mm，蛋白质含量 7.97%～10.90%。部分地区所产大米的硒含量达到富硒大米的标准。

三、环境优势

台山市地处珠江三角洲西南部，南濒南海，北靠潭江，毗邻港澳。属亚热带海洋性季风气候，是光、热、水特别丰富的地区，日照时间长，雨水充足，非常适合水稻种植。境内河流属珠江三角洲水系和粤西沿海诸小河水系，现有大小型水库、山塘蓄水工程 679 宗，灌溉库容达 5.49 亿 m^3，稻田灌溉用水大部分用水库水灌溉。台山土质达到国家一级、二级土壤标准，是广东省富硒地区之一。台山是广东省水稻面积最大又是优质稻种植面积最大的县级市，是国家优质商品粮基地之一，有"中国优质丝苗米之乡"称号和"广东好大米特色产区""广东第一田"的美誉。

四、收获时间

全年分为早晚两造，早造于 3 月上旬播种，7 月上旬收获。晚造于 7 月 15—20 日开始播种，11 月上旬收获。

五、推荐贮藏保鲜和食用方法

贮藏方法：一般建议贮存环境温度 5～25℃，相对湿度在 70% 以下，避免阳光直接照射。

台山本土特色的食用方法：台山黄鳝饭、台山菜果腊味饭。

六、市场销售采购信息

1. 台山粮食购销总公司　联系人：黄海峰　联系电话：13427117799

2. 台山市江联米业有限公司　联系人：梁超霞　联系电话：13686912111

3. 台山市长球储运有限公司　联系人：曾淑玲　联系电话：13600358709

（登录编号：CAQS-MTYX-20190351）

一、主要产地

广东省惠州市龙门县龙江镇辖区内。

二、品质特征

路溪石硖龙眼外形为圆球形，平均单果重 7 ～ 8g，直径 23 ～ 26mm。表皮黄褐色，皮薄肉厚，果核细小呈紫黑色，易离核。果肉晶莹剔透，肉质爽脆，有弹性，不流汁，清甜带蜜味，味清幽甘醇，甜而不腻。

路溪石硖龙眼每 100g 果肉中含 85mg 维生素 C，比同类品种参照值高约 42mg；可溶性固形物占 23%，总糖 17.8%，总酸 0.3g/kg，蛋白质 1.4g/kg，富含 B 族维生素和多种矿物质、氨基酸、皂素、鞣质、胆碱等。经过制干的龙眼干又称桂圆，是我国传统的食疗补品，具有安心宁神、补血养气、益智补脑的功效。

三、环境优势

龙江镇地处龙门县东南部，属亚热带季风气候，光热充足、雨量充沛、土壤肥沃，自然条件禀赋优良。产地所在的龙江镇路溪片区山地面积占总面积的 90%，丘陵起伏、山地陡峻，峡谷众多，自然土质以石灰岩、花岗岩、砂页岩风化而成，为路溪石硖龙眼生产提供了优越的土壤环境条件。区域内有众多的山塘水库、溪流和丰富的岩洞水，水源充足，水中含有多种对生长有益的微量元素，包括铁、锌、钙、钾、锂、硒、锶等。保证了路溪石硖龙眼品质上乘。

四、收获时间

7 月下旬至 8 月中旬。

五、推荐贮藏保鲜和食用方法

上市当季，以鲜食为主，剥壳即食，鲜果不耐贮藏，常温情况下采用通风良好的箩筐或竹筐等包装，放一两天；3 ～ 5℃低温贮藏，小袋包装，袋内放一些可吸潮的纸，可保持 30 天左右，色香味仍好。

经过制干的龙眼干又称桂圆，贮藏方法可在冷库 –10℃长时间贮藏保鲜。

路溪石硖龙眼可以加工成果脯、龙眼干等。龙眼干可用于煲汤、泡茶，果脯作为零食食用也是非常受欢迎的一种食用方法。

六、市场销售采购信息

1. 惠州非凡农业种养专业合作社

联系人：蔡瑞锦　联系电话：13715220110

2. 龙门县非凡农业旅游专业合作社

联系人：姚国红　联系电话：18902663360

3. 龙门县石下龙眼种植专业合作社

联系人：陈腾方　联系电话：15913884304

◎ 阳春砂仁

（登录编号：CAQS-MTYX-20190365）

一、主要产地

广东省阳春市春城街道蟠龙村；春湾镇大垌村、区垌村；合水镇那软村、大垌水村；永宁镇信蓬村、双底村；三甲镇京冲村、黎冲村；八甲镇罗城村、官河村；圭岗镇大河村等。

二、品质特征

阳春砂仁果实表面呈棕褐色，果形呈椭圆形或卵圆形，有不明显的三棱，密生刺状突起；果皮薄而软；果实形态饱满，种子集结成团，具三钝棱，中有白色隔膜，将种子团分成3瓣，种子为不规则多面体，有细皱纹，外被淡棕色膜质假种皮，质硬，胚乳灰白色。气味芬芳，比普通砂仁更加浓郁。

阳春砂仁水分含量11.7%，挥发油含量2.54%，香草酸含量0.136mg/g，优于同类产品参照值。同时，阳春砂仁富含月桂烯、乙酸龙脑酯、柠檬烯和樟脑等营养成分，有养胃益肾、化湿开胃、和中行气、治脾胃气结滞不散的效果。

三、环境优势

阳春市位于北回归线以南，属亚热带季风气候。光照充足，热量丰富，雨量充沛，空气湿度大，由于全境群山环抱、四面环山，风速小，风害少，气候温和，年平均气温22℃，年平均日照2 000h，平均无霜期342天，年积温6 500～8 000℃，年均降水量1 800～2 200mm，相对湿度75%～90%。气候温和湿润、土地肥沃，非常适合春砂仁的生长。

四、收获时间

每年7月底到9月。

五、推荐贮藏保鲜和食用方法

贮藏方法：烘焙成干果后贮藏效果比较好，不易发生霉变。

食用方法：可蒸煮炖煲各种禽畜鱼肉类，既能除膻除腥、增味增欲、增色增香，又能开胃消滞、补肺益肾等，保健养生效果甚佳，堪称养生瑰宝。

1.砂仁蒸排骨　阳春砂仁4～6粒（拍碎），排骨200～500g，家常法蒸熟。

2.砂仁（根）煲老母鸡　阳春砂仁根30～50g（或金花坑春砂仁10～15g），老母鸡1只（除去鸡头），水适量。家常法炖或煲汤。怀孕1～3个月食用效果最佳。食用1～2周，每周1～2次。

六、市场销售采购信息

1.阳春市恒丰实业有限公司（商标：金花坑）

官网：www.jinhuakeng.com

天猫旗舰店：https://jinhuakeng.tmall.com/

淘宝店：https://shop325814204.taobao.com/

金花坑春砂仁全国热线：4008002111

2.阳春市纯金色农业投资有限公司（商标：阳砂源）

官网：http://www.chunjinse.cn/　电话：19820928110

淘宝店（店名：阳砂源）：https://shop351401214.taobao.com/

佳县黄芪 ◎

（登录编号：CAQS-MTYX-20190385）

一、主要产地

陕西省佳县所辖 11 个乡镇。

二、品质特征

佳县黄芪上市时一般长 80～150cm，茎粗 0.5～1.8cm，分枝多，色泽白黄色，叶为条形，顶端小叶，小叶片 1～6 对，叶片呈条形或近圆形。

佳县黄芪含黄芪甲苷 0.061%，黄蕊异黄酮葡萄糖苷 0.063%，黄芪浸出物 28.75%，铁 24.1mg/100g。佳县黄芪性温热，有补血补气等功效。

三、环境优势

佳县位于陕西省东北部，黄河中游西岸，海拔高度 675～1 339.5m，属暖温带大陆性半干旱季风气候。冬季漫长寒冷，夏季短促温差较大。日照时间长，光热资源较丰富。年平均降水量 386～404mm，森林覆盖率 35.97%，生态条件良好，土壤、空气、水质优良，是国家级生态功能区和省"生态发展区"。佳县地处山区，以自然降水灌溉，适宜黄芪生长。

四、收获时间

全年均 1—3 月、8—11 月为收获期，但最佳品质期从 7 月至翌年 5 月，尤以越夏（7—11 月）出产的为最佳，采收 2 次。

五、推荐贮藏保鲜和食用方法

贮藏方法：按照黄芪质量要求进行修剪、分级、标识后于 10℃可冷藏保鲜。

佳县黄芪可用于中药饮片配置、泡茶初加工等，是非常受欢迎的一种药材。以下介绍 2 种最佳食用方法。

1. 泡制饮用　材料：95℃开水 500g，泡制黄芪片 10g、枸杞 6g、红枣 3 粒，泡制 10min，直接饮用，能起到补气补血等功效。

2. 中药材配方　材料：80～150cm 原材料可加工中药材圆片、瓜子片 3～10cm 的长条，以方便中药材配方使用。

六、市场销售采购信息

1. 佳县永泰黄芪种植有限责任公司　联系人：高栓柱　联系电话：0912-6980045、14791280999

2. 佳县绿林中药材种植合作社　联系人：李振平　联系电话：18191230806

立秋

一候凉风至;
二候白露生;
三候寒蝉鸣。

处暑

一候鹰乃祭鸟;
二候天地始肃;
三候禾乃登。

新乡黄金梨

（登录编号：CAQS-MTYX-20190024）

一、主要产地

河南省新乡市新乡县七里营镇龙泉村。

二、品质特征

新乡黄金梨果实近圆形、大果型；果皮黄色，浅褐色果点；手感质地硬、皮薄；果肉白色，质地松脆、细腻，汁液饱满；风味甘甜，化渣，有果香味，果核小。

新乡黄金梨可溶性固形物含量14.4%、可溶性糖10.24%、总

酸0.19%、粗纤维0.7g/100g，均优于同类产品参照值，粗纤维比中国食物成分表梨平均参考值低4倍。

三、环境优势

新乡黄金梨产地属暖温带大陆性季风气候，年平均气温14.0℃，高于0℃气温的天数为305天，日平均气温稳定通过10℃的有效积温为4 700℃。全年无霜期为200～210天。年平均降水量550～640mm。全年日照时数为2 200～2 600h。园区土地属黄淮海冲积平原，土质为沙壤土，肥力中上，有机质含量1%～1.2%，土壤pH值

为7。园区灌溉、排水、电力条件完善。

四、收获时间

8月20日左右为黄金梨的收获期，也是最佳品质期。

五、贮藏方法

在恒温0℃的冷库里冷藏保鲜，口感最佳，保质期可持续到来年3月。

六、市场销售信息

在微信里搜索"龙泉源果园"，关注后，在"新春钜惠"龙泉果铺里直接下单。

销售热线：0373-5653999、13937326216

（登录编号：CAQS-MTYX-20190052）

兰考花生 ◉

一、主要产地

河南省兰考县堌阳镇、考城镇、南彰镇、红庙镇、谷营镇、东坝头乡、孟寨乡、葡萄架乡、闫楼乡、小宋乡、仪封乡、许河乡 12 个乡（镇），涉及土山、高寺、韩营、长胜、大胡庄、李场、王大瓢等 302 个行政村。

二、品质特征

兰考花生荚果较大，普通型、蜂腰、果嘴明显、网纹明显、色泽浅黄。果仁较大，椭圆形，色泽粉红。生食，口感脆、入口香、回味甜。煮熟后，口感清脆、回味甜。兰考花生营养丰富，脂肪、钙、铁、棕榈酸、硬脂酸、油酸、花生酸、花生一烯酸等含量均优于同类产品参照值。其中钙含量 61mg/100g，铁含量 5.66mg/100g，油酸含量 42.7%，花生一烯酸含量 0.71%。具有促进人体生长、降低胆固醇等功效。

三、环境优势

兰考县属暖温带大陆性半干旱季风农业气候，年平均气温 14.3℃，光照充足，年平均降水量 636.1mm，多集中在夏季，占全年降水量的 57%，兰考花生生长期内，夏季的高温多雨，有利于花生生长；8 月下旬以后，光照充足，昼夜温差大，有利于花生养分的积累。土壤内富含有机质、透水透气良好，pH 值在 7 ～ 8.5，土壤耕层含盐量小于 0.4%。兰考地处黄河最后一道弯，县域内引黄灌溉设施完善，地表水水质好，保护区水质均达到绿色食品生产要求。特殊的自然条件，有利于兰考花生特有风味的形成。

四、收获时间

兰考花生按种植时间分为春花生和夏花生。春花生收获时间（最佳品质期）8 月中旬；夏花生收获时间（最佳品质期）9 月中下旬。

五、推荐贮藏保鲜和食用方法

贮藏方法：收获的花生及时晾晒，彻底干透后在避光、常温、通风、干燥处贮藏。

食用方法：兰考花生可生食或熟食，熟食可炒、炸。

1. 炒花生 将上等花生加入甘草、食盐、桂皮等作料煮熟，于火炉上方文火烘焙，由此工序制出的花生，色、香、味达到完美统一。

2. 醋泡花生 带皮的生花生米 250g，优质食醋 250g（注意一定要选择酿造的食醋，不要用配制的食醋），可密封的容器一只。将花生米洗净晾干水分，放在食醋中，密封浸泡 7 天即可食用。可以将花生米取出晒干保存，也可继续浸泡，时间越长效果越好。

六、市场销售采购信息

1. 河南五农好食品有限公司　联系人：魏静　联系电话：0371-27899955、13243438371

淘宝网址：https://kehuoya.taobao.com/

2. 兰考宏源食品有限公司　联系人：刘红伟　联系电话：0371-26335678、18339294666

淘宝网址：https://shop302496225.taobao.com/

3. 兰考县潘根记种植专业合作社　联系人：潘春婷　联系电话：0371-27891314、15565138788

淘宝网址：https://shop101130872.taobao.com/

◎ 鹿邑红薯

（登录编号：CAQS-MTYX-20190054）

一、主要产地

河南省鹿邑县邱集乡闫张行政村。

二、品质特征

鹿邑红薯块形均匀整齐，薯皮紫红光滑，薯肉橙红色，熟食香味浓郁，甘甜可口，肉质细腻，无丝。

鹿邑红薯营养丰富，每100g红薯含钾374mg、β-胡萝卜素9 520μg、粗纤维0.8g，可溶性总糖5.46g，具有补虚乏、健脾胃、预防心血管疾病等功效。

三、环境优势

鹿邑县属于暖温带大陆性季风气候，昼夜温差大，光照充足，营养物质和糖分积累多，造就了鹿邑红薯"甜、香、软"的独特品质特性。鹿邑土壤属于两合土类，有机质丰富，质地沙壤适中，耕层深厚，通透性好，耕性良好。红薯喜温喜光，鹿邑县年平均气温14.4℃，光照充足，年均日照时数在2 277.4h左右，无霜期为220天，10℃以上积温4 727℃。此环境有利于红薯的生长，使其叶色较浓，叶龄较长，茎蔓粗壮，茎的输导组织发达，产量较高，耐贮藏。

四、收获时间

每年8月。

五、推荐贮藏保鲜和食用方法

红薯适宜地窖贮藏，窖藏的适宜温度为10～14℃，湿度最好控制在80%～95%。

食用方法：

1.生吃红薯　清洗干净，切成小块，拿着生吃，又甜又脆，也是一种常见的食用方法。

2.焖红薯　清洗干净红薯，放在铁锅里，少加上一点水，小火慢慢焖熟，又甜又软，老少皆宜。

3.蒸红薯　清洗干净红薯，放在蒸笼里，锅内加上足够的水，先大火，再小火慢慢蒸熟。

六、市场销售采购信息

1.鹿邑县新时代家庭农场　联系方式：张捷 13839479679

2.鹿邑县金秋种植专业合作社　联系方式：王祥涛 15138399998

（登录编号：CAQS-MTYX-20190059）

黔江猕猴桃 ◎

一、主要产地

重庆市黔江区城东街道、城南街道、金溪镇、石会镇、石家镇、黄溪镇、黎水镇、沙坝乡、中塘乡、新华乡等。

二、品质特征

黔江猕猴桃有翠香、翠玉、红阳3个品种。

翠香：果实微扁卵圆形；果皮绿褐色，果面茸毛较细密；果肉深绿色；果心白色似月牙状，柔软，纤维少。可溶性固形物14.8%、每100g含总酸0.71g，维生素C 133 mg，果肉细嫩、汁多，风味浓，酸甜适口。

翠玉：果实短圆锥形；果皮绿褐色，果面光滑无毛，果点平、中等密；果肉绿色，柔软，纤维少。可溶性固形物17.9%、每100g含总酸1.13g、维生素C 117mg，汁多、味甜、耐贮藏。

红阳：果实短圆柱形；果皮光滑无毛、淡绿色；果肉黄色或淡黄色，沿果心有紫红色呈放射状分布；果心金黄色，小且柔软。可溶性固形物18.7%、每100g含总酸0.55 g、维生素C 100mg，果肉细嫩、汁多、味甜。

三、环境优势

重庆市黔江区位于重庆市的东南边缘，独特的低山槽谷地貌，海拔高度大多数在500～1 000m，森林覆盖率高达60.2%，生态环境优良，境内小溪山泉众多，灌溉以山泉水和天然雨水为主，清洁无污染。黔江区属中亚热带湿润性季风气候，气候温和，四季分明，年均气温15.7℃，具有典型的山地立体气候特征，早晚温差大，利于猕猴桃果实糖分积累，品质佳。

四、收获时间

猕猴桃的具体采收时间需通过测量可溶性固形物与干物质含量确定。其中，翠香：可溶性固形物达到7.0%以上，干物质含量≥16.5%即可采收，最佳品质期在每年9月中旬；红阳：可溶性固形物达到7.0%以上，干物质含量≥17.0%即可采收，最佳品质期在每年的8月中旬；翠玉：可溶性固形物达到6.50%以上，干物质含量≥17.0%即可采收，最佳品质期在每年的9月底。

五、贮藏保鲜和食用方法

猕猴桃在3～5℃冷藏保鲜，可以存放20～30天，也可常温保存。

食用方法：直接鲜食。

六、市场采购信息

1. 重庆三磊田甜农业开发有限责任公司　联系人：彭文平
联系电话：13648234460、023-79233655

2. 重庆市黔江区现代农业投资有限责任公司　联系人：陈新苗
联系电话：18908273704、023-79224982

3. 重庆市黔江区睿智种养殖股份合作社　联系人：王慧文
联系电话：18908271963

龙游山羊肉

（登录编号：CAQS-MTYX-20190094）

一、主要产地

浙江省龙游县所辖 13 个乡镇。

二、品质特征

龙游山羊肉其肌肉红色均匀，有光泽，脂肪呈乳白色；肌纤维致密、坚实、有弹性；外表微干切面湿润，具有羊肉膻味。

龙游山羊肉中的必需氨基酸含量／总氨基酸为 39.86%，胆固醇 54.3mg/100g，脂肪 2%，各项指标均优于同类产品参照值。

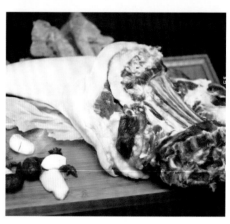

三、环境优势

龙游县位于浙江省西部金衢盆地中部，具有明显的盆地特征。生态条件良好，土壤、空气、水质优良，是国家级生态示范区、全国畜牧业绿色发展示范县。年平均气温 17.1℃，全年无霜期为 257 天，全年日照数为 1 761.9h。植被覆盖良好，独特的环境条件造就了龙游山羊肉的产品品质。

四、出栏时间

龙游山羊一年四季保持一定的存栏量和成品羊出售，最佳品质期为标准养殖时间在 8～12 个月，在此期间视为最佳出栏期，肉质达到最佳口感，味鲜而不膻，肉质细嫩适中。最适宜冬季食用，为冬令滋补食品，深受消费者欢迎。

五、推荐贮藏保鲜和食用方法

贮藏保鲜：龙游山羊肉一般以现购现烹为宜。

用保鲜薄膜包裹，冷冻放置于 –15℃ 环境中保存，建议尽快食用。

推荐食用方法：

1. 红烧羊肉　食材：龙游山羊肉 500g，白萝卜一个，葱，姜 3～4 片，蒜 3～4 瓣，香叶，八角两个，花椒，孜然，老抽，生抽，香菜两棵，料酒。做法：①将羊肉切块，洗干净；②白萝卜切块；③锅内放水，加少许花椒和姜片、料酒；④放羊肉焯水备用；⑤炒锅烧热，加油，放入葱姜蒜和各种调料小火炒香；⑥倒入羊肉，翻炒 1min；⑦加入料酒翻炒，加入生抽和老抽，翻炒均匀；⑧冲入热开水没过羊肉，大火煮开后，转中小火炖；⑨盖上盖子，炖 1h，期间注意翻动几次，防止锅底焦掉，加入萝卜块，继续炖半小时；⑩最后撒点香菜，出锅装盘即可。

2. 手抓羊肉　制作食材：龙游山羊肉羊排 1kg，香菜，葱，姜丝，蒜末，味精，精盐，芝麻油，辣椒油。做法：①将羊肉剁成块，用水洗净。香菜切成 2cm 长的段，葱切成 1 寸长的段，蒜切末；②把葱末、蒜末、香菜、酱油、味精、胡椒粉、芝麻油、辣椒油等对成调料汁；③锅内倒入清水，放入羊肉在旺火上烧开后，撇去浮沫，把肉捞出洗净；④接着再换清水烧开，放入羊肉、葱段、姜丝，待汤再烧开后，盖上锅盖，微火煮到肉烂为止；⑤将肉捞出装盘，蘸着调料汁吃。

六、市场销售采购信息

经营单位：龙游惠军山羊生态养殖专业合作社　联系人：朱彬　联系电话：15057093518

德庆凤梨

（登录编号：CAQS-MTYX-20190105）

一、主要产地

广东省德庆县官圩镇四村、民生村等地为主。

二、品质特征

德庆凤梨产品多呈圆柱状，果顶端有花冠，株形开张，叶片较短。除叶尖外，叶缘无刺，叶表面略呈红褐色，叶面两边及下半段草绿色，平均单果重约 1.5kg，果眼数 110 个，果眼浅。果皮为多数小果皮及苞片组成，成熟果皮呈金黄色。果肉黄色，汁多爽脆香甜。德庆凤梨含可溶性固形物 17%，可滴定酸 0.6%，可溶性糖 14%。

三、环境优势

德庆县位于广东省的中西部，属亚热带季风气候区，雨量充沛，光热充足。年平均气温 22.3℃，年日照时数 1 848h，年降水量 1 513mm，霜期很短。县内低山丘陵居多，土层深厚，土壤肥沃、有机质含量丰富，独特土质和气候造就了凤梨独特的口感和品质。德庆凤梨的上市时间在中秋前后，错开其他地方的上市高峰期，填补了凤梨市场的空缺，因此德庆种植该品种具有很好的区域优势。

四、收获时间

每年 8—11 月收获，8 月树上自然成熟 8～9 成的果实品质最佳，但是保质期短，适宜现场树头售卖或快递直销。6～7 成熟的果适宜市场批发销售。

五、推荐贮藏保鲜和食用方法

九成熟常温可以贮藏 5～7 天，6～7 成熟冷藏保鲜可以贮藏一个月左右。食用方法以鲜食为主，切开去皮方可食用，不需要泡盐水，另外可以去皮后加酱油或者加话梅粉食用，还可以加工成凤梨罐头、凤梨美人酒、凤梨酥等加工制品。

六、市场销售采购信息

德庆县德金凤梨种植专业合作社　联系人：蔡杰伟　电话：13413819868

◎ 伊犁苹果

（登录编号：CAQS-MTYX-20190120）

一、主要产地

新疆维吾尔自治区伊犁哈萨克自治州伊宁县巴依托海镇。

二、品质特征

伊犁苹果的品种有密脆、红富士、寒富等，果径在80～90cm，单果平均重250g以上，最大单果重达900g。果皮颜色鲜艳，果面红度在80%以上，果形整齐度90%以上。果肉黄白色，肉质细密，硬度大，质地脆爽，味酸甜，爽口润心，果汁多，味香，含糖高，酸甜适度，耐储运。

伊犁苹果可溶性固形物14.2%，总酸0.23%，维生素C 3.68mg/100g，可溶性糖12.24%，伊犁苹果还含有大量的微量元素，具有健脾养胃、缓解便秘、促进消化等作用。

三、环境优势

伊宁县巴依托海镇热万村位于伊宁县东南部，属大陆性半干旱气候，光照充足，热量丰富，昼夜温差大，年平均温度在8.0℃左右，全年有效积温达3 200℃以上。年降水量在250mm左右，无霜期在165天左右。产区位于河谷前山冲积扇上，土地大部分是冲击形成，土质为棕壤土，土层深厚、质地疏松、通透性良好、宜种度广。产地冬春温暖湿润，夏秋干燥较热，土地肥沃，光照充足，热量充沛，昼夜温差大。独特的气候条件有利于果实干物质的积累和品质的提高。产地周边无重工业，空气洁净、水源充足无污染，森林覆盖率高，植被丰富。该区生产的苹果以含糖量高、着色好、果肉硬度大、品质优、耐储运而著称。

四、收获时间

每年8月中旬至11月上旬为伊犁苹果的采摘期，此时苹果品质最佳。

五、推荐贮藏保鲜和食用方法

贮藏方法：按照苹果质量要求进行清拣、分级、标识后于5℃可冷藏保鲜3个月，在贮藏库贮藏期可达6个月左右。

苹果可用于鲜榨苹果汁、蒸苹果等，是非常受欢迎的一种水果。以下介绍3种最佳食用方法。

1. 直接吃　做法：将苹果洗净后，用削皮器将苹果皮削去就可以吃。苹果带皮吃能更好地预防中风现象，这是因为苹果皮中黄酮类化合物含量远远高于果肉之中，并且抗氧化活性更强，对于预防老年人中风有非常好的功效。需要注意的是，苹果在清洗的时候一定要仔细，避免果皮残留的农药伤害身体健康。

2. 蒸苹果　做法：首先将苹果皮、苹果核削去，然后将苹果切成一片片洗干净，最后将苹果用碗装好放入锅中蒸半小时左右就可以了。蒸熟之后的苹果可以作为宝宝的辅食，更利于宝宝的消化吸收。

3. 鲜榨苹果汁　做法：将新鲜苹果削皮洗净后对半切，将苹果核削去，切成块状（2cm见方）的苹果丁，往榨汁机里倒入苹果丁，接着倒入纯净水，水没过果块为宜，搅拌30s左右即可倒入容器中，按照个人的喜好加入适当的冰块、蜂蜜（或蔗糖）等，制作这款果汁的时候加入一些盐水或柠檬汁可防止氧化。鲜榨苹果汁营养丰富，老少皆宜，是可溶和不可溶纤维素的来源。

六、市场销售采购信息

伊宁县巴依托海乡农丰果品种植专业合作社　联系人：朱淑兰　联系电话：13565264896。

托县香瓜 ◉

（登录编号：CAQS-MTYX-20190129）

一、主要产地

内蒙古托克托县境内，以托克托县云中农业开发有限公司和呼和浩特市嘉丰农业科技有限公司为主产区。

二、品质特征

托县香瓜果形端正，近椭圆形或倒卵形，果皮平滑，皮薄肉厚，果皮底色黄中泛白，果皮覆纹为浅绿色点状条带，果肉为白色，口感甜脆，香味较浓，深受喜爱，有清香味，品质极佳。

托县香瓜可溶性糖含量为 7.40%，水分 82.28%，钙含量为 68.12mg/100g，铁含量为 6.67mg/100g。托县香瓜具有丰富的营养价值。

三、环境优势

托克托县隶属于内蒙古自治区首府呼和浩特市，位于自治区中部、大青山南麓、黄河上中游分界处北岸的土默川平原上。地理坐标在东经 111°02′30″～111°32′21″、北纬 40°05′55″～40°35′15″，全县平均海拔 1 132m，总面积 1 416.8km²。黄河流经县境 37.5km。全县地势为东南高而西北和西南低。托县属于温带大陆性气候，四季分明，日照充足，年均气温 7.3℃，年均降水量 362mm。托克托县地势平坦，土地肥沃，四季分明，日照充足，年平均气温 7.3℃，年平均降水量 362mm，属半干旱大陆季风气候。

四、收获时间

最佳品质期 8—10 月，温室大棚出产的 11 月至次年 3 月为最佳。

五、推荐贮藏保鲜和食用方法

贮藏方法：按照香瓜质量要求进行清拣、分级、标识后于 5℃可冷藏保鲜 7 天。

托县香瓜果实成熟后洗净即食。

六、市场销售采购信息

呼和浩特市嘉丰农业科技有限公司　联系人：李海　联系电话：15904888332

托克托县云中农业开发有限责任公司　联系人：冯光荣　联系电话：13947164407

东平莲藕

（登录编号：CAQS-MTYX-20190210）

一、主要产地

广东省阳江市阳东区东平镇。

二、品质特征

东平莲藕呈圆筒形，平均节间长 12cm，横径 5 ～ 7cm，每个藕节重 170g 左右，藕表呈棕黄色，光滑圆润。生食肉质脆嫩，味清甜爽口，藕香浓郁，炒食粉脆甘甜，煲汤味美香浓，口感粉糯。东平莲藕淀粉含量为 12%，可溶性糖含量为 3.1g/100g，铁含量为 4.5mg/100g，蛋白质含量为 0.7g/100g，均优于同类产品参照值，粗纤维含量低，为 0.7g/100g。

三、环境优势

东平莲藕产地三面环山，一面临海，种植基地离海边约 2km，属于亚热带季风性气候，常年湿润多雨，阳光充足，无霜期长，全年无霜期 360 天以上，水源来自美丽无污染的紫罗山，土壤属于海泥，略带海水咸性，土壤松软且肥沃，非常适宜莲藕生长。

四、收获时间

每年 8 月开始采收，10 月底收获完成。

五、推荐贮藏保鲜和食用方法

最佳贮藏保鲜条件是在阴凉的环境，避免阳光直射，贮藏温度为 5℃。

食用方法：可以生食和熟食，熟食可用作炒、凉拌、煲汤等。

1.莲藕猪骨汤　原料：猪骨 500g，藕 500g，姜葱少许。做法：①藕切厚片，淡盐水浸泡防止氧化褐变。②猪骨焯水去沫。③高压锅加冷水、姜、葱，下猪骨和藕，煮 30 ～ 40min，出锅前加适量油、盐。

2.凉拌莲藕　原料：莲藕 500g，水，姜丝、辣椒丝、醋、盐等少许。做法：①莲藕洗净切薄片用水浸泡约 2min，捞起沥干后，放入滚水中略微氽烫一下，马上捞起泡冰水。②将莲藕片与姜丝、辣椒丝、柠檬汁、糖、醋、盐一起拌匀，放入冰箱冰凉即可。

3.炒莲藕片　原料：鲜藕 250g，辣椒、盐、味精、葱、油少许。做法：①鲜藕切薄片，过一下清水；辣椒去籽切丁；青葱切葱花。②将藕片在开水中烫 1min 捞出；过冷水沥干。③油热至 7 成，下藕片、辣椒丁翻炒 2min；放味精、盐调味即可出锅装盘，撒上葱花即可。

六、市场销售采购信息

阳江市阳东区东平镇口洋莲藕专业合作社　联系人：李美贤　联系电话：13078361878（微信同号）

（登录编号：CAQS-MTYX-20190239）

老龙河葵花籽油 ◎

一、主要产地

新疆维吾尔自治区昌吉回族自治州昌吉国家农业科技园区大西渠乡老龙河村。

二、品质特征

老龙河葵花籽油由精选油葵压榨而成，油色金黄，油质清亮，透明清爽，有浓郁葵花籽香味，无异味。锌、钾、钠含量较高。外包装采用食品级 PET 材质，严格检验方可用于灌装，易于储存运输。

老龙河葵花籽油酸价 0.16mg/g，过氧化值 1.64mmol/kg，锌含量 0.3mg/100g，钾含量 2.69mg/100g，钠含量 4.33mg/100g。

三、环境优势

老龙河葵花籽油产地全年无霜期约 155 天左右，年活动积温 3 400℃以上，年均降水 200mm。天山融雪灌溉，充足的阳光，优沃的土地，生产基地在无污染和生态条件良好的地区，远离工矿区和公路干线，避开了工业和城市污染源的影响，空气质量、灌溉水质分别达到绿色食品质量标准。源头管理好，让每一份食品都可以追溯源头，让每一位消费者的健康都有保障。

四、收获时间

老龙河葵花籽油收获期为全年，油葵 8—9 月为收获期。

五、推荐贮藏保鲜和食用方法

贮藏方法：老龙河葵花籽油需灌装后密封储存于阴凉、干燥处。

葵花籽油适宜煎、炒、炸、凉拌等，是非常受欢迎的一种食用油。以下介绍 2 种食用方法。

1. 糖醋鸡蛋　材料：老龙河葵花籽油、鸡蛋、葱花、蒜末、白醋、番茄酱、盐、白糖、水淀粉。做法：鸡蛋用平底锅加入葵花籽油煎熟，装盘。番茄酱、白糖、白醋、盐、淀粉、清水调成汁。蒜末爆香，料汁倒入锅中，熬至黏稠，浇在煎好的鸡蛋上，撒上葱花，完成。

2. 油焖大虾　材料：老龙河葵花籽油、河虾、姜、料酒、白糖、生抽、食盐、葱花。做法：①将河虾洗净，沥干水，再将虾剪去须、脚，装盘备用。②锅中放入比平时炒菜略多的老龙河葵花籽油，放入姜片爆香。③放入河虾翻炒至水汽完全变干，再煎炒至虾皮微微发皱。④加入料酒、生抽和少许糖翻炒，再加入盐调味，最后撒上葱花即可出锅。

六、市场销售采购信息

昌吉润兴农业发展有限责任公司　联系人：左振江　联系电话：13079998050　客服电话：400-880-6355

托县番茄

（登录编号：CAQS-MTYX-20190248）

一、主要产地

内蒙古托县新营子镇、双河镇、河口管委会等地，以托克托县云中农业开发有限责任公司和呼和浩特市嘉丰农业科技有限公司两个基地为主产区（豆腐窑基地和郝家窑梁上基地）。

二、品质特征

托县番茄果形扁圆，果色为红色，果面无茸毛，果顶形状圆平，果肩形状微凹，果实横切面为圆形，果肉颜色为红色，胎座胶状物质颜色为红色，心室数为 8 个，肉质口感较沙，风味酸甜，有清香味，品质极佳。

托县番茄维生素 C 含量为 24.4mg/100g，蛋白质含量为 0.61g/100g，亮氨酸含量为 23.4mg/100g，缬氨酸含量为 15.3mg/100g。托县番茄具有丰富的营养价值。

三、环境优势

托克托县隶属于内蒙古自治区首府呼和浩特市，位于自治区中部、大青山南麓、黄河上中游分界处北岸的土默川平原上。地理坐标在东经 111°2′30″ ～ 111°32′21″、北纬 40°5′55″ ～ 40°35′15″，黄河流经县境 37.5km。全县地势为东南高而西北和西南低。托县属于温带大陆性气候，四季分明，日照充足，年均气温 7.3℃，年均降水量 362mm，有利于作物生长。

四、收获时间

最佳品质期 8—10 月，温室大棚出产的 11 月至次年 3 月为最佳。

五、推荐贮藏和食用方法

贮藏方法：按照番茄质量要求进行清拣、分级、标识后于 5℃可冷藏保鲜 7 天。

托县番茄可鲜食，也可用于煲汤、凉拌、初加工等，是非常受欢迎的一种食材。

六、市场销售采购信息

1.呼和浩特市嘉丰农业科技有限公司　联系人：李海　联系电话：15904888332

2.托克托县云中农业开发有限责任公司　联系人：冯光荣　联系电话：13947164407

科尔沁区沙地葡萄

（登录编号：CAQS-MTYX-20190261）

一、主要产地

内蒙古通辽市科尔沁区莫力庙种羊场等 24 个行政村。

二、品质特征

科尔沁区沙地葡萄外形为圆形，果面新鲜洁净，葡萄紧密度适中，大小均匀，整齐度好；皮薄肉厚，酸甜适口。

科尔沁区沙地葡萄维生素 C 含量为 14mg/100g，铁含量为 0.71mg/100g，锌含量为 0.21mg/100g，可溶性固形物含量为 17.5%，总酸含量为 0.46%。科尔沁区沙地葡萄营养价值丰富，具有生津消食、缓解疲劳，补气益气等功效。

三、环境优势

科尔沁区莫力庙种羊场位于通辽市中部，方圆百里没有任何大型厂矿企业污染环境，地下水丰富充足，全场 90% 是沙壤土，具有得天独厚种植葡萄的自然优势，光照充足，昼夜温差大，便于糖分积累。在管理上坚持采用原生态的管理方式，以施农家肥为主、微量元素为辅，修枝打杈，留足叶片，合理负载，不用任何膨大催熟增甜剂，遵循自然规律，达到自然坐果、自然成熟，造就了优良的葡萄品质。

四、收获时间

每年 8 月为科尔沁区沙地葡萄的收获期，8 月中下旬至 9 月为科尔沁区沙地葡萄的最佳品质期。

五、推荐贮藏保鲜和食用方法

科尔沁区沙地葡萄鲜果可冷藏保存，亦可直接晾晒或烘干。科尔沁区沙地葡萄干果可置于阴凉干燥处长时间保存。

科尔沁区沙地葡萄可鲜食或制葡萄干或酿葡萄酒。

六、市场销售采购信息

1. 通辽市科尔沁区莫力庙种羊场思勤沙地葡萄专业合作社

联系人：白思琴　联系电话：13948757508

2. 通辽市科尔沁区鑫全种植专业合作社

联系人：韩雅丽　联系电话：13847529646

3. 通辽市科尔沁区绿之源种植专业合作社

联系人：付晓龙　联系电话：13190889588

4. 通辽市科尔沁区大海农业专业合作社

联系人：计春海　联系电话：13245976633

⊙ 小三合兴圆葱

（登录编号：CAQS-MTYX-20190262）

一、主要产地

内蒙古通辽市科尔沁区小三合兴村。

二、品质特征

小三合兴圆葱鳞茎粗大，形状为近球状，大小均匀；外皮为白色，外层鳞片光滑有光泽，鳞片紧密硬实；肉质柔嫩。

小三合兴圆葱维生素含量为 16mg/100g，谷氨酸含量为 491.4mg/100g，苏氨酸含量为 445.9mg/100g，可溶性总糖含量为 12.18%。小三合兴圆葱营养价值丰富，具有促进消化、杀菌消炎、祛痰利尿、增强新陈代谢等功效。

三、环境优势

小三合兴村位于科尔沁区西南方向，土地肥沃，水浇条件好，气候适合圆葱生长。当地劳动力资源比较丰富，有足够的设施农业棚舍和育苗资源。圆葱的种植基础良好，也是农民增收的好产业。

四、收获时间

每年 8 月为小三合兴圆葱的收获期，8 月中下旬至 9 月为小三合兴圆葱的最佳品质期。

五、推荐贮藏保鲜和食用方法

小三合兴圆葱可挂藏保存。将小三合兴圆葱置于凉爽、干燥、通风的房屋，将圆葱挂在木架上进行保存。

小三合兴圆葱可整果食用，也可作为调味品，是做菜、西餐的最佳配料。

六、市场销售采购信息

通辽市科尔沁区育新镇小三合兴村圆葱种植专业合作社　联系人：李树祥　联系电话：13190884043

（登录编号：CAQS-MTYX-20190279）

乌审旗甲鱼

一、主要产地

内蒙古鄂尔多斯市乌审旗无定河镇巴图湾村、嘎鲁图镇神水台村、苏力德苏木昌煌嘎查。

二、品质特征

乌审旗甲鱼的背壳很光滑，且有一定光泽，与普通甲鱼色彩不同的是乌审旗甲鱼色彩呈黄绿色，而普通甲鱼的色彩呈墨绿色，甲鱼爪子有力，而且长、瘦、尖；肚皮多为乳白，甚至有很多杂色。

乌审旗甲鱼含有丰富的营养，素有"美食五味肉"之称。营养价值颇高，其中蛋白质含量13.75g/100g，组氨酸0.472%，脂肪含量27.8g/100g，不饱和脂肪酸占总脂肪酸的74.63%，铁含量2.28mg/100g、锌2.2mg/100g。乌审旗甲鱼肉味甘性平，有滋阴、清热、益肾健胃、养血壮阳、凉血散结等多种功效，历来被视为滋补佳品。

三、环境优势

乌审旗甲鱼生活的巴图湾水库光照充足，年日照时数在2 886h左右，年平均气温6.4～7.5℃，1月平均气温-11.4～-9.9℃，7月平均气温22℃，平均气温年较差21～23℃；年平均降水量350～400mm，7—9月降水量约为全年降水的70%～80%；巴图湾水库水温在15℃以上的时期一年有5个月左右（5—9月），适宜温度的持续时间较长，为甲鱼的生长发育提供了非常有利的条件。水库水源清新、水面宽，水源水质符合GB 11607的规定。巴图湾水库自1959年建成以来一直在天然放养甲鱼，已有50年的养殖历史。乌审旗甲鱼在生长过程中从不人工施加肥料和饵料，水库附近没有工业区，水体没被污染，打捞出来的甲鱼纯天然、无污染。

四、收获时间

每年8月为甲鱼的收获期，8—10月为乌审旗甲鱼的最佳品质期。

五、推荐贮藏保鲜和食用方法

乌审旗甲鱼杀后可以冷冻保存。

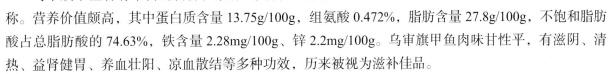

乌审旗甲鱼长到肥实丰满，是食用的大好时机。我国自古把野生甲鱼作为美食，不论是红烧，还是清炖，味道都极鲜美，特别是它背甲周围的柔软表皮部分，肥而不腻，是其肉质中最美的部分。

六、市场销售采购信息

1. 内蒙古巴图湾渔业有限责任公司　联系人：张海龙　联系电话：15947595444
2. 乌审旗神水泉水产养殖专业合作社　联系人：刘波　联系电话：15924509498
3. 乌审旗纳林滩农牧业农民专业合作社　联系人：任建兴　联系电话：15048729797

扎兰屯榛子

（登录编号：CAQS-MTYX-20190283）

一、主要产地

内蒙古扎兰屯市南木鄂伦春民族乡、哈拉苏办事处、达斡尔民族乡、大河湾镇、成吉思汗镇、中和办事处、雅尔根楚办事处、萨马街鄂温克民族乡、蘑菇气镇、关门山办事处、色吉拉呼办事处、洼堤镇、浩饶山镇、柴河办事处共14个乡、镇（办事处）89个行政村。

二、品质特征

扎兰屯榛子，又名榛，为平榛，外壳坚硬，直径约为1.3～1.5cm，粒形端正，籽粒光滑呈圆形，坚果金黄褐色，为圆球形。榛子皮较薄、个头较大，宜嗑开。果仁充实、光滑，无木质毛绒，仁大，仁香。

扎兰屯榛子每100g果仁含脂肪48.3%，蛋白质19.8%，膳食纤维12%，总不饱和脂肪酸39.2%，钙含量为272.7mg/100g。扎兰屯榛子富含维生素E，有助于预防糖尿病和动脉硬化；榛子中镁、钙和钾等微量元素的含量很高，长期食用有助于调整血压。

三、环境优势

扎兰屯榛子产地土壤主要为暗棕壤土，土层深厚、疏松、土质肥沃、排水透气性良好，土壤pH值4.2～7.6，耕层有机质含量6.15%以上，地势由西北向东南倾斜，地形以丘陵为主呈波状起伏。气候属中温带大陆性半湿润气候区，全年日照时数2 018h，年平均气温3.3℃，≥10℃的有效积温平均达2 115℃，无霜期短，平均100～125天，年降水量在450～550mm，降水主要集中在7～8月，水资源丰富，其中河川流量为21.44亿m³，地下资源6.56亿m³。无工业污染，水资源保持良好，水质达到NY/T 5016—2001标准，良好的自然资源为扎兰屯榛子优良的品质创造了先天条件，极有利于榛子的生长和挂果。

四、收获时间

扎兰屯榛子果实成熟期为8月下旬至9月上旬，每年处暑节气过后开始采收。

五、推荐贮藏保鲜和食用方法

贮藏榛子的条件是低温、低氧、干燥、避光。适宜的条件是气温在15℃以下，空气相对湿度60%以下。

食用方法：①炒榛子。将榛子炒熟即可。随时食用，去壳嚼肉。②在食品工业中榛仁是巧克力、糖果、糕点等加工食品的优质原料。

六、市场销售采购信息

1.扎兰屯市森通食品开发有限责任公司　联系人：蒋玫　联系电话：13948309890

2.扎兰屯大河湾镇众兴榛子种植农民专业合作社　联系人：刘志龙　联系电话：15947769928

3.扎兰屯市蒙森森林食品开发有限责任公司　联系人：张志忠　联系电话：15332903555

（登录编号：CAQS-MTYX-20190285）

扎兰屯沙果

一、主要产地

内蒙古扎兰屯市哈拉苏办事处、卧牛河镇、高台子办事处、中和办事处、萨马街鄂温克民族乡、蘑菇气镇、关门山办事处、色吉拉呼办事处、洼堤镇共9个乡、镇（办事处）74个行政村。

二、品质特征

扎兰屯沙果皮薄、肉厚、果肉黄白色、肉质细嫩、松脆、汁多、酸甜适口。

扎兰屯沙果富含多种营养，其可溶性糖含量10.4%，可滴定酸为0.42%，维生素C 18.9mg/100g，可溶性固形物13.9%。扎兰屯沙果作为中国北方优良的山奇异果，富含多种维生素、矿物质、抗氧化因子、碳水化合物和微量元素，具有生津止渴、驱虫明目的功效。

三、环境优势

扎兰屯沙果产区内年平均降水量718.6mm，水利条件配套齐全，地下水源充足，农田排灌设施配套，水质清澈纯净，水资源保持良好。无污染，达到了旱能浇、涝能排。河流分为雅鲁河、济沁河、绰尔河3个流域，年平均径流量25 118万 m^3。

水资源丰富，其中河川流量为21.25亿 m^3，地下水资源5.02亿 m^3。地下水矿物质含量丰富，为扎兰屯沙果生产创造了得天独厚的自然条件。

四、收获时间

一般在8月中旬至9月中旬为采摘期。

五、推荐贮藏保鲜和食用方法

扎兰屯沙果鲜果采摘后在冷库-3～-2℃进行保鲜，可保存2个月左右，也可以直接做成半成品果干或果浆进行恒温储存，-10℃左右保质期6个月。

食用方法：

1. 鲜果直接食用　9月的沙果基本上出现溏心，口感好。甜脆，可摘下直接洗净入口。

2. 沙果干　当地的沙果可加工成沙果干作为零食，是馈赠亲朋好友的最佳土特产品，食用方法开袋即食。

3. 沙果汁　采用鲜果冷榨和常温贮藏果浆技术，将扎兰屯沙果加工成沙果汁饮料，推向酒店、商超、宴席等消费场所。

六、市场销售采购信息

1. 鲜果销售　扎兰屯市大河弯镇金秋沙果种植农民专业合作社　联系人：周春生
联系电话：13847005996

2. 沙果干销售　扎兰屯市蓝林食品有限责任公司　联系人：李静伟　联系电话：13948806663

3. 沙果汁销售　呼伦贝尔市长征饮品有限责任公司　联系人：李立威　联系电话：15949467141

卓资山亚麻籽油

（登录编号：CAQS-MTYX-20190297）

一、主要产地

内蒙古自治区乌兰察布市卓资县卓资山镇。

二、品质特征

卓资山亚麻籽油色泽为澄清、金黄色液体，具有亚麻籽油固有气味和滋味。

卓资山亚麻籽油含亚油酸 16.6%，多不饱和脂肪酸 71.3%，铁 1.88mg/100g。

三、环境优势

卓资县境内的辉腾锡勒草原是世界上保持最完好的典型的高山草甸草原之一，平均海拔 2 100m，面积 600km^2，植被覆盖率 80%～95%，亚麻籽油采用的原料亚麻籽产自于辉腾锡勒周边，这里地处北纬 41°，是亚麻籽种植的黄金地带，日照充足，雨热同季，昼夜温差大，独特的自然环境与气候使这里成为中国乃至全世界亚麻籽油的优质产区。

四、收获时间

每年 8 月为亚麻籽油生产期。

五、推荐贮藏保鲜和食用方法

贮藏方法：常温保存，开盖使用后应注意及时密封，减少亚麻籽油接触空气而氧化的机会。

推荐食用方法：

（1）早餐饮品中加入亚麻籽油，可以延长饱腹感。

（2）将酸奶与亚麻籽油混合，可以作为蛋黄酱的替代品或者淋在喜爱的水果上。

（3）直接蘸在面包、糕点等食品上，也可炒菜吃。

六、市场销售采购信息

内蒙古蒙花生物科技有限责任公司　联系人：张建国　联系电话：15148030682

（登录编号：CAQS-MTYX-20190298）

卓资山小麦粉 ◉

一、主要产地

内蒙古自治区乌兰察布市卓资县十八台、复兴乡等 8 个乡镇 110 个行政村。

二、品质特征

卓资山小麦粉色泽白净，颗粒度小，筋度大，具有小麦粉固有的色泽和气味。

卓资山小麦粉淀粉含量 68g/100g，蛋白质 11.75g/100g，铁 5.45mg/100g，湿面筋 38.8%，谷氨酸 4 268mg/100g。卓资山小麦的种植全程采用有机肥，人工驱虫，人工种植收割，小石磨磨面，所产白面是主粮中的有机高端"贵族"。

三、环境优势

卓资，原称"桌子"，因县府驻地有山，形如"桌子"而得名，后本地文人商贾嫌此名俗气，改称"卓资"，寓"卓尔不凡，资丰物卓"之意。卓资县属中温带大陆性季风气候，日照充足，拥有阴山山脉肥沃的净土和 2 000 余亩优质火山灰土壤，全县借助卓资山及周围地理优势，轮作倒茬种植小麦。当地土壤、水质、空气都符合国家绿色标准，小麦生长周期长，小麦粉利用原始石磨加工而成，保证了小麦粉的原始风味。

四、收获时间

每年 7 月为小麦的最佳收获期，8—10 月为小麦最佳品质期。

五、推荐贮藏保鲜和食用方法

常规贮藏：面粉是直接食用的粮食，存放面粉的地方必须清洁、干燥、无虫。最好选择能保持低温的冰箱、柜子里等。冬季加工的麦粉可贮藏到 5 月，夏季加工的麦粉一般只能贮藏 1 个月。

密闭贮藏：根据面粉吸湿性与导热性不良的特性，可采用低温入库、密闭保管的办法，以延长面粉的安全贮藏期。可以采用罐子密闭，也可采用塑料薄膜密闭，既可解决防潮、防霉，又能防止氧化变质，同时也减少害虫感染的机会。

食用方法：卓资山小麦粉可制作成各种面食，如面条、馒头、饺子皮等。

六、市场销售采购信息

卓资县磨子山农牧业发展有限公司　联系人：李成永　联系电话：15849100395

⊙ 化德羊肉

（登录编号：CAQS-MTYX-20190300）

一、主要产地

内蒙古自治区化德县长顺镇。

二、品质特征

化德羊肉肌肉呈淡红色，有光泽，脂肪呈白色或淡黄色，肥瘦均匀，有大理石花纹；肌纤维致密有韧性富有弹性，脂肪和肌肉硬实，切面湿润不黏手；具有羊肉固有气味，无膻味。

化德羊肉脂肪含量为 23.5g/100g，钙含量为 16.74mg/100g，锌含量为 3.96mg/100g，化德羊肉营养价值丰富，具有补肝明目、滋阴壮阳等功效。

三、环境优势

化德县地处北纬 41°，北与锡林郭勒盟镶黄旗接壤，东与正镶白旗毗邻，位于世界公认的细毛羊黄金生长纬度带，有数百年历史的细毛羊之乡，更是全球优质细毛羊产区之一，这里平均海拔 1 450m 的高原地区，属典型的半干旱大陆性气候，年均气温 2.5℃左右，雨热同期，降水集中，主要在 7 月、8 月、9 月。日照充足且时间长，平均可达 10h 左右。昼夜温差大，气候干燥，土壤有机含量较高，在 2.5% ～ 2.9%，有利于草类生长和干物质积累。天然草场植被以针茅、小叶锦鸡儿、冷蒿、羊草、冰草、驼绒藜为主，牧草矮小、适宜细毛羊的养殖。特殊的气候条件和草场条件为生产肉质鲜美的细毛羊奠定基础。

四、出栏时间

养殖周期 1 ～ 2 年，出栏时间每年 8—12 月。

五、推荐贮藏保鲜和食用方法

-18℃低温冷藏保存。

推荐烹调方式：

红焖羊肉　做法：①羊肉或者羊排洗净，用开水焯去血水。②锅内放植物油，放入白糖熬糖色，放羊肉炒至上色，倒入砂锅。③加姜块、葱段、热水、老抽、盐、料酒、干辣椒、大料、花椒、甘草、肉桂、茴香、陈皮、砂仁、丁香、楂片、大枣、枸杞，放入砂锅慢炖 1 ～ 2h 即可食用。

六、市场销售采购信息

化德县宏旺种养殖肉食品加工有限公司　联系人：李耀　联系电话：0474-7904566

尉氏玉露香梨 ◎

（登录编号：CAQS-MTYX-20190325）

一、主要产地

河南省开封市尉氏县洧川镇花桥刘村、大马乡鲁家村、永兴东范庄村。

二、品质特征

尉氏玉露香梨果形呈近球形，果皮绿色，阳面有红晕，果重195～310g，果面光洁细腻具蜡质，果点小而细密，果皮薄，果核小，果肉白色，细嫩酥脆，无渣，汁多味甜。

尉氏玉露香梨可溶性固形物含量为16%，总酸含量为0.09%，钙元素含量为6.75mg/100g，钾元素含量为108mg/100g。尉氏玉露香梨营养价值丰富，具有"润肺、凉心、消痰、消炎、止咳"等功效，是食疗佳品。

三、环境优势

尉氏县地处亚热带向暖温带地段过渡地带，气候温暖湿润，四季分明，阳光充足，雨量充沛，无霜期长。夏天是亚热带气候，受夏季季风影响，气温经常上升至37℃，年平均降水量为1 143mm，春夏多雨，6月是最潮湿的一个月，有利于尉氏玉露香梨生长；7月、8月阳光充足，气温高，有利于提高玉露香梨的糖度。得天独厚的自然条件优势，非常适宜发展玉露香梨产业。

四、收获时间

每年8月为尉氏玉露香梨的收获期。

五、推荐贮藏保鲜和食用方法

尉氏玉露香梨的果实非常耐贮存，在自然土窖中，贮藏期可达4～6个月，在恒温冷库中可贮藏6～8个月。

成熟的尉氏玉露香梨可以生食，味道鲜美，甘甜多汁；也可做成梨酒、梨汁、梨膏等食品，具有极佳的食疗效果。

六、市场销售采购信息

1. 尉氏县风情园种植专业合作社　联系人：刘冠军　联系电话：13460658018
2. 尉氏县青春种植专业合作社　联系人：王青发　联系电话：13937880899
3. 尉氏县广发种植专业合作社　联系人：陈广举　联系电话：13503787698

封开油栗

（登录编号：CAQS-MTYX-20190349）

一、主要产地

广东省封开县所辖 11 个镇。

二、品质特征

封开油栗属落叶性乔木，树冠开张，果实总苞饱满且针刺梳短，果实色泽油亮，皮薄果仁饱满，肉色蛋黄，肉质细糯，食之脆甜甘香，感官品质佳。与同类产品参照值比较，封开油栗蛋白质和脂肪含量高，蛋白质含量＞3.0g/100g，脂肪含量≥1g/100g，淀粉含量相对较低，淀粉含量＜45g/100g。封开油栗有健脾益气、清除湿热、补肾等功效。

三、环境优势

封开县位于广东省西北部，北回归线穿境而过，森林覆盖率达 72.7%，具有独特的、优美的自然生态环境，土壤、空气、水质优良，是西江流域第一个国家地质公园，也是国家级生态功能区和省生态发展区。封开县地处山区，有集中石灰岩、沙页岩、花岗岩三种地质地貌，山泉水和地下泉水遍布全县。封开油栗全部种植在沙砾土壤上，采用山泉水和地下泉水灌溉，确保了封开油栗产品品质。

四、收获时间

封开油栗成熟收获期为每年 8 月至 9 月下旬，每年采收 1 次。

五、推荐贮藏保鲜和食用方法

贮藏方法：按照封开油栗质量要求进行分拣、分级、标识后于 5℃可冷藏保鲜 30 天。

封开油栗可用于熟食、焖鸡、煲汤、深加工等，是很受欢迎的一种食材。以下介绍 2 种最佳食用方法。

1. 封开油栗焖鸡肉　材料：封开油栗 250g，鸡半只，姜 5 片，蒜 3 粒，葱 1 根，料酒 2 汤匙，油盐适量。做法：①封开油栗去壳去皮洗净，鸡肉洗净切成块，姜切片，葱切段，蒜粒去皮，所有材料准备好。②净锅上火倒入适量油盐，烧热放入姜蒜爆香，放入鸡块炒至表面焦黄，倒入封开油栗淋上料酒，放入盐和适量清水，没过鸡块。③大火烧开转小火盖锅盖焖至汤汁浓稠。④再调大火放入葱段，翻炒均匀后，即可出锅。

2. 封开油栗排骨汤　材料：封开油栗 250g，排骨 500g，胡萝卜 1 根，姜 3 片，料酒 5g，盐适量。做法：①封开油栗去壳去皮后洗净，排骨切块，胡萝卜切块，姜切片。②锅中烧开水焯排骨捞出。③另起锅烧水放入姜片、料酒和排骨煮 15min。④放入封开油栗、胡萝卜。⑤大火煮 15min 放入盐调味，即可出锅。

六、市场销售采购信息

1. 封开县奇香皇果业有限公司　联系人：王煜汉　联系电话：13727299982

2. 封开县长岗镇珍爱农场　联系人：李秀珍　联系电话：13556539808

3. 封开县大洲镇佳梦农场　联系人：陈泽佳　联系电话：13929855119

（登录编号：CAQS-MTYX-20190352）

梅县金柚 ◎

一、主要产地

广东省梅州市梅县区桃尧镇、石扇镇等全区范围。

二、品质特征

梅县金柚果大，平均单果重 1.0～1.5kg，果形端正，呈葫芦形，果色鲜黄，果面光滑，果肉晶莹，汁胞脆嫩、蜜味清甜，水分含量适中，营养丰富，是果中之王。

梅县金柚含可溶性固形物 14.5% 以上、总酸 0.26%、维生素 C 98.3 mg/100g，含糖 11.4%。

三、环境优势

梅县区地理位置靠近北回归线，且东近太平洋，属亚热带季风气候。气候温和，阳光充足，热量丰富，雨量充沛，雨热同季，干冷同期，但易旱易涝，偶有奇热和严寒，四季宜耕宜牧。梅县区年平均气温 21.3℃，极端最高气温 39.5℃，最低气温 -7.3℃。年平均日照时数 1 874.2h。年平均降水量 1 528.5mm，年均相对湿度 77%，年均无霜期 306 天。

梅县区土壤含硒量平均为 0.7mg/kg，且绝大部分富硒区无重金属元素富集现象，土壤环境质量属于一级、二级。梅县区地处我国柑橘优势产业带，土壤温度、水分、pH 值均十分适宜梅县金柚的生长发育，发展金柚产业的条件得天独厚。

四、收获时间

梅县金柚一般是在立秋前后采摘，每年根据当年的实际天气气温变化来决定最佳的采摘时间。

五、推荐贮藏保鲜和食用方法

贮藏方式：梅县金柚因其外层包裹着一层厚厚的果皮，耐贮藏耐运输；采摘下来再贮藏半个月以上能增加其糖分和水分，可较长时间保存果肉不变质。在自然通风的条件下，可贮藏半年而不改其风味，故此有"天然水果罐头"的美誉。

食用方法：剥去外皮、内瓤皮，去核，即可食柚肉。

六、市场销售采购信息

1.广东润土生态农业有限公司　联系人：曾志　联系电话：13763349085

2.广东李金柚农业科技有限公司　联系人：叶惠珠　联系电话：13690877799

3.梅州市兴缘农业发展有限公司　联系人：林绿　联系电话：13751982140

4.梅州市凯润农业有限公司　联系人：沈新良　联系电话：13923043338

5.梅州市梅县区安裕贸易有限公司　联系人：李富雪　联系电话：13560995383

6.广东梅龙柚果股份有限公司　联系人：肖健　联系电话：13802364570

7.梅州市梅县区驳娘金柚专业合作社　联系人：刘刚　联系电话：18702561217

8.广东十记果业有限公司　联系人：黄德仙　联系电话：0753-2623988

◉ 华侨油柑

（登录编号：CAQS-MTYX-20190355）

一、主要产地

广东省汕尾市华侨管理区九区奎池山。

二、品质特征

华侨油柑圆球形、黄绿色、果大，单果重 10g 左右，直径 2 ～ 2.5cm，表面光滑有光泽，内果皮硬骨质，种子 6 枚，褐色。果肉半透明、爽脆无渣、甘甜可口、品质优，可食率 92%。

华侨油柑含可溶性固形物 10%、糖 5%、酸 5%、维生素 C 含量极丰富，每百克果肉含维生素 C 300mg 以上，可治疗维生素 C 缺乏症，具有抗坏血症、抗衰老、润肺化痰、降"三高"的功效。

三、环境优势

汕尾市华侨管理区华兴办第九社区奎池山，位于华侨管理区东南部。油柑基地环境是绿色无污染种植优势区域，年平均气温 22.3℃，一年四季风和日丽，气候宜人，属亚热带海洋性季风气候；工业排污近零，空气质量优良，生态环境绝佳，龙潭水库水资源主干渠贯穿种植区全境，特有的生态环境种植的油柑产品，具有独一无二的高品质优质特色。油柑种植区范围拥有近 3 万亩国有土地资源，有利于发挥区域性土地资源优势。

四、收获时间

每年 8 月至春节为正季收获期，品质为最佳。3—5 月为反季收获期，采收为最佳。

五、推荐贮藏保鲜和食用方法

贮藏方法：按照油柑质量要求进行清拣、分级、标识后常温保存。

油柑可用于煲汤、清炒、初加工、深加工等，是非常受欢迎的一种药食两用水果。

以下介绍 2 种最佳食用方法。

1.鲜食　采摘后的鲜果洗净即食。

2.油柑鸡汤（猪粉肠）　材料：油柑 15 个左右，鸡肉（猪粉肠）500g。做法：①鸡肉（猪粉肠）洗净备用。②将油柑拍烂待用。③砂锅或炖盅放入鸡肉（猪粉肠）和拍烂的油柑炖煮，大约 40min 后撒盐即可出锅。

六、市场销售采购信息

1.汕尾市鼎丰生态农业有限公司

联系电话：0660-8251868

2.汕尾市华侨管理区奎池山种养专业合作社

联系电话：13172888858

3.汕尾市华侨凤珠油柑种养家庭农场

联系电话：13226880596

（登录编号：CAQS-MTYX-20190370）

开州金翠李 ◉

一、主要产地

重庆市开州区赵家街道、渠口镇、镇东镇、义和镇、和谦镇、三汇口乡、南门镇、岳溪镇、大进镇等9个镇乡街道。

二、品质特征

开州金翠李果大，近圆球形，凹沟浅而平滑，无凸脊，果形整齐，外观美艳，果皮青绿色至黄绿色，白色果粉浓，分布均匀，离核，核小，果肉脆嫩化渣，汁多，清甜可口，品质极优。

开州金翠李可溶性固形物含量为12%，可食率达98.2%。

三、环境优势

开州金翠李主产地位于大巴山南麓、长江三峡腹地，属于亚热带季风气候区，热量丰富，冬无严寒，春光明媚，年平均气温18.2℃，昼夜温差大，无霜期长，年降水量1 200mm左右，相对湿度80%，土层深厚肥沃，酸碱适度，有机质含量高，保水保肥能力极强，非常适宜晚熟金翠李生长。

四、收获时间

每年7—9月为开州金翠李的收获期。其中8—9月为开州金翠李的最佳品质期。

五、推荐贮藏保鲜和食用方法

开州金翠李鲜果采摘后，常温下可贮藏15～30天；2～5℃低温可贮藏2～3个月。

开州金翠李鲜食、加工均可。

六、市场销售采购信息

1. 重庆市开州区杨柳关果园种植家庭农场　联系人：文太恩　联系电话：13594786322

2. 开州区建娃种植家庭农场　联系人：张有才　联系电话：17782370311

3. 重庆市开州区马尾槽农业开发有限公司　联系人：马见光　联系电话：15310444477

4. 重庆市开州区青山李子种植园　联系人：刘家胜　联系电话：13340322099

⊙ 太和黄桃

（登录编号：CAQS-MTYX-20190373）

一、主要产地

重庆市合川区太和镇 24 个村及相邻隆兴镇、渭沱镇、大石街道部分村社。

二、品质特征

太和黄桃果形端正，果顶圆或有小突尖。果皮底色黄色，着色红色，色泽艳丽。果肉金黄色，近核处红色。食之脆甜无酸，果汁丰富，果香味浓郁，口感极佳。

太和黄桃可溶性糖含量为 10.68%；可溶性固形物含量为 17.1%；可滴定酸含量为 0.03%；维生素 C 含量为 11.2 mg/100g；胡萝卜素含量为 109.9μg/100g。

三、环境优势

太和黄桃产区位于川中褶皱带龙女寺半环状构造区，属于浅丘陵地貌，地势北高南低，海拔高度在 216.3 ～ 346.7m。气候属亚热带温润气候区，冬暖夏热，春早秋短，无霜期长，年均气温 18.0℃，最高年均温度 18.3℃，绝对最高温 41℃，极端最低温 -1.8℃，年均积温 6 529.9℃，≥ 10℃的平均积温 5 729℃，年均日照 1 256.5h，年均降水量 1 005.7mm，无霜期 320 ～ 340 天，平均相对湿度 70%。

产区局部小气候区特征明显，相较同类地区，光照更充足、降雨更少，昼夜温差更大，植物光合作用更强烈；境内水源丰富，来自涪江上游的高山水与当地地下水、山泉水富含多种人体所需矿物质，水质优良；土壤以遂宁母土质为主，土质疏松肥沃，腐熟度高、透水透气性好，富含大量有机质和锌、铁等微量元素，是黄桃最喜爱的生长环境。

四、收获时间

太和黄桃成熟期为 7 月下旬至 8 月中旬，8 月中旬为采收期，是太和黄桃的最佳品质期。

五、推荐贮藏保鲜和食用方法

太和黄桃鲜果可冷藏保存，也可暂存于阴凉、干燥、通风处。

太和黄桃可鲜食，也可制作成黄桃罐头，宜作餐后甜点，是制作蛋糕的绝佳鲜果；制作成黄桃酱，其鲜甜浓郁的果香味配以面包的麦香味，是优质早餐首选；也可酿制黄桃酒，滋味别致。

六、市场销售采购信息

1. 重庆市合川区平清蔬菜种植场　联系人：郭小平　联系电话：13896032416

2. 重庆市月崖湾乡村旅游开发有限公司　联系人：姚世明　联系电话：15923005689

3. 重庆市合亭农业发展有限公司　联系人：张华　联系电话：13594133758

千阳苹果 ◉

（登录编号：CAQS-MTYX-20190381）

一、主要产地

陕西省千阳县所辖 7 个镇。

二、品质特征

千阳苹果果实端正、高桩，红色，着色面积 90% 以上，果皮薄，光泽度好；质地紧密细腻，清脆多汁，有较好的甜酸比。维生素含量丰富，风味良好。以"果形高桩，色泽鲜艳，果面光滑，肉质脆蜜，香甜醇厚"而著称。

千阳苹果维生素 C 含量 3.19mg/100g、可溶性固性物 13.4%、总酸 0.37%、钙含量 5.41mg/100g。千阳苹果具有生津止渴、润肺除烦、健脾益胃、生吃治便秘、熟吃治腹泻、宁神安眠等功效。

三、环境优势

千阳县地处渭北旱塬丘陵沟壑区，是全国苹果最佳优生区之一，海拔、年均气温、降水等七项指标完全符合苹果最适宜区生态条件。县域内海拔高度 710 ~ 1 545.5m，光照充足、光质好、着色好、光合效率高，有利于提高果实的风味、肉质等品质和营养物质积累；昼夜温差大，有

利于营养物质积累，果实含糖量高。境内千河横贯东西，水域面积 4.5 万亩，地下水总储量 6 155 万 m³。降雨适量且降雨期与苹果生长期同步，塬区有中小水库等灌溉设施，农业灌溉条件优越。县内畜牧业发达，可充分利用牲畜粪便、沼渣、沼液等有机肥料，大幅度提高土壤有机质含量，提高果实品质。

四、收获时间

千阳苹果从每年 8 月开始采收至 10 月收获结束。

五、推荐贮藏保鲜和食用方法

果实放入纸箱，置于通风、低温处贮藏，或者放入冰箱冷藏。千阳苹果可生食、熟食，还可榨汁、酿醋等。

六、市场销售采购信息

1. 宝鸡乾亨农业发展有限公司　联系人：刘新虎　联系电话：13379179645
2. 千阳县宝丰村经济发展合作社　联系人：沈文科　联系电话：15591758808
3. 千阳县大地丰泰农业有限公司　联系人：郝慧峰　联系电话：18502986559
4. 宝鸡海升现代农业有限公司　联系人：赵建波　联系电话：15968009113
5. 宝鸡华圣果业有限公司　联系人：王小卫　联系电话：13379179645
6. 千阳县鸿福果业专业合作社　联系人：赵志来　联系电话：13772692075
7. 千阳县润丰种植农民专业合作社　联系人：贾勤发　联系电话：13992769188
8. 千阳县景千苹果种植专业合作社　联系人：李文军　联系电话：13892767209

◎ 伊宁西梅

（登录编号：CAQS-MTYX-20190399）

一、主要产地

新疆维吾尔自治区伊犁哈萨克自治州伊宁县喀拉亚尕奇乡喀拉亚尕奇村、青年农场、喀什镇、温亚尔乡。

二、品质特征

伊宁西梅果实卵圆形，果面蓝黑色、紫红色和紫黑色，表皮白色果粉，果肉呈琥珀色。伊宁西梅芳香甜美，口感润滑，单果重 30 ~ 50g。

伊宁西梅含有可溶性固形物 21%，总糖 10.9g/100g，维生素 C 22.4mg/100g，钙 15mg/100g。西梅中丰富的维生素和大量的微量元素，可以帮助人们补充维生素、铁、锌、钾，强身健骨。西梅富含的枸橼酸、苹果酸、琥珀酸，能降压、安眠、清热生津。西梅的苦酸能强化肝脏功能，消除疲劳。

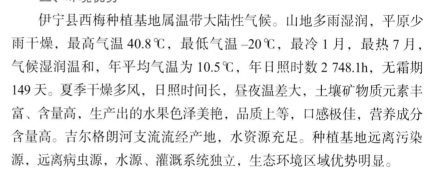

三、环境优势

伊宁县西梅种植基地属温带大陆性气候。山地多雨湿润，平原少雨干燥，最高气温 40.8℃，最低气温 -20℃，最冷 1 月，最热 7 月，气候湿润温和，年平均气温为 10.5℃，年日照时数 2 748.1h，无霜期 149 天。夏季干燥多风，日照时间长，昼夜温差大，土壤矿物质元素丰富、含量高，生产出的水果色泽美艳，品质上等，口感极佳，营养成分含量高。吉尔格朗河支流流经产地，水资源充足。种植基地远离污染源，远离病虫源，水源、灌溉系统独立，生态环境区域优势明显。

四、收获时间

每年 8 月中旬至 9 月为伊宁西梅采摘期，同时也是最佳品质期。

五、推荐贮藏保鲜和食用方法

贮藏方法：按照西梅质量要求进行清拣、分级、标识后于 0 ~ 5℃可冷藏保鲜。

西梅的加工产品很多，如西梅干、西梅汁、西梅糕等，随身携带，既可以饱口福，又对健康有利。以下介绍两种最佳食用方法。

1. 直接食用　将西梅洗净后，直接可以吃。

2. 鲜榨西梅汁　做法：将新鲜西梅洗净后对半切，将果核削去，切成块状，往榨汁机里倒入西梅丁，接着倒入纯净水，水没过果块为宜，搅拌 30s 左右即可倒入容器中，按照个人的喜好加入适当的冰块、蜂蜜（或蔗糖）等，加入盐水或柠檬汁可防止氧化。也可将西梅及橙混合成果汁，每朝饮用，使面色更红润健康。

六、市场销售采购信息

伊犁冠通生物集团有限公司

企业网址：http://www.ylgtsw.com

公司电话：0999-8666666

联系人：郑毅　联系电话：18899556789

联系人：郑红燕　联系电话：18609997907

9月

一候鸿雁来；
二候元鸟归；
三候群鸟养羞。

秋分

一候雷始收声；
二候蛰虫坯户；
三候水始涸。

灵宝苹果　　　　　　　　　　　　　　　　　（登录编号：CAQS-MTYX-20190001）

一、主要产地

河南省三门峡市灵宝市所辖 10 镇 5 乡 433 个行政村。

二、品质特征

灵宝苹果主栽品种是红富士系，果实色泽鲜艳、质地脆、口感佳、耐贮运。圆形或长圆形，底色黄绿，果面红色，有片红的或淡黄色条纹红，果肉淡黄色，细脆多汁，酸甜适中，风味浓郁，具香气。

灵宝苹果可溶性固形物含量 13.9% ～ 15.9%，可滴定酸 0.18% ～ 0.21%，固酸比为 76 ～ 78，硒元素含量为 11mg/kg，钙元素含量为 50 ～ 54mg/kg，锌元素含量为 0.22 ～ 0.34mg/kg，铁元素含量为 0.8 ～ 1mg/kg。灵宝苹果富含多种微量元素，能提高人体免疫力，具有保健功能。

三、环境优势

灵宝市地处西北黄土高原优质苹果产业带东缘，海拔从 308m 逐渐升至 2 413.8m，苹果主产区地处中纬度内陆区，属暖温带大陆性半湿润季风性气候。年降水量 506 ～ 719mm，年积温 3 370 ～ 4 620℃，无霜期 199 ～ 216 天，全年日照时间 2 270 ～ 2 400h。境内多丘陵山地，光照充足、降水适中，气候差异与昼夜温差大，是全国优质苹果生产基地县（市）之一。自 1921 年引进栽植，已有九十余年的历史，是西北黄土高原优质苹果的发源地。国家有渤海湾和西北地区两大苹果优势产业带，灵宝市比渤海区海拔高、温差大、光照足；比西北区降雨多、土壤肥沃、冰雹少，是专家和果商公认的全国苹果最佳适生区，得天独厚的自然资源造就了灵宝苹果的优良品质。

四、收获时间

灵宝苹果成熟的时间在 9 月下旬至 11 月上旬。最佳品质期为当年 11 月至翌年 3 月。

五、推荐贮藏保鲜和食用方法

贮藏方法：灵宝苹果最适宜贮藏温度为 –1 ～ 0℃，湿度要求在 85% ～ 95%。通过气调冷库贮藏红富士苹果，最长保鲜时间可达 7 ～ 8 个月，保鲜率达 97% 以上。

食用方法：直接食用。

六、市场销售采购信息

1.灵宝市世丰果业有限责任公司　联系人：齐世芳　联系电话：13803989841

2.河南高山果业集团公司　联系人：李世平　联系电话：13603819699

3.灵宝市永辉果业有限责任公司　联系人：常启超　联系电话：13839869120

4.灵宝市天佑果业有限责任公司　联系人：张晓　联系电话：18039931000

（登录编号：CAQS-MTYX-20190003）

杞县辣椒 ◉

一、主要产地

河南省开封市杞县裴村店、西寨等 12 个乡镇 318 个行政村。

二、品质特征

杞县辣椒形态均匀，椒身长度 4 ～ 8cm，宽度 0.5 ～ 1.5cm，为带梗带蒂的平板干辣椒。色泽暗红、油亮光洁。椒形较正，肉质厚，有刺鼻的辛辣气味，辣度高、香味浓郁。

杞县辣椒，辣椒素含量为 0.2243%，脂肪含量为 9.3g/100g，蛋白质含量为 15.4g/100g，可溶性总糖含量为 12.18%。杞县辣椒营养丰富，具有促进食欲、祛除胃寒、加快新陈代谢、保持身体健康等功效。

三、环境优势

杞县位于开封市东南方向，地处北纬 34°13′ ～ 34°46′，东经 114°36′ ～ 114°56′，被誉为"中原辣椒第一城"，辣椒在全县范围内均有种植，其中以裴村店、西寨等乡镇规模较大。杞县地处北暖温带，属大陆性季风气候，四季分明，年降水量为 722.9mm，热量资源丰富。由于地处中原腹地，土壤肥沃，地势平坦，灌溉排涝均较好，非常适合辣椒的生产。杞县辣椒有明显接茬种植优势，杞县大蒜面积较大，辣椒种植制度基本是与大蒜贴茬间作套种，杞县辣椒主要在 2 月下旬育苗，4 月下旬移栽于蒜田，由于大蒜分泌的二硫基丙烯气体能够有效抑制辣椒病害发生，且大蒜茬土壤营养丰富、地力基础好，辣椒重茬时间短，独特的种植优势造就了杞县辣椒产量高、品质好。

四、收获时间

每年 9 月为杞县辣椒的收获期，9 月中下旬至 11 月为杞县辣椒的最佳品质期。

五、推荐贮藏保鲜和食用方法

杞县辣椒鲜果可冷藏保存，亦可直接晾晒或烘干。杞县辣椒干果可置于阴凉干燥处进行长时间保存。

杞县辣椒可鲜食，也可作为调味品干食，其辣度高，是做菜、火锅的最佳配料，也可整果食用，也可以切成椒段、椒丝等。

六、市场销售采购信息

1. 杞县长友生态种植专业合作社

联系人：侯彦友　联系电话：13781141986

2. 杞县刘赵陈辣椒种植专业合作社

联系人：刘通　联系电话：15638598388

3. 杞县双辣农业有限公司

联系人：王和平　联系电话：13223807888

内黄尖椒

（登录编号：CAQS-MTYX-20190020）

一、主要产地

河南省安阳市内黄县陆村乡千口村。

二、品质特征

内黄尖椒表皮暗红色，有光泽；圆锥形，个小，干燥，外部气味辣味重；皱纹少；肉质辣味重；种子淡黄色。

内黄尖椒每100g含维生素C 19.72mg、钾2 570mg、辣椒素0.35g、β-胡萝卜素4 440μg，均优于同类产品参照值。

三、环境优势

内黄县受黄河、卫河、漳河多次决口的影响，成土母质分为冲积物母质、风积物母质两大类，土壤有机质含量高，通透性好，无污染源，生态环境良好，土地平坦，排水良好。内黄县地域辽阔，河沟纵横，全县水资源总量为11.8亿 m³。内黄县属于暖温带大陆性季风气候，具有明显的大陆性气候特点，年平均气温13.7℃，气温的年变化具有明显的季节性，年平均地面温度15.9℃，年平均降水量596.7mm，非常适宜尖椒的生长。

四、收获时间

内黄尖椒收获时间一般在每年的9月中旬开始，持续到10月初基本收获完毕。

五、推荐贮藏保鲜和食用方法

辣椒储存时应做到干燥、通风、避光、防雨、防潮，少量可以存放在冰箱里。推荐炒菜、火锅等作为辅料。

六、市场销售采购信息

联系人：刘长英　联系电话：18530628166

（登录编号：CAQS-MTYX-20190021）

内黄花生 ◉

一、主要产地

河南省安阳市内黄县城关镇卞庄村。

二、品质特征

内黄花生蜂腰形，小果身干；荚壳外表淡黄色；荚壳薄，皱纹明显；种皮淡红色，皮色无光泽、干、手搓可以致种皮脱落；籽粒饱满，乳白色，质脆、味香。

内黄花生蛋白质含量 27.9g/100g、脂肪含量 48.0g/100g、粗纤维 13.3%，内黄花生蛋白质含量丰富，具有提高免疫力、促进人体生长的功效。

三、环境优势

内黄花生主产区分布在黄河故道，远离城市及交通要道，境内村庄稀少，土地平整，树成林、田成方、路成网；土壤为沙土，透气性能好，极少发生黄曲霉。区域所具有的气候特征和自然条件为优质花生生产打下了良好的基础。

四、收获时间

内黄花生的收获时间一般在每年的 9 月中下旬开始，持续到 10 月初基本收获完毕。

五、推荐贮藏保鲜和食用方法

花生储存时应做到干燥、通风、避光、防雨、防潮即可，量大可以存放冷库。花生可直接食用，也可煮熟凉拌或炸制食用。

六、市场销售采购信息

联系人：刘长英　联系电话：18530628166

善堂花生

一、主要产地

河南省浚县善堂镇所辖 62 个行政村和黎阳街道办事处原属善堂镇管辖的双庙、吴村、寨里、寨外、单庄、黄辛庄、沙嘴 7 个行政村。

二、品质特征

善堂花生果粒饱满、大小均匀、亮丽白净、网纹清晰、果嘴明显；籽仁光亮，呈粉红色，少见裂纹；质地细腻，生食口感香甜。

善堂花生蛋白质含量 23.9～25.5g/100g，脂肪含量 51～53.4g/100g，钙含量 73.9～104mg/100g。善堂花生钙、蛋白质含量丰富，能够促进骨骼生长、提高人体免疫力。

三、环境优势

善堂花生产地地处豫北黄河故道冲积平原，土壤为沙壤土，满足花生优质、高产对土壤物理性状的要求。气候属暖温带大陆性季风气候，年平均气温 13.8℃，无霜期 223 天，一般 5 月中下旬播种，6—9 月气温满足花生生长最适温度 25～35℃、荚果发育最适温度 25～33℃的需要。善堂花生收获及晾晒的 9 月，平均降水量仅为 74.9mm，日照时数达 198.1h，日照百分率 54%，10 月降水量为 38.1mm，日照时数 204.7h，日照百分率 59%。适宜花生收获与晾晒，很少出现霉变和发芽现象，有效抑制黄曲霉毒素的产生。善堂花生产地属传统农业区，生态环境良好，地下水灌溉，确保了产品品质。

四、收获时间

善堂花生于 9 月下旬至 10 月上旬收获，最佳品质期为 9 月下旬至 10 月上旬收获晾干后。

五、推荐贮藏保鲜和食用方法

贮藏方法：要防潮，保持通风干燥，温度以 15℃以下为宜。家庭少量贮藏可放置冰箱冷藏。

食用方法：善堂花生多为珍珠豆型花生，适用于炒货加工和裹衣花生、酒鬼花生、油炸花生等花生制品加工，也可用于榨油或其他方法食用。

六、市场销售采购信息

1.河南丰盛农业开发有限公司　联系人：宋法军
联系电话：13849231190

2.浚县丰盛种植专业合作社　联系人：宋占军
联系电话：15539275356

3.鹤壁市农创田园开发有限公司　联系人：单忠昆
联系电话：18839261111

4.河南省富达食品有限公司　联系人：朱彦军
联系电话：17739258299

5.浚县豫知味花生种植专业合作社　联系人：柳存旺
联系电话：18567225119

（登录编号：CAQS-MTYX-20190031）

温县核桃 ◉

一、主要产地

河南省焦作市温县黄河滩林区。

二、品质特征

温县核桃果形形态均匀，底部球面状，果顶平钝。果实半径 3.5～4cm，壳皮较厚，黄褐色，无光泽，麻纹明显，但不深刻，缝合线略隆起、突出，密合较紧密，内隔壁不发达，取果仁较容易，果仁饱满、呈黄褐色。果仁味香，略带涩味。

温县核桃营养价值丰富，富含多种氨基酸、脂肪酸。其中蛋白质含量 14.2g/100g、维生素 E 含量 0.919mg/100g、谷氨酸含量 3 270mg/100g。

三、环境优势

温县核桃产地位于温县黄河滩林区，环境好，无污染，属暖温带大陆性季风气候，年平均气温 14～15℃，年积温 4 500℃以上，年日照 2 484h，年降水量 550～700mm，无霜期 210 天，冬不过冷，夏不过热，干湿相宜，气候温和，适合核桃树生长。

四、收获时间

成熟时间在 9 月上旬。核桃果实成熟标准是：青皮由深绿色变为淡黄色，部分顶部青皮开裂，个别果实脱落，此时为适采期。

五、推荐贮藏保鲜和食用方法

贮藏方法：核桃采收后要经过脱总苞、漂洗、干燥、防虫、杀菌处理后才能入贮。贮藏场所必须冷凉、干燥、通风、背光。

推荐食用方法：

1. 琥珀桃仁　材料：核桃仁 150g、植物油、冰糖、蜂蜜适量。制作方法：①炒锅里放少量水，放冰糖，冰糖快融化的时候再放少许蜂蜜。②冰糖和蜂蜜水起大泡的时候，放入核桃仁，不停地翻炒，直到炒锅里没有糖浆，桃仁快干的时候关火，把桃仁盛出来。③锅里放少许植物油，油温不太热的时候放入桃仁，不停地翻炒。直至桃仁熟了（变颜色了），盛出来撒上熟芝麻即可。

2. 芹菜炒核桃仁　材料：核桃 10 个、芹菜 1 棵、大蒜 4 瓣、食用油适量。制作方法：①核桃去壳剥出核桃仁，用开水烫 5min，再换冷水浸泡 20min，剥掉褐色的外衣（可以用牙签协助），完全剥好后再用清水浸泡 15min。②大蒜切末，芹菜切段，炒锅烧热放油，先把蒜末炒香，倒入芹菜快速翻炒片刻，放入核桃仁。③放盐调味后再翻炒片刻即可出锅。

六、市场销售采购信息

温县丰核农林种植专业合作社　联系电话：0391-6107089、13938167644

⊙ 仰韶牛心柿

（登录编号：CAQS-MTYX-20190038）

一、主要产地

河南省三门峡市渑池县段村乡、张村镇、仰韶乡、陈村乡、仁村乡、坡头乡等乡镇。

二、品质特征

仰韶牛心柿果实呈心形，单果重 156～212g，果皮薄软呈橙黄色，有薄霜，果肉色泽金黄色，无核，肉质细腻软糯多汁，入口即化，纤维少，味香甜，品质极佳。

仰韶牛心柿可溶性固形物含量达 16.5%（同类产品参照值 16%），β-胡萝卜素含量高达 471μg/100g（同类产品参照值 120μg/100g），单宁含量 718mg/kg。

三、环境优势

仰韶牛心柿主产地位于渑池县北部山区，光照充足，太阳辐射量大，且气候凉爽，昼夜温差大，产地为红黏褐土土层，中性偏酸，非常适合柿子的生长。得天独厚的自然因素造就了仰韶牛心柿的优良品质，加上当地讲究的加工工艺和捂制时使用的特制陶瓷，造就了仰韶柿饼的独特风味。牛心柿作为"仰韶三宝"之一，畅销全国。

四、收获时间

仰韶牛心柿一般集中在 9—10 月成熟。

五、推荐贮藏保鲜和食用方法

采摘后的仰韶牛心柿进入市场之前，需经过预冷、低温贮藏等环节，以达延长保存期。柿果最适宜贮藏温度为 0～1℃，也可以人工方法调节氧和二氧化碳浓度来延长贮藏期。

仰韶牛心柿烘熟后即可食用。柿子和柿饼宜在饭后 1h 之后食用，忌空腹食用。

六、市场销售采购信息

渑池县石门沟牛心柿农民专业合作社　联系人：李光华　联系电话：13839825882

仰韶贡米

（登录编号：CAQS-MTYX-20190039）

一、主要产地

河南省三门峡市渑池县仁村乡南坻坞村。

二、品质特征

仰韶贡米色泽金黄，蒸食香味浓郁，米粒完整金黄，口感黏糯，冷饭后不回生变硬；熬粥时糊化速度快，米汁香稠，色艳，口味醇香，黏糯爽滑，米油丰富，汤纹可揭数层而不尽，因此素有"仰韶米粮川，小米似仙丹"之说。

仰韶贡米蛋白质含量 9.22g/100g、钙含量 14.0mg/100g、维生素 B_1 含量达 0.210mg/100g，均高于同类产品参照值，脂肪含量 14.0g/100g 低于同类产品参照值。

三、环境优势

仁村乡坻坞一带，是渑池县的谷子主产区，地下水资源丰富，土质肥沃，土壤养分独特，昼夜温差大，空气新鲜无污染，这里天然的生长环境和条件非常适合谷物生长。

四、收获时间

谷子的种植，分为春播和夏播。仰韶贡米种植的谷子播种时间主要是以春播为主，生长期 135 天，9 月下旬成熟。

五、推荐贮藏保鲜和食用方法

谷子收获后，经过初加工脱壳，放在阴凉、干燥、通风较好的地方保存，不能暴晒，真空包装后储存效果更佳。

仰韶贡米可以加入红枣、红豆、红薯等一起煮粥食用。熬制小米粥时，用中火煮 20min，然后改用小火煮 20～30min 就可以食用了，煮好的粥上面会有一层小米粥油，这层粥油可以很好地保护胃黏膜、补益健脾，刚收获的新鲜小米，效果更好。

也可以蒸熟后做成各种糕点食用，还可以加工做成锅巴等美味的零食。

六、市场销售采购信息

渑池县仁村乡坻坞贡米专业合作社　联系人：陈从发　联系电话：13939882320、13839887571
邮箱：38354574@qq.com

柏城辣椒

（登录编号：CAQS-MTYX-20190042）

一、主要产地

河南省商丘市柘城县牛城乡、慈圣镇、起台镇、胡襄镇等 20 个乡镇。

二、品质特征

柘城辣椒形态均匀，椒身长度 5～8cm，宽度 0.5～1.5cm，为带梗带蒂的平板干辣椒。色泽暗红、油亮光洁，肉质厚，辣味适中，香味浓郁。

柘城辣椒蛋白质含量 16.6g/100g、铁含量 8.24mg/100g，均优于参考值。辣椒素含量 0.0421%（参照值 0.16%），适宜不喜辛辣的人群食用。

三、环境优势

柘城县地处北亚热带向温暖带过渡地带，属于典型的温暖带半湿润气候，热量资源丰富，可供一年二熟。全年日平均气温 ≥ 0℃积温 5241.3℃，≥ 10℃积温 4693.3℃，对三樱椒生长有利。秋季气温日差较大，有利于三樱椒干物质积累。降水量适中，年降水量 720.2mm。柘城县属黄河冲积平原，土壤为黄潮土亚类，土质有淤土、两合土、沙土，土质分布为"南淤、北沙、中两合"，全县 105 万亩耕地，淤土、两合土占 99.2%，其余为沙壤土，经过多年的培肥、改良，土壤有机质含量为 1.1%～1.5%，土壤肥沃，地势平坦，疏松易耕，养分含量较高，保水保肥能力强。

四、收获时间

一般是在 8 月下旬至 9 月下旬采收，最佳品质期为 9 月中旬。

五、推荐贮藏保鲜和食用方法

在避光、0～4℃冷藏，冷藏设施应清洁、通风、无虫害和鼠害。

食用方法：辣椒可直接食用，也可腌制辣椒酱，是中国美食不可缺少的调料之一。

辣椒酱 ①红辣椒洗净去蒂上锅，水开后蒸 5min。②蒸熟的辣椒晾凉后，用刀细细剁碎。③大蒜剥皮后用刀切碎，细细剁成蒜蓉。④锅里加适量植物油，油热后，倒入一大汤匙甜面酱，小火炒制。⑤放入一大汤匙白糖，炒均匀。⑥倒入 50g 白醋（用酿制白醋，不建议用勾对白醋），炒匀。⑦倒入剁好的辣椒，小火翻炒。⑧小火炒制辣酱黏稠时放入适量精盐。⑨关火，倒入蒜蓉翻炒均匀即可。不喜欢蒜香味道的可少放蒜蓉或加入蒜蓉翻炒几分钟后再关火。⑩成品。拿馒头沾着吃，也可以作为开胃小菜。

六、市场销售采购信息

柘城农业农村局 联系人：王振雨 联系电话：0370-6022502

（登录编号：CAQS-MTYX-20190045）

夏邑辣椒 ◎

一、主要产地

河南省商丘市夏邑县胡桥乡、太平镇、北岭镇、会亭镇、李集镇。

二、品质特征

夏邑辣椒整齐度好，大果型，果面深绿色，光滑有光泽；果肉厚，质地脆，微辣；种子乳白色，数量少，中辣。

夏邑辣椒维生素 C 含量 119mg/100g、粗纤维 1.1%、钾 192mg/kg，均优于同类产品参照值。维生素 C 含量是同类产品参照值的 2 倍，是柑橘维生素 C（28mg/100g）含量的 4 倍多。辣椒能增强胃肠蠕动、促进消化液分泌、改善食欲，适当吃些辣椒，对于居处潮湿环境的人，具有预防风湿病和冻伤的作用。

三、环境优势

夏邑县位于河南省东部，属黄淮冲积平原，地表平坦。土壤为潮土类沙质壤土，耕作层深厚，土地肥沃，土壤通透性好，两合土属和淤土属共占土壤总面积的 94%。夏邑县属淮河流域，水资源丰沛，年平均水资源总量为 3.413 亿 m³，水质富含硒，地下水质达到国家灌溉水源标准。夏邑地处南北气候过渡带，属暖温带半湿润季风气候区，年平均气温 14.1℃。全年光照充足，冷暖适中，四季分明，气候温和。

四、收获时间

8 月中下旬夏邑辣椒大量上市，9 月下旬品质最好。

五、推荐贮藏保鲜和食用方法

夏邑辣椒最佳贮藏温度为 10℃左右，湿度为 85%～95%，低于 6℃时间稍长就容易引起冻害。

夏邑辣椒既能鲜食也能炒食。

1. 青椒土豆丝　材料：土豆 2 个，青椒 1 个，盐、味精、醋、植物油适量。做法：土豆去皮切丝，淘洗数遍后用清水浸泡。青椒去籽切丝，大蒜切片。植物油烧热，放入土豆丝和蒜片，翻炒。加入适量醋，土豆丝快熟时放入青椒丝。翻炒数次后放入食盐和少许味精，炒均匀后出锅。

2. 青椒肉丝　材料：肉丝、花椒粉、胡椒粉、油、料酒、盐、青椒。做法：①将切好的肉丝，放盐、料酒、少许花椒粉、胡椒粉拌匀，再加入适量的油拌到肉丝起劲后，腌 10～15min。②锅中放油，烧热后，倒入腌好的肉丝，迅速划散，炒至变色后，盛出。③锅中放油，烧热后，放入切好的青椒丝，炒至变色后，加入肉丝，翻炒均匀。④喷入少量的料酒，加盐炒匀后盛出。

六、市场销售采购信息

1. 夏邑县李涛种植专业合作社　联系人：李涛　联系电话：18639053525
2. 夏邑县高翔种植专业合作社　联系人：高波　联系电话：15937038598
3. 夏邑县民鑫种植专业合作社　联系人：段忠民　联系电话：18337038100
4. 夏邑县嘉禾果蔬种植专业合作社　联系人：黄述亮　联系电话：17698981188
5. 夏邑县宇航家庭农场　联系人：姬玉东　联系电话：13598380073

兰考红薯

（登录编号：CAQS-MTYX-20190053）

一、主要产地

河南省兰考县兰堌阳、考城、南彰、红庙、谷营、坝头、孟寨、葡萄架、闫楼、小宋、仪封、许河 12 个乡（镇），涉及台棚、方店、董庄、长胜、大胡庄、万土山、郝场等 250 个行政村。

二、品质特征

兰考红薯块形均匀整齐，薯皮紫红光滑，薯肉橙红，色泽鲜亮；鲜食脆甜，熟食香味浓郁，绵软甘甜、无丝。

兰考红薯钙含量 71.8mg/100g，铁含量 0.87mg/100g，β–胡萝卜素含量 750μg/100g，粗纤维含量 0.88g/100g，可溶性糖含量 6.66%，均优于同类产品参照值。兰考红薯营养价值高，具有补益气血、健脾胃等功效。

三、环境优势

兰考县属暖温带大陆性半干旱季风农业气候，年平均气温 14.3℃，光照充足，年平均降水量 636.1mm，多集中在夏季，占全年降水量的 57%，兰考红薯生育期内，夏季的高温多雨，有利于红薯生长；8 月下旬以后，光照充足，昼夜温差大，有利于红薯养分的积累。土壤内富含有机质、透水透气良好，pH 值在 7 ~ 8.5，土壤耕层含盐量小于 0.4%。兰考地处黄河最后一道弯，县域内引黄灌溉设施完善，地表水水质好，保护区水质均达到绿色食品生产要求。特殊的自然生态条件，有利于兰考红薯特有风味的形成。

四、收获时间

兰考红薯按种植时间分为春茬红薯和夏茬红薯。春茬红薯收获时间在 9 月中下旬；夏茬红薯收获时间在 10 月下旬至 11 月上旬。兰考红薯的最佳品质期为窖藏后 15 ~ 30 天。

五、推荐贮藏保鲜和食用方法

贮藏方法：红薯收获后，分级入窖收藏或直接外销，窖温控制在 10 ~ 15℃，湿度保持在 90% 左右。

食用方法：兰考红薯可生食或熟食，熟食可煮、蒸、烤。

1.烤红薯　冬日里红薯大量上市，可把红薯清洗干净，放在烤箱里小火慢烤，烤熟后食用，又香又甜。

2.生吃红薯　清洗干净，切成小块，拿着生吃，又甜又脆，也是一种常见的食用方法。

六、市场采购销售信息

1. 兰考县汇鑫种植专业合作社　联系人：吴岩　联系电话：0371-63098244、13343830930

2. 兰考果粮康种植专业合作社　联系人：张世坡　联系电话：0371-26336211、18839794168

淘宝网址：https://shop487439030.taobao.com/

3. 上海硒丰生态农业科技有限公司兰考分公司　联系人：魏巍　联系电话：0371-23305922、15237814543

（登录编号：CAQS-MTYX-20190069）

宁夏大米 ◎

一、主要产地

宁夏回族自治区灵武市梧桐树乡、崇兴镇、青铜峡小坝镇、瞿靖镇、叶盛镇；贺兰县常信乡等。

二、品质特征

宁夏大米质地纯正，米粒大，表面光滑，色泽透亮，圆润，气味清香，具备"粒圆、色洁、油润、味香"四大特点。用其蒸制的米饭有特有的香气、颜色正常、有明显光泽。饭粒完整性好，口感有嚼劲，软而不黏，香甜，口味适中，冷却后有黏弹性，硬度适中。

宁夏大米含有丰富的钙、铁、磷等微量元素（钙5mg/100g、铁0.8mg/100g、磷66mg/100g），蛋白质含量较高（7.5g/100g），脂肪含量低（1.8g/100g）。

三、环境优势

宁夏大米已有2 000多年的种植历史。宁夏大米产地位于黄河冲积平原腹地，地域平坦广阔，平均海拔1 100～1 200m，土壤肥沃，土壤有机质含量0.84%～1.3%，pH值为7.7～8.5呈微碱性。宁夏气候干燥，降雨少，光照充足，昼夜温差大，年日照时数平均3 000h以上，有效积温3 000℃左右，无霜期155～160天，农作物生长期长，病虫害轻，有利于干物质积累；秦渠、汉渠、唐渠等黄河九大干渠阡陌纵横，黄河自流灌溉，水质良好，既可灌溉又可淤地肥田，非常适合水稻生长，给大米营养成分的聚集提供了无可替代的天然条件，且易获得优质高产，也是我国优质水稻种植的最佳生态区域。

四、收获时间

宁夏大米原料每年9月底至10月初，水分达到19%～22%适时机械收获，经过晾晒水分达到15.5%以后可以入库储存、加工，口感最佳。

五、推荐贮藏保鲜和食用方法

贮藏保鲜方法：应放置于阴凉、干燥处，温度20℃以下、湿度70%～80%场所存放。应避免存放于阳光直射、高温、潮湿、异味等场所。

食用方法：

1. 米饭　①泡米。在蒸煮前，将淘好的大米放入锅里，加入适量的水浸泡约20～30min，让大米充分吸水，蒸出的米饭饱满、口感更好。②大米和水的比例。蒸煮米饭时，按1:1.3的比例加水或者用食指放入米水里，只要水超过米有食指的第一个关节就可以。③启动电源，在蒸煮过程中不要掀开锅盖或搅拌米粒。米饭熟后，打开锅盖将米饭打散，即可食用（盖上盖焖5min后再食用，效果更佳）。

2. 炒米饭　趁热把蒸煮好的米饭打散，最好是冷藏过的隔夜饭，炒起来效果会更好。热锅，热油，大火，爆炒，不停翻炒。

六、市场销售采购信息

网址：www.xingtanggroup.com.cn

联系电话：0951-4512898/4511177

吉县苹果

（登录编号：CAQS-MTYX-20190077）

一、主要产地

山西省临汾市吉县所辖 8 个乡镇。

二、品质特征

吉县苹果具有果形端正高桩、果面光洁细腻、着色鲜艳浓红、口感香脆甜爽、果实密度大、耐贮藏等特点。苹果色泽分为条红、片红，条红苹果着色面积达 85% 以上，片红苹果着色面积达 80% 以上。苹果采收时果肉硬度 7.8 ～ 9.2kg/ cm²，贮藏 8 个月后硬度保持在 7.2 ～ 8.0kg/ cm²。吉县苹果甜味如饴，芳香醉人，酸甜适度。可溶性固形物含量达 15.0%，最高可达 17.5%，可溶性糖 12.4%，糖酸比 36.5。

三、环境优势

吉县地处北温带，属大陆性季风气候，四季分明。年平均气温 11.5℃，年日照时数 2 540.7h，无霜期 194 天。冬温高，夏温低，春温低于秋温，最冷月是 1 月，平均气温 –2.7℃，最热月为 8 月，平均气温 24.3℃，春秋两季气温日差较大，昼夜温差明显；年均空气相对湿度 71%。生长季节充足的光照和积温，以及成熟期较大的昼夜温差，有利于果实的着色和养分积累，奠定了晚熟和中晚熟苹果着色好，可溶性糖、维生素 C 等含量高的基础。

吉县年平均降水量 572mm，降水分布不均，6—9 月降水量约占全年的 70%，降水分布具有雨热同期的特点，与苹果的生长节奏相吻合，非常有利于苹果的生长，也是吉县苹果香脆甜爽、多汁无渣的关键因素。

四、收获时间

每年 9 月底至 10 月底为最佳采收时间。

五、推荐贮藏保鲜方法

贮藏方法：按照苹果质量要求进行冷藏、清拣、分级、标识后于 0 ～ 3℃可冷藏保鲜 8 个月。

六、市场销售采购信息

吉县吉昌镇绿之源苹果专业合作社　联系人：崔凯　联系电话：13753586682

蒲县核桃油 ◉

（登录编号：CAQS-MTYX-20190078）

一、主要产地

山西省蒲县山中乡白家庄。

二、品质特征

核桃油选用吕梁山脉优质老树核桃经物理压榨，精制而成，其新鲜纯正、营养丰富、口感清淡，脂肪酸组态近似母乳，易被消化吸收，是儿童发育期、女性妊娠期及产后康复的高级保健食用油。蒲县核桃油不饱和脂肪酸含量 ≥ 92%，亚油酸 Ω–6 含量 ≥ 56%、亚麻酸 Ω–3 含量 ≥ 14%，富含天然维生素 A、维生素 D 等营养物质。酸度 ≤ 0.5，口感清淡无异味，纯生原味，特别适合婴幼儿娇嫩肠胃。

三、环境优势

蒲县核桃种植区属于暖温带半干旱大陆性气候，四季分明，海拔 1 300m，年平均气温 8.7℃，平均日照时数 2 557.2h，可充分满足优质核桃对光照的需求。海拔高，昼夜温差大，有利于核桃营养物质积累和碳水化合物合成，提高坚果品质，为优质核桃生长提供了独特的气候条件。

四、收获时间

以每年白露过后一周以内收获的核桃品质为最佳，此时加工成为核桃油口感更好，营养流失最少。

五、推荐贮藏保鲜和食用方法

贮藏方法：放置通风、干燥、避光等地。

食用方法：每日饮食中加入少量核桃粉，可以使血液中 LDL（坏胆固醇）的含量减少 15%，因为核桃含有 Ω3 和 Ω6 脂肪酸。当然，也可以每天适量吃一些核桃油，成人每日 10～25ml，煎、炒、烹、色拉、凉拌、直接饮用均可，以清晨空腹食用最佳。

（1）烹饪：可以 1:4 方式与其他调和油混合烹调，不要用大火！温度控制在 160℃ 以下，即油八成热即可。

（2）拌菜品：如黄瓜、菠萝等，直接在菜肴中搅拌即可。

（3）加入冲饮品中：如加入在牛奶、酸奶、蜂蜜和果汁等中一起食用。

（4）添加在做好的汤、面、馅、炒菜、调料中。

（5）蘸食，作为用餐时的辅料，你也会体验到一种意想不到的美味。

六、市场销售采购信息

订购热线：0357-6094688　订购店铺：正茂养益馆

⊙ 三门青蟹

（登录编号：CAQS-MTYX-20190096）

一、主要产地

浙江省台州市三门县所辖 10 个乡镇。

二、品质特征

三门青蟹色泽光亮呈青蓝色，壳较薄且大，螯较大，整体饱满；外形具金爪、绯钳、青背、黄肚之特征；味香浓郁，肉质细嫩鲜甜。

三门青蟹营养丰富，其中蛋白质含量 19.3%、谷氨酸 24.7mg/g、赖氨酸 12.6mg/g、钾 731mg/100g，各项主要指标均优于同类产品参照值。

三、环境优势

浙江省三门县地处我国黄金海岸线中段——三门湾畔，素有"三门湾，金银滩"的美誉，气候温暖潮湿，港湾风平浪静；滩涂广阔、水质优良，达一、二类海水标准；饵料极其丰富，每立方米海水含浮游生物 668g；得天独厚的自然条件和生态环境，造就了三门青蟹的优良品质，三门县被誉为"中国青蟹之乡"。

四、捕捞时间

三门青蟹由于采用多种养殖模式和捕捞方式，一年四季均可捕获上市。最适宜秋季食用。

五、推荐贮藏保鲜及食用方法

夏季青蟹应置于阴凉湿润处，须透气，忌放冰箱内（最适宜的温度为 10～20℃，青蟹在 5℃以下 39℃以上短时间内会致死）。每天可用淡盐水浸泡 5min，或用淡盐水喷淋，在适宜温度下可活 5～10 天，一般可活 3～5 天。冬季包裹棉布或干草类物质防冻。

三门青蟹食用方法多样，清蒸、水煮、红烧、爆炒等均可。

小贴士

青蟹凶猛，烹饪前一定要杀死洗净。可将捆绑的青蟹直接放入冰箱速冻 5～10min 致死；或将捆绑的青蟹用清水冲淋，再用筷子小头从其双眼中间的嘴处刺入 5cm 以破坏中枢神经，使其螯足放松无力为止。而后去绑绳、刷洗干净。

六、市场销售采购信息

1. 三门青蟹批发交易中心　地址：三门县海润街道朝阳路 33 号（三门县客运中心西侧）。
2. 台州三港海水养殖专业合作社　联系人：柯孔柱　联系电话：13958538838
3. 三门县大金山水产品专业合作社　联系人：王可数　联系电话：13958525831
4. 三门县金屿水产养殖专业合作社　联系人：张学云　联系电话：13968502917
5. 三门县优盛海水养殖专业合作社　联系人：方优琴　联系电话：18767652958
6. 三门区宇水产养殖专业合作社　联系人：陈道区　联系电话：15057690389
7. 三门鸿嘉达海水养殖有限公司　联系人：杨治　联系电话：13706541559
8. 三门县张磊青蟹养殖专业合作社　联系人：张磊　联系电话：15068233810
9. 台州市吉派食品配送有限公司　联系人：王铮铮　联系电话：13454238505
10. 三门县碧波水产有限公司蟹必剥旗舰店 https://xiebibo.tmall.com

（登录编号：CAQS-MTYX-20190111）

马喇湖贡米 ◉

一、主要产地

重庆市黔江区马喇镇、邻鄂镇、金洞乡、水市乡、五里乡等10个乡镇。

二、品质特征

马喇湖贡米外观晶莹剔透、长粒形、米粒油浸，米饭松软有弹性、清香回甜，冷饭不回生。垩白度≤3.0%、千粒重≥25g、直链淀粉含量为15.0%～20.0%、胶稠度≥70mm。

三、环境优势

马喇湖贡米种植区地处武陵山腹地，独特的岭谷相间地貌，形成了较多层层叠叠梯田，生产基地属于山区气候，8月平均日照时数为210h，8月平均最低温度23℃，最高温度33℃，昼夜温差大。

四、收获时间

马喇湖贡米的成熟时间在每年9月中旬至10月中旬，最佳品质期在生产加工后的三个月内。

五、推荐贮藏保鲜和食用方法

贮藏保存：最佳储存条件为阴凉干燥，15℃以下的低温，相对湿度为75%，水分14.5%。

食用方法：马喇湖贡米的食用方法多种多样。

1. 蒸米饭　将米淘洗干净，倒入锅中。煮饭时，加少量食盐、少许猪油，饭会又软又松；滴几滴醋，煮出的米饭会更加洁白、味香。

2. 米糕　第一步：把米打成米粉备用。将米粉、葡萄干、细砂糖、酵母放入容器中，加入400g水，搅拌均匀。米粉和水的比例1:1。第二步：倒入不沾模具中，每个磨具中装到五分满。第三步：发酵至原来的两倍大小，能看到很多蜂窝气泡，闻起来有股酒香，但没有酸味。第四步：蒸熟即可。

六、市场销售采购信息

1. 通过微信搜索"仙峡直供"获取公司相关情况和产品信息，进入微信商城直接购买

2. 淘宝搜索"仙峡直供"店铺进行购买

3. 重庆市黔江区仙峡农业发展有限公司　联系人：马禹　联系电话：13996986613

4. 重庆市黔江区水稻生产技术协会　联系人：李莫伟　联系电话：15123794093

⊙ 汉阴香菇

（登录编号：CAQS-MTYX-20190114）

一、主要产地

陕西省安康市汉阴县蒲溪镇公星村、先锋村、盘龙村；铁佛寺镇铜钱村；漩涡镇塔岭村、上七村；汉阳镇双坪村。

二、品质特征

汉阴香菇菇形圆整，肉厚，菇盖亮褐色，菇柄短小，菇体大中型，商品性极高。

汉阴香菇粗蛋白质含量大于 15.0%，赖氨酸含量大于 0.068%，铁含量大于 3.0%，锌含量大于 6.6%。

三、环境优势

陕西汉阴县地处秦巴山区腹地，森林覆盖率 70% 以上，水质清澈，气候温和，生态环境优良。产地为汉江最大支流月河流域，周边无工矿企业和大型养殖场，水质及植被条件好，环境无污染源。生产条件为设施化立体栽培，生产原料主要为当地杂木栎木和桑枝等。

四、收获时间

香菇收获季节为：每年 9 月至次年 4 月。

产品最佳品质期为：采摘后 5 天以内。

五、推荐贮藏保鲜和食用方法

贮藏方法：鲜品保鲜最佳为冷冻保鲜，干品存放于 25℃ 以下阴凉处，干品保存时间为 12 个月。

推荐食用方法：

1. 香菇炒鸡 将鸡块清洗干净以后，放入热水中焯一下，加入适量盐、调料、葱段、姜片以及料酒等，腌制 30min 后，放入适量淀粉，油锅加热以后，放入腌制好的鸡块，大火炒至金黄，加入葱段、姜片、八角、花椒、小辣椒等，翻炒出香味，加入清洗干净的香菇，翻炒出香菇的香味，加入适量水，小火炖煮至鸡块酥烂即可。

2. 香菇瘦肉粥 将香菇、胡萝卜切成丁，同洗净后的米一起放入锅中，大火烧开以后，转小火煮 30～40min，加入适量的食盐即可。

六、市场销售采购信息

汉阴县益康现代农业有限公司

联系人：况长林 联系电话：15332699808

联系人：颜玉斌 联系电话：15709288577

（登录编号：CAQS-MTYX-20190123）

长子河岸红薯

一、主要产地

山西省长子县河岸村、寺前村。

二、品质特征

长子河岸红薯薯形完整良好，表皮颜色为红色，切面呈白色，手感质地硬，大部分果实横径在 4.4 ～ 6.2cm 范围内，纵径约 12.2 ～ 18.9cm，口感甜软、细绵、多汁、无筋。长子河岸红薯淀粉含量 20.47g/100g，蛋白质含量 3.0g/100g，钾含量 317mg/100g，均优于同类产品参照值。

三、环境优势

长子县地处山西省东南部、上党盆地西侧，海拔平均在 1 000m 左右，属大陆性半干旱气候，高温多雨集中，四季分明，全年封冻日数 102 天左右，平均无霜期 165 天。红薯产地毗邻岚河，日照时间长，温差较大，土质肥沃，且土壤为丘陵地区沙性红土土壤，不易存水，有利于红薯糖分的积累。这些得天独厚的土壤及气候条件造就了长子河岸红薯甜软、细绵、多汁、无筋的优良特性。

四、收获时间

长子河岸红薯最佳收获时期为 9 月下旬到 10 月，此时采收的红薯品质最佳。

五、推荐贮藏保鲜和食用方法

贮藏保鲜：

1. 温度　红薯贮藏的适宜温度为 10 ～ 14℃，温度过低会遭受冷害，使薯块内部变褐变黑，煮熟后有硬心并有异味。温度过高，薯芽会开始萌动、糠心。

2. 湿度　湿度低于 80% 时，薯块内的水分便往外蒸发，致使薯块脱水、萎蔫、皱缩、糠心，食用品质下降。相对湿度超过 95% 时，则薯块褪色褐变，病原菌繁殖，腐烂率上升。

3. 空气成分　薯窖内的含氧量不应低于 4.5%，否则易导致薯块缺氧呼吸，轻则丧失发芽力，重则缺氧"闷窖"，造成窒息性全窖腐烂。

推荐食用方法：

飘香烤红薯　①红薯洗净。②用叉子差几个小孔防止爆裂。③放入微波炉大概 10min（根据红薯的量）。④加热到八九分熟按上去发软，一掰能掰开。⑤放入烤箱，220℃左右再烤 15 ～ 20min。

六、市场销售采购信息

长子县沙鑫农产品销售有限公司　联系人：王何鱼　联系电话：18735515166

◎ 隆化小米

（登录编号：CAQS-MTYX-20190124）

一、主要产地

山西省翼城县隆化镇所属的 28 个行政村。

二、品质特征

隆化小米颗粒圆大，色泽金黄，粒度整齐、均匀，黏糯爽口，清香四溢，品质不凡。

隆化小米蛋白质含量 10.1g/100g、钙含量 0.03g/100g、铁含量 19.0 mg/100g、锌含量 21.1 mg/100g、18 种氨基酸总含量 9.93g/100g，营养丰富。

三、环境优势

1. 土壤地貌情况　隆化镇位于翼城县佛爷山脚下的半山区丘陵地带，属太行山脉中条山麓，平均海拔在 800 ~ 1 300m。主要地形地貌可分为山水、沟壑和丘陵三种，其中丘陵山区占 95% 以上，平川面积不到 5%。土质为多为深褐色黏性，pH 值为 6.5 ~ 7.5 的中性土壤。这种土质有机质养分较高，保水保肥性能好，宜植性广，加上当地群众素有使用农家肥作底肥的耕作习惯，所以该区域是生产绿色小米的最佳区域，已被山西省列入太岳山优势小米生产带。

2. 水文情况　在佛爷山以东，有沁河水系的支流——辽寨河，在佛爷山以西，有浍河水系的中王河、卫家河和石门河三条支流；地下水源存储深度在 180m 以上，年储量为 2 500 万 m³。河流水质为弱碱性，地下水水质为中性。作为种植灌溉用水，水质符合无公害和绿色食品相应标准的要求，适宜生产小米系列产品。

3. 气候条件　隆化镇属于亚热带季风气候，无霜期在 180 天以上，大于 0℃积温 3 500 ~ 4 000 ℃，年平均气温在 15℃，农作物生长期昼夜温差大于 10℃，年日照时数大于 2 400h，年降水量为 400 ~ 570mm，空气相对湿度为 58%，这种独特的气候条件，决定了该区域所生产的谷子具有生产周期长、利于干物质积累的特点，形成了隆化小米色泽金亮、浆大醇香、入口柔润的独特品质。

四、收获时间及方法

每年的 9 月下旬至 10 月上旬是隆化小米的最佳收获期。

五、推荐贮藏保鲜和食用方法

隆化小米贮藏仓库应满足通风、干燥、清洁、阴凉、无鼠害、无虫害、无异味、无阳光直射的要求。

隆化小米可以熬粥、煮饭、蒸糕、酿酒。

经典食用方法：

小米粥　①小米清水轻轻洗几遍，免淘米直接下锅；②水和米比例 10：1，喜欢稠粥的酌情增加米的比例；③水微微开，开锅下米；④用小火熬 30min 以上；⑤豆类、南瓜、红枣、枸杞等可根据个人喜好添加。

六、市场销售采购信息

山西省翼城县隆化小米专业合作社

电话：03574986212、13403476298

邮箱：longhuaxiaomi@163.com

库伦荞麦

（登录编号：CAQS-MTYX-20190137）

一、主要产地

内蒙古库伦旗所辖 8 个苏木乡镇。

二、品质特征

库伦荞麦种皮颜色为黑色或浅灰色，去皮为黄绿色和淡绿色，籽粒为饱满的三角形或心形，表面光滑有凹陷的沟痕，棱上无刺，有荞麦固有的气味和光泽；籽粒长度约 4mm，宽度约 3mm，千粒重约 27g。

库伦荞麦蛋白质含量为 12.09%，淀粉含量为 35.6%，缬氨酸含量为 454.7mg/100g，苏氨酸含量为 445.9mg/100g，钾含量为 410.53mg/100g。

三、环境优势

库伦旗地处燕山北部山地向科尔沁沙地过渡地段，号称"八百里瀚海"的塔敏查干沙带横贯东西。燕山山脉自旗境西南部延入，在中部与广袤的科尔沁沙地相接，构成旗境内南部浅山连亘，中部丘陵起伏，北部沙丘绵绵的地貌，曾有"四沙三山二丘一田"之称。全旗土壤多数为栗褐土、草甸土和风沙土，土壤 pH 值在 7.5 ～ 8.5。年有效积温在 3 007.6 ～ 3 470.3℃，无霜期 158 ～ 187 天，年降水量在 292 ～ 597mm，多集中于 6—8 月。库伦荞麦全部为自然降雨，确保了产品品质。

四、收获时间

每年 9 月中下旬，全株籽粒 75% ～ 80% 呈现本品种固有颜色时及时收获。

五、推荐贮藏保鲜和食用方法

贮藏方法：库伦荞麦原粮要求保存在干燥、低温、通风的贮藏室内。

荞麦米可以直接煮饭，也可以掺在其他米中煮饭。荞麦粉可以制作多种面食。以下介绍 2 种食用方法。

1. 荞麦蒸饺　材料：荞麦粉 500g 和成面团。做法：①制作好肉馅或蔬菜馅。②包成饺子放在蒸笼内，开锅根据馅料蒸 7 ～ 10min 即可出锅食用。

2. 库伦荞麦饸饹　材料：取库伦荞麦粉 500g，和成面团备用。做法：①可取新鲜猪、牛、羊肉切丁。②将个人喜欢的蔬菜切成小丁。③在炒锅内放入食用油，烧热，放入葱花、姜末等爆香，放入肉丁炒熟，加入蔬菜丁翻炒后加入清水、食用盐、酱油少许炖熟做成卤子。④将备用锅加清水烧开，用压饸饹工具将荞麦面团压制成条状，煮熟。⑤用较大碗盛装饸饹，浇上卤子即可食用。

六、市场销售采购信息

1. 库伦旗库伦镇丰顺有机杂粮农民专业合作社　联系人：海桂霞　联系电话：13947539495

2. 内蒙古绿研农业开发有限公司　联系人：张玉玲　联系电话：13722055446

3. 库伦旗谷龙塔商贸有限公司　联系人：乌云高娃　联系电话：15304751565

◎ 栾川核桃

（登录编号：CAQS-MTYX-20190161）

一、主要产地

河南省洛阳市栾川县所辖 15 个乡镇的 213 个行政村。

二、品质特征

栾川核桃果形圆，壳面洁净，外壳黄褐色；仁皮黄褐色；种仁饱满，黄白色，涩味淡；易取整仁。

栾川核桃蛋白质含量 15.8g/100g、铁含量 2.94mg/100g，均高于参考值。栾川核桃性味甘温，为滋补强壮品，有补气养血、润肺健脑的功能。

三、环境优势

栾川县地处亚热带向暖温带过渡地带，位于豫西伏牛山区，是河南省重点林区，全县林地面积 318.2 万亩，占国土总面积的 85.6%；在地理位置、气候、土壤等方面均适宜栾川核桃生长。栾川山核桃盛产于伏牛山腹地，产地平均海拔在 800m 以上，栾川核桃基本上都生长在原始林区，那里海拔高，昼夜温差大，环境优美，气候适宜，空气清新无污染，挂果时间长，产量不高，但野生山核桃有种特有的香味。

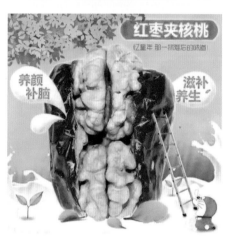

四、收获时间

栾川核桃收获期和最佳品质期是每年的 9 月上旬到中旬。

五、推荐贮藏和食用方法

贮藏方法：常温阴凉干燥处可保存 10 个月；5℃以下低温可保存 18 个月。

栾川核桃可做成五香核桃、枣夹核桃、核桃油、核桃连心木茶等产品。

推荐食用方法：

1. 五香核桃　食材：盐、五香粉、生核桃。步骤：①生核桃洗净晾干，用锤子敲一个小口，加入水、盐、五香粉进行熬制。②放入烤箱，烤 10 ～ 15min 取出。③取出放凉即可。

2. 枣夹核桃　食材：枣、生核桃仁。步骤：①枣洗净晾干，用去核器把枣核去掉。②把核桃仁放入枣内，摆整齐，一个枣夹核桃就做好了。③把做好的枣夹核桃放入烤箱内，烤上 8 ～ 10min 取出。

3. 核桃连心木茶　核桃中间的隔子称为核桃连心木，可直接泡茶也可煮着喝，可帮助睡眠也可补肾。

六、市场销售采购信息

1. 电话订购　联系电话：18838815278、18838815268

2. 栾川县老君山地质广场向西 200m：栾川印象

3. 栾川县三川镇龙脖村移民小区隔壁：栾川县山川生态农产品展示厅

鲁山核桃 ◉

（登录编号：CAQS-MTYX-20190163）

一、主要产地

河南省平顶山市鲁山县辛集乡徐营村。

二、品质特征

鲁山核桃果面光滑，壳薄，出仁率高，缝合线微隆，果仁黄白，去青皮直接生食，口味香、脆、清甜，晾晒干后，香味醇厚。

鲁山核桃为生食非榨油用，其脂肪含量为47.9g/100g；蛋白质含量16.1g/100g；镁含量146mg/100g；磷含量688mg/100g。鲁山核桃性味甘平，可以入肺、肾和大肠，经常食用能改善脑活力，提高记忆力，具有补肾固精、温肺定喘、润肠通便等功效。

三、环境优势

鲁山县位于河南省中西部，伏牛山东麓，地处北亚热带向暖温带过渡地带，暖温带大陆性季风气候，年均气温14.8℃，年均降水量1 000mm，无霜期214～231天，土层深厚，富含多种矿物质，日照时间长，鲁山为沙河源头，境内有昭平台水库，地下泉水遍布全县，水质良好，这些良好的自然环境为核桃的生长创造了有利条件。

四、收获时间

鲁山核桃的成熟期为9月前后，新鲜的青皮核桃最佳的品质期为8月中下旬，干核桃一般9月上旬开始采摘、脱皮、晾晒。

五、推荐贮藏保鲜和食用方法

新鲜核桃可以冷藏，也能冷冻但会影响口感。短期存放可放入冰箱保鲜室，如果一个月以上保存应放入冷冻室。果肉上的一层果皮口感发涩，食用时应去掉。

干核桃贮藏处必须保持冷凉、干燥、通风、背光。温度在5℃左右，空气相对湿度在50%～60%普通冷藏效果最好。

推荐食用方法：

老醋泡核桃仁 原料：核桃仁、香醋、生抽、香油、十三香。做法：①用核桃专用去壳器把外壳剥掉。②如果是新鲜核桃直接去掉核桃仁外一层黄色外衣；如果是干核桃，在开水中浸泡半小时，然后去掉核桃仁外褐色外衣。③将剥好的核桃仁放入容器中，调入醋、香油、生抽、十三香，搅拌均匀即可享用。

六、采购信息

联系人：徐秋生 联系电话：13569567883

都里小米

（登录编号：CAQS-MTYX-20190164）

一、主要产地

河南省安阳市殷都区都里镇前街村等 7 个乡镇 30 个行政村。

二、品质特征

都里小米色泽鲜黄，颗粒圆大。蒸食米饭香气纯正，米味甘甜；冷饭后不回生变硬；熬粥，米汁香稠，色艳。

都里小米蛋白质含量为 9.24g/100g、钙含量为 16.8mg/100g、硒含量为 7.6μg/100g、锌含量为 2.97mg/100g、锰含量为 0.558mg/100g。都里小米具有养阴壮阳、健脾和胃、清热利尿等功能，特别适合老幼孕产、脾胃虚弱的人食用，对高血压、皮肤病等也有一定的预防和抑制作用。

三、环境优势

殷都区属暖温带大陆性季风气候，年平均气温 13.6℃，年降水量 650mm，全年无霜期 201 天，四季分明，雨热同期，昼夜温差大，独特的气候条件，决定了该区域谷子生产周期长，干物质积累量大，病虫害少。主要种植区域都里镇，位于太行山东麓低山区，境内最高海拔 900m，平均海拔 300～400m，地势自西北向东南倾斜，植被茂盛，域内无任何工矿企业和污染，全年空气质量二级以上 235 天。同时，都里镇位于太行山土壤富硒带，土壤微量元素全且丰富，其中有机质平均含量为 15.29g/kg、全氮平均含量为 1.19g/kg、有效磷平均含量为 13.18mg/kg、速效钾平均含量为 132.23mg/kg，使得都里小米营养丰富、钙硒含量高。都里镇过境河流为漳河，河流水质为弱碱性，河流保护区内无污染源。良好的环境条件，造就了都里小米的优良品质。

四、收获时间

都里小米每年 6 月上中旬至 9 月是生长期，9 月中下旬当谷穗变黄断青、籽粒变硬时，即可收获。

五、推荐贮藏保鲜和食用方法

贮藏方法：都里小米收获后通常放在阴凉、干燥、通风处保存。

都里小米主要食用方法是煮粥。小米淘洗干净，放入锅里，加适量水，大火烧开，转小火慢熬，中途搅拌，大约 30min 熬至黏稠关火，盛入碗里即可食用。为了补充营养、增加口感，可在煮粥的同时加入南瓜、红薯或豆类等，加入海鲜类可做成海鲜粥。

六、市场销售采购信息

1. 线上通过益农信息社网站（www.365960.cn）进行购买

2. 线下是都里镇前街种植专业合作社自产自销　联系人：杨卫红　联系电话：15738700532

（登录编号：CAQS-MTYX-20190166）

内黄红枣 ⊙

一、主要产地

河南省安阳市内黄县城关镇、张龙乡、马上乡、东庄镇、高堤乡、亳城乡、梁庄镇、中召乡、后河镇、井店镇、二安乡、六村乡、楚旺镇、宋村乡、田氏乡、豆公乡、石盘屯乡等17个乡镇。

二、品质特征

内黄红枣椭圆形，大果型，干燥，皱纹少；表皮较厚；肉质淡黄色，较肥厚；味甜，略有酸味，枣核较大。

内黄红枣维生素 C 含量为 8.24mg/100g，蛋白质含量 4.42g/100g，总糖含量 54.52%。内黄红枣性味甘平，有润心肺、止咳、补五脏、治虚损的功效，常吃红枣可以改善肠胃不佳。

三、环境优势

内黄县属于暖温带大陆性季风气候，四季分明，冬季盛吹偏北风，夏季盛吹偏南风，春秋两季属过渡性季节，气温的年变化具有明显的季节性，年平均日照时数为 2 188.8h，年平均气温 13.7℃，适宜红枣的生长。内黄属黄河故道，地理位置优越，基础设施完善，区位优势明显。

四、收获时间

内黄红枣的收获时间一般在每年的 9 月中下旬开始，持续到 10 月中旬基本收获完毕。

五、推荐贮藏保鲜和食用方法

红枣收获后置于通风处自然晾干，冷藏可延长鲜果保存时间，保持果肉水分。红枣收获后可直接食用，也可进行食品深加工制成枣茶、枣汁、枣醋、枣酒、金丝蜜枣、香心焦枣、空心焦枣、无核糖枣、阿胶枣、乌枣、酒枣等多种产品。

六、市场销售采购信息

联系人：刘长英　联系电话：18530628166

上蔡芝麻

（登录编号：CAQS-MTYX-20190187）

一、主要产地

河南省驻马店市上蔡县所辖 26 个乡镇。

二、品质特征

上蔡芝麻色泽鲜亮、纯净，籽粒大而饱满，皮薄，嘴尖而小，口味香醇。

上蔡芝麻脂肪含量为 51.4g/100g，维生素 B_1 含量为 0.622mg/100g，芝麻素含量为 2.92mg/g，芝麻木素含量为 1.84mg/g。上蔡芝麻味甘、性平，适当食用有补血益肝、养发、祛风明目及增强体质的功效。

三、环境优势

上蔡县位于河南省南部，地处亚热带与暖温带过渡地带，是典型的大陆性季风半湿润气候，地势平坦，土层深厚，光照充足，雨量适中，四季分明，年平均气温 14.7℃，平均地表温度 16.1℃，年日照时数 2 600h，全年无霜期 225 天，年平均降水量 570mm，黑色黏性土，土质松软，保水保墒，排水通气性强，方圆 10km 内无大的工矿企业和养殖场，杜绝了污染源。良好的生态条件，优良的土壤、空气、水质，适合上蔡芝麻的生产种植，确保了产品品质。

四、收获时间

收获期一般为 9 月上旬至 9 月下旬。芝麻终花后 20 天或打顶后 25 天（9 月中旬）收获品质最佳。

五、推荐贮藏保鲜和食用方法

贮藏方法：上蔡芝麻收获后，风干去杂，散装芝麻水分在 7.5% 以下，杂质不超过 1%，一般可以安全贮藏，以采取散装密闭为宜。

上蔡芝麻可直接食用、炒制或初加工，是非常受欢迎的一种食材。

推荐食用方法：

1. 炒上蔡芝麻　材料：上蔡芝麻 300g，盐 10g。做法：①先将生芝麻去杂。②将芝麻在水盆中淘洗，多洗几次直到把芝麻洗干净，用小于芝麻大小的网勺捞出备用。③湿的芝麻用平底锅或炒菜锅，中火翻炒，听到有芝麻爆裂的噼啪声，加盐冷却后即可食用。

2. 上蔡芝麻蕉叶　材料：面粉 500g，上蔡芝麻 30g，鸡蛋两只，盐适量，食用油适量。做法：①面粉、上蔡芝麻、盐混合，鸡蛋打碎，搅拌成蛋液，倒入上述材料里，然后和成面团，醒 10～20min 备用。②将面团擀成薄面皮，越薄越好，用刀切成菱形面片。③锅里倒入适量食用油，烧至有微烟冒出，放入面片油炸，面片焦黄时用漏勺捞出，控油冷却即可食用。

六、市场销售采购信息

1. 上蔡县魏宽种植专业合作社　联系人：魏宽　联系电话：13603420946

2. 河南盛世粮油有限责任公司　联系人：张永星　联系电话：13033806000

平舆白芝麻 ⊙

（登录编号：CAQS-MTYX-20190189）

一、主要产地

河南省驻马店市平舆县所辖 19 个乡镇。

二、品质特征

平舆白芝麻色泽鲜亮、洁白纯净，皮薄粒饱，嘴尖而小，口味香醇。平舆白芝麻蛋白质含量 19g/100g，脂肪含量 52.8g/100g，钙含量 1 080mg/100g，油酸含量 41.9%，尤其是钙的含量是同类产品参照值近两倍。平舆白芝麻味甘、性平，蛋白质、钙含量丰富，具有抗衰老、润肤美发、润肠通便等功效。

三、环境优势

平舆县地处淮北平原，地势平坦，土壤肥沃，海拔高度 39～47m，地处北亚热带向暖温带过渡的半湿润气候带，属大陆性季风亚湿润气候，四季分明，冬冷夏热，雨热同季，气候温暖，雨水较为充沛，特别是从 8 月下旬到 9 月中旬降水量锐减，日照时数增高，这对白芝麻籽粒饱满、色泽洁白的形成和收打晾晒提供了有利条件。平舆土壤 71% 为砂浆黑土，土层深厚，有机质含量较高，平均含量 1.26%，保肥保水力强。加之平舆县地表和地下水资源丰富，有利于白芝麻的抗旱防涝。独特的气候、土壤条件形成了平舆白芝麻独特的品质。

四、收获时间

平舆白芝麻 9 月上中旬收获，以下部蒴果微裂时收获品质最佳。

五、推荐贮藏保鲜和食用方法

贮藏方法：芝麻籽粒较小，含油量高，加之除杂较难，极易吸湿发热，酸败变质。因此，贮藏芝麻应严格控制水、杂含量。芝麻收获后，风干去杂，散装芝麻水分在 7.5% 以下，杂质不超过 1%，一般可以安全贮藏，以采取散装密闭为宜。

芝麻可以直接食用或用于糖果、糕点、调料、菜肴等，目前白芝麻产品已研制开发出芝麻油、芝麻酱、芝麻仁、芝麻粹等系列产品。以下介绍 2 种芝麻最佳食用方法。

1. 炒芝麻　做法：一挑，先将买来的生芝麻除掉大的杂质；二洗，再将芝麻放在水盆把芝麻洗干净；三炒，湿的芝麻用平底锅或炒菜锅，中火翻炒，当芝麻变干时，改用小火，同时听到有芝麻噼啪声，关火放凉即可食用。

2. 芝麻焦馍　材料：面粉 500g、芝麻 100g、水 280g、盐 6g。做法：

面粉、芝麻、水、盐全部倒盆里，用手和成面团，盖上盖醒 20min 左右，分剂，搓成圆长条，然后揪成 35～40g 的小剂子，分别揉圆，用擀面杖把面剂擀成大小薄厚一致的圆薄片，电饼铛预热后放入圆薄片，翻面烤至两面焦黄取出，冷凉即可食用脆焦香的芝麻焦馍。

六、市场销售采购信息

1. 平舆康博汇鑫油脂有限公司，联系电话：0396-51209982
2. 平舆县蓝天农业开发有限公司，联系电话：0396-3735686
3. 平舆县凯丰种植专业合作社，联系电话：0396-5321628

◎ 东源板栗

（登录编号：CAQS-MTYX-20190206）

一、主要产地

广东省东源县所辖 21 个乡镇。

二、品质特征

东源板栗直径为 5 ~ 11cm，一个总苞内有 1 ~ 5 个坚果，色泽紫褐色带黄褐色茸毛，近光滑，果肉淡黄，味道甘甜可口。

东源板栗一般果实为 10 ~ 20g，维生素 C 含量 36.3mg/100g，蛋白质 4.15g/100g，淀粉 35.1g/100g。东源板栗性温，具有保健脾胃、滋阴补肾功效，有"干果之王"的美称。

三、环境优势

东源县位于北回归线北缘的广东省东北部，东江中上游，是珠三角与粤东北山区的结合部。东源县森林覆盖率达 73.8%，生态条件良好，土壤、空气、水质优良，属中亚热带季风区，气温高，湿度大，日照时间长，雨量充沛，非常适宜种植板栗，确保了产品品质。

四、收获时间

板栗是季节性农产品，成熟收获时间为 9—11 月。

五、推荐贮藏保鲜和食用方法

贮藏方法：①摊晾法，把新鲜的生板栗摊开放在阴凉通风处，不堆积而且通风良好，保鲜约 7 天。②冷藏法，普通消费者可以将板栗去掉外壳和内层的薄衣，用保鲜袋装起来扎紧袋口，放在冰箱冷藏室可以保存两个月。专业的板栗生产基地和加工企业，要求进行清拣、分级、标识后于 0℃可冷藏保鲜 8 个月。③熟保存，煮熟晒干后常温保存。

食用方法：东源板栗可以鲜吃、蒸煮熟食用、煲汤、配菜等。以下推荐 2 种食用方法。

1. 板栗炖鸡　材料：家鸡 1 只、板栗 400g，蒜瓣 10 颗、生姜和红辣椒及其他辅料。做法：①家鸡洗净沥干，板栗去壳取栗子仁。②备好辅料，生姜、大蒜、红辣椒以及香料。③锅里加油烧热后，放入姜片、沥干的鸡块煸炒，煸炒成焦黄色后加入啤酒，加入香料，盖盖子焖煮 10min。④倒入酱油等配料后继续焖煮至水分收干即可出锅。

2. 糖焖板栗　材料：板栗 500g，糖 30g、油 1 勺。做法：①板栗洗净，背面中间切 1 刀。②板栗放入电饭锅，加入糖、油、水（水不要没过板栗）。③按下煮饭键，当水分已收至浓稠，用勺子把糖汁拌匀，即可出锅。

六、市场销售采购信息

1. 东源县丽亮板栗种植专业合作社　联系人：张伟亮　联系电话：13794702001

2. 东源县板栗公司　联系人：邱友生　联系电话：13600009988

3. 河源富万家农业发展有限公司　联系人：张海健　联系电话：18318588148

（登录编号：CAQS-MTYX-20190251）

赤峰小米 ◎

一、主要产地

内蒙古自治区赤峰市敖汉旗新惠镇扎赛营子村、巴林左旗林东镇刀劳毛道村、翁牛特旗广德公镇高家梁村、宁城县忙农镇二十家子村、阿鲁科尔沁旗乌兰哈达乡宏发村和巴彦花镇五一村、喀喇沁旗西桥镇二道营子村。

二、品质特征

赤峰小米色泽呈金黄色，米粒大小均匀，粒形饱满；外观鲜黄明亮，无明显感官色差；散发着小米固有的自然清香气味。

赤峰小米蛋白质含量 9.49g/100g，粗纤维 0.68%，谷氨酸 1 921mg/100g。

三、环境优势

赤峰市地处内蒙古自治区东南部，大兴安岭南段和燕山北麓山地，分布在西拉木伦河南北与老哈河流域广大地区，呈三面环山、西高东低、多山多丘陵的地貌特征。赤峰属中温带半干旱大陆性季风气候区。冬季漫长而寒冷，春季干旱多大风，夏季短促炎热、雨水集中，秋季短促、气温下降快、霜冻降临早。大部地区年平均气温为 0～7℃，最冷月（1 月）平均气温为 –10℃左右，极端最低气温 –27℃；最热月（7 月）平均气温在 20～24℃。年降水量的地理分布受地形影响十分明显，不同地区差别很大，有 300～500mm 不等。大部地区年日照时数为 2 700～3 100h。每当 5—9 月天空无云时，日照时数可长达 12～14h，日照百分率多数地区为 65%～70%。水系丰富，地上水年平均径流量为 32.67 亿 m³。赤峰已被国家确定为全国特色农产品小米优势区。

四、收获时间

每年 9—10 月为赤峰小米的收获期。

五、推荐贮藏方式与食用方法

赤峰小米要放在干燥、密封效果好的容器内，并且要置于阴凉处保存。

小米一般用来煮粥，也可打成米糊食用。

六、市场销售采购信息

1.阿鲁科尔沁旗先锋乡浩源米业有限公司　联系人：于永辉　联系电话：13847643671

2.翁牛特旗强宏农作物种植专业合作社　联系人：黄利强　联系电话：15147680888

3.巴林左旗大辽王府粮贸有限公司　联系人：贾坤　联系电话：15148329666

4.巴林左旗德惠粮贸有限公司　联系人：张晓慧　联系电话：15848991539

5.内蒙古汇源农业开发有限公司　联系人：魏志刚　联系电话：13948693213

6.喀喇沁旗巴美农牧业专业合作社　联系人：李庆杰　联系电话：13654869932

7.内蒙古金沟农业发展有限公司　联系人：李欣瑜　联系电话：15248660005

8.宁城县志永米业有限公司　联系人：孙志伟　联系电话：18304908622

9.敖汉旗惠隆杂粮种植农民专业合作社　联系人：魏登峰　联系电话：15949439508

10.内蒙古聚骐农业有限公司　联系人：刘梦瑶　联系电话：15604769234

夏家店大枣

（登录编号：CAQS-MTYX-20190252）

一、主要产地

内蒙古赤峰市松山区夏家店乡三家村。

二、品质特征

夏家店大枣外形饱满，口感爽脆，果形近圆形，表皮光滑、光亮；大枣直径约 1.0～1.2cm，高约 2.0～2.2cm；果皮薄，果皮颜色为赭红色，果肉呈白绿色；枣核较小、为褐红色圆锥形木质结构。

夏家店大枣含有蛋白质 1.27 g/100g，钙 51.98 mg/100g，铁 1.12 mg/100g，可溶性糖 80.3%，维生素 C 210 mg/100g，总酸测定值 0.29%。具有补血补气、健脾安神的功效，适当食用能够起到护肝、改善贫血、增强人体免疫力的作用。其中含有的膳食纤维可以促进肠道蠕动，更有助于改善便秘促进消化。

三、环境优势

夏家店大枣产地地形、地貌主要以中低山、丘陵区为主，地势较为平坦，起伏不大，北高南低，坡度在 3%。土壤为中黏壤土，有机质含量平均在 0.9%，土壤容重 1.42g/cm³，田间持水量 23%，水质 pH 值在 6.9～7.8。主要以浅褐土、沙壤土为主。地下水属于孔隙潜水，主要靠天然降水补给，地下断面径流补给，地面有英金河和跃进渠流过，水质优良。年平均气温 5℃，1 月最冷，月平均气温 -12℃，7 月最热，月平均气温 23℃，有效积温 2 200℃，年平均降水量 330.4mm（且集中在 6、7、8、9 月），无霜期 130 天左右，年日照时数 2 500h，平均每天 8.3h，日照百分率为 67%；全年太阳辐射总量为 120kcal/cm²。作物生长期内，作物光合作用有效辐射量 365kcal/cm²，有利于作物生长。

四、收获时间

每年 9 月末至 10 月中旬。

五、推荐贮藏保鲜和食用方法

储存方法：短期常温即可，想延期保鲜可采用低温冷藏的办法。

夏家店大枣即摘即食（脆枣），可蒸熟食用，也可以深加工为饮品、果干等。

六、市场销售采购信息

赤峰市松山区夏家店林木果品农民专业合作社　联系人：李艳梅　联系电话：13847600032（微信同号）

（登录编号：CAQS-MTYX-20190253）

阿鲁科尔沁旗炒米 ◉

一、主要产地

内蒙古赤峰市阿鲁科尔沁旗绍根镇巴彦高勒嘎查。

二、品质特征

阿鲁科尔沁旗炒米由小米炒制而成，色泽呈金黄色，米粒直径约 2mm，米粒大小均匀，粒形饱满；外观鲜黄明亮，无明显感官色差；散发着炒米固有的香味。

阿鲁科尔沁旗炒米蛋白质含量 14g/100g，淀粉含量 89.7%，蛋氨酸含量 245mg/100g，锌含量 1.91mg/100g，均高于同类产品参照值。

三、环境优势

内蒙古赤峰市阿鲁科尔沁旗位于北纬 43°30′～45°20′地带，地处大兴安岭南端支脉，属于丘陵地段，是糜子的黄金生长带。这里日照丰富，年日照时间达 2 760～3 030h，年平均积温 2 900～3 400℃，昼夜温差大，独特的地理优势造就了阿鲁科尔沁旗炒米的良好品质。

四、收获时间

每年 9 月为收获期。

五、食用方法

推荐炒米与奶茶粉、牛肉干、奶豆腐、奶皮、黄油渣子冲泡食用，也可干吃。

六、市场销售采购信息

阿鲁科尔沁旗额高娃绿色食品有限公司　联系人：额尔敦高娃　联系电话：13947647087
地址：内蒙古赤峰市阿鲁科尔沁旗天山镇风景 A 区 121 厅

科尔沁区塞外红苹果 （登录编号：CAQS-MTYX-20190259）

一、主要产地

内蒙古自治区通辽市科尔沁区大林镇西归力村等 56 个行政村。

二、品质特征

科尔沁区塞外红苹果果形为阔梨形，直径约 4cm，高约 5cm，平均单果重量约为 53g；果色为鲜红色，果面至少 3/4 着红色，色泽艳丽，果面光洁无茸毛，果皮较薄，果肉为淡黄色；果肉甜脆、汁多，酸甜适口并伴有清香味。

科尔沁区塞外红苹果维生素 C 含量为 19.6mg/100g，铁含量为 0.52mg/100g，锌含量为 0.13mg/100g，总黄酮含量为 375mg/100g，可溶性固形物含量为 17.6%。科尔沁区塞外红苹果营养价值丰富，具有消食健胃、理气健脾、行气止痛等功效。

三、环境优势

科尔沁区位于通辽市中部，依靠得天独厚的干旱半干旱、昼夜温差大的气候和有效积温在 2 700 ～ 2 800℃的有利条件，加上天然的沙壤土、中性和偏碱性土壤，造就了品质优良的塞外红苹果。科尔沁区水利条件好且地下水充足，保证了塞外红苹果的正常生长。

四、收获时间

每年 9 月为科尔沁区塞外红苹果的收获期，9 月中旬，为科尔沁区塞外红苹果的最佳品质期。

五、推荐贮藏保鲜和食用方法

科尔沁区塞外红苹果鲜果可冷藏保存，亦可直接晾晒或烘干制成果脯。

科尔沁区塞外红苹果可鲜食，也可作为果脯干食，酸甜可口。

六、市场销售采购信息

通辽市科尔沁区孙恒农牧业专业合作社　联系人：孙恒　联系电话：13847568226

（登录编号：CAQS-MTYX-20190263）

科尔沁左翼中旗高粱 ◉

一、主要产地

内蒙古通辽市科左中旗胜利乡谢家窑村；架玛吐镇一心屯村、实行屯村；努日木镇六户村；舍伯吐镇哈民艾勒嘎查、中敖本台嘎查等。

二、品质特征

科尔沁左翼中旗高粱，种皮色泽为红色颗粒，籽粒饱满，粒形为椭圆形和卵形，有高粱固有的气味和色泽。

科尔沁左翼中旗高粱蛋白质含量为10.4g/100g，铁含量为18.76mg/100g，锌含量为2.96mg/100g，硒含量为3.0μg/100g；纤维素含量为1.9%，单宁含量为1.6%。铁、锌、硒含量均高于参考值，其中硒含量高于参考值1.1倍。

三、环境优势

科左中旗处于温带大陆性季风气候区内，四季分明、春季回暖快，刮风日数多，风速大，气候干燥，夏季炎热，雨热基本同步，秋季短暂，降温快，冬季漫长，寒冷寡照；境内流经新开河、辽河、乌力吉木仁河。地下水资源比较丰富，足够保证重点农田所需用水量。科左中旗地处于西辽河和松辽平原的过渡地带，西北高、东南低，海拔高度为120～230m。地貌类型是沙丘、坨沼、平原成堆积地形。沙地分布广泛。由于风积的作用，形成了固定、半固定沙丘与丘间平地镶嵌分布。土壤pH值一般在8～10.2。全旗土壤类型主要是草甸土和风沙土、风沙土和栗钙土相间分布，耕地土壤以冲击性黑土、黑五花土、白五花土为主，土质肥沃，富含微量元素。科左中旗的自然气候和环境条件非常适合高粱生长。

四、收获时间

一般在9月末到10月初收获，此时收获的科尔沁左翼中旗高粱籽粒饱满、口感好，处于品质最佳时期。

五、推荐贮藏保鲜和食用方法

贮藏：晒干后脱粒，装袋在通风干燥的库房内常温贮藏，同时采取防潮、防虫、防鼠措施。

食用方法：熟食（煮）。

六、市场销售采购信息

1. 科左中旗依生粮食加工有限公司　联系人：钱京生　联系电话：13739940866、0475-3600866

2. 科尔沁左翼中旗哈民艾勒有机绿色种植专业合作社　联系人：康萨仁图雅　联系电话：15374969404

开鲁红干椒

（登录编号：CAQS-MTYX-20190264）

一、主要产地

内蒙古自治区通辽市开鲁县所辖 12 镇场 217 个行政村。

二、品质特征

开鲁红干椒成熟果表面呈鲜红色，象牙状，表面光滑，光泽度好，果肩微凹近平，果顶西尖，宿存花萼平展，体型较大，果形为长锥形，形状均一，散发出特有的辛辣味。

开鲁红干椒维生素 C 含量为 87.2mg/100g，钙为 55.53mg/100g，铁 10.12mg/100g，铜 0.85mg/100g，钾 2 258.43mg/100g，硒 1.64μg/100g，辣椒素 0.011%，干物质 95.8%。维生素 C 含量高于同类产品平均值，钙、铁、铜、钾、硒均高于同类产品参照值，特别是硒含量高于参照值 5 倍多。

开鲁红干椒强烈的香辣味能刺激唾液和胃液的分泌，增加食欲，促进肠道蠕动，帮助消化。辣椒辛温，食用后能够通过发汗而降低体温，并缓解肌肉疼痛，具有较强的解热镇痛作用。

三、环境优势

开鲁县位于内蒙古通辽市西部，属大陆性温带半干旱季风气候，年平均气温 5.9℃，平均降水量 338.3mm，无霜期 148 天。西辽河、新开河、西拉木伦河、教来河、乌力吉木仁河等五条河流流经境内，总长度为 320km。开鲁县土地资源丰富，县内地势平坦，土壤肥沃，土质以黑白相间五花土为主，有机质含量适中，光照资源充足，年平均日照时数 3 100h 左右，年降水在 340mm 左右，虽然降水少，但 88.6% 都集中在作物生长的 5—9 月，属雨热同季，条件极适宜红干椒的生长。

四、收获时间

开鲁红干椒的花期为 6 月至 7 月末，果期为 9—10 月。

五、推荐贮藏保鲜和食用方法

红干椒可加工粉碎制作成辣椒面，成为日常生活的作料。制成辣椒酱产品，保存时间较长。红干椒可鲜用可干食。

1. 辣椒粉　原料：红干椒适量，花椒适量，芝麻适量。做法：将红干椒、花椒、芝麻一起研磨成粉状。放置阴凉干燥处密封保存即可。

2. 辣椒酱　原料：红干椒 200g，甜面酱 50g，生姜 20g，大蒜 100g，植物油 100g，盐、酱油、糖、味精、醋、花椒面适量。做法：①红干椒、生姜、大蒜洗净滤干水分，分别用搅拌机把辣椒打碎成绿豆大小。②锅中加油烧至 6 成热，放入打好的辣椒、生姜末、1/3 蒜蓉、花椒面，翻炒出香味，接着下甜面酱，再加半杯水改用中火熬制，边熬边搅，熬至辣酱由稀转稠，然后加上适量的盐、酱油、糖（少许）、醋、味精，最后把 2/3 的蒜蓉加入锅中，翻炒均匀即成。

六、市场销售采购信息

1. 开鲁县蒙椒都农业科技发展有限公司　联系人：赵新爽　联系电话：18648556605

2. 内蒙古晶山食品有限责任公司　联系人：马丹　联系电话：0475-6886666

（登录编号：CAQS-MTYX-20190266）

扎鲁特绿豆 ◉

一、主要产地

内蒙古自治区通辽市扎鲁特旗。

二、品质特征

扎鲁特绿豆籽粒为长圆柱形，大小均匀，粒形端正饱满，质地坚实，耐压性好；籽粒表面光滑，粒色整体颜色呈绿色且有光泽。散发自然香味；口感软糯，香味浓郁。

扎鲁特绿豆含有蛋白质23.4g/100g，淀粉61.8%，钙94.83mg/100g，铁6.56mg/100g，钾1 092.10mg/100g，钠27.54mg/100g等，均优于参照值。绿豆具有清暑热、通经脉、解诸毒、利尿消肿之功效。

三、环境优势

扎鲁特旗地处内蒙古通辽市西北部，大兴安岭南麓，科尔沁草原西北端，属内蒙古高原向松辽平原过渡地带。扎鲁特旗四季分明，光照充足，日照时间长，年均气温6.6℃，年均日照时数2 882.7h。无霜期中南部较长，北部较短，平均139天。春旱多风，年均降水量382.5mm，年均湿度49%，年均风速2.7m/s。境内有较大河流9条，支流49条，分属嫩江和辽河两大水系。土壤为栗钙黑壤土，土层深厚，肥力中等，有机质含量1.5%以上。优越的环境非常适宜种植扎鲁特绿豆，也孕育了扎鲁特绿豆的高品质和优良口感。

四、收获时间

扎鲁特绿豆9月中旬开始进行收获。

五、推荐贮藏保鲜和食用方法

绿豆又名青小豆，药食同源作物。日常生活中所食用的绿豆均已晒干，在干燥、低温、通风良好的地方保存期较长，期限在5～6年。

绿豆浸泡后可直接蒸煮饮食。绿豆还可浸泡出豆芽，维生素C含量增多，绿豆芽用作煸炒或凉拌均可。绿豆研磨后可和面或制冷饮等。

六、市场销售采购信息

内蒙古自治区通辽市扎鲁特旗鲁北镇工业园区　联系人：于宏达　联系电话：13847568333

鄂伦春紫苏

（登录编号：CAQS-MTYX-20190289）

一、主要产地

内蒙古自治区鄂伦春自治旗大杨树镇、乌鲁布铁镇、古里乡、宜里、巴彦农场、甘河农场、大子洋山和诺敏等8个乡镇（农场）。

二、品质特征

鄂伦春紫苏叶片面绿背紫；茎、叶及花萼被短疏柔毛；叶长卵形，长5～12cm，宽4～9cm，顶端突尖，小坚果红褐色。

紫苏种子的成分及含量分别为：脂肪46.03%、蛋白质22.09%、粗纤维19.89%、非氮物质9.87%、灰分4.32%。鄂伦春紫苏籽生产的紫苏籽油中，α–亚麻酸含量高达70%。紫苏种子中还含有大量的天然抗氧化剂迷迭香酸。

三、环境优势

鄂伦春紫苏产地属寒温带和中温带大陆性季风气候，位于大兴安岭南麓，海拔200～500m，为半湿润性气候，年降水量在500～800mm，昼夜温差大，属温凉气候，日照丰富（年总辐射量在76 758kW/m² 以上，日照时数为2 500～3 100h），利于绿色植物光合作用和干物质的积累，降水期集中于7—8月的植物生长旺期，且雨热同期，气候适宜紫苏生长。

四、收割时间

每年9月下旬。生长期为5月1日至9月20日。

五、推荐贮藏保鲜和食用方法

储存于清洁、干燥、通风处。

紫苏籽油保存方法：0～25℃避光保存；油瓶瓶盖开启后，应在6个月内食用完毕，并放入冰箱保存；与其他食用油调和后应注意置避光处存放。

食用方式：直接食用或与传统食品搭配。

（1）紫苏粉100g加各种米适量熬粥。

（2）紫苏粉20g拌凉菜时代替盐使用

（3）将牛奶或豆浆加热后放入紫苏粉20g。

（4）紫苏籽油用来生饮、拌沙拉、腌鱼肉、煎炸、烘烤都非常理想。

六、市场销售采购信息

1. 鄂伦春自治旗大杨树荣盛商贸有限责任公司　联系人：曲彦文　联系电话：13947041578

2. 鄂伦春自治旗伊甸园种植农民专业合作社　联系人：赵德岭　联系电话：18147044144

3. 鄂伦春自治旗农丰联种植农民专业合作社　联系人：陈刚　联系电话：18848109444

（登录编号：CAQS-MTYX-20190293）

丰镇亚麻籽油

一、主要产地

内蒙古自治区乌兰察布市丰镇市 9 个乡镇 92 个行政村。

二、品质特征

丰镇亚麻籽油呈棕黄色，澄清无杂质；具有亚麻籽固有气味和滋味，色亮味香、清纯、香郁、黏度适中、口感好。

丰镇亚麻籽油营养丰富，亚油酸含量为 14.2%，单不饱和脂肪酸含量为 22.1%，钙含量为 23.3mg/100g，铁含量为 8mg/100g，有很多保健功效，在当地被誉为"褐色钻石"，是最理想的食用油。

三、环境优势

丰镇市地处东经 113° 北纬 40°，是世界公认的胡麻黄金生长纬度带，是沿袭数百年种植历史的"胡麻之乡"，更是全球优质胡麻核心产区。这里是平均海拔 1 400m 的高原地区，气候冷凉，土地干燥少雨，昼夜温差大，无霜期短，降水多集中在 6—8 月，年均气温 5℃左右，雨热同期。光照充足，日照时间平均每天可达 10h，农作物光合作用旺盛，特别适宜耐瘠、耐寒、耐旱、喜光、日照长，对土壤适应性强的作物，是胡麻生长的最佳自然环境。土壤以暗栗钙土面积最大，占总耕地面积 60% 以上，主要分布在境内西部地区，土层较厚，含有机质，土壤肥力较强，丰镇胡麻种植多集中于此。

四、收获时间

每年收获时间为 9 月中下旬。此时日照充足，降水量少，是最佳品质收获时期。

五、推荐贮藏保鲜和食用方法

丰镇亚麻籽油开瓶之后尽可能在短时间内使用，并注意每次用完之后将瓶盖盖好；需常温避光保存。

可直接食用，可与其他食用油按一定比例混合进行低温烹饪，也可用于凉拌蔬菜、调制色拉、淋在汤中或在炒菜出锅前淋入作为明油使用。

六、市场销售采购信息

1. 内蒙古格琳诺尔生物有限公司　联系人：武美俊　联系电话：13811175595
2. 内蒙古绿康源生态农业有限公司　联系人：王伟　联系电话：15144868666

◎凉城燕麦米

（登录编号：CAQS-MTYX-20190303）

一、主要产地

内蒙古自治区乌兰察布市凉城县曹碾满族乡、天成乡、六苏木镇等5个乡镇40个行政村。

二、品质特征

凉城燕麦米体型较大，长度可达0.6～0.8cm，颗粒饱满，色泽正常，具有燕麦特有气味，无异味。

凉城燕麦米蛋白质含量为14.4g/100g、脂肪含量为6.1g/100g、粗纤维含量为7.58%、铁含量为7.94g/100g、锌含量为2.81g/100g。凉城燕麦米营养丰富，含有人体所必需的全部氨基酸，富含可溶性膳食纤维，具有降低血压、降低血糖、降低胆固醇、防治心脑血管疾病的保健功效。

三、环境优势

凉城县属中温带半干旱大陆性季风气候，这里海拔高，气候冷凉，昼夜温差大，平均气温2～5℃，雨热同期，降水量多集中在6—8月，光照充足且日照时间长，平均每天可达10h左右，农作物光合作用强，又因当地大气、土壤、水源没有污染，土壤中富含钙磷钾等植物生长所需的营养元素，所以当地燕麦种植过程中很少施用或者不施用化肥和农药，种植出的燕麦品质优良。

四、收获时间

每年9月底为凉城燕麦的最佳收获期。

五、推荐贮藏保鲜和食用方法

凉城燕麦米要密封保存，放在阴凉、干燥的地方。

燕麦让人易饱且能量持久，西北地区的人们都是"三生三熟"的吃法。

燕麦比较常见的食用方法是用燕麦米煮粥，燕麦粉可做成主食，也可以搭配牛奶什锦做成混合食品、松饼、甜酒和饮料，也常被加入汤、肉做成粥，还可用于制作蛋糕、果冻、啤酒和饮料。燕麦麸可以单独食用，如熬制燕饼、做蛋糕和面包，也可以和其他食物一起食用。

六、市场销售采购信息

凉城县世纪粮行有限公司　联系人：张明旺　联系电话：0474-4207255

（登录编号：CAQS-MTYX-20190304）

凉城藜麦米 ◎

一、主要产地

内蒙古自治区乌兰察布市凉城县鸿茅镇、岱海镇、麦胡图镇等 3 个乡镇 20 个行政村。

二、品质特征

凉城藜麦米颜色偏灰白，形状为圆形药片状，直径 1.5 ～ 1.8mm；米粒均匀、饱满、色泽鲜亮、完整度好，闻起来有淡淡的草木清香。

凉城藜麦米蛋白质含量 12g/100g，淀粉含量 60.4%，粗纤维含量 7.89g/100g，赖氨酸含量 763g/100g，天冬氨酸含量 1 070mg/100g。藜麦被国际营养学家们称为丢失的"远古营养黄金""超级谷物""未来食品"。凉城藜麦米具有均衡补充营养、增强机体功能、修复体质、调节免疫和内分泌、提高机体应激能力等功效。

三、环境优势

凉城县属中温带半干旱大陆性季风气候，这里海拔高，气候冷凉，昼夜温差大，平均气温 2 ～ 5℃，雨热同期，降水量多集中在 6—8 月，光照充足且日照时间长，平均每天可达 10h 左右，农作物光合作用强，特别适合抗旱、抗寒、耐瘠、耐盐碱作物生长。又因当地大气、土壤、水源没有污染，土壤中富含钙磷钾等植物生长所需的营养元素，所以当地藜麦种植过程中很少施用或者不施用化肥和农药。由于这些自然气候条件的优势，凉城县种植藜麦具有得天独厚的自然条件和生态环境，是种植藜麦的黄金区域。

四、收获时间

每年 9 月下旬为凉城藜麦的最佳收获期。

五、推荐贮藏保鲜和食用方法

凉城藜麦米很容易贮存，不容易生虫、变质，因此常温密闭保存即可。

凉城藜麦米易熟口感好，可以和任何食材搭配。可单独熬煮稀粥，也可混合其他谷物一起食用，如藜麦小米粥、藜麦大米粥、藜麦大米焖饭、白面藜麦饼。也可以将藜麦发芽后配合其他食材食用，营养价值更高。

藜麦有清香味道很适宜与其他材料做汤类，还可去除鱼类及肉类的腥味，如藜麦鲍鱼汤、藜麦菠菜番茄汤、藜麦草菇汤、藜麦鸡丝汤、藜麦番茄牛尾汤。

藜麦打成米糊或者浆后配制的饮品非常可口，例如，藜麦浆与各类水果混合成果汁饮品，或者做成藜麦豆浆等。

六、市场销售采购信息

凉城县世纪粮行有限公司　联系人：张明旺　联系电话：0474-4207255

◎ 察右后旗红马铃薯

（登录编号：CAQS-MTYX-20190310）

一、主要产地

内蒙古乌兰察布市察哈尔右翼后旗含 8 个苏木乡镇 87 个嘎查行政村。

二、品质特征

察右后旗红马铃薯个头较大，单薯质量 270 ～ 350g，外皮颜色为红色，外观新鲜，成熟度好，薯形好；芽眼数量较少，芽眼浅而便于削皮；口感沙面，细腻清香，品相好、味道佳。

察右后旗红马铃薯营养丰富，维生素 C 含量为 33.6mg/100g，粗纤维含量为 2.3g/100g，淀粉含量为 36.4%，钙含量为 9.42mg/100g，铁含量为 1.22mg/100g。

三、环境优势

察哈尔右翼后旗位于内蒙古自治区中部阴山北麓，海拔 1 345.0 ～ 2 053.3m，属中温带半干旱大陆性季风气候，因受中纬度及季风气候影响，春季干旱多风，雨量集中于夏季 7—8 月，秋季早寒易冻，冬季漫长寒冷。年平均气温 3.4℃，年平均日照时数 2 986.2h，年平均降水量 327.8mm，总之日照充足，风多雨少，昼夜温差大。土壤以栗钙土为主，土层深厚，肥力中等的沙质土壤，约占总土地面积 90% 以上。后旗红马铃薯属喜冷凉、低温的作物，其地下薯块形成和生长需要疏松透气、凉爽湿润的土壤环境。因此，得天独厚的气候环境，为优质后旗红马铃薯的生产奠定了基础。

四、收获时间

每年 9 月中下旬为后旗红马铃薯的收获期，此时日照充足，降水量少，是后旗红马铃薯品质最佳时期。

五、推荐贮藏保鲜和食用方法

贮藏保鲜：察右后旗红马铃薯适宜在常温或冷藏条件下保存，尤其在阴凉通风干燥的环境条件下能延长保存期限。还可加工淀粉和淀粉制品长期保存。

食用方法：察右后旗红马铃薯经过蒸煮炖烤后，可直接食用，口感沙糯，薯香浓郁；也可与蔬菜和肉类制成烩菜共同食用，还可压碎以后直接炒熟食用，也可制成淀粉成品食用，如粉条和薯片等。鲜薯经过冷冻后蒸煮食用，味道较为独特。

六、市场销售采购信息

1. 察右后旗北方马铃薯批发市场有限责任公司　联系人：郭晨慧　联系电话：15647460659

2. 察右后旗富园马铃薯农民专业合作社　联系人：时昆昊　联系电话：13436333133

（登录编号：CAQS-MTYX-20190318）

石哈河荞麦粉

一、主要产地

内蒙古巴彦淖尔市乌拉特中旗石哈河镇西羊场村。

二、品质特征

石哈河荞麦粉外观颜色为白色，粒度较小，手感略涩，具有荞麦粉固有的色泽和气味。

石哈河荞麦粉总黄酮含量为 20.8mg/100g，脂肪含量为 1.6g/100g，锌含量为 1.02mg/100g，膳食纤维 5.84g/100g，石哈河荞麦粉营养价值丰富，具有降糖、降脂、降胆固醇、抗氧化、抗衰老等功效。

三、环境优势

石哈河地区（俗称高塔儿梁地区），属于高寒地带，有旱坡地 38 万亩，平均海拔 1 500m 以上，全年降水量少而集中，降水集中在 7—9 月，空气清新，水质纯净，土壤未受污染或污染程度较低，且远离交通干线、工矿企业和村庄等生活区，适宜种植业的发展。当地土地宽广肥沃，盛产小麦、荞麦、莜麦等各种农作物，有良好的自然条件和生态优势。所产的农产品具有丰富的营养价值。

四、收获时间

每年 8 月为石哈河荞麦的收获期，9 月中下旬为石哈河荞麦的最佳品质期。

五、推荐贮藏保鲜和食用方法

石哈河荞麦粉可冷藏保存，亦可置于阴凉干燥处进行长时间保存。

推荐食用方法：

手工荞麦面　①将荞麦粉和面粉混合过筛；②倒入温水，边倒边搅拌，留下 1 小勺水待用；③先初步捏成面团，转移到干净的案板上，继续揉面至少 10min，至面团光滑柔软；④将面团装入保鲜袋醒一会儿，约 15min；⑤取出面团，在案板上滚动，整形成圆锥形立起来；⑥将圆锥的尖端往下均匀按压，将面团压成圆饼；⑦用擀面杖先擀成均匀的圆形，再擀成薄而均匀的长方形面片，厚度 1～2mm；⑧在面片上均匀地撒一层淀粉，将面片长的一边对折按压，再撒淀粉，把短的一边也对折但不要按压；⑨转移到撒了淀粉的砧板上，最后在表面也撒上淀粉；⑩用锋利的刀切成粗细均匀的面条（约 2mm 宽），切好的面条轻轻拿起来抖掉多余淀粉；⑪烧一大锅开水，放入面条，用筷子轻轻拨散；⑫水开后再煮 1～2min 即可，捞出后浸冰水洗掉表面多余淀粉，沥干水后放在竹帘上。

六、市场销售采购信息

1. 乌拉特中旗高塔梁原生有机食品有限责任公司

联系人：王斌德

联系电话：13947890096

2. 乌拉特中旗套宽粮油有限公司

联系人：鲁永亮

联系电话：13947830938

⊙ 石哈河莜麦粉

（登录编号：CAQS-MTYX-20190319）

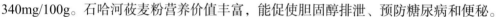

一、主要产地

内蒙古巴彦淖尔市乌拉特中旗石哈河镇西羊场村。

二、品质特征

石哈河莜麦粉色泽发黄，表面质地较为粗糙，粗粒感较强，手感微涩，莜麦粉颗粒度较均匀，颗粒大小一致，有淡淡的莜麦香味。

石哈河莜麦粉蛋白质含量为 12.8g/100g，脂肪含量为 6.4g/100g，谷氨酸含量为 2 500mg/100g，组氨酸含量为 340mg/100g。石哈河莜麦粉营养价值丰富，能促使胆固醇排泄、预防糖尿病和便秘。

三、环境优势

石哈河地区（俗称高塔儿梁地区）位于阴山北麓，属于高寒地带，有旱坡地 38 万亩，平均海拔 1 500m 以上，全年降水量少而集中，降水集中在 7—9 月，空气清新，水质纯净，土壤未受污染或污染程度较低，且远离交通干线、工矿企业和村庄等生活区。当地土地宽广肥沃，盛产小麦、荞麦、莜麦等各种农作物，有良好的自然条件和生态优势。所产的农产品具有丰富的营养价值。

四、收获时间

每年 8 月为石哈河莜麦的收获期，9 月为石哈河莜麦的最佳品质期。

五、推荐贮藏保鲜和食用方法

石哈河莜麦粉可冷藏保存，可置于阴凉干燥处进行长时间保存。

推荐食用方法：

莜面鱼鱼　①准备莜麦粉。②烧开水倒入盛有莜麦粉的盆中，用筷子搅拌。③水倒的刚好用筷子能搅成一团。④最后用手和成一团。⑤揪上两小块放入手心。⑥用手搓成两端细中间粗的橄榄形的鱼鱼。⑦搓好的鱼鱼放到笼屉上。⑧上锅蒸 8 ～ 10min。出锅晾一会。⑨南瓜、番茄切小块，油菜切小段。葱姜蒜切片。⑩马铃薯切细条。⑪热锅倒油，油热后放入葱姜蒜、花椒煸炒，放入马铃薯条、南瓜块、番茄块翻炒。⑫炒入味后，放入盐和酱油上色，放入其余配料略炒后，放入适量水煮开。⑬煮几分钟后，待马铃薯块和南瓜块熟时，开锅放入先前蒸好的莜面鱼鱼，放入盐、酱油、陈醋、白芝麻等调味，即可出锅。

六、市场销售采购信息

1. 乌拉特中旗高塔梁原生有机食品有限责任公司

联系人：王斌德

联系电话：13947890096

2. 乌拉特中旗套宽粮油有限公司

联系人：鲁永亮

联系电话：13947830938

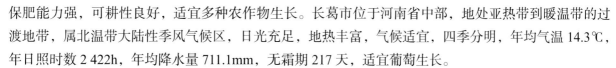

长葛葡萄

（登录编号：CAQS-MTYX-20190335）

一、主要产地

河南省许昌市长葛市佛尔湖镇申庄村、后河镇王买村、石固镇合寨李村。

二、品质特征

长葛葡萄外观新鲜清洁，有光泽；穗形完整，整齐度良好；紧密度适中；果粒大小中等；果粒椭圆形；果皮黄绿色，皮薄；果肉质地脆，汁液丰富，味甜，有香味；种子少。

长葛葡萄可溶性固形物含量为 20.3%，维生素 C 含量为 6.39mg/100g，可溶性糖含量为 17.61g/100g，钾含量为 301mg/100g。长葛葡萄营养价值丰富，有健脾胃、补益气血、通利小便的功效。

三、环境优势

长葛市农业基础扎实，全市耕地面积 67.5 万亩，地形平坦，排水便利，土壤主要有褐土和潮土，质地为轻壤或中壤，土壤肥沃，保水保肥能力强，可耕性良好，适宜多种农作物生长。长葛市位于河南省中部，地处亚热带到暖温带的过渡地带，属北温带大陆性季风气候区，日光充足，地热丰富，气候适宜，四季分明，年均气温 14.3℃，年日照时数 2 422h，年均降水量 711.1mm，无霜期 217 天，适宜葡萄生长。

四、收获时间

每年 9 月为长葛葡萄的收获期，9 月中下旬至 11 月为长葛葡萄的最佳品质期。

五、推荐贮藏保鲜和食用方法

长葛葡萄鲜果可直接冷藏保存，亦可置于阴凉干燥处保存 3 ～ 5 天。

长葛葡萄可鲜食，也可和酸奶搅拌成奶昔，味道极佳。

推荐食用方法：

葡萄酸奶奶昔　适量葡萄洗干净去皮去籽放入搅拌机，再取适量酸奶倒入搅拌机，搅拌均匀即可。

六、市场销售采购信息

1. 长葛市神龙家庭农场　地址：河南省长葛市佛尔湖镇申庄村　联系人：李贵峰　联系电话：15137479000

2. 河南福多多生态农业有限公司　地址：河南省长葛市后河镇王买村　联系人：陈瑞甫　联系电话：13837445508

3. 长葛市嘉华农业科技有限公司　地址：河南省长葛市石固镇合寨李村　联系人：孔祥浩　联系电话：13937475577

⊙ 南雄板鸭

（登录编号：CAQS-MTYX-20190340）

一、主要产地

广东省南雄市。

二、品质特征

南雄板鸭又称腊鸭，造型美观、鸭皮白中透黄、油尾丰满、皮薄肉嫩、肉红味鲜、骨脆可嚼、香气浓郁、风味独特。南雄板鸭口感香韧、咸淡适中、香味绵长，煮沸后肉汤及肉味具有清澈、芳香、肉嫩、味鲜的特点。南雄板鸭营养丰富，含蛋白质31%、脂肪16.1g/100g、赖氨酸2.47 g/100g、蛋氨酸0.79 g/100g。

三、环境优势

广东省南雄市地处粤北山区，昼夜温差大以及霜冻等因素，使得"南雄板鸭"有特殊的香味。南雄板鸭采用南雄市本地麻鸭制作，南雄当地水塘众多，很适合饲养鸭子，这里长的鸭子皮薄肉厚，味道奇美。

四、制作时间

制作季节为每年中秋节至春节期间，南雄板鸭属于年货，在本地基本是每家每户必备的年货。

五、推荐贮藏保鲜和食用方法

贮藏方法：贮存于阴凉、干燥、通风处。10℃以下，冰箱冷藏更佳。

南雄板鸭可用于煲汤、爆炒、清蒸等，是非常受欢迎的一种菜肴。以下介绍3种最佳食用方法。

1. 板鸭煲汤　材料：南雄板鸭，豆腐，鲫鱼。做法：①将板鸭温水泡30min，切块。②将板鸭块放入砂锅中，注入沸水没及板鸭8cm。用旺火烧10min，再用文火煨40min，下入切块的豆腐，继续煲5min即可。

2. 爆炒板鸭　材料：南雄板鸭，辣椒干，大蒜，姜丝，芹菜，冬笋；料酒。做法：①将板鸭温水泡30min，切块备用。②油烧至七八成热，下入姜丝、大蒜，爆香，下入板鸭、辣椒干、少许料酒、冬笋等配料，爆炒4～5min。放入芹菜，拌炒2min即可。

3. 清蒸板鸭　材料：南雄板鸭。做法：将板鸭温水泡30min，切块，清蒸20min即可。

六、市场销售采购信息

南雄市黄坑镇许村生态食品生产基地　联系人：叶先生　联系电话：13192899993

（登录编号：CAQS-MTYX-20190350）

一、主要产地

高要麦溪鲤是广东省肇庆市高要区大湾镇特产，主要产于大湾的麦溪和麦塘两口塘。

二、品质特征

高要麦溪鲤头细嘴小，肩高膊隆，腹圆身肥，具有对须及明显鼻瓣。鱼体体表全鳞，鳞大紧密，整体呈金黄色，背部稍暗，腹部白色或黄白色。鱼肉淡红色，组织致密有弹性，肉质嫩滑、少有土腥味，肥而不腻。

高要麦溪鲤铁含量为 0.59mg/100g，锌含量为 0.66mg/100g，蛋白质 ≥ 20%，氨基酸含量为 18.3g/100g。麦溪鲤鱼煮食，可治咳逆上气、黄疸、口渴，有通利小便之功效。

三、环境优势

肇庆市高要区地处低纬度北回归线之南，属亚热带季风气候。热量丰富、阳光充足、雨量充沛、夏长冬短、温度适中。高要麦溪鲤的产地大湾镇自然环境独立，三面环山一面临水，拥有大量清洁优质的西江河水。最特别的是出产麦溪鲤的鱼塘具有独特的土层结构：底层为腐殖土、中层为腐烂白泥土，表层为白混合塘土。鱼塘底水源从地下腐殖土溢出，偏酸性，微生物含量极高，鱼塘土质富含各种微量元素。麦溪鲤在这种天然生态的鱼塘环境下养殖，具有口感鲜香、肉质嫩滑、肥而不腻的特点。大湾镇当地养殖户一直保留着传统的耕养相间养殖方式。在每年年初，鱼塘进行晒塘后，利用鱼塘独有的土质适宜植物生长的特点，引种早稻、小荸荠、麻慈籽、茆草等植物，并由其自然生长。到了每年年中，再把清洁的水源引入塘中养鱼。这种生态鱼塘具有独特的土质环境和水生植物，充分进行更新代谢，循环互补，从而养殖出肥美且具有蜜味儿的麦溪鲤。

四、收获时间

全年均为捕捞期，但最佳捕捞期为每年的秋冬季节，捕捞规格为 0.8 ～ 1.0kg/ 尾。

五、推荐贮藏保鲜和食用方法

贮藏方法：将高要麦溪鲤用细盐抹匀腌好，放在冰箱冷藏室里可保存 6h 左右，不会变质变味而且更加筋道入味，如果抹上细盐再包上保鲜膜，保鲜效果更加完美。

高要麦溪鲤鱼的做法很多，著名的有清蒸麦溪鲤、红烧麦溪鲤、麦溪鲤鱼汤等，因为鲤鱼细刺比较多，食用的时候需要多加小心。以下介绍一种最佳食用方法。

清蒸麦溪鲤　材料：高要麦溪鲤一条，少许盐，陈皮丝，适量油。做法：①麦溪鲤洗净去掉鳃和内脏，保留鱼鳞开边放入少许盐和适量的油装碟，陈皮切丝撒到鱼面。②净锅后加入清水开火烧至沸，将备好的麦溪鲤放入蒸锅以猛火蒸 15 ～ 20min。烹制后鱼肉鲜美，嫩滑似玉，甘香如兰。

六、市场销售采购信息

肇庆市碧波农业发展有限公司　联系人：梁钧然　联系电话：15218418909

⊙ 大埔蜜柚

（登录编号：CAQS-MTYX-20190353）

一、主要产地

广东省梅州市大埔县茶阳镇太宁村、西河镇大靖村、湖寮下沥村、百侯镇侯北村等，全县境内其他镇村也有种植。

二、品质特征

大埔蜜柚果大皮薄，平均单果重 1 250 ～ 1 500g，果实呈梨形或倒卵形，果色表皮淡黄、光滑。果肉呈红色、淡黄色或白色，囊皮薄，有蜜香味，无核或核少。

大埔蜜柚酸甜适口，富含维生素 C，其可溶性固形物达 11.5%；总酸实测值 0.5%，维生素 C 实测值 49.4mg/100g，总糖实测值 9.3g/100g，固酸比实测值 23%，上述指标均优于同类产品参照值。

三、环境优势

大埔县属南亚热带与中亚热带的过渡带，具有亚热带季风气候的特征，昼夜温差大，光照时间长，平均相对湿度为 80%，雨量充沛。境内群山环抱，素有"山中山"之称，海拔 100 ～ 500m 的高中丘陵约占 80%。全县山地土壤大多属于酸性红壤，土层深厚，土壤疏松，有机质含量高，富硒，植被生长优良，水力资源丰富，溪流众多，优良的产地环境孕育了高品质的大埔蜜柚。

四、收获时间

大埔蜜柚产品成熟期为每年的 9—10 月。

五、推荐贮藏保鲜和食用方法

大埔蜜柚最佳食用方法为鲜食，可常温保存，也可保鲜膜贮藏保鲜。

六、市场销售采购信息

1. 广东顺兴种养股份有限公司　联系人：杨彩珠　联系电话：15014560398

2. 梅州万川千红农业发展有限公司　联系人：丘牡香　联系电话：13825928728

3. 大埔县兴瑞现代农业发展有限公司　联系人：刘国武　联系电话：13750569898

4. 大埔高峰农业发展有限公司　联系人：刘奕棋　联系电话：15819030083

5. 梅州杉富绿色生态农业发展有限公司　联系人：吴演武　联系电话：13923025037

6. 大埔聚德生态发展有限公司　联系人：张德奕　联系电话：13802580754

7. 梅州市生态源农业发展有限公司　联系人：陈远航
联系电话：18823000168

8. 大埔县辉龙农业科技有限公司　联系人：罗克港
联系电话：18823038688

9. 大埔县福永种养实业有限公司　联系人：杨八马
联系电话：13825916989

10. 梅州市新天泽农业发展有限公司　联系人：吴志乒
联系电话：13825997900

（登录编号：CAQS-MTYX-20190363）

一、主要产地

广东省阳江市阳东区北惯镇、那龙镇、东城镇、红丰镇、雅韶镇、新洲镇、东平镇、大沟镇、大八镇、合山镇等。

二、品质特征

阳东牛大力具有皮薄，表皮黄色有棕色环纹；切面黄白色，呈放射性，质粉，易折断，气味清香、甘甜的特点。其氨基酸、多糖、淀粉、蛋白质、维生素B含量高，总膳食纤维、总灰分含量低。其中氨基酸含量7 004mg/100g，总黄酮含量440mg/100g，浸出物含量27.9%，酸不溶性灰分含量0.18g/100g，总灰分含量3.3g/100g。药典记载：牛大力平肝润肺，舒筋活络，增强免疫力，常喝有益。

三、环境优势

阳东市地处热带边缘，属南亚热带海洋季风气候。常年温暖湿润、雨水充沛、日光充足、无霜期长，全年平均温度23℃，正好适宜牛大力生长。充足的日照，适宜的温度和降雨，有利于提高牛大力中淀粉和糖分的积累，从而有利于牛大力粗纤维含量的降低。牛大力生长喜欢pH值4.5～6.5呈酸性、疏松、湿润、沙质黄土壤，而阳东丘陵地区土质恰好为此壤土，土质疏松、透气性好，有机质含量14.2g/kg、有效磷43mg/kg、速效钾4.9×10^2mg/kg，黄壤土pH值5.1～6.2，土层厚度≥1m，能有效促进牛大力生长，提高牛大力膨大率及氨基酸和蛋白质的生成与积累，造就了独特的品质。

四、收获时间

阳东牛大力须种植4年后方可采收，于9月至翌年1月采收为佳，雨后3天内不适宜采挖。

五、推荐贮藏保鲜和食用方法

新鲜的牛大力，擦干水分后用保鲜袋装好，再放冰箱冷藏，最佳贮藏温度为-5～8℃。晒干或者是冻干的牛大力，若是没有独立包装的，用玻璃器皿或食用级别的袋子密封装好，放于避免阳光照射的地方保存即可。

牛大力可搭配多种食材，既可煲汤，也可做火锅汤底，还能煮茶饮；如牛大力枸杞炖鸡汤、牛大力杜仲猪骨汤、牛大力千斤拔猪骨汤、牛大力栗子蚝豉猪骨汤、牛大力五指毛桃瘦肉汤等。

六、市场销售采购信息

1. 阳东牛大力可以通过唯品会官网搜索：dd-5-8855

2. 淘宝店：粤森牛大力粉质汤料 505 包礼盒装真空冻干营养成分不流失 https://shop361591402.taobao.com/

3. 粤森微店网址：https://k.weidian.com/uHSxIUiq

4. 微信小程序：粤森商城 http://www.gdyuesen.cn/

5. 微信号：南方美食特搜　微信客服号：13421205142　联系电话：0662-2266363

连州蜜柚

（登录编号：CAQS-MTYX-20190367）

一、主要产地

广东省连州市保安镇、东陂镇、丰阳镇等乡镇。

二、品质特征

连州蜜柚果大，平均单果重 1.5kg，呈倒卵圆形，果色淡黄，果面光滑洁净。果肉玫红，汁胞饱满，水分充足，清甜微酸。

连州蜜柚维生素 C 含量达 54.1mg/100g，可溶性固形物含量达 13.4%，可滴定酸 0.5%，固酸比 24.2，总糖含量达 9.7g/100g，营养品质特性均优于同类产品参照值。

三、环境优势

连州市位于广东省清远市西北部，是广东省重点生态功能区，具有丰富的自然资源和历史文化资源。连州蜜柚主要种植在南岭的萌渚岭南麓，海拔 300～500m 的丘陵地区。属中亚热带季风性湿润气候区，四季分明、气候温和。光能丰裕，年平均日照总时数为 1 510.6h，充足的阳光有利于蜜柚树的生长。雨量充沛，平均年总雨量 1 609.3mm，地表及地下水资源丰富，为蜜柚树生长提供充足的水源。土壤 pH 值 4.5～6.5，偏酸性土壤且富含有机质，土层深厚肥沃，远离工业污染。优越的自然环境造就了连州蜜柚的天然高品质。

四、收获时间

连州蜜柚每年 9 月上旬开始成熟上市，采收期与最佳品质期为每年 9—10 月。

五、推荐贮藏保鲜和食用方法

连州蜜柚常温干燥储存即可，推荐食用方法是鲜食，去皮后可直接食用。

六、市场销售采购信息

1. 连州市四方井丰硕家庭农场　联系人：李建成　联系电话：13417281936
2. 连州市红中红蜜柚种植合作社　联系人：欧阳侠　联系电话：13679544228
3. 连州市龙虎冲种植专业合作社　联系人：黄锦分　联系电话：13750119742
4. 连州市沙坪红心蜜柚专业合作社　联系人：黄朝辉　联系电话：15816220002

（登录编号：CAQS-MTYX-20190380）

一、主要产地

陕西省宝鸡市扶风县所辖法门、召公、城关、杏林、绛帐等 5 个镇。

二、品质特征

扶风黄桃果形圆、果顶平，大小整齐；果面呈金黄色，果肉黄色，口感细腻，酸甜适口，风味独特。硬度为 10.09 kg/cm^2，故保质期长，便于储存运输；可溶性固形物 15.5%、总酸 0.25%、可溶性糖 10.09%，均优于同类产品参照值。

三、环境优势

陕西省宝鸡市扶风县农业自然资源优越，光热资源丰富，年日照时数平均为 1 814.5 ～ 2 168.9h，太阳总辐射量 1 057 ～ 2 115.6kcal/cm^2，年降水量 951 ～ 980mm，无霜期 209 天，自然光、热、水匹配。土地耕层深厚，土壤肥力较高，全县耕地土壤有机质含量平均为 1.11%，速效氮 49.2mg/kg，速效磷 5.3mg/kg，速效钾 70mg/kg。全县渠、井、库、塘、站相结合的农田灌溉网络配套完善。扶风独特的自然资源有利于黄桃生长。

四、收获时间

收获期为每年 6 月下旬到 9 月下旬，最佳品质期是每年 9 月初至 9 月底。每年采收 2 次。

五、推荐贮藏保鲜和食用方法

贮藏保鲜方法：按照黄桃质量要求进行清拣、分级、标识后，先预冷（12 ～ 15℃），最终温度控制在 0 ～ 4℃，相对湿度在 85% ～ 90% 冷藏保鲜。

食用方法：扶风黄桃可直接食用，也可做成糖水罐头。

六、市场销售采购信息

1.扶风县三得利植保技术专业合作社　联系人：韩腾　联系电话：15319209288

2.陕西新红锋现代农业（扶风）发展有限公司　联系人：高星　联系电话：18502975929

洋县黑米

（登录编号：CAQS-MTYX-20190383）

一、主要产地

陕西省洋县所辖 6 个乡镇。

二、营养品质

洋县黑米籽粒饱满、大小均匀，黑色度较高，外皮墨黑，内芯雪白，有"黑珍珠""世界米中之王"的美称。蒸出的熟米色泽光亮、均匀，气味清香，口感香糯，风味独特，易于消化，但外皮稍硬，古称"粳谷奴"。

洋县黑米花青素含量为 392mg/100g，铁含量为 392mg/100g，锌含量为 20.0mg/100g。

三、环境优势

洋县位于陕西省的南部，生态环境良好，地处汉中盆地东端南北气候交汇带，北有秦岭屏障，南有巴山阻隔，形成东南北三面环山，中部低平的小盆地，森林覆盖率 65.6%。气候条件适宜，四季分明，是全球同纬度生态环境最好的区域，自然资源和人文资源丰富。汉江穿境而过，22 条支流分布汉江南北，水资源丰富，水质良好，是国家南水北调中线水源涵养地，辖区内有朱鹮和长青两个国家级自然保护区。洋县是国家 9 个有机产品认证示范区之一，洋县黑米获得国家地理标志产品登记。

四、收获时间

黑米在每年的 9 月底至 10 月中旬收获。

五、贮藏和食用方法

贮藏方法：置于阴凉干燥处，常温下可储存 12 个月。

洋县黑米可用于煮粥、米饭，做成特色产品，是非常受欢迎的一种食材。以下介绍 3 种最佳食用方法。

1.洋县黑米八宝粥　材料：洋县黑米 500g，花生仁数粒，红枣数粒，桂圆数粒，百合数粒。做法：①洋县黑米洗净，放入 3 倍的水。②将花生仁、红枣、桂圆、百合等洗净，一起放入黑米中。③放入电饭煲中，按煮粥键，至煮熟为止。

2.洋县黑米馒头　材料：洋县黑米 200g，面粉 300g。做法：洋县黑米粉碎，用密筛过一下，和面粉和在一起，做成花卷样子，放入锅中，上气后，蒸 40min，即可。

3.洋县黑米蒸肉　材料：洋县黑米 200g，猪肉 300g，盐及调和粉适量。做法：①洋县黑米洗净粉碎。②猪肉 300g 切成长条，放适量盐及调和粉。③将黑米粉放在肉上，放入蒸锅蒸 35min 即可。

六、市场销售采购信息

1.陕西双亚粮油工贸有限公司　联系人：闫芳　联系电话：13891653486

2.洋县黑色食品有限公司　联系人：周佳　联系电话：19992623459

3.洋县永辉农业产业发展有限公司　联系人：李詠　联系电话：18700671971

汉滨香菇

（登录编号：CAQS-MTYX-20190386）

一、主要产地

陕西省安康市汉滨区茨沟镇、谭坝镇、张滩镇、健民办等 19 个镇办。

二、品质特征

汉滨香菇外形呈扁半球形稍平展，菇形规整；菌盖颜色为淡褐色，菌褶颜色淡黄色；菌肉组织致密，具有香菇特有的香气。一级菇菌盖直径 4.5cm 以上，平均每个 50g；二级菇 3.5cm 以上，平均每个 35g；三级菇 2.5cm 以上，平均每个 20g。

汉滨香菇含蛋白质 32.1g/100g、铁 133mg/kg、赖氨酸 1.27g/100g、水分 9.5g/100g，均优于参照值。

三、环境优势

汉滨区属南北过渡地带，属亚热带湿润性季风气候区，是陕西省安康市辖区，安康市的政治、经济、文化和交通信息中心。地处汉江上游，秦岭南麓，巴山北部的大山之中，是我国南水北调工程优质水源地重点保护区。汉滨香菇主要产地海拔在 600～900m，光照充足，年日照时数约 220 天，2 640h，年积温 4 000～4 400℃，年平均气温 15.7℃；雨量充沛，年平均降水量 799.3mm，集中在秋季，无霜期 263 天；水源丰富，自产水 13.061 亿 m³，其中地表水 10.654 亿 m³，地下水 2.407 亿 m³，是我国富硒食用菌最佳产地之一。

四、收获时间

每年 9 月至次年 3 月。

五、推荐贮藏保鲜和食用方法

新鲜香菇的贮存方法：将新鲜的香菇放进保鲜袋然后挤去空气，冷冻一夜。第二天拿出香菇已脱掉水分，保鲜袋上留着密密的小水珠，然后把香菇拿出，用纸片吸掉香菇表面的水分，装进干净的保鲜袋，重新放入冰箱保存。

推荐食用方法：

1. 香菇鸡汤　原料：鸡大腿、香菇、笋子。做法：①香菇用水泡 20min，然后去蒂，对半切。②毛尖笋，也可以用其他笋子代替。笋子泡一下，然后切段。③鸡大腿肉，洗干净，切块。④锅中水烧开，汆烫 3～4min 去血水，然后捞出。⑤锅中加冷水，倒入去血水的鸡块，放点姜片，加点白酒。⑥等锅中水开时倒入切好的香菇，放些盐。⑦锅中水再次沸腾的时候加入切好段的笋子。⑧大火烧开，小火慢慢煨 30～40min，鸡肉烂的时候加点葱末就可以出锅了。

2. 香菇栗子　原料：香菇 200g，栗子 200g。配料：红、绿椒各适量，葱花、姜末、蒜末各少许。调料精盐 1/2 小匙，味精适量，蚝油 1 小匙，色拉油 2 大匙。做法：①将香菇、栗子分别用清水冲洗一下，起锅烧沸适量清水，将香菇、栗子分别焯水，捞出，沥净水分，红、绿椒洗净备用。②净锅入底油，放葱、姜、蒜爆锅，放入香菇、栗子，再放入红、绿椒，加入调料翻炒，装盘即成。

六、市场销售采购信息

1. 安康市香菇小镇农业发展有限公司　联系人：陈德强　联系电话：13910013635

2. 安康百盛农业科技有限公司　联系人：陈建国　联系电话：15909158688

◎ 汉滨大米

（登录编号：CAQS-MTYX-20190387）

一、主要产地

陕西省安康市汉滨区恒口、大同、张滩镇等 25 个乡镇。

二、品质特征

汉滨大米的米粒长椭圆形，半透明，表面光亮；蒸煮后饭粒紧密，味清香，黏度适中，入口香甜。汉滨大米蛋白质含量 6.7%，直链淀粉 15.5%，硒 0.060mg/kg，锌 17.0mg/kg，含 16 种氨基酸。

三、环境优势

陕西省安康市汉滨区位于汉江上游，秦岭南麓，巴山北部的茂密森林之间的大山之中，是我国南水北调工程优质水源地重点保护区，汉滨大米主要产地在海拔 600～900m，光照充足，日照天数约 220 天，约 2 640h，年积温为 4 000～4 400℃，年平均气温 15.7℃；雨量充沛，年平均降水量 799.3mm，集中在秋季，无霜期 263 天；水源丰富，自产水 13.061 亿 m³。特殊的气候、环境为生长优质大米提供了得天独厚的条件。

四、收获时间

每年 9—10 月收获。

五、推荐贮藏保鲜和食用方法

贮藏方法：按照大米的质量要求进行烘干、碾米、精选、标识后在 10℃ 以下抽真空包装和罐装可冷藏保鲜 6 个月。

汉滨大米做米饭、熬稀饭清香四溢，滑嫩可口，是人们生活的主食、健康的佳品。

1. 蒸米饭 将淘洗干净的米放入锅中，米和水比例为 1∶1.5，在烹煮过程中不要打开锅盖搅拌，以保持米的香味，停火再焖 10min，口味更佳。

2. 熬稀饭 根据用餐人数确定下米量，加水至大米上（根据稀稠度确定）10～20mm，小火熬 20min 左右即可食用。

六、市场销售采购信息

1. 安康市天怡生态旅游开发有限公司 联系人：丁义才 电话：13409151186

2. 安康市汉滨区同鑫缘生态农业农民专业合作社 联系人：荆纪康 联系电话：13991526519

3. 安康市汉滨区姐妹种植农民专业合作社 联系人：黄龙文 联系电话：15877356208

和田薄皮核桃 ◎

（登录编号：CAQS-MTYX-20190396）

一、主要产地

新疆维吾尔自治区和田地区于田县木尕拉镇、加依乡、科克亚乡、阿日希乡、阿热勒乡、先拜巴扎镇、斯也克乡、托格日尕孜乡、兰干乡、兰干博孜亚农场、希吾勒乡、喀尔克乡、英巴格乡、奥依托格拉克乡、阿羌乡共 15 个乡镇 200 个行政村。

二、品质特征

和田薄皮核桃主栽品种为扎 343、新丰、温 185，和田薄皮核桃个大、皮薄、味美、含水量低，口感酥脆香甜，果形长圆形，果仁充实饱满，果仁颜色为奶黄色或黄褐色，含油量高、营养丰富。和田薄皮核桃脂肪含量≥66%，蛋白质含量≥14%，含水率≤3%，并含有丰富的钙、磷、铁、锌、钾等营养物质。

三、环境优势

于田县位于荒漠之边，属暖温带极端干旱荒漠气候，干燥炎热，有丰富的地下水资源，阳光充足，日照时间长，年总日照时数 3096.5h，产区年平均气温为 12.6℃，夏季平均气温 25.6℃，十分适宜和田薄皮核桃的生长，产区年降水量 55.2mm，年蒸发量高达 2 986mm，远大于降水量。昼夜温差大，全年热量丰富，形成极其特殊的生态环境。灌溉水资源较为丰富，境内有大小河流十一条，其中可利用河流五条，灌溉水来自昆仑山融化的雪水，无任何污染。使得于田县出产的和田薄皮核桃质量上乘。

四、收获时间

和田薄皮核桃收获时间为 9 月上旬至 9 月下旬。

五、推荐贮藏保鲜和食用方法。

贮藏方法：常温干燥贮藏时间≤1 年。

食用方法：于田县和田薄皮核桃是食疗佳品，生吃、熬粥、烧菜均可。一般认为每天食用 5～6 个核桃、20～30g 核桃仁为宜。

六、市场采购信息

1. 和田薄皮核桃产品深加工企业　新疆佳沃食品科技有限责任公司　联系人：谢伟　联系电话：18616787777

2. 于田县帕尔瓦孜农副产品购销农民专业合作社　联系人：艾则孜·麦麦提艾　联系电话：1809975190

3. 于田县多多果林果合作社　联系人：孙祝胜　联系电话：13319886668

4. 于田县奥依托格拉克乡富众林果业合作社　联系人：玉素甫江·艾买提　联系电话：18016951325

5. 于田县奥义托格拉克乡雀格勒木库木林果业农民专业合作社　联系人：买买提明·托合提　联系电话：13364896645

6. 幸福果农业产品加工合作社　联系人：何永健　联系人电话：13458697007

寒露

三候菊有黄华。
二候雀人大水为蛤；
一候鸿雁来宾；

霜降

三候蛰虫咸俯。
二候草木黄落；
一候豺乃祭兽；

◉ 平城红薯

（登录编号：CAQS-MTYX-20190004）

一、主要产地

河南省开封市杞县平城乡前屯、后屯、新庄等 25 个行政村。

二、品质特征

平城红薯块形均匀整齐，薯皮紫红光滑，薯肉米白色，熟食有明显薯香味，软面，有甜味，少丝。

平城红薯中水分含量为 72.2g/100g，淀粉含量为 18.3%，粗纤维含量为 0.74g/100g，钙元素含量为 128mg/100g，铁元素含量为 6.60mg/100g，具有防止骨质疏松和缺铁性贫血的作用。

三、环境优势

平城红薯产自河南省著名的"红薯乡"杞县平城乡，其中以平城乡前屯、后屯等村红薯最为著名。平城乡位于开封杞县西北 15km，是杞县对外开放的重要门户，北依陇海铁路，南傍惠济河，东临柿园乡，西与祥符区接壤。平城地处北暖温带，属大陆性季风气候区，四季分明，年平均气温 14.1℃，全年光照 2 292h，全年无霜期 210 天，光照充足。平城乡境内大小河流（含过境）9 条，属惠济河水系。干流为惠济河，境内长 8km，其支柏慈沟境内长 11km，另支淤泥河境内 12km，水资源相当丰富，平城乡以潮土类为主，主要土种为两合土，土壤肥沃，富含有机质，钾含量也相当丰富，独特的地理特性造就了平城红薯的独特品质。

四、收获时间

每年 10 月为平城红薯的收获期，也是平城红薯的最佳品质期。

五、推荐贮藏保鲜和食用方法

贮藏方法：平城红薯产量高，为保持红薯的新鲜，农户挖地窖窖藏红薯，这是当地红薯保鲜的最大特点，地窖窖藏无须使用化学保鲜剂，安全、营养不流失，这种窖藏的方法让平城红薯的保存期延长至翌年的 4 月左右。

食用方法：平城红薯收获后可直接鲜食，也可深加工红薯淀粉、红薯粉条、红薯片、红薯干、红薯醋等。

六、市场销售采购

1. 杞县长友生态种植专业合作社　联系人：侯彦友　联系电话：13781141986
2. 开封市万富达农业发展有限公司　联系人：卢红霞　联系电话：18625461562

杜良大米 ◉

（登录编号：CAQS-MTYX-20190012）

一、主要产地

河南省开封市祥符区杜良乡。

二、品质特征

杜良大米粒大、光滑、色泽透亮，蒸干饭米粒有明显光泽，气味清香，饭粒完整性好，口感有嚼劲，筋而不硬、软而不黏，口味适中，口感香甜，冷后有黏弹性，硬度适中。煮稀饭清香宜人，汁如溶胶。

杜良大米营养价值丰富，水分含量14.7%、蛋白质7.85g/100g、脂肪0.7g/100g、直链淀粉（干基）15.5%、粗淀粉77.14%。杜良大米可助消化，可补充人体基本所需营养物质，有补脾、和胃、清肺功效。

三、环境优势

杜良乡四季分明，光照充足，雨水充沛，资源丰富，昼夜温差大。这里属黄河柳园口灌区，引黄河道纵横交错，素有开封"小江南""鱼米之乡"美誉。农作物以水稻和小麦为主，尤其水稻远近闻名，是开封大米的主产地。杜良乡北靠黄河故道，受肥沃黄河水灌溉，所产的大米颗粒饱满、色泽光亮、性黏质筋、香甜可口，富含大量矿物质和维生素。杜良乡地理位置优越，310国道横贯全境，连霍高速、大广高速在境内交会，陇海铁路从南部贯穿东西，郑徐高铁从西向东斜穿而过。除此之外，地方公路、乡村公路相互交织，四通八达。

四、收获时间

每年10月为杜良大米的收获期。

五、推荐贮藏保鲜和食用方法

贮藏保鲜：大米要贮藏在15℃以下的低温下，保持阴凉干燥。夏季，大米的保存应该注意防潮、隔热，尽可能存放在阴凉、干燥、易通风的地方，储存冰箱冷藏室，口感更佳。

食用方法：煮粥、蒸米饭、米糊。

六、市场销售采购信息

1. 开封市祥符区众香实业有限公司　联系电话：13837871905

2. 河南开元米业有限公司　联系电话：13938610168

3. 河南广顺米业有限公司　联系电话：13839957350

开封县花生

（登录编号：CAQS-MTYX-20190013）

一、主要产地

河南省开封市祥符区朱仙镇、万隆乡、西姜寨乡、范村乡、半坡店乡、刘店乡、袁坊乡、仇楼镇、八里湾镇。

二、品质特征

开封县花生花生仁呈椭圆形，网纹纤细，壳白、果大、果皮薄而坚韧，籽仁皮呈粉红色及暗粉红色，籽仁肉呈白色，有光泽、口感较脆，入口香，回味香甜、出油率高。

开封县花生营养价值丰富，含蛋白质 25.7g/100g、脂肪 51.2g/100g、水分 6.27g/100g、油酸 40.8%、亚油酸 37.5%，开封县花生不仅能降低有害胆固醇、降血脂、预防心脑血管疾病，还能减肥、抗衰老，有利于身体健康。

三、环境优势

开封市祥符区位于河南省东部，属黄河冲积平原的组成部分，地势平坦。气候条件属暖温带大陆性季风气候，年平均气温 14℃，年降水量为 628mm，无霜期 214 天。黄河的多次决口形成了大片适宜种植花生的沙壤土地，土壤通透性好，无污染源，非常适宜花生的生长。因此，这里的花生产量高，质量好，成为九州驰名的"花生王国"。

四、收获时间

每年 10 月为开封县花生的收获期。

五、推荐贮藏保鲜和食用方法

贮藏保鲜：花生包括花生果（带壳）和花生米，贮藏稳定性以花生果为好，贮藏前要将花生充分晒干。花生米种皮薄，不宜在烈日下暴晒，花生米含水量低于 8% 时，贮藏十分安全，在 20℃以下可长期贮存，注意防潮、通风即可。

推荐食用方法：糖醋花生、五香花生、麻辣花生。

六、市场销售采购信息

1. 富兰格生物工程（开封）有限公司　联系电话：18637858828
2. 开封市祥符区农丰农作物种植农民专业合作社　联系电话：13723232419
3. 河南爱思嘉农业旅游开发有限公司　联系电话：13103785825

新安石榴 ◉

（登录编号：CAQS-MTYX-20190014）

一、主要产地

河南省洛阳市新安县五头镇马头村，磁涧镇礼河村，南李村镇郭庄、十里等村。

二、品质特征

新安石榴果实近圆形，大果型；皮色鲜红或淡红；籽粒饱满、大，呈暗红色，汁多，味甜，内种皮软。

新安石榴维生素 C 含量 6.96mg/g，可溶性糖含量 10.66%，可溶性固形物 14.6%，总酸 0.23%，蛋白质 1.14g/100g，钙 8.4mg/100g，铁 1.2mg/kg。新安石榴具有清热、解毒、平肝、美颜、止血、补血、活血和止泻的功效与作用，石榴皮和根皮还有抗菌抑毒、驱虫杀虫的作用。

三、环境优势

新安县位于河南省洛阳市西部，地处北纬 34°36′ ～ 35°05′，东经 111°53′ ～ 112°19′，海拔 300 ～ 400m。新安地势相对平坦，耕地集中连片，土层深厚，耕作农业历史悠久，适宜耕作。土壤酸碱度中性偏碱。属北暖温带大陆性季风气候，四季分明，光、热、水等自然资源丰富，全年无霜期平均为 218 天，年平均日照时数为 2 186h。新安县历年平均气温 14.6℃，适宜新安石榴生长需求。

四、收获时间

新安石榴每年 9—10 月收获。最佳品质期为 10 月。

五、推荐贮藏保鲜和食用方法

新安石榴宜选择冷凉、湿润、通风处贮藏，冷藏适宜温度为 2 ～ 3℃，相对湿度 85% ～ 90%。

食用方法：

1. 直接吃果实粒　可以连籽一起嚼碎咽下。

2. 榨石榴汁　对老人和小孩子来说，可以将石榴榨汁喝，出汁率高，酸甜可口。

3. 酿石榴酒　制作方法：①选择新鲜饱满的石榴洗干净外皮，剥出石榴籽，把膜去除干净；②挤压石榴籽，装瓶开始第一次发酵（5 天），装 7 分满，环境温度 25℃左右；③分离杂质，用纱布包裹籽、皮，挤出汁液；④加入冰糖，想酒精度高一点就多放点糖，进行二次发酵（20 ～ 25 天）；⑤再用纱布过滤酒液，过滤后装密封瓶，低温放置三个月。

六、市场销售采购信息

1. 新安县卓成种植专业合作社（绿色食品）　联系人：张韶东　联系电话：18903790101

2. 河南省天兴农业科技开发有限公司　联系人：刘进喜　联系电话：13700792258

3. 洛阳瑞彩农业科技有限公司　联系人：郭利红　联系电话：13937990987

4. 新安县森海林业发展有限公司　联系人：郭反修　联系电话：18738407111

洛宁金珠果

（登录编号：CAQS-MTYX-20190017）

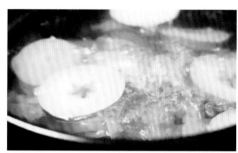

一、主要产地

河南省洛阳市洛宁县马店镇境内。

二、品质特征

洛宁金珠果果实长卵圆形，单果重106～126g，果皮金黄色，果肉黄白色，肉质致密、细脆、果汁多，酸甜适口，极为浓郁。

洛宁金珠果可溶性固形物13.7%，总酸（以柠檬酸计）0.235%，钙含量高达16.4mg/100g，均优于同类参照值。洛宁金珠果香味独特，具有润肺止咳、降低血脂、健脑益智等功效。

三、环境优势

金珠果原产地洛宁县三面环山，纵深百余里，借伏牛山之荫庇，四季凉爽怡人。海拔高度276～2 103.2m。土壤pH值7.2～7.8，土层深厚，土质肥沃，有机质含量1%～2.5%，微量元素含量高。地表水资源丰富，水质良好，完全符合无公害食品生产用水的要求。年降水量551.9mm，雨季主要分布在6—8月，对金珠果生产十分有利。正是这些得天独厚的自然条件造就了洛宁金珠果独特的优良品质。

四、收获时间

洛宁金珠果属于冬季晚熟水果，极耐藏，收获期为10月下旬至11月初，可销售3～6个月。最佳品质期为10月底。

五、推荐贮藏保鲜和食用方法

洛宁金珠果较耐贮存，贮藏温度在0～20℃，要注意通风透气，可用保鲜膜上面打孔贮存。存放3～6个月仍能保持色鲜肉脆。

金珠果的食用方法多样，除了可以鲜食、熟食外，榨汁、熬汤也是不错的食用方法，另外还可以制作果膏、果茶、果酒，品质极佳。

1. 蒸食　金珠果最有特色的吃法就是蒸着吃。将金珠果洗净，放在蒸锅内，加少许水，蒸1h待完全变软后即可食用。

2. 金珠果汤（粥）　熬汤方法：取金珠果300g，水1 000g，加冰糖适量，煮沸30min，食果饮茶。煲粥方法：将金珠果切块配以适量红枣、银耳或百合、枸杞做成汤粥，调入冰糖或蜂蜜，美味又养生。金珠果特殊的口味熬成汤（粥）后，去除了涩味，酸甜更加浓郁，口感顺滑。

六、市场销售采购信息

1. 洛宁县园艺局　联系电话：0379-66231336

2. 李应贤果业　联系人：卫建锋

电话：18337909930、18613709128

网址：www.liyingxianguoye.com

3. 淘宝店铺：https://m.tb.cn/h.elRnzr8?sm=3ff29d

（登录编号：CAQS-MTYX-20190018）

一、主要产地

河南省洛阳市洛宁县上戈镇境内，品种以红富士为主。

二、品质特征

洛宁上戈苹果果形端正，丰满，果梗完整；单果重 217～262g，果面具蜡质，有光泽，片红或条红，着色比例不小于 95%；果肉松脆多汁、酸甜适度。

洛宁上戈苹果可溶性固形物含量 13.5%，总酸含量 0.22%，抗坏血酸含量 2.7mg/100g，钙含量高达 6.02mg/100g，均优于同类产品参照值。洛宁上戈苹果性凉，有生津止渴、润肺健脾、降低胆固醇等功效。

三、环境优势

洛宁上戈苹果种植保护区位于崤山南坡，地形总体呈三角状，北部高，南部低，上戈苹果种植区海拔在 700～1 200m。土壤类型包括褐土和棕壤两类，土壤 pH 值 7～8。土层深厚，透气性好，蓄水保墒力强，土壤肥沃；有机质 1.5%～2%，富含钾、钙、锌等矿质营养。水质呈中性偏碱（pH 值 7.2～7.8），无污染，经检测，地表水和地下水皆符合农田灌溉用水水质标准和人畜生活饮用水水质标准。春夏秋冬四季分明。春秋季昼夜温差可达 15℃以上。无霜期 216 天。年降水量在 600～700mm，年日照时数 2 258h，日照率为 51%。境内自然条件得天独厚，山清水秀，环境优美，无污染，非常适宜优质苹果的生产。

四、收获时间

上戈苹果收获期在每年 10 月中旬左右，霜降后的苹果口感更佳。

五、推荐贮藏保鲜和食用方法

贮藏方法：苹果放在阴凉处可以保持 7～10 天的新鲜，如果装在塑料袋放入冰箱，能保存更长的时间。如果有剩余的苹果可以做成蜜饯或者果酱类，再放入冰箱保存。

苹果的食用方法有很多，如洗干净削皮吃、加水熬水果汤吃、榨汁吃、做苹果茶等。

六、市场销售采购信息

1. 洛宁县园艺局　联系电话：0379-66231336

2. 洛阳店　地址：洛阳市西工区凯旋西路与涧东路交叉口上戈苹果总经销　联系人：陈经理 1383792942

3. 郑州店　地址：郑东新区金水路与通泰路交叉口向北 50m 路东名人名家酒店一楼大厅

联系人：0371-60811111　亢经理 15138470566

武陟牛膝

（登录编号：CAQS-MTYX-20190026）

一、主要产地

河南省焦作市武陟县大封镇老催庄村、驾部村、大封村、东岩村等；西陶镇古凡村、西陶村、交斜铺村、东张村等；北郭乡蔡庄村、西余会村、贾作村、东安村等；大虹桥乡东刘村、赵北古村、中司徒村、西阳召村等。

二、品质特征

武陟牛膝呈细长圆柱形，挺直或稍弯曲，长 15～70cm，直径 0.4～1cm。表面淡棕色，有微扭曲的细纵皱纹、排列稀疏的侧痕和横长皮孔样的突起。质硬脆，易折断，断面平坦，淡棕色，略呈角质样而油润，中心维管束木质部较大，黄白色，其外周散有多数黄白色点状维管束，断续排列成 2～4 轮。气微，味微甜而稍苦涩。

武陟牛膝营养品质丰富，其中锌含量 1.38mg/100g、钾含量 1 920mg/100g、铁含量 31.7mg/100g、β- 蜕皮甾酮含量 0.06%，均优于同类产品参照值。武陟牛膝滋补肝肾、壮腰膝，可用于肝肾不足引起的筋骨酸软、腰膝疼痛等。

三、环境优势

武陟县地处豫北怀川平原，位于河南省西北部，南邻黄河、北部为太行山脉、南部邙山丘陵，地形上处于两山的川地，四季分明，寒暑适中，年平均气温 14.4℃，年降水量 575.1mm，无霜期 211 天。光照充足，气候温和，降水适中，昼夜温差大，温度的明显差异符合牛膝不同生育期对温度的不同要求，有利于牛膝的生长发育。土壤多为由黄河冲积形成的沙壤土，土层深厚、质地疏松，保水、保肥、通气性好，有利于牛膝生长和根茎膨大。武陟土壤及地理优势有利于其药性充分发挥。

四、收获时间

一般从 10 月开始收获，根据气温情况可延长。

五、推荐贮藏保鲜和食用方法

贮藏保鲜：置于阴凉干燥处，注意防潮。选购，以条长、肉厚、身干、油润、断面色黄白者为佳。

食用方法：煲汤。

六、市场销售采购信息

1. 武陟县豫金怀药产销专业合作社　联系人：李火金　联系电话：13603891009
2. 武陟县农友种植专业合作社　联系人：顾永胜　联系电话：13782738605

武陟地黄 ◉

（登录编号：CAQS-MTYX-20190027）

一、主要产地

河南省焦作市武陟县大封镇、西陶镇、北郭乡、大虹桥乡等。

二、品质特征

武陟地黄呈纺锤形或条状，长 8～24cm，直径 2～9cm，外皮薄，表面浅红黄色，具弯曲的纵皱纹、芽痕、横长皮孔样突起及不规则疤痕。肉质，易断，断面皮部淡黄白色，可见橘红色油点，木部黄白色，导管呈放射状排列。气微，味微甜、微苦。

武陟地黄营养品质丰富，其中苯丙氨酸 0.079g/100g、赖氨酸 0.068g/100g、精氨酸 0.34g/100g、浸出物 68.75%、梓醇 3.21%、毛蕊花糖苷 0.070%，均优于同类产品参照值。武陟地黄性凉，味甘苦，具有滋阴补肾、养血补血、凉血的功效。

三、环境优势

武陟县地处豫北怀川平原，处于太行山脉与豫北平原的交接地带，地势北高南低。由于太行山的阻挡及背风向阳的地形，武陟冬季气温较同一纬度上其他各地偏高，冬季气温比同纬度其他地区高出 3～5℃，利于植物越冬。北依巍巍太行山，南临滔滔黄河，形似牛犄角的一片平川，世称"牛角川"，而"怀"贯地名之始终，"牛角川"的平原也因之被称为"三百里怀川"，采撷了黄河上游各个地区不同地质条件的丰富营养，又吸纳了太行山岩溶地貌渗透下来的大量微量元素，加上太行山的庇护，集山之阳与水之阳于一体，土地疏松肥沃，雨量充沛，光照充足，气候温和。"春不过旱、夏不过热、秋不过涝、冬不过冷"的气候环境，利于地黄的生长和根茎膨大。

四、收获时间

一般从 10 月开始，根据气温情况可延长。

五、推荐贮藏保鲜和食用方法

贮藏保鲜：熟地黄放置在阴凉处，密闭保存或直接放在冰箱中；生地黄置通风干燥处，防霉、防蛀。

食用方法：鲜地黄凉拌烹炒，熟地黄泡制中药饮片。

六、市场销售采购信息

1.武陟县豫金怀药产销专业合作社　联系人：李火金　联系电话：13603891009

2.武陟县农友种植专业合作社　联系人：顾永胜

联系电话：13782738605

3.焦作市绿洲怀药生物科技有限公司　联系人：付国福

联系电话：0391-7560999

4.河南乾人康生物科技有限公司　联系人：邓中林

联系电话：13949666963

5.焦作市鑫诚怀药有限公司　联系人：郭萍　联系电话：

0391-7518206

◎ 武陟山药

（登录编号：CAQS-MTYX-20190028）

一、主要产地

河南省焦作市武陟县木城办事处、龙源办事处、龙泉办事处、木栾办事处、詹店镇、西陶镇、谢旗营镇、大封镇、嘉应观乡、乔庙镇、圪垱店乡、三阳乡、小董乡、大虹桥乡、北郭乡。

二、品质特征

武陟山药表皮黄褐色，间有铁锈红色痕迹，根眼突出，根茎有须根；断面呈白色，质地细腻，液汁有黏性。熟食口感面、甜、微麻，久煮不散。

武陟山药含有蛋白质 3.34g/100g、锌 0.38mg/100g、铁 0.62mg/100g、硒 1.2μg/100g、钾 456mg/100g，均优于同类产品参照值。武陟山药营养品质丰富，具有健脾、补肺、固肾、养颜、抗衰老、增强免疫机能等功效。

三、环境优势

武陟县地处豫北怀川平原，处于太行山脉与豫北平原的交接地带，地势北高南低，由于太行山的阻挡及背风向阳的地形，武陟冬季气温较同一纬度上其他各地偏高 3～5℃，尤其是当冷空气南下时则更为明显，利于植物越冬，特别是局部的小气候为植物生存提供了条件。北依巍巍太行山，南临滔滔黄河，形似牛犄角的一片平川，世称"牛角川"，而"怀"贯地名之始终，"牛角川"的平原也因之被称为"三百里怀川"，采撷了黄河上游各个地区不同地质条件的丰富营养，又吸纳了太行山岩溶地貌渗透下来的大量微量元素，加上太行山的庇护，集山之阳与水之阳于一体，土地疏松肥沃，排水快捷，雨量充沛，水质奇特，光照充足，气候温和。"春不过旱、夏不过热、秋不过涝、冬不过冷"的气候环境，利于山药的生长和根茎膨大。离开了武陟这片土地，其品质特性也会大减。全国各地产山药颇多，而公认只有河南怀庆府所产才可入药，即怀山药。《神农本草经》《图经本草》和《本草纲目》均特别标明所讲的山药产地为"怀"。《神农本草经》另有明文"山药各地均产，以河南怀庆各地产者良"。

四、收获时间

一般从 10 月开始，根据气温情况可延长。

五、推荐贮藏保鲜和食用方法

贮藏保鲜：放在常温通风处保存，一般可以存放 3～6 个月，通常放在阳台阴暗的地方即可；铁棍山药在 1～4℃可以保存 3 年。

食用方法：煮粥、清蒸、冲山药粉。

六、市场销售采购信息

1. 武陟县豫金怀药产销专业合作社　联系人：李火金　联系电话：13603891009
2. 武陟县农友种植专业合作社　联系人：顾永胜　联系电话：13782738605
3. 焦作市绿洲怀药生物科技有限公司　联系人：付国福　联系电话：0391-7560999
4. 河南乾人康生物科技有限公司　联系人：邓中林　联系电话：13949666963

（登录编号：CAQS-MTYX-20190029）

武陟怀菊花

一、主要产地

河南省焦作市武陟县木城办事处、龙源办事处、龙泉办事处、木栾办事处、詹店镇、西陶镇、谢旗营镇、大封镇、嘉应观乡、乔庙镇、圪垱店乡、三阳乡、小董乡、大虹桥乡、北郭乡。

二、品质特征

武陟怀菊花花形圆形，花朵大小均匀，直径 2.5～3.5cm，花瓣金黄、色泽鲜艳均匀，花瓣密实肥厚，气味滴纯芳香，入水泡开后花瓣均匀散开，汤色澄清、黄色、鲜亮、清香、回甘。

武陟怀菊花营养品质丰富，其中绿原酸 0.287%、木犀草苷 0.348%、锌 2.64mg/100g、铜 1.31mg/100g、赖氨酸 840mg/100g、苏氨酸 520mg/100g、亮氨酸 750mg/100g、异亮氨酸 480mg/100g、缬氨酸 600mg/100g、蛋氨酸 170mg/100g、精氨酸 740mg/100g、苯丙氨酸 600mg/100g，均优于同类产品参照值。武陟怀菊花具有清热降火、降血压、消炎抑菌等功效。

三、环境优势

武陟县地处豫北怀川平原，处于太行山脉与豫北平原的交接地带，地势北高南低，由于太行山的阻挡及背风向阳的地形，武陟冬季气温比同纬度其他地区高出 3～5℃，利于植物越冬。北依巍巍太行山，南临滔滔黄河，形似牛犄角的一片平川，采撷了黄河上游各个地区不同地质条件的丰富营养，又吸纳了太行山岩溶地貌渗透下来的大量微量元素，加上太行山的庇护，集山之阳与水之阳于一体，土地疏松肥沃，排水快捷，雨量充沛，水质奇特，光照充足，气候温和。"春不过旱、夏不过热、秋不过涝、冬不过冷"的气候环境，利于植物的根茎生长。

四、收获时间

一般从 10 月开始，根据气温情况可延长。

五、推荐贮藏保鲜和食用方法

贮藏保鲜：避免光照，防止走气、返潮，避免接近热源，防异味窜入。

食用方法：冲饮菊花茶。

六、市场销售采购信息

1. 武陟县豫金怀药产销专业合作社　联系人：李火金　联系电话：13603891009

2. 焦作市鑫诚怀药有限公司　联系人：郭萍　联系电话：0391-7518206

3. 武陟县三源家庭农场　联系人：宋运城　联系电话：13938132408

4. 武陟县农友种植专业合作社　联系人：顾永胜　联系电话：13782738605

5. 焦作市绿洲怀药生物科技有限公司　联系人：付国福　联系电话：0391-7560999

6. 河南乾人康生物科技有限公司　联系人：邓中林　联系电话：13949666963

武陟大米

（登录编号：CAQS-MTYX-20190030）

一、主要产地

河南省焦作市武陟县乔庙镇詹店镇 56 个行政村。

二、品质特征

武陟大米成熟饱满，米粒圆润，香味浓郁。煮熟后具有米饭特有的香气，有明显光泽，结构紧密，饭粒完整性好，滑爽有黏性，不粘牙，口味适中，咀嚼时有淡淡的清香滋味和甜味，冷饭黏弹性较好，软硬适中。

武陟大米营养品质丰富，其中灰分 0.3%、直链淀粉（干基）13.4%、铁 27.2mg/kg、硒 0.040mg/kg，均优于同类产品参照值。

三、环境优势

武陟县属黄、沁河冲积平原，地势平坦，黄河故道，境内有人民胜利渠、白马泉引黄灌渠、武嘉灌渠等多项引黄水利工程，水资源丰富，黄河水流经高山、峡谷，携带的泥沙富含矿物质元素和有机质，适宜水稻生长。

武陟属于暖温带大陆性季风气候，年平均气温 14.4℃，年降水量 575.1mm，无霜期 211 天。水稻生长环境光照充足，气候温和，降水适中，昼夜温差大，利于水稻生长。

肥沃的土地、适宜的气候条件、优越的水利条件等得天独厚的自然条件，造就了武陟大米的一流品质。

四、收获时间

一般从 10 月开始，根据气温情况可延长。

五、推荐贮藏保鲜和食用方法

贮藏保鲜：为保持大米的新鲜品质与食用可口性，应注意减少贮存时间，保持阴凉干燥。大米的贮藏要在 15℃ 以下的低温，相对湿度在 75%，大米平衡水分 14.5% 为贮藏的最佳条件。

食用方法：①米糊，可作为婴儿辅助饮食。②米粥，米粥具有补脾、和胃、清肺功效。③蒸米饭，午餐和晚餐食用大米，较面食而言更有利于人们减肥。

六、市场销售采购信息

河南蔼香生态农业专业合作社　联系人：王福军　联系电话：13903897613

（登录编号：CAQS-MTYX-20190036）

天池辣椒 ◉

一、主要产地

河南省三门峡市渑池县天池镇、果园乡、英豪镇等乡镇。

二、品质特征

天池辣椒形状均匀、端正，椒身长度4～6cm，宽度0.5～1.5cm，为带梗带蒂的平板干辣椒。色泽暗红、油亮光滑，肉质厚脆，辛辣气味浓郁。

天池辣椒的辣椒素含量高达0.37%，蛋白质含量达15.5g/100g，脂肪含量达18.6g/100g。

三、环境优势

天池辣椒产地处于暖温带大陆性季风气候区，地貌属浅山丘陵类型，海拔300～500m，光照充足，四季分明，昼夜温差较大，年平均气温12.4℃；土壤为红黏褐土，有机质含量高达0.75%、水解氮20～30mg/kg、速效磷2.5～5mg/kg、速效钾127.855mg/kg；土壤酸碱度适中，地表和地下水资源丰富，年平均降水量为656.9mm；非常适宜辣椒生长。

四、收获时间

鲜椒收获时间为每年8月至9月下旬，可收获后进行晾晒或烘房烘干，自然晒干干椒收获时间为10月中下旬。

五、推荐贮藏保鲜和食用方法

天池辣椒鲜椒收获后可直接进行冷库贮藏，但存储时间不宜太长；经过晾晒或烘干后的辣椒，在密封袋或冷藏库可长期保存。天池辣椒可烘干后磨碎作为调料使用，也可制作辣椒酱、火锅底料、即食食品等。

六、市场销售采购信息

渑池县天池辣椒专业合作社。　联系人：杨占全　联系电话：13693992620

◎ 南村石榴

（登录编号：CAQS-MTYX-20190037）

一、主要产地

河南省三门峡市渑池县南村乡山地村。

二、品质特征

南村石榴果形端正，色泽明艳，皮薄个大，单果重 486～651g；籽粒紫红，汁多味甜。

南村石榴抗坏血酸含量高达 19.6 mg/100g（同类产品参照值 8.0mg/100g），锌含量达 0.284 mg/100g（同类产品参照值 0.19mg/100g），可溶性总糖量 12.74%，总酸（以柠檬酸计）含量 0.19%（同类产品参照值 0.85%）。

三、环境优势

南村石榴产地位于河南省西北部，地处黄河流域，一面靠山，三面环水，地貌属浅山丘陵类型，基地背靠岱眉山，紧邻小浪底库区，周边由于山地较多，植被茂盛，林地及植物资源丰富，多乔木和灌木成为绝佳的天然屏障，海拔 200～400m，阳光充足，四季分明，昼夜温差较大，年平均气温 12.4℃；气候温和，土壤为沙黄土、红黏褐土，有机质含量高达 0.75%、水解氮 20～30mg/kg、速效磷 2.5～5mg/kg、速效钾 127.855mg/kg；土壤酸碱度适中，地表和地下水资源丰富，年平均降水量 656.9mm；非常适宜石榴生长。

四、收获时间

南村石榴成熟收获时间在每年的 9 月下旬到 10 月中旬，最佳品质期为每年的 10 月上旬。

五、推荐贮藏保鲜和食用方法

石榴采摘后，在温度 1～5℃、湿度 85% 左右下低温冷藏保存，保存期限一般为 3 个月。

食用方法：南村石榴一般剥皮即食，也可将石榴籽榨汁饮用。

六、市场销售采购信息

渑池县南村乡利津旭慧石榴专业合作社　联系人：张志文

联系电话：13839822087、13030365866　网址：http://www.hnxhslsty.com/

QQ：656809237　企业微信号：xhsl100　邮箱：656809237@qq.com

惠楼山药

（登录编号：CAQS-MTYX-20190043）

一、主要产地

河南省商丘市虞城县店集乡惠楼村。

二、品质特征

惠楼山药长短粗细不均匀，直径小，表皮呈不均一褐色，扁圆柱形，略弯曲，须毛较少；肉质白色、口感脆、滑、黏。

惠楼山药还原糖含量1.19%、锌含量3.1mg/kg，均高于参考值。惠楼山药能滋补壮身，可健脾胃，补肺益精；对虚痨咳嗽等症亦有显著疗效。

三、环境优势

惠楼山药产地虞城县地处黄河冲积平原的中部，华北平原南部，地势由西北向东南微倾。在区域性地质构造上，位于华北中，新生代盆地南缘，为巨厚的新生界松散沉积物覆盖。

惠楼山药种植区域内土壤类型包括沙土和两合土两类，土地肥沃，土壤通透性好。无污染源，病虫害少。地表和地下水资源丰富，年平均降水量735.3mm，全县现有河流为淮河流域，属季节性河流；虞城县属暖温带大陆性季风气候。光、热、水资源丰富，其特点为春季温暖多风、夏季炎热多雨、秋季凉爽温润、冬季寒冷干燥，非常适合惠楼山药的生长。

四、收获时间

惠楼山药种植时间为清明节前后，经过150天的生长即可收获，也就是农历中秋节前后即可收获，最佳品质期为霜降以后。

五、推荐贮藏保鲜和食用方法

贮藏方法：惠楼山药收获后，临时贮存需在通风、阴凉、清洁、卫生的场所进行，堆码整齐，防止挤压损伤，防日晒、雨淋、冻害及有毒有害物质污染。长期贮存时，应存入低温冷库，存入前应逐步降温预冷。在贮存过程中，应经常进行检查，贮存时，严禁与其他有毒、有异味、有害、发霉散热及病虫害的物品混合存放。

食用方法：惠楼山药食用方法多样，最简单的食用方法为生食，将惠楼山药清洗干净，削皮切块，即可食用。另一种是原味蒸食，惠楼山药清洗干净，切成段，放在蒸笼上蒸45min，剥皮即可食用。另外惠楼山药还能制成炸山药丸、拔丝山药、蓝莓山药、山药炖排骨、糖醋山药、山药莲子羹等几十种美食。

六、市场销售采购信息

1. 传统销售

零售商可到惠楼山药产地批发成品，另各大商场超市、土特产店均有惠楼山药专柜。

惠楼山药协会负责人：惠忠峰　联系电话：15896976677

2. 网络电商

淘宝网店（店铺名称：惠楼山药）　微信公众号（公众号名称：惠楼山药）

今日头条号（头条号名称：惠楼山药）　百度贴吧（贴吧名称：惠楼山药）

虞城苹果

（登录编号：CAQS-MTYX-20190044）

一、主要产地

河南省商丘市虞城县乔集乡、张集镇、田庙乡、镇里固乡、刘店乡。

二、品质特征

虞城苹果果实近圆形，大果型；色泽淡红，着色面积 60% 以上；手感质地硬，果面欠光滑；果点大，疏密度中等；果肉质地较紧密、松脆、汁多、风味甜。

虞城苹果维生素 C 含量 4.79mg/100g，可溶性糖 11.43%，总酸 0.23%，固酸比 60，均优于参考值。虞城苹果维生素 C 含量丰富，常吃能够降低胆固醇、帮助消化等。

三、环境优势

虞城县位于北纬 33°43′～34°52′，东经 114°49′～116°39′，因黄河决口、泛滥，形成三种明显的微型地貌。属于东部暖温带半湿润半干旱大陆性季风气候，四季分明。气候和雨量变化显著，春季温暖多风，夏季炎热多雨，秋季凉爽温润，冬季寒冷干燥。常年平均气温 14℃，年日照率 53%，年平均无霜期 216 天。年平均风速 3.1m/s，年均气温为 14.1℃，年均降水量 726.5mm。得天独厚的自然条件和区位优势，非常适合发展优质苹果产业，是全国优质苹果产业基地县之一。

四、收获时间

一般是在 10 月下旬至 11 月上旬采收，最佳品质期为霜降过后。

五、推荐贮藏保鲜和食用方法

贮藏方法：苹果耐低温贮藏，最佳温度为 2.2～3.4℃，要求 92%～95% 的相对湿度。短期存放，用塑料袋半敞口放置阴凉处即可。家庭购买后可放置在冰箱保鲜层。

食用方法：苹果最好鲜食，老年人和儿童也可以煮熟了吃。吃苹果时要细嚼慢咽，这样有利于消化。苹果含糖丰富，糖尿病患者切忌多食。

六、市场销售采购信息

1.虞城县辰辰家庭农场　联系人：刘训长　联系电话：18637372780

2.网购方式：天猫店小果星旗舰店

（登录编号：CAQS-MTYX-20190046）

夏邑双孢蘑菇 ◉

一、主要产地

河南省商丘市夏邑县李集镇张大庄村。

二、品质特征

夏邑双孢蘑菇具有菌盖圆形，白色，菌盖厚，无开伞，无裂纹，菌柄中粗直短；菌肉白色，组织细密，菌褶呈褐色，较密；菌环白色，有香味。

夏邑双孢蘑菇粗纤维含量 1.7g/100g、铁含量 27.2mg/kg、磷含量 150mg/kg、缬氨酸含量 120mg/kg、苏氨酸含量 120mg/kg，15 种氨基酸含量均优于同类产品参照值。夏邑双孢蘑菇含有人体必需的多种氨基酸，营养价值丰富，其味甘性平，具有补脾、润肺、理气、化痰、改善神经功能、降低血脂等功效。

三、环境优势

夏邑县位于河南省东部，属黄淮冲积平原，地表平坦。土壤为潮土类沙质壤土，耕作层深厚，土地肥沃，土壤通透性好，两合土和淤土共占土壤总面积的 94%。夏邑县属淮河流域，水资源丰沛，年平均水资源总量为 3.413 亿 m³，水质富含硒，地下水质达到国家灌溉水源标准。夏邑地处南北气候过渡带，属暖温带半湿润季风气候区，年平均气温 14.1℃。全年光照充足，冷暖适中，四季分明，气候温和，种植双孢菇的环境条件十分优越。

四、收获时间

夏邑双孢蘑菇 10 月上旬大量上市且品质最佳。

五、推荐贮藏保鲜和食用方法

贮藏保鲜方法：

将夏邑双孢蘑菇放入冰箱保鲜层，3～5℃可保存 5 天左右。或将夏邑双孢蘑菇洗净、切片后用开水煮熟，再用凉水冷却，沥干水分，分小份装入保鲜袋内放冰箱冷冻室储存，可保存半年左右。

推荐食用方法：

1. 蘑菇鸡块　材料：双孢蘑菇 200g，土鸡肉脯 200g，花生米 100g，姜葱适量。做法：将鸡脯、蘑菇切成花生米大小块，生姜切丁，香葱切段；鸡脯、蘑菇先入锅烧熟；再入花生米、精盐、姜丁、葱段焖烧即成。

2. 孢菇鹌鹑蛋　材料：双孢蘑菇 150g、鹌鹑蛋 15 个、油、料酒、盐、味精、水淀粉、高汤。做法：①双孢蘑菇洗净，对半切开。②锅内放冷水、鹌鹑蛋，用小火煮熟，将鹌鹑蛋放入冷水中浸凉，去壳备用。③另起锅放油烧热，放入鹌鹑蛋炸至金黄捞出。④倒去余油，加高汤、双孢菇、鹌鹑蛋烧开，烹入料酒、盐烧 5min，放入味精，用水淀粉勾薄芡，翻均即可。

3. 凉拌双孢菇　材料：双孢菇、香葱、香菜、盐、生抽、香油。做法：①双孢菇洗净，用盐水浸泡，去根，再改刀切薄片。②将切好的双孢菇片放入沸水中煮 2～3min，过凉水，再捞出沥干水分备用。③在焯好的双孢菇片中依次加入盐、海鲜生抽、香油和香葱香菜碎，拌匀装盘。

六、市场销售采购信息

夏邑县鑫富农业开发有限公司　联系人：程鑫　联系电话：13598351688

◉ 息县黄金梨

（登录编号：CAQS—MTYX—20190049）

一、主要产地

河南省信阳市息县龙湖办事处新铺社区。

二、品质特征

息县黄金梨外皮金色，果味纯厚，果肉细腻，汁多脆甜，皮薄肉多，核小无渣。果个大、果汁好、耐储存、营养丰富、无石细胞、酥脆多汁。

息县黄金梨中可溶性固形物含量 15.2%，可溶性糖含量 9.24%、总酸含量 0.13%、钾含量 134mg/kg。息县黄金梨味甘微酸、性凉，具有生津、润燥、清热、化痰、解酒等功效。

三、环境优势

息县位于河南省东南部、信阳市东北部，地处大别山北麓。地形以低平的平原和缓丘为主，呈西北向东南略为倾斜，平均海拔 47m。淮河横贯全境，境内流长 75.5km。息县处于北亚热带向暖温带过渡的季风湿润区，四季分明。年平均气温 15.2℃，年平均降水量为 946mm，全年无霜期 200 天左右，是种植梨树的好地方。

四、收获时间

息县黄金梨在每年 9 月 20 日至 11 月 20 日采摘，最佳品质期在每年 10 月中旬至 11 月中旬。

五、推荐贮存保鲜和食用方法

温度是梨果贮藏保鲜最重要的环境条件，适宜温度为 –1 ～ 2℃。贮藏温度不能过低，过低果实会产生冷害。

一般应保持相对湿度在 90% ～ 95%，冷库应保持在 85% ～ 95%。

推荐食用方法：

1. 冰糖蒸梨　材料：息县黄金梨一个，冰糖适量。做法：梨洗净，去皮，切去顶部当做盖子，再挖除中间的核；取适量冰糖放入中间，盖上盖子，把处理好的梨放入深盘或深碗（蒸好的梨会流出很多甜汤，最好选深一点的容器来蒸）；最后放入蒸锅隔水蒸 1h，让梨完全软化就可以了。

2. 银耳秋梨羹　材料：息县黄金梨 1 ～ 2 个，小金橘 3 ～ 5 个，冰糖 10 多颗，银耳适量。做法：适量银耳泡发，去蒂，洗净；梨洗净，切块；小金橘洗净，橘皮撕成小块备用；锅中倒入水，下银耳、梨同煮，加冰糖，盖严烧开后，转小火煮 1.5 ～ 2h，至银耳、雪梨烂熟、剔透、汤汁黏稠，下入橘皮煮 5min 即可。

3. 止咳润喉梨汤　材料：梨 2 ～ 3 个，冰糖、莲子、陈皮、百合、枸杞各适量。做法：莲子用水浸泡 10 ～ 15min；放半锅水，加入莲子，大火煮沸后调小火煮 30min；加入梨、冰糖（一开始可以少加，之后根据口味调整）、百合；大火煮沸之后加入陈皮，调小火，煮 60min；加入枸杞，继续煮 3 ～ 5min，即可出锅。

六、市场销售采购信息

息县辉鸿生态农业有限公司　联系人：李新成　联系电话：13033785258、18037608007

小相菊花

（登录编号：CAQS-MTYX-20190051）

一、主要产地

河南省巩义市鲁庄镇小相村。

二、品质特征

小相菊花金黄色、圆形分辨、花小，直径 2 ～ 2.5cm，边缘舌状，皱缩卷曲，气芳香，味甘甜。泡饮待水七八成热时，可看到茶水渐渐酿成微黄色。饮用时香气浓郁，口感清香甘甜。

小相菊花绿原酸含量 0.45%，木犀草苷含量 0.11%，锌含量 4.71mg/100g，铁含量 34.9mg/100g，可溶性总糖含量 29.40%。小相菊花品质好，有疏风清热、养肝明目、降压通脉、抗衰老、抗疲劳等作用。

三、环境优势

小相菊花仅产于河南省巩义市鲁庄镇小相村路西及附近的小范围区域内。周边环境优美，有一条河沟横穿小相村境内，沟内的菊花清香可口，一沟之隔的其他地方长出的菊花口感则与此大不相同，多为苦菊。小相菊花种植区属暖温带大陆性气候，年均气温 14.52℃、无霜期 230 天、降水量 500mm，四季分明，日照充足；地势东高西低、土层深厚；水保措施好，生态环境佳，土、光、热、雨等生态条件的变化规律与菊花生长发育规律相吻合，造就了小相菊花独特的品质。

四、收获时间

小相菊花的开花期约 20 天，一般于 10 月中旬开得较为集中，分批采收，以花心管状花 2/3 开放时为最适采收期，全开放的花不仅香气散逸，而且加工后易散，色泽亦差。

五、推荐贮藏保鲜和食用方法

贮藏保鲜：小相菊花应罐内密封保存，保持花朵干燥（含水率在 ≤ 7%），手捻花瓣能呈粉碎状。室内温度应保持在 20℃ 左右，湿度夏季以 40% ～ 80% 为宜，冬季应控制在 30% ～ 60%。

食用方法：小相菊花可食用、药用、制茶用。

小相菊花适合泡茶饮用，泡饮菊花茶时，最好用透明的玻璃杯，用 100℃ 沸水冲泡即可。小相菊花也适宜与多种花、茶一起泡水饮用，功效更为显著。晨起时，用化妆棉蘸菊花茶水轻敷眼周，可消除黑眼圈。以下介绍 2 种菊花茶饮。

1. 菊花山楂茶　取菊花 3g，加山楂、金银花各 5g，代茶饮用，可消脂降压、减肥轻身，适用于肥胖症、高血脂症和高血压患者。

2. 三花茶　菊花、金银花、茉莉花均少许，泡水作茶饮，可清热解毒，适用于防治风热感冒、咽喉肿痛、痈疮等，常服更可降火，有宁神静思的效用。

六、市场销售采购信息

巩义市稽含园菊花种植专业合作社

联系人：李京主　联系电话：15038153000

联系人：董艳娜　联系电话：13603862732

鹿邑芹菜

（登录编号：CAQS-MTYX-20190055）

一、主要产地

河南省鹿邑县任集乡冷庄村。

二、品质特征

鹿邑芹菜株型大、紧凑，每株重1.3～1.7kg。色泽翠绿，叶柄宽厚，粗纤维少，质地脆嫩，芹菜香味适中，比一般西芹味浓。

鹿邑芹菜营养丰富，每100g芹菜含抗坏血酸11mg、铁2.19mg、钙91.8mg、粗纤维8g，具有降压降脂、补血、清热利湿等功效。

三、环境优势

鹿邑县属于暖温带大陆性季风气候，昼夜温差大，芹菜在充足的阳光照射和夜间较低温度的环境中，茎叶生长缓慢，营养物质积累多。土壤类型包括褐土和两合土两类，有机质丰富，质地沙黏适中，通透性好，无污染源，耕层深厚，耕性良好，pH值6～8，绝大部分6.7～7.2，非常适合芹菜生长。

四、收获时间

每年10月。

五、推荐贮藏保鲜和食用方法

冷库贮藏法：最佳温度为–2～–1℃，相对湿度95%～98%。

推荐食用方法：

凉拌芹菜 ①准备新鲜的芹菜，清洗干净切段后备用。②锅内放入开水，大火烧开后放入芹菜。③5～10min后捞出，放入冷水中浸泡。④沥干水分，放入盐、醋、鸡精、胡椒粉等搅拌均匀即可。

六、市场销售采购信息

河南省鹿邑县任集乡冷庄村　联系人：张习敬　联系电话：13938076322

（登录编号：CAQS-MTYX-20190062）

凤翔苹果 ◉

一、主要产地

陕西省宝鸡市凤翔县所辖的范家寨镇、糜杆桥镇、田家庄镇、横水镇、南指挥镇、彪角镇、柳林镇、虢王镇、城关镇、陈村镇、姚家沟镇共 11 个镇 144 个行政村。

二、品质特征

凤翔苹果个大、形美、色艳、多汁、酸甜适口，直径 8cm 以上的果达到 80%，果形指数大于 0.8，果个均匀、果面光洁、色泽艳丽、酥脆多汁。

凤翔苹果可溶性固性物 14.2% 以上，可溶性总糖 11.7% 以上，维生素 C 含量超过 6.73mg/100g。

三、环境优势

凤翔县地处渭北黄土高原，年均温 11.3℃，年最低温 –14.3℃，年均大于 35℃气温日数 5.6 天，夏季平均最低温 17.9℃，年日照时数 2 536.8h，气候条件优越；果区海拔 750 ～ 1 300m，光照充足，昼夜温差大，利于果实着色和糖分的积累；土层深厚，厚 80 ～ 200m，土壤肥沃，通透性好，有机质达到 1% ～ 3%，pH 值 7.8；水资源丰富，年平均降水量 622.3mm，灌溉设施完备，苹果生长环境优越。

四、收获时间

凤翔苹果主要以中晚熟红富士品种为主，采收期在 10 月中下旬。

五、推荐贮藏保鲜和食用方法

贮藏方法：苹果一般贮藏于冷库，温度 –1 ～ 0℃，空气湿度以 80% 左右为宜，贮藏时间最长可达 240 天。

食用方法：①苹果食用的最佳方式是洗干净，带皮一起吃。苹果皮中含有丰富的抗氧化成分及生物活性物质，对健康有益。②苹果还可煮后吃。煮苹果更适合牙齿不健全或胃肠功能不好的人，可以减少咀嚼以及对胃肠道的刺激，使营养摄入更顺畅。

六、市场销售采购信息

1. 凤翔县绿宝果业有限责任公司　联系人：罗润魁　联系电话：13991723213
2. 凤翔县南务红苹果专业合作社　联系人：董林科　联系电话：13992780700
3. 凤翔县汇峰农业发展有限公司　联系人：刘海峰　联系电话：13811961808
4. 凤翔县范家寨慧农果业专业合作社　联系人：侯录绪　联系电话：13571757865
5. 凤翔县金圣果业专业合作社　联系人：赵建兵　联系电话：13891766838

◎ 桐乡杭白菊

（登录编号：CAQS-MTYX-20190065）

一、主要产地

浙江省桐乡市石门镇、梧桐街道、凤鸣街道等乡镇。

二、品质特征

桐乡杭白菊呈扁平状，花瓣开放，色浅黄，花蕊深黄。花萼墨绿，菊香浓郁，味甘微苦。冲泡后花瓣玉白，汤色浅黄鲜亮，清香甘醇，微苦。

桐乡杭白菊中绿原酸含量 8.74mg/g、多酚 28mg/g、水分 9.49%，各项主要指标均优于同类产品参照值。

三、环境优势

桐乡市位于浙江省北部杭嘉湖平原腹地，属亚热带季风气候，温暖湿润，四季分明。境内地势平坦，土地肥沃，是典型的江南水网平原，平均海拔 5.3m，土壤中性偏酸，年平均温度 15℃，年日照时数 1 980h 左右。当地自然环境条件适宜杭白菊生长。

四、收获时间

桐乡杭白菊的采摘期是每年的 10 月下旬至 11 月上旬。

五、推荐贮藏保鲜和食用方法

贮藏方法：保存于干燥避光处，3～5℃的环境最宜。

食用方法：取胎菊（朵花）8～9 朵，放入茶杯中，加开水约七八分满，盖上盖子，浸泡 3～5min，趁热饮用，喝至剩下 1/3 茶汤，再加开水冲泡，使茶汤浓度均匀。冲泡时可同时添加枸杞、玫瑰等增强保健功能。

六、市场销售采购信息

1. 桐乡新和保健品有限公司　联系人：屠海芬　联系电话：13867315786
2. 桐乡市春发菊业有限公司　联系人：李燕　联系电话：13819079682
3. 桐乡市缘缘食用花卉专业合作社　联系人：缪悦啸　联系电话：13857346706
4. "陌上花开"天猫旗舰店 moshanghuakaicy.tmall.com

上滩韭菜 ◉

（登录编号：CAQS-MTYX-20190070）

一、主要产地

宁夏回族自治区灵武市郝家桥镇上滩村、大泉村。

二、品质特征

上滩韭菜颈部较长，根部较粗，株高 35～45cm，晶莹碧绿、韭香浓郁，叶片宽大肥厚，株丛直立，叶片无干尖，1～2cm 的宽度，有韧性不易折断，断裂处会有汁液流出，显现出水分大；根部为圆形状，呈亮白色，粗壮饱满。

上滩韭菜含水量高达 85%，热量较低，并且富含铁、钾、维生素 A、维生素 C、维生素 E 和 β-胡萝卜素，粗纤维较多；韭菜的独特辛香味是其所含的硫化物形成的，这些硫化物有一定的杀菌消炎作用，有助于人体提高自身免疫力，还能帮助人体吸收维生素 B_1 及维生素 A。

三、环境优势

灵武市属于典型的大陆性季风气候，其特点为：春迟秋早，四季分明、日照充足、热量丰富、蒸发强烈、气候干燥。郝家桥镇上滩韭菜种植区邻近毛乌素沙漠，昼夜温差大，光照充足，又是沙性土壤，水分蒸发流失快，土地富含硒，蔬菜保鲜期长不易腐烂，交通便利，销售到全国十余个省份。

四、收获时间

上滩韭菜成熟期为每年的 10 月初至次年的 2 月初，最佳品质为 10 月底的头茬韭菜。

五、推荐贮藏保鲜和食用方法

轻捆蘸水套袋放阴凉处或者将韭菜完整的包裹起来放进冰箱冷藏室里，这样的保存方式时间较长。

推荐食用方法：

韭菜炒鸡蛋 韭菜洗净切寸段，两个鸡蛋打好备用，热油放葱花炒鸡蛋，鸡蛋要炒碎点，而且时间不要太长，炒的太老了不好吃而且颜色也不好看，鸡蛋炒好盛出，用锅里剩下的油（最好不要再放油了）继续炒韭菜，韭菜要快火急炒，翻几下再把炒好的鸡蛋倒回去一起炒，放盐和白胡椒（一点），炒均匀马上出锅。

六、市场销售信息

宁夏农利达农资有限公司　联系人：马　俊　联系电话：15695030125

◎ 沙坡头苹果

（登录编号：CAQS-MTYX-20190073）

一、主要产地

宁夏回族自治区中卫市沙坡头区永康镇和宣和镇所辖的22个行政村。

二、品质特征

沙坡头苹果果形端正，大型果，色泽鲜红。手感质地硬、光滑。果肉质地细腻，脆而多汁，风味酸甜，有芳香味。

沙坡头苹果经检测，果实硬度为 $64.7N/cm^2$，可溶性固形物含量14%、维生素C含量2.42mg/100g、钙含量7.32 mg/100g。

三、环境优势

沙坡头区靠近沙漠，属半干旱气候，具有典型的大陆性季风气候和沙漠气候的特点。春暖迟、秋凉早、夏热短、冬寒长，风大沙多，干旱少雨。年平均气温在7.3～9.5℃，年均无霜期159～169天，年均降水量179.6～367.4mm，年蒸发量1 829.6～1 947.1mm，全年日照时数3 006h。独特的地理区位、气候条件和肥沃的土壤为苹果积聚大量天然葡萄糖、维生素、氨基酸和多种微量元素提供了独特的自然条件，使这里出产的苹果绿色天然、糖分充足、口感独特、品质上乘。

四、收获时间

沙坡头苹果在每年的10月中下旬霜降前后采摘，这时候采摘的苹果含糖量高，口感好，个头大，颜色红润，肉质紧实，外观性状最好，内在品质最佳，贮藏寿命最长。

五、贮藏及食用方法

低温冷藏：苹果采摘后先进行分级预冷，48h之内入库降温，冷库温度控制在-1～0.5℃贮藏，贮藏期间温度波动幅度≤0.5℃，湿度要求控制在85%～95%，低温贮藏可以防止苹果水分流失，有效延长苹果的寿命，实现反季节销售。

食用方法：鲜食。

六、市场销售

1.销售微信公众号：nxsptgy　联系电话：0955-8897815　联系人：刘先生　联系电话：13723334485
联系人：李先生　联系电话：13259593777

2.宁夏弘兴达果业有限公司

3.宁夏南山阳光果业有限公司

4.宁夏沙坡头果业有限公司

5.宁夏神聚农业科技开发有限公司

（登录编号：CAQS-MTYX-20190075）

西吉马铃薯 ◉

一、主要产地

宁夏回族自治区西吉县所辖 19 个乡镇 295 个行政村。

二、品质特征

西吉马铃薯表皮光滑，芽眼较浅，薯形规则，红皮黄肉或白皮白肉。煮食或烹菜时，香味四溢，口感香沙而滑润。西吉马铃薯营养丰富，其粗淀粉含量高达 16.19% 以上、钙 14.2mg/100g、铁 2.67mg/100g，干物质含量高。

三、环境优势

西吉县地处宁夏南部山区，气候冷凉、昼夜温差大、日照充足，雨热相对充足，非常适宜种植马铃薯。土壤质地疏松、通透性好、耕层深厚。境内生产环境洁净，无工业污染。特别是有充裕的耕地资源，为马铃薯产业发展提供了广阔空间，是全国最适宜种植马铃薯和最具发展潜力的区域之一。

四、收获时间

西吉马铃薯 9 月下旬至 10 月上旬收获。10 月初至次年 2 月底为最佳品质期。

五、推荐贮藏保鲜和食用方法

贮藏保鲜：鲜食薯贮藏温度应控制在 3～5℃；鲜食薯贮藏库（窖）内 CO_2 浓度应不高于 0.5%。

食用方法：以熟食为主，有蒸、煮、炒、炸、烤、煎、焖、炖、凉拌多种做法。

土豆丝煎饼　主料：土豆丝、面粉。辅料：面粉或加土豆泥。做法：①土豆洗净切成丝，加辅料拌匀备用。②面粉或加土豆泥用开水和成面团。③面团擀成长方形，包入土豆丝馅。④煎至两面金黄装盘即可。特点：香甜软糯。

六、市场销售采购信息

1. 宁夏佳立马铃薯产业有限公司　负责人：刘玉国　联系电话：13895449288

2. 西吉县奋发农牧业有限公司　负责人：李　雄　联系电话：13649574412

3. 西吉县守强薯业开发有限公司　负责人：晏守强　联系电话：18209643999

4. 西吉县双全马铃薯购销专业合作社　负责人：赵双全　联系电话：13995043117

5. 西吉县恒丰农业综合开发有限公司　负责人：何隆　联系电话：13519544003

6. 电商平台

天　猫：宁夏原产地商品官方旗舰店　苏宁易购：中华特色馆·宁夏馆　京东商城：中国特产·宁夏馆

五台山藜麦

（登录编号：CAQS-MTYX-20190079）

一、主要产地

山西省忻州市五台县五台山上的灵境乡。

二、品质特征

五台山藜麦籽粒色泽鲜亮呈乳白或者淡乳黄色。籽粒均匀，扁圆形状，比普通藜麦大而饱满，边沿围绕着一圈黄色的胚芽组织。咀嚼有弹牙感，口感清脆，有淡淡的松子味道。

五台山藜麦蛋白质为完全蛋白质且含量高，平均在 15g/100g 以上，富含矿物质，尤其铁（69.0mg/kg）、锌（31.4mg/kg）、镁（2.28×10^3mg/kg）、钾、硒等优于普通藜麦，且含有其他谷物稀缺的赖氨酸、胆碱、ω-3 脂肪酸、β-葡聚糖等微量元素。升糖指数低（只有 35），不含麸质，适合老人及幼儿食用。藜麦是食疗和养生的佳品，又被称作三高人群的最理想食物，长期食用效果显著。

三、环境优势

五台山藜麦产自北纬 38°、海拔 1 800m 的五台山南台的灵境乡传统禅耕区，五台山是著名佛教圣地，国家地质公园，华北最高峰，山中云雾缭绕，松林涛涛，阳光充沛，优沃的土壤富集多种矿物质元素，深藏地下的山泉水汩汩而出滋润着大地，超强的地磁场为万物激发出殊胜的生命能量。这里高寒冷凉、昼夜温差大，位于大山深处远离污染，是公认的优质藜麦的最佳产区。村民世代遵循原生态的有机耕作方式，保证了藜麦的安全品质。

四、收获时间

每年的 9 月中旬至 10 月初为藜麦的最佳收获期。

五、推荐贮藏保鲜及食用方法

五台山藜麦存放在阴凉干燥处即可。包装物开启后短期内不能食用完毕，要封好开口避免虫子进入。

五台山藜麦易熟易消化，食用方式和普通谷物一样蒸煮均可。藜麦可以搭配任何食材，烹饪的各类菜肴风味独特。藜麦炒鸡蛋、藜麦沙拉、藜麦土豆汤、藜麦丸子、藜麦蒸肉等都是特色美食。

1. 藜麦大米饭　藜麦和大米淘洗干净后，混合在一起放入电饭煲中焖饭，水量和平时焖饭一样，藜麦比例 25%～50%，依个人口味增减。

2. 藜麦小米粥　藜麦和小米洗净后熬粥，如果喜欢喝熬的时间较长的粥，最好先熬小米，待出锅前 10min 再放入藜麦，避免藜麦的胚芽被煮脱离，能保持藜麦的口感和营养，藜麦比例 25%～50%，依个人口味增减，也可把小米换成大米或者紫米等其他谷物。

六、市场销售采购信息

可以在天猫或者淘宝店买到本产品，直接搜索"礼麦旗舰店"或者"礼麦藜麦"即可，也可以登录网站 www.wtsty.com 进入网店，或者打电话 400-06677-69 购买。

（登录编号：CAQS-MTYX-20190080）

什贴小米 ◉

一、主要产地

山西省晋中市榆次区什贴镇，所辖34个村，全镇耕地65 000余亩。

二、品质特征

什贴小米外观颜色呈深黄色，半透明、有米腻，自然香味浓郁。其硒含量为7.9μg/100g、维生素B_1含量为0.51mg/100g、氨基酸总量为11 660mg/100g，均远远高于标准值，对于儿童和孕产妇是很好的调养食品。

三、环境优势

山西省晋中市榆次区什贴镇属丘陵干旱区，最高海拔1 340m，年均降水量350mm（什贴小米仅靠雨水浇灌），水源、土壤、空气无工业污染，是天然的绿色种植区和典型的旱作农业区，最适宜种植谷子（小米）、黍子、豆类等小杂粮。

四、收获时间

每年4月为播种期，10月为收获期，生长期7个月，一年仅收获1次。

五、推荐贮藏保鲜和食用方法

贮藏方法：置于阴凉干燥处密封贮藏即可，若无阴凉干燥处，可置于冰箱密封冷藏。

什贴小米最出名的吃法莫过于炒小米饭，什贴产的小米焖出的小米饭像大米一样粒粒软糯。除此之外，还有一些其他吃法，以下是推荐食用方法。

1.炒小米饭　焖好小米饭（使用电饭煲，水开下米）→小米饭打散晾凉→胡萝卜丁、蒜薹丁、黄瓜丁、炒鸡蛋碎等配料下锅炒熟→倒入小米饭翻炒均匀→放适当调料→出锅。

2.熬小米粥　小米清洗两遍→水烧开放入小米→倒入一滴食用油→盖上锅盖转小火熬煮（中途不要揭锅盖）→熬煮40min后关火静置→15min后即可食用。

3.小米露露　山药去皮切块、小米清洗两遍→山药和小米放入豆浆机，开启相应模式（推荐米糊模式）→豆浆机提示完成后，盛出食用。

4.炒小米茶　洗净的小米放入铁锅中翻炒→待小米焦黄后放入白糖→白糖融化至焦黄后加冷水大火熬煮→撇掉白色泡沫→转小火煮至小米开花→关火，滤除小米不用——热饮或冰镇饮用。

六、市场销售采购信息

联系人：冀经理　联系电话：15110326315

微信公众号：山西华顿什贴农业　　天猫购买：优了食品专营店　

销售地址：山西省太原市小店区晋阳街发展路88号华顿大厦A1203　电话：0351-7025309

和顺火麻油

（登录编号：CAQS-MTYX-20190082）

一、主要产地

山西省晋中市和顺县所辖 10 个乡镇。

二、品质特征

和顺火麻油色泽淡黄、澄清、透明油状液体，具有火麻油固有的气味和滋味。每 100g 火麻油中含能量 3 685kJ、脂肪 99.6g、蛋白质 34.6g、多不饱和脂肪酸 63.9%。具有延缓动脉硬化、预防心脑血管疾病的功效，是值得推荐的长寿油料。

三、环境优势

和顺县地处山西省东陲，太行之巅，平均海拔 1 300m，气候清凉，风光秀美，年平均气温 6.3℃，平均无霜期 125 天，年平均降水量 582mm，地区日照时间长，昼夜温差大，非常适合种植火麻籽，这里种植的火麻籽个大、粒饱，含油量高达 45%，火麻蛋白粉含量 65%，α-亚麻酸含量 68%，是得天独厚的油料基地。

四、收获时间

火麻油的原料火麻籽于每年 4 月下旬到 5 月上旬播种，10 月上旬收割是产品最佳时期。

五、推荐贮藏保鲜和食用方法

贮藏方法：用玻璃瓶保存，保持玻璃瓶内部干燥无异味。

食用方法：凉拌、口服、清炒、煲汤等。

六、市场销售采购信息

线上销售：天猫（乞巧麻旗舰店）

京东众筹（搜索和顺火麻油）

联系电话：0354-8425598

（登录编号：CAQS-MTYX-20190083）

和顺苦荞茶 ◉

一、主要产地

山西省晋中市和顺县所辖 10 个乡镇。

二、品质特征

苦荞茶外观金黄鲜亮，且大小均匀、麦香细腻绵长，在冲泡的时候汤色微黄清澈透明，苦荞加工以后得到的普通黑苦荞茶呈棕黄色。其中脂肪含量为 1.45%，总黄酮含量 1.46%，芦丁含量样品测定值为 12.5mg/g，均优于同类产品平均值。苦荞茶中含有丰富的蛋白质、各种维生素和矿物质，有抗氧化、改善便秘、降低人体血压和血脂的功效，适合大多数人食用。

三、环境优势

和顺县地处山西东部，太行西麓，境内峰峦叠嶂，沟壑纵横，是典型的土石山区。海拔 1 070 ～ 2 058.5m，年平均气温 6.5℃，≥ 10℃有效积温 2 468℃，年均无霜期 125 天左右，年降水量 560mm，且雨热同步，属大陆性半干旱气候类型，夏无酷暑，远离污染，保存有大面积的原始森林。高海拔的地理位置、适度的气候条件、优良的空气质量是苦荞麦生长的最佳条件。

四、收获时间

苦荞茶的原料苦荞麦于每年 6 月下旬至 7 月上旬播种，10 月上旬收割，也是产品最佳品质期。

五、推荐贮藏保鲜和食用方法

贮藏方法：用陶制瓷器保存，可长期保存并保证其品质稳定。

食用方法：苦荞茶可用于泡茶、煮粥、也可当零食直接食用等，香脆可口，是一种非常受欢迎的食材，以下介绍 2 种最佳食用方法。

1. 开水冲泡　材料：取出 5 ～ 6g 的苦荞茶。做法：使用开水冲泡，等待 3 ～ 5min 之后就可以饮用，苦荞茶也可以直接食用。

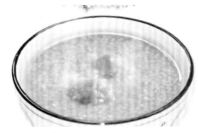

2. 熬粥　材料：苦荞茶 2 ～ 3 勺，黄小米适量。做法：水快烧开时加入洗净的黄小米适量，再加入 2 ～ 3 勺苦荞茶，大火烧开 2min，变小火煮 30min，即可食用。

六、市场销售采购信息

1. 线上销售：京东（新马官方旗舰店）　拼多多（新马官方旗舰店）

2. 线下销售：山西省晋中市和顺县城滨河路新马杂粮开发有限公司　联系电话：0354-8126788

灵石壶瓶枣

（登录编号：CAQS-MTYX-20190085）

一、主要产地

山西省晋中市灵石县夏门镇。

二、品质特征

灵石壶瓶枣为长卵圆形，色泽红艳，果形上小下大，中间稍细，形状像壶亦像瓶，故称之为壶瓶枣。单果平均重20g，大果50g以上；果肉呈黄褐色，皮薄、肉厚、核小；肉质细脆、甘甜适口。总糖含量为62.12 g/100g、抗坏血酸7.67mg/100g、蛋白质3.4mg/100g。壶瓶枣营养丰富，是滋补佳品，中医认为有补中益气、养血安神、生津液、润心肺、补五脏、治虚损及解毒等功效，当地有"每日三颗壶瓶枣，身体强健不服老"的说法。

三、环境优势

灵石壶瓶枣产于山西省晋中市灵石县境内。灵石县为暖温带季风气候区，年均气温10℃左右，1月–6℃，7月24℃，年降水量650mm，霜冻期为9月下旬至次年4月中旬，无霜期140天。境内气候温和，四季分明，独特的日照、水肥、温差条件适宜壶瓶枣的生长。

四、收获时间

每年10月为灵石壶瓶枣的最佳采收期。

五、推荐贮藏保鲜和食用方法

贮藏方法：需要进行贮藏的鲜枣，采收时应保留果柄采摘。贮藏温、湿度是影响枣果贮藏效果的主要因素，贮藏温度以–1～0℃，相对湿度以90%～95%为宜，贮后果实口感良好，其风味得到保持。

灵石壶瓶枣的吃法众多，可以每天变换着吃，就不会觉得腻。以下介绍4种最佳食用方法。

1. 生吃　直接取适量壶瓶枣将其洗净就可以吃了。

2. 蒸熟后吃　首先将适量壶瓶枣洗净，放入碗中，然后将其放入装好水的锅中蒸20min左右就可以了。

3. 煮粥　将适量壶瓶枣去核后，切成小块，然后将其洗净，最后再将其与米一起放入锅中煮。

4. 壶瓶枣豆浆　对于豆浆，大家最常喝的就是用黄豆榨出来的豆浆。其实壶瓶枣也是可以榨豆浆的，加入壶瓶枣榨出来的豆浆美味、健康又营养。

六、市场销售采购信息

销售网址：http://lscqzj.cn　联系人：赵春权　联系电话：16634207999　联系人：温志强　联系电话：18035401222

宿龙小米

（登录编号：CAQS-MTYX-20190086）

一、主要产地

山西省晋中市灵石县段纯镇宿龙村。

二、品质特征

宿龙小米具有米粒小，色泽金黄，圆润饱满，做成米汤或粥质黏味香、悬而不浮、油而不腻、入口爽滑，能多次凝结米油层的特点。其粗蛋白含量11.6g/100g、硒含量4.5μg/100g、氨基酸总量11.46g/100g，均远远高于标准值。

三、环境优势

灵石县段纯镇宿龙村位于灵石县西部，海拔1 200m以上，属高山温寒区，无霜期140～185天，全年平均气温10℃。受地理位置以及小气候影响，宿龙村特别适宜种植小米，再加上宿龙的土壤为红黄土相加的二色土，地下又是砂石，砂石中富含硒、锌、钙等微量元素，所以种植出来的谷子自然天成的含有硒、铁、钙、锌等多种微量元素，对人体健康有益处。

四、收获时间

每年10月为宿龙小米的收获期，此时加工的小米品质最佳。

五、推荐贮藏保鲜和食用方法

贮藏保鲜：小米放在阴凉、干燥、通风较好的地方。如果在贮藏前水分过大时，不能暴晒，可以阴干。

食用方法：煮粥、焖小米饭、做各种糕点。

六、市场销售采购信息

服务热线：400-018-5178

百度咨询服务：http://jxyhtzz.cn

联系人：武能文　联系电话：18903545178

联系人：祁灵丹　联系电话：18306812567

◉ 娄烦山药蛋

（登录编号：CAQS-MTYX-20190090）

一、主要产地
山西省太原市娄烦县所辖 8 个乡镇。

二、品质特征
娄烦山药蛋在长期的人工栽培和自然选择下，形成了自己独特的产品特征，果实为紫红皮，黄肉，表皮有明显的纹理，薯块芽眼较浅，手感质地硬，形状呈椭圆形，中型果，感官品质上乘。口感绵而沙、品味浓、质量优。

娄烦山药蛋含干物质 21.9%、淀粉 15.45%，并含有丰富的维生素 B_1、维生素 B_2、维生素 B_6 和泛酸等 B 族维生素及大量的优质纤维素、微量元素、氨基酸、蛋白质和优质淀粉等营养元素，是抗衰老的天然佳品。每天多吃山药蛋，还可以帮助代谢体内多余脂肪。山药蛋还有愈伤、利尿、解痉的功效。

三、环境优势
娄烦县地处山西省太原市西北部，是太原市饮用水源保护地，县域内植被完整，林草丰茂，森林覆盖率高，空气清新，生态良好，有机肥源充足，生态环境优美，自然环境独特，土壤有机质含量极高，阳光充足，昼夜温差大，非常适合马铃薯的生长。

四、收获时间
每年 9 月上旬至 11 月上旬均为收获期，但最佳品质期为 10 月中旬。

五、推荐贮藏保鲜和食用方法
贮藏方法：按照山药蛋质量要求进行分拣、去杂、分级后可冷藏于温度为 4℃的地窖里进行保鲜。

娄烦山药蛋可用于烩菜、清炒、加工全粉等，是非常受欢迎的一种粮菜兼用食材。以下介绍 2 种最佳食用方法。

1. 炒土豆丝　主料：土豆。配料：红辣椒丝。调料：盐、食用油、糖、味精、白醋。做法：土豆切丝，用水过一下去淀粉，起油锅，油不要太多，放入盐，油至七分热放入土豆丝翻炒，至土豆丝渐显黄色变软，加适量糖、味精调味，放入红辣椒丝，淋少许白醋，翻炒一下后起锅。

2. 干锅土豆片　以土豆为主要食材做成的一道菜品，属于家常菜。其口味偏辣，鲜香下饭，因食材易寻，做法简单，深受大众喜爱。主料：土豆 500g。辅料：植物油 40g，葱、姜、辣椒共 20g，酱油 8g，清汤 150g，水淀粉 6g，精盐 2g，味精 1g。做法：将土豆去皮洗净，斜切成片；葱切段；姜切片。锅内倒油烧热，加入葱段、姜片、辣椒炝锅，烹入酱油，加入适量清汤，烧开后放入土豆片。土豆片软熟时，放入精盐、味精，用水淀粉勾芡，出锅即可。

六、市场销售采购信息
1. 娄烦县润和美种植主要合作社　联系人：尤同义　联系电话：13934557542
2. 娄烦县同福农牧专业合作社　联系人：尤晓东　联系电话：13623671901
3. 娄烦县同福种养协会　联系人：武福兰　联系电话：15735184300

繁峙黄芪 ◉

（登录编号：CAQS-MTYX-20190091）

一、主要产地

山西省繁峙县所辖繁城镇麻地沟村、下茹越乡苏孟庄村、柏家庄乡仲沟村、柏家庄乡羊圈村、柏家庄乡才洼村等5个村。

二、品质特征

繁峙黄芪成品呈圆柱形，条长顺直，分叉少，色泽黄亮，绵性强，粉性足，有豆腥味。繁峙黄芪性温味甘，具有益气固表、敛汗固脱、利水消肿之功效。

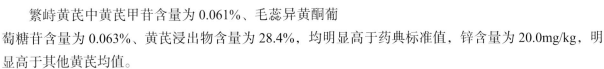

繁峙黄芪中黄芪甲苷含量为0.061%、毛蕊异黄酮葡萄糖苷含量为0.063%、黄芪浸出物含量为28.4%，均明显高于药典标准值，锌含量为20.0mg/kg，明显高于其他黄芪均值。

三、环境优势

繁峙县地处晋北东部，境北、东、南三面高山环绕，并覆盖着大片森林，西部和中部低洼，最高海拔3 058m，最低700m，属温带大陆性气候，年平均气温6.3℃，年降水量400mm左右，无霜期130天，气候宜人，四季分明，夏无酷暑，冬无奇寒。黄芪种植区在海拔1 250～2 250m，土壤中钙元素含量较少，铜、锌、铁、硒、钠、镍和有效磷含量较高，土层深厚、富含腐殖质、透水力强。这样的地形、土壤、气候特征适宜黄芪生长发育，造就了繁峙黄芪中有效成分含量高的独特营养品质。

四、收获时间

10月底至11月初，黄芪叶落，地未冻，是繁峙黄芪采收最佳时期。

五、推荐食用方法

黄芪食用方便，可煎汤，煎膏，浸酒，入菜肴。

1. 黄芪建中汤　黄芪15g、桂枝3g、白芍6g、生姜3g、甘草2g、大枣12个、饴糖约10g，煎水取汁，入饴糖，待溶化后饮用。

2. 黄芪补肺饮　黄芪30g、麦冬15g、五味子、乌梅各6g，煎水取汁，以蜂蜜调味。

3. 黄芪桂枝五物汤　黄芪15g、桂枝12g、芍药12g、生姜25g、大枣4枚，水煎，分三次温服。

六、市场销售采购信息

1. 繁峙县万恒中药材种植有限公司　联系人：刘六六　联系电话：13633513118　联系人：何海　联系电话：15513211771　联系人：梁泰刚　联系电话：13934501941

2. 繁峙县苏孟庄黄芪种植专业合作社　联系人：刘拴生　联系电话：13753013043

3. 繁峙县定益农林牧专业合作社　联系人：高艳平　联系电话：18295841517

◎ 河峪小米

（登录编号：CAQS-MTYX-20190092）

一、主要产地
山西省晋中市榆社县河峪乡。

二、品质特征
河峪小米颗粒饱满、色泽金黄；蒸后饭粒完整，色泽金黄，香气浓郁；煮之汤色纯正，口味醇香黏糯，适口性好，食味好。其蛋白质测定值为 9.24g/100g、脂肪测定值为 4.4g/100g、维生素 E 测定值为 5.16 mg/100g、锌元素测定值为 2.84 mg/100g、硒元素测定值 8.1μg/100g，均远高于标准值。

三、环境优势
河峪小米产于榆社县丘陵山区，海拔在 1 000 ～ 1 500m，土质为深褐色黏性土壤，无霜期 150 天以上，年积温 3 703℃，年日照时数大于 2 600h，太行山西麓的农业生态丘陵山区，空气清新，环境优良，无任何工矿企业等污染源，这些独特的自然气候条件，决定了该区域所生产的谷子具有颗粒饱满、品质好的特点，形成了河峪小米色泽金黄、香味纯正、口感绵软的独特品质。

四、收获时间
河峪小米每年只收获一次，每年 10 月为河峪小米的收获期，此时收获的小米经晾晒、储存、加工后口感最佳。

五、推荐贮藏保鲜和食用方法
贮藏方法：保鲜最佳温度在 10℃以下，湿度在 12% 以下。

推荐食用方法：

1. 小米营养粥　河峪小米免淘洗，熬粥或做小米饭均可。当水温达 70 ～ 90℃时将小米加入，熬粥时大火熬制 30 ～ 40min 即可，做小米饭时大火熬制 10min 后，再中火熬制 20min 即可。

2. 小米排骨　做法：①河峪小米提前浸泡 1h 以上，排骨剁块用温水洗净后在凉水中浸泡半小时。②将排骨沥干水分后，加料酒、蚝油、白糖、生抽、八角、花椒、姜米和少量干淀粉腌制半小时。③河峪小米浸泡好后，滤出，与腌好的排骨混合拌匀，使其裹在表面。④取一只大碗将红薯切成块，垫在碗底，再放上处理好的排骨，入蒸锅，中火，上汽后再蒸 2h 至排骨软熟。

3. 和子饭　做法：①锅中烧开水，往锅中放入河峪小米，中小火煮 10min。② 10min 后把土豆和胡萝卜块下锅中，接着中小火煮 15min 左右至土豆和胡萝卜软面。接着下面条煮熟。③在煮面条的过程中，往另外备好的炒锅中倒入少许食用油烧八成热，下葱蒜末爆香至焦黄色。④大火时倒入少许陈醋。用最快速度把另外锅里的小米和子饭倒入炒锅中，然后放适量的食盐拌匀就可以享用了。

六、市场销售采购信息
1. 天猫"河峪旗舰店"　网址：https://ysheyu.tmall.com

2. 建行善融商务商城山西五福农产品开发有限公司店铺　网址：http://buy.ccb.com/shop/index.jhtml?shopId=041830

3. 淘宝榆社特色馆　网址：https://shop252546592.taobao.com/　联系人：张经理

联系电话：13834819397

（登录编号：CAQS-MTYX-20190113）

眉县猕猴桃 ◉

一、主要产地

陕西省眉县金渠镇、汤峪镇、齐镇、槐芽镇、营头镇、横渠镇、首善街道办共 6 镇 1 街道办 73 个行政村。

二、品质特征

眉县猕猴桃主栽品种徐香，果实为浆果，单果重 90 ～ 130g，椭圆柱形，茸毛黄褐，皮薄易剥离，果肉黄绿色，细腻多汁，香味浓郁，酸甜适宜。

眉县猕猴桃品质独特，干物质含量 15% 以上，固酸比（后熟期）10 ～ 13，维生素 C 含量不低于 80mg/100g，硒含量 0.032mg/kg，富含多种氨基酸和微量元素，独具地域特色。

三、环境优势

眉县位于关中西部，属暖温带大陆性半湿润气候，眉县猕猴桃产于秦岭北麓冲积扇平原，海拔 500 ～ 700m，年均降水量 589mm，常年日照 2 000h 以上，7—10 月昼夜温差平均 10.5℃。产区地势平坦，土层深厚，土壤 pH 值 6.5 ～ 7.5，太白山水灌溉，栽培历史悠久，是猕猴桃最佳优生区。

四、收获时间

眉县徐香猕猴桃成熟期 9 月下旬至 10 月底，最佳品质期 10 月上中旬。

五、推荐贮藏保鲜和食用方法

眉县徐香猕猴桃在 5℃ 冰箱可短期贮藏保鲜 1 个月，长期贮藏保鲜温度控制在 –0.5 ～ 1℃。成熟采收的猕猴桃，需经过 5 ～ 7 天后熟期，果肉软熟后，方可剥皮直接食用。可采取果实剥皮直接食用、剥皮切片、中间切开用勺挖等食用方法。

六、市场销售采购信息

1. 陕西齐峰果业有限责任公司　联系人：齐峰　联系电话：13609179420
2. 眉县金桥果业专业合作社　联系人：任建设　联系电话：13709279656
3. 眉县秦旺果友猕猴桃专业合作社　联系人：祁建生　联系电话：13891727200
4. 宝鸡眉县兄弟果业专业合作社　联系人：刘军斌　联系电话：13909171777
5. 眉县鹏盛达农副产品购销合作社　联系人：杨鹏生　联系电话：13379378111
6. 眉县猴娃桥果业专业合作社　联系人：朱继宏　联系电话：13992768884

◎ 托县稻田蟹

（登录编号：CAQS-MTYX-20190130）

一、主要产地

内蒙古托克托县河口湿地管委会碾子湾行政村树尔营自然村。

二、品质特征

托县稻田蟹属于河蟹，外表是一种大型的甲壳动物，成蟹背面墨绿色，腹面灰白色；头部和胸部结合而成的头胸甲呈方形或三角形，质地坚硬；身体前端长着一对眼，侧面有两对十分尖锐的蟹齿；螯足表面长满绒毛，螯足之后有 4 对步足，侧扁而较长；雌性腹部呈圆形，雄性腹部为三角形。

托县稻田蟹肉质鲜嫩，味道鲜美，营养丰富；蛋白质含量 10.02%，脂肪含量 8.89%，每 100g 中含天冬氨酸 706.2mg、赖氨酸 507.4mg、蛋氨酸 229.9mg、钙 502.2mg。

三、环境优势

托克托县地处内蒙古呼和浩特市西南 70km 处，平均海拔 988m。土质为冲击沙、黏质沙土，干净无污染。年平均气温 7.1℃，无霜期 131 天；年平均降水量 367.2mm，湿润度为 0.3 ~ 0.6，平均为 0.4，霜前 ≥ 10℃平均积温 2 961℃，昼夜温差大，利于农作物、水产品种养。

四、放养与收获时间

托县稻田蟹当年 4—5 月放入稻田，10 月收获。

五、贮藏保鲜和食用方法

贮藏方法：为保鲜，稻田蟹捕捞在另池暂养待售。

托县稻田蟹可清蒸、熬粥、初加工等。

1. 清蒸螃蟹　将螃蟹洗净，锅中烧水上汽，放入洗干净的螃蟹，撒姜丝、葱丝，淋适量料酒，大火蒸 15min 即可，姜丝香醋蘸汁，即可开吃。

2. 香辣蟹　螃蟹洗净，掰开壳去除肺剁块，洋葱切块，香菜切段，大葱切段，小米辣椒切滚刀块，姜切片，蒜对半切开。炒锅油温六成热，爆香姜、葱、蒜、干辣椒、豆瓣、小米椒。炒出红油后倒入托县稻田蟹翻炒，加入香叶、八角、啤酒炒匀，大火收汁即可。

六、市场销售采购信息

托克托美源现代渔业生态观光科技有限公司　联系电话：15034962868

（登录编号：CAQS-MTYX-20190131）

托县黄河鲤鱼 ◉

一、主要产地

内蒙古托克托县河口湿地管委会的召湾村、树尔营村、中滩村、柳林滩村、东营子村。

二、品质特征

托县黄河鲤鱼身体外表侧扁而腹部圆，背鳍基部较长，背鳍和臀鳍有一根带锯齿的硬棘。鱼体呈褐色或金黄色，尾鳍下叶呈橙红色，鱼鳞较大，上腭两侧各有二须，口呈马蹄形，鱼体重量大约为 $1.5 \sim 2.5$ kg。

托县黄河鲤鱼鱼体内在肉质肥厚鲜嫩，蛋白质含量 16.05%，脂肪含量 1.9%。能满足人们对营养的需求，又符合现代人追求低脂肪的饮食理念。

三、环境优势

托克托县地处内蒙古呼和浩特市西南 70km 处，平均海拔 988m；千亩水面养鱼用黄河水，黄河水是优质水。年平均气温 7.1℃，无霜期 131 天；年平均降水量 367.2mm，湿润度为 0.3 ～ 0.6，平均为 0.4，霜前 ≥ 10℃平均积温 2 961℃，昼夜温差大，利于托县黄河鲤鱼生长。

四、收获时间

托县黄河鲤鱼鱼苗 4 月放入散养水面，10 月收获。

五、推荐贮藏保鲜和食用方法

鲤鱼提前捕捞，存放暂养鱼池待出售。

推荐食用方法：

托县炖鱼　用托县红辣椒粉、小茴香粉、花椒、葱、姜、蒜、香菜、韭菜、素油、猪油炝之，炖 30min 或慢火 1h 出锅。味道独特，备受当地及外地游人欢迎。

六、市场销售采购信息

1. 托克托县银秀渔业养殖场　联系人：曹三　联系电话：13474710469

2. 托克托县金旺养殖有限公司　联系人：任文忠　联系电话：15661013795

3. 托克托美源现代渔业生态观光科技有限公司　联系人：张有恒　联系电话：13948197972

4. 托克托县召湾黄河鱼养殖家庭农牧场　联系人：赵福明　联系电话：15248136866

5. 托克托县大正种养殖农民专业合作社　联系人：王焕生　联系电话：13847130312

◎ 托县小麦粉

（登录编号：CAQS-MTYX-20190132）

一、主要产地

内蒙古托克托县河口湿地管委会树尔营村和新营子镇范城滩夭村。

二、品质特征

托县小麦粉外表色泽白净，颗粒度小、筋度大；其小麦颗粒呈卵形，籽粒腹沟较深，冠毛较多，颗粒饱满、粒质坚硬，粒色为红色。

托县小麦粉含有的亮氨酸、异亮氨酸、精氨酸、赖氨酸、缬氨酸、铁、锌、锰均高于参考值。每 100g 小麦粉中含亮氨酸 1 384.1mg、赖氨酸 429.4mg。

三、环境优势

托克托县地处内蒙古呼和浩特市西南 70km 处，平均海拔 988m。种地水源用黄河水，黄河水是优质水。土质为冲击沙、黏质沙土，干净无污染。年平均气温 7.1℃，无霜期 131 天；年平均降水量 367.2mm，湿润度为 0.3 ～ 0.6，平均为 0.4，霜前 ≥ 10℃平均积温 2 961℃，昼夜温差大，利于果实糖分的形成和积累。

四、播种与收获时间

小麦清明前后种植，10 月收获。

五、推荐贮藏保鲜和食用方法

在室内 22℃以下保质期一年，存放阴凉、通风、干燥处，执行 GB 1354 标准。

食用方法：可蒸馒头，做面食等。

六、市场销售采购信息

托克托县民强种养殖农民专业合作社　联系人：李跃强　联系电话：15847199407

托克托美源现代渔业生态观光科技有限公司　联系人：张有恒　联系电话：13948197972

（登录编号：CAQS-MTYX-20190135）

科尔沁左翼中旗葵花籽 ◉

一、主要产地

内蒙古通辽市科尔沁左翼中旗架玛吐镇、白兴吐苏木、图布信苏木、代力吉镇、保康镇、宝龙山镇、舍伯吐镇、花吐古拉镇、腰林毛都镇、巴彦塔拉镇、胜利乡、丰库牧场等苏木、镇场。

二、品质特征

科尔沁左翼中旗葵花籽子实较长，为长卵形，顶端稍尖，基部较宽；子实主色为黑色，子实条纹在边缘，条纹颜色为白色，籽仁颗粒饱满，有嚼劲，味道香甜。

科尔沁左翼中旗葵花籽每100g蛋白质含量23.55g、钙含量138.18mg、铁含量为14.64mg、镁含量为454.14 mg。

三、环境优势

科左中旗处于温带大陆性季风气候区内，其主要特点是四季分明、春季回暖快，刮风日数多，风速大，气候干燥，夏季炎热，雨热基本同步，秋季短暂，降温快，冬季漫长，寒冷寡照；境内流经新开河、辽河、乌力吉木仁河。地下水资源比较丰富，全旗年均地下水储量约17.62亿 m³，其中耕地储量3.91亿 m³，可采用量3.68亿 m³。科左中旗处在西辽河和松辽平原的过渡地带，总的地势是西北高、东南低，海拔高度为120～230m。地貌类型是沙丘、坨沼、平原成堆积地形，最显著的特点是沙地分布广泛，由于风积的作用，形成了固定、半固定沙丘与丘间平地镶嵌分布。土壤pH值一般在8～10.2。全旗土壤类型主要是草甸土和风沙土、风沙土和栗钙土相间分布，耕地土壤以冲击性黑土、黑五花土、白五花土为主，土质肥沃，富含微量元素。科左中旗的自然气候条件非常适合向日葵的生长。

四、收获时间

一般在每年10月上、中旬，籽粒饱满、口感最好、品质最佳时期及时收获、晾晒。

五、贮藏保鲜和食用方法

贮藏：晒干后，在通风干燥的库房内常温贮藏，同时采取防潮、防虫、防鼠措施。

食用方法：生食（直接食用）或熟食（炒）。

六、市场销售

科左中旗英军种植专业合作社　联系人：王英军　联系电话：0475-3431057、13947584957

杞县蒜薹

（登录编号：CAQS-MTYX-20190149）

一、主要产地

河南省开封市杞县 22 个乡镇 597 个行政村。

二、品质特征

杞县蒜薹条形粗细均匀，薹径长度 37～44cm，色泽鲜绿，成熟适度，质地脆嫩、生食甜脆。熟食嫩滑爽口，回味香甜。

杞县蒜薹中大蒜素含量为 466mg/kg，维生素 C 含量丰富，为 56.6mg/100g，粗纤维含量 1.4g/100g，可溶性总糖含量 6.37%。杞县蒜薹性温、补虚，有活血、杀菌的功效，具有较好的保健作用。

三、环境优势

杞县蒜薹是杞县大蒜的副产物。杞县位于开封市东南方向，地处北纬 34°13′～34°46′，东经 114°36′～114°56′。县境内有东西走向的惠济河、淤泥河，南北纵贯的铁底河、杞兰干渠和东西二干渠，杞县平均年降水量为 722.9mm，水资源十分丰富。杞县地处北暖温带，属大陆性季风气候，四季分明，热量资源丰富。杞县土壤以潮土类为主，主要土种为小两合土和两合土，土壤肥沃，富含有机质，杞县耕地耕层土壤 pH 值变化范围 8.10～8.60，非常适宜大蒜种植。优质大蒜的种植为杞县蒜薹的生产提供了得天独厚的优势。

四、收获时间

杞县蒜薹的生长期为每年 10 月至翌年的 5 月，收获期为每年 5 月。

五、推荐贮藏保鲜和食用方法

贮藏方法：家庭贮藏时，可用保鲜膜包裹新鲜的杞县蒜薹，冷藏保存。也可将杞县蒜薹放置于阴凉湿润处，并在蒜薹表面洒上一些水，让蒜薹保持一定的湿度，进行保存。

推荐食用方法：

1. 凉拌生食　杞县蒜薹可凉拌生食，味道鲜美，保存了蒜薹中原有的甜度及适量辛辣味，甜脆可口。做法：将新鲜的杞县蒜薹洗净切段，加入适量的味极鲜、香油、醋、盐等，搅拌均匀，即可食用。

2. 蒜薹炒肉　①五花肉洗净，切薄片，拌入调味料略腌。②将两大匙油烧热，放入肉片大火爆炒，肉色变白时盛出。③蒜薹择除老梗，洗净，切小段；辣椒片开，去籽，切粗丝；用两大匙油炒蒜薹，并加调料，放入辣椒丝同炒。④倒入肉片，炒至汤汁收干即盛出。

六、市场销售采购信息

1. 杞县众鑫农产品专业合作社　联系人：翟强　联系电话：13592106234

2. 杞县雍丘农民种植专业合作社　理事长：董国振　联系电话：18337897266

3. 杞县家强农作物种植专业合作社　理事长：宋家强　联系电话：13069329498

4. 杞县麦丹农作物种植专业合作社　理事长：胡培霞　联系电话：13460755655

5. 杞县众人互助农作物种植专业合作社　理事长：王朝阳　联系电话：18613789963

6. 杞县诚乘农业种植专业合作社　理事长：尚文棒　联系电话：13781122628

7. 杞县长友生态种植专业合作社　理事长：侯彦友　联系电话：13781141986

栾川无核柿子 ◉

（登录编号：CAQS-MTYX-20190160）

一、主要产地

河南省洛阳市栾川县白土镇所辖 12 个村及周边区域。

二、品质特征

栾川无核柿子新鲜清洁，特别软化，特小果形，果形近圆形；柿蒂完整；果皮橙红色；果皮较薄；果肉橙红色，质地黏软，味甜；无种子。

栾川无核柿子维生素 C 含量为 11.23mg/100g，胡萝卜素含量为 5.64mg/100g，磷含量为 235mg/100g，铁含量为 55.7mg/100g。栾川无核柿子具有润肺、软化血管、降低血压、养颜美容等功效。

三、环境优势

栾川县地处豫西伏牛山区，森林覆盖率约 82.4%。属典型的深山区县，基本地貌素有"四河三山两道川、九山半水半分田"之称。北有熊耳山，南有伏牛山，两条大山纵贯全境，熊耳山支脉遏遇岭自西向东延伸，将全县分割为两大沟川。境内有伊河、小河、明白河、育河 4 条较大河流，其中伊河、小河、明白河属黄河水系；育河属长江水系，同时又是南水北调中线工程的水源地。海拔最高点伏牛山主峰鸡角尖 2 212.5m，海拔最低点潭头伊河出境处 450m，相对高差 1 762.5m。栾川县耕地面积约 25.3 万亩，林地面积约为 320 万亩，林地面积大，保证了林果业的发展。栾川无核柿子生长区域的白土镇气候阴凉，降水充沛，确保了产品品质。

四、收获时间

每年霜降过后为产品最佳品质期和收获期，10 月下旬至 11 月上旬采收最好。

五、推荐贮藏保鲜和食用方法

贮藏方法：按照无核柿子质量要求进行清拣、分级、标识后于 5℃可冷藏储存。

栾川无核柿子可生食，也可用于酿醋、制作柿饼等，是非常受欢迎的一种果类食材。

1. 柿饼　材料：栾川无核柿子。做法：①无核柿子洗净。②去皮。③用绳子打结晾晒、风干。④用塑料袋储存，储存中要及时进行通风。

2. 无核柿子醋　材料：栾川无核柿子。做法：①无核柿子洗净粉碎备用。②制曲。③放入无核柿子、曲、稻糠等配料进行发酵。④淋制。⑤熬醋。⑥灌装。

六、市场销售采购信息

1. 洛阳市柿王醋业有限公司　联系人：雷辉辉　联系电话：13849933648

2. 洛阳市川宇农业开发有限公司　联系人：周玉红　联系电话：18903884622

◎ 濮阳莲藕

（登录编号：CAQS-MTYX-20190168）

一、主要产地

河南省濮阳市濮阳县海通乡刘吕邱、肖家、郎寨等地。

二、品质特征

濮阳莲藕表皮光滑，皮薄呈黄白色，孔小肉厚，生食脆甜爽口，熟食口感糯性适中，品质好。

濮阳莲藕抗坏血酸含量51.2mg/100g，是参照值的2.69倍；铁含量1.32mg/100g，是参照值的4.4倍；硒含量0.34µg/100g，是参照值的2倍。濮阳莲藕粗纤维素含量低，适宜凉拌、炒食和煲汤，具有益胃健脾、养血补益、止泻等功效。

三、环境优势

濮阳县地处黄河中下游北岸，属于大陆性温暖带季风气候。冬冷夏热，春暖秋凉，四季分明。藕田用水全部是黄河水，水质良好，符合绿色食品规定的用水质量标准；土壤中各项质量指数均小于1，任一点位土壤中的各项污染指标均不超过绿色食品土壤质量含量限值，基地内土壤环境质量良好，符合绿色食品土壤环境质量的要求。综上所述，空气、水质、土壤、气候均适宜发展莲藕生产。

四、收获时间

濮阳莲藕适宜收获期为10月至翌年4月，地上部立叶大部分枯黄，藕已充分成熟时可陆续采收。

五、推荐贮藏保鲜和食用方法

贮藏方法：没切过的莲藕可在室温中放置一周的时间，切过的莲藕要在切口处覆以保鲜膜，冷藏保鲜一周左右。

食用方法：濮阳莲藕可用于生食、烹食、捣汁饮，或晒干磨粉煮粥，是非常受欢迎的一种食材。以下介绍两种最佳食用方法。

1. 凉拌莲藕　材料：莲藕、小米椒、香菜、姜。调料：糯米粉1杯，甘草汁1杯，辣椒粉1大匙，盐适量，醋、香油少许。做法：①糯米粉以少许水调匀并以小火煮成稠状，小米椒、香菜洗净切碎，姜洗净切末。②莲藕洗净去节，以醋浸泡约3min，切成2～3mm片状。③莲藕中加入姜末、小米椒、糯米水、甘草水、辣椒粉及盐、香油、香菜拌匀并腌渍至入味即可。

2. 青椒炒莲藕　材料：莲藕，青椒，油，盐，酱油。做法：①新鲜的莲藕去皮切片，用清水冲洗几遍，洗去表面的淀粉；青椒切成小块。②锅热入油，放入藕片翻炒1min，加一点酱油，翻炒均匀。③最后放入青椒，炒出香味后，加适量盐即可起锅。

六、市场销售采购信息

1. 濮阳县荷花莲藕种植专业合作社　联系人：刘庆华　联系电话：18790968788
2. 濮阳县绿环莲藕种植专业合作社　联系人：肖光普　联系电话：13839251589

（登录编号：CAQS-MTYX-20190169）

濮阳花生 ◉

一、主要产地

河南省濮阳市濮阳县八公桥镇、习城乡等 10 余个乡镇。

二、品质特征

濮阳花生籽粒大小适中，种皮呈粉红色，口感较脆，入口香，回味甜。濮阳花生蛋白质含量 27.7g/100g，脂肪含量 47.5g/100g，油酸含量 78.9%，均优于参照值，其中油酸含量远高于参照值。濮阳花生蛋白质、脂肪、油酸含量丰富，具有降低胆固醇、凝血止血、抗氧化等功效。

三、环境优势

濮阳县地处古黄河冲积平原，多处为黄河故道，地势平坦，土层深厚，土壤酸碱度适中。土质以潮土和沙壤土为主，其中沙壤和轻壤型耕地面积达 100 多万亩，适宜花生生长，是河南省中大果花生主产区之一。濮阳县地理坐标为东经 114°52′ ～ 115°25′，北纬 35°20′ ～ 35°50′，属温带大陆性季风气候区，年平均气温 13.4℃，无霜期 205 天，年均日照 2 585.2h。10℃以上积温 4 498℃。年均降水量 626.4mm。濮阳县花生种植基地产地土壤、灌溉水经检测符合《绿色食品产地环境质量》标准。濮阳县的气候、环境均适宜花生种植。

四、收获时间

濮阳花生适宜收获期为 10 月上中旬，此时收获的花生品质最佳。

五、推荐贮藏保鲜和食用方法

贮藏方法：按照花生质量要求进行清拣、分级、标识后可常温保存。

濮阳花生可用于鲜食、炒制、蒸煮、油炸、糖炒、榨油等，是非常受欢迎的一种食材。以下介绍 2 种最佳食用方法。

1. 麻辣花生米　材料：生花生米 300g，盐 1/4 茶匙，八角粉 1 捏，菜油 150ml，干辣椒 10 个，花椒 10 粒，熟芝麻 1/4 茶匙。做法：①在锅里烧开足量的清水，下入花生。大概 30s 后，花生皮皱捞出，将花生皮搓掉。②干辣椒用水洗一下，沥干水分，剪成丝。③冷锅里倒花生油，下入花生仁，用中小火，不断翻炒。待花生仁颜色变深、发出香气、铲动时会发出轻脆的响声时盛出，晾凉。④锅里留 1 汤匙底油，加入花椒，让油粘满，静置 5min。⑤开小火，炒香花椒后，再放入干辣椒炒香。⑥下入炸好的花生仁，调入盐、孜然粉、细辣椒粉和五香粉，继续用小火炒 1min 后，即成，密封保存 2 天更好吃。

2. 醋泡双生　主料：花生米。调料：香醋、白糖、香油、酱油、香菜。做法：①将一半花生米用油炸熟；另一半提前用水浸泡去皮，装盘备用。②碗中放入香醋、白糖、香油、酱油等搅匀调成汁待用。③将调好的汁倒在花生上拌均匀，加香菜点缀即可食用。

六、市场销售采购信息

1. 濮阳训达粮油股份有限公司　联系人：张同训　联系电话：13721753978
2. 濮阳县魏氏食品有限公司　联系人：魏月忠　联系方式：13939374279

墨玉灰枣

（登录编号：CAQS-MTYX-20190241）

一、主要产地

新疆维吾尔自治区和田地区墨玉县玉北开发区阔其乡阔纳艾日克村、强古村、夏皮克村等。

二、品质特征

墨玉灰枣果实完整良好，饱满，果实呈长倒卵形，果皮为橙红色、无明显皱纹或皱纹浅、光泽鲜亮、核小肉厚，果肉致密，较脆，口感甜醇。蛋白质和维生素含量高，产品鲜食制干兼可，其果实总糖量≥65%，维生素C 21.4mg/100g，且富含人体所需的钾、钠、镁等多种微量元素和氨基酸。

灰枣历来就是益气、活血、安神保健的佳品，其对高血压、心血管疾病、失眠、贫血病人都很有益处，同时还有美容养颜的功效。正如俗话所说"一日吃三枣，终身不显老"，它也是一种天然的护肤美容补品。

三、环境优势

和田地处新疆南部，干旱少雨，光照时间长，昼夜温差大，地处北纬36.6°～37.1°，是世界公认的"水果优生区域"。墨玉县所处纬度较低、寒潮受阻于天山，因而气温较高，属于暖温带极端干旱荒漠气候。夏季炎热，冬季寒冷，四季分明，热量丰富，昼夜温差及年较差大，无霜期长，降水稀少，蒸发强烈，特别适合墨玉灰枣的种植。长达15h的日照为墨玉灰枣提供了更充分的光合作用，全年长达220余天的无霜期，使墨玉灰枣的成熟期更长，碱性沙质土壤和冰山雪水的灌溉，使墨玉灰枣的矿物质更加丰富。这里拥有最适合墨玉灰枣生长的无污染碱性沙化土壤，充沛的光热资源和富含矿物质元素的昆仑山冰川雪水资源。

四、收获时间

每年10—11月为墨玉灰枣的最佳收获期。

五、推荐贮藏保鲜和食用方法

贮藏方法：保持干燥、阴凉，入冷藏库或冰箱冷藏室保存亦可。

推荐食用方法：

1. 煎枣汁　墨玉灰枣加水煎汁，临睡前喝汤吃枣，能加快入睡。

2. 枣膏　用墨玉灰枣鲜枣1 000g，洗净去核取肉捣烂，加适量水用文火煎，过滤取汁，混入500g蜂蜜，于火上调匀制成枣膏，装瓶备用。每次服15ml，每日2次，连续服完，可防治失眠。

六、市场销售采购信息

联系电话：13094099999

墨玉骏枣 ◉

（登录编号：CAQS-MTYX-20190242）

一、主要产地

新疆维吾尔自治区和田地区墨玉县玉北开发区阔其乡阔纳艾日克村、强古村、夏皮克村。

二、品质特征

墨玉骏枣果实饱满，长椭圆或倒卵形，果实均匀、表皮光滑光亮、无明显皱纹或皱纹浅、光泽鲜亮、呈紫红色或褐红色，口感甜醇。果实色浓、肉厚、皮薄、核小、蛋白质和维生素含量高，产品鲜食、制干均可，其果实平均含糖量为 37%，最高可达 60.6%，每 100g 含维生素 C 22.4mg，且富含人体所需的钾、钠、镁等多种微量元素和氨基酸。

三、环境优势

和田地处新疆南部，干旱少雨，光照时间长，昼夜温差大，地处北纬 36.6° ～ 37.1°，是世界公认的"水果优生区域"。墨玉县所处纬度较低、寒潮受阻于天山，因而气温较高，属于暖温带极端干旱荒漠气候。夏季炎热，冬季寒冷，四季分明，热量丰富，昼夜温差及年较差大，无霜期长，降水稀少，蒸发强烈，特别适合墨玉骏枣的种植。长达 15h 的日照为墨玉骏枣提供了更充分的光合作用，全年长达 220 余天的无霜期，使墨玉骏枣的成熟期更长，碱性沙质土壤和冰山雪水的灌溉，使墨玉骏枣的矿物质更加丰富。这里拥有最适合墨玉骏枣生长的无污染碱性沙化土壤，充沛的光热资源和富含矿物质元素的昆仑山冰川雪水资源。

四、收获时间

每年 10—11 月为墨玉骏枣的最佳收获期。

五、推荐贮藏保鲜和食用方法

贮藏方法：保持干燥、阴凉，入冷藏库或冰箱冷藏室保存亦可。

食用方法：

（1）墨玉骏枣可直接食用。

（2）墨玉骏枣配鲜芹菜根煎服，对降低血脂有一定效果。

（3）墨玉骏枣 10 枚，黑木耳 15g，冰糖适量。将墨玉骏枣冲洗干净，用清水浸泡约 2h 后捞出，剔去枣核。黑木耳用清水泡发，择洗干净。把红枣、黑木耳放入汤盆内，加入适量清水、冰糖，上笼蒸约 1h 即成。每日早、晚餐后各服一次，可以补虚养血。

六、市场销售采购信息

联系电话：13094099999

⊙ 托县大米

（登录编号：CAQS-MTYX-20190249）

一、主要产地

内蒙古托克托县河口管委会树尔营村、中滩村；托克托县五申镇大井壕村。

二、品质特征

托县大米米粒呈长椭圆形或长形；米质坚实，耐压性好。米粒表面光滑，整体颜色呈乳白色，不透明、半透明状；背沟和粒表面留皮程度小，近于无皮；散发自然稻米香味；口感软糯，香色浓郁，品质优级。

托县大米含硒 13.92μg/100g，碱消值 7 级，谷氨酸 1453.8mg/100g，胶稠度 88mm，直链淀粉 18.2%。

三、环境优势

托克托县地处内蒙古呼和浩特市西南 70km 处，平均海拔 988m；地理坐标在东经 111°2′30″ ～ 111°32′21″、北纬 40°5′55″ ～ 40°35′15″。种植地水源用黄河水，黄河水是优质水。土质为冲击沙、黏质沙土，干净无污染。年平均气温 7.1℃，无霜期 131 天；年平均降水量 367.2mm，湿润度为 0.3 ～ 0.6，平均为 0.4，霜前 ≥ 10℃平均积温 2 961℃，利于作物生长。

四、播种与收获时间

水稻当年 4—5 月播种，10 月收获。

五、推荐贮藏保鲜和食用方法

在室内 22℃以下保质期一年，存放阴凉、通风、干燥处，执行 GB 1354 标准。

食用方法：下米放入电饭锅中，注入清水，米水比例为 1.1∶1.4，适当浸泡效果佳。插上电源按下煮饭键，在煮饭过程中不要掀锅盖或搅拌。米饭煮熟后开锅将米饭搅散后即可食用（上盖焖 10min 后味道更佳）。

六、市场销售采购信息

1. 托克托县托米种植专业合作社　联系人：李四军　联系电话：15556188999

2. 托克托美源现代渔业生态观光科技有限公司　联系人：张有恒　联系电话：13948197972

3. 托克托县泽云农业发展有限公司　联系人：冯泽娟　联系电话：13810888840

（登录编号：CAQS-MTYX-20190256）

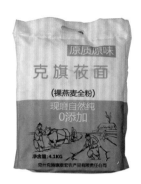

一、主要产地

内蒙古赤峰市克什克腾旗同兴镇努其宫村、芝瑞镇上头地村。

二、品质特征

克旗莜面色泽发灰，表面质地较粗糙，粗粒感较强，手感略涩，面粉颗粒度较均匀，有淡淡的莜麦香味。

克旗莜面蛋白质含量为14g/100g，淀粉含量为72.9%，铁含量为4.91mg/100g，总不饱和脂肪酸含量为4.98%。克旗莜面含有多种人体需要的营养元素和药物成分，对治疗和预防糖尿病、冠心病、动脉硬化、高血压等多种疾病有作用，对加快人体新陈代谢具有明显功效。

三、环境优势

克什克腾旗地处内蒙古高原东端，平均海拔1 000m以上，常年多风少雨，属于半干旱性气候区域，早晚温差大，特别适合出产优质莜麦，莜麦产地远离工业污染源，水源、大气、土壤、植物等资源均纯净无污染。产地年活动积温在2 400℃，无霜期120～125天，年降水量为400mm左右，年均气温为3.8℃，年日照时间为2 800h左右。独特的种植环境优势造就了克旗莜面的好品质。

四、收获时间

每年9月为克旗莜面的收获期，10月中下旬至翌年1月，为克旗莜面的最佳品质期。

五、推荐贮藏保鲜和食用方法

克旗莜面可置于阴凉干燥处进行长时间保存。

克旗莜面可做成莜面饸饹、莜面窝窝、莜面鱼鱼、莜面卷、炒莜面等热食，也可做成折叠凉拌莜面等凉食。

六、市场销售采购信息

1. 克什克腾旗努其宫农牧业农民专业合作社　联系人：肖成民　联系电话：13451368527
2. 克什克腾旗康宏农产品有限责任公司　联系人：牟永明　联系电话：13404863397

翁牛特大米

（登录编号：CAQS-MTYX-20190257）

一、主要产地

内蒙古自治区赤峰市翁牛特旗海拉苏、乌敦套海白音套海等 6 个乡镇苏木 76 个行政村。

二、品质特征

翁牛特大米米粒呈长椭圆形或中长形；米质坚实，耐压性好；米粒表面光滑，整体颜色白褐色，呈不透明状；米粒背沟和粒表面留皮程度小，近于无皮；米粒颗粒饱满，出饭率高，大小均匀，散发自然稻米香味。

翁牛特大米直链淀粉含量为 17.5%，组氨酸含量 165mg/100g，钙含量为 9.81mg/100g，铁含量 1.29mg/100g，硒含量为 3.14μg/100g。翁牛特大米胶稠度为一级品，钙、铁、硒、组氨酸、直链淀粉含量均高于参考值。

三、环境优势

翁牛特旗位于赤峰市境中部，北纬 42°26′ ～ 43°25′、东经 117°49′ ～ 120°43′。属于温带大陆性气候，光照时间长，年日照时间约为 3 100h，160 天超长生长期，平均降水量为 350 ～ 450mm，且 75% 以上的降水在夏季，为稻谷生长提供了最佳条件，是中国北方黄金稻谷种植带。海拉苏镇水资源丰富，西拉沐沦河水灌溉着两岸稻田。白音套海苏木响水村有着"南河北沙"的独特地理环境，南为老哈河，北为科尔沁沙地，天然老哈河水和地下 70m 深层弱碱水灌溉，微量元素充足。独特的环境优势造就了翁牛特大米的高品质、好味道。

四、收获时间

每年 10 月中下旬为水稻的收获期，11—12 月为翁牛特大米生产期。

五、推荐贮藏保鲜与食用方法

放在干燥、密封效果好的容器内，并且要置于阴凉处保存即可。另外可以在盛有大米的容器内放几瓣大蒜，可防止大米因久存而生虫。

大米可焖米饭吃，也可煮粥。

六、市场销售采购信息

1. 翁牛特旗吴氏米业有限公司　联系人：吴德宝　联系电话：13274765457

2. 翁牛特旗香泉农副产品购销有限公司　联系人：周洋　联系电话：18247604321

3. 翁牛特旗万福米业有限公司　联系人：周大伟　联系电话：18347661599

4. 翁牛特旗金智农作物种植专业合作社　联系人：李鑫　联系电话：13947630940

5. 翁牛特旗弘腾米业有限责任公司　联系人：谷金雷　联系电话：15804869030

6. 翁牛特旗海拉苏镇鸿君家庭农场　联系人：曹颜军　联系电话：13704767020

7. 翁牛特旗天仓农业有限公司　联系人：杨颖　联系电话：15804867765

（登录编号：CAQS-MTYX-20190260）

一、主要产地

内蒙古自治区通辽市科尔沁区西归力等56个行政村。

二、品质特征

科尔沁黄芪根呈圆柱形，表面呈淡棕黄色，有不整齐的纵皱纹或纵沟；黄芪直径约0.8～1.0cm，质硬而韧；断面外层为白色，中部为淡黄色，有放射状纹理，有粉性，味甘，有生豆气。

科尔沁黄芪中毛蕊异黄酮葡萄糖苷含量为0.064%，黄芪甲苷含量为0.064%，黄芪浸出物含量为19.2%，总灰分含量为3.1mg/100g，铜含量为0.29mg/100g，多糖含量为3.27%。科尔沁黄芪营养价值丰富，具有补气、止汗、利尿、消肿等功效。

三、环境优势

科尔沁区位于通辽市中部，土地肥沃富含腐殖质、透水性强，地处温带大陆性气候，适合黄芪生长，有良好的种植基础。在政府打造蒙药之都的大环境里，科尔沁区黄芪的发展正赶上种植业天时地利人和的良好时机。

四、收获时间

每年10月为科尔沁黄芪的收获期，10月下旬，为科尔沁黄芪的最佳品质期。

五、推荐贮藏保鲜和食用方法

科尔沁黄芪真空冷冻保存为佳。

科尔沁黄芪可开水冲泡，也可作为调味品煲汤或炒菜，可与枸杞相配熬煮，也可以煲粥时加入等。

六、市场销售采购信息

通辽市科尔沁区兆瑞种植养殖专业合作社　联系人：徐兆玉　联系电话：18747858770

达拉特大米

（登录编号：CAQS-MTYX-20190268）

一、主要产地

内蒙古自治区鄂尔多斯市达拉特旗的昭君镇、树林召镇、王爱召镇共 3 个镇。

二、品质特征

达拉特大米米粒呈半纺锤形，米质坚实耐压，表面光滑，整体颜色呈白色不透明状，有部分垩白，散发稻米特有的自然香味，蒸食口感软糯，香味浓郁。

达拉特大米赖氨酸含量 310.7mg/100g；亮氨酸含量 797.7mg/100g；直链淀粉含量 18.1%，胶稠度 84 mm，垩白度 9.2%。

中医认为大米味甘性平，具有补中益气、健脾养胃、益精强志等功效，称誉为"五谷之首"。

三、环境优势

达拉特大米生产基地土壤是黄河冲积所形成，以粉细沙为主，冲积层较厚，下部属湖相沉积，土质肥沃。黄河过境达拉特旗 190km，生产基地就分布于黄河南岸，沿河地下水位高，非常适合水稻的生产；生产基地周边为传统农区，没有工业、生活等污染源，成为理想的水稻生产区。达拉特旗是国家"一带一路"和"呼包银榆"经济圈的重要节点，能够有效辐射"呼包鄂""晋陕宁""京津冀"等地区，并且是国家商品粮基地和现代农业示范区，是资源与区位组合最佳区域。

四、收获时间

水稻从每年的 10 月初开始收获，持续到 10 月底。

五、推荐贮藏保鲜和食用方法

最佳贮藏条件：15℃以下的低温，相对湿度在 75%，大米平衡水分 14.5% 为贮藏的最佳条件。

食用方法：可用蒸、煮的方法食用。推荐的烹调方式如下。

1. 大米南瓜粥　材料：小南瓜 1 个，大米 50g。做法：①大米洗净，加 5 倍的水，大火烧开后，转小火熬半个小时。②小南瓜去籽，去皮，切成小丁，放入大米粥中煮 10min，使南瓜丁变软，即可食用；也可根据个人口味，增加煮制时间。

2. 金银米饭　材料：大米 800g、小米 200g，也可根据个人喜好，调整大米、小米的比例。做法：①将大米、小米淘洗干净，盛入电饭锅。②加入适量清水。③蒸制 40min，即可食用。

六、市场销售采购信息

1. 达拉特旗达拉滩水稻种植专业合作社　联系人：李乐　联系电话：15048715555

2. 鄂尔多斯市方天农业开发有限责任公司　联系人：许凯新　联系电话：13948876886

3. 鄂尔多斯市津津乐稻农牧业开发有限公司　联系人：翁家义　联系电话：15704772203

（登录编号：CAQS-MTYX-20190284）

扎兰屯大米 ◎

一、主要产地

内蒙古扎兰屯市南木鄂伦春民族乡、哈拉苏办事处、卧牛河镇、萨马街鄂温克民族乡、蘑菇气镇、关门山办事处、色吉拉呼办事处、洼堤镇、浩饶山镇、柴河办事处共 10 个乡、镇（办事处）。

二、品质特征

扎兰屯大米外观晶莹透亮，米粒饱满，脱皮后呈白色，米粒表面光滑，洁净度好，质地松软，口感适宜，米粒背沟和米粒表面留皮程度小。散发自然稻米香味，米粒涨性大，出饭率高，米饭香气浓郁。扎兰屯大米含蛋白质 6.58g/100g，直链淀粉 17.4%，胶稠度 82mm，组氨酸 0.3%，碱消值 7 级，垩白度 1.4%，均高于参照值。

三、环境优势

扎兰屯大米种植基地分布在特定的自然环境，这里属中温带大陆性季风气候。春季干旱少雨，升温快，蒸发量比较大；夏季炎热，雨量集中，湿度大；秋季凉爽少雨，日照充足，昼夜温差大；冬季气候干燥，降水稀少。全年平均气温 2.4℃，无霜期年均 123 天，积温为 1 900～2 100℃。全市降水量较为充沛，年均降水量为 485～540mm，主要集中在 7—8 月。全年日照时间累计 2 816h 以上，日照百分率为 63%，属于内蒙古自治区光能资源高值区。全市境内有较大河流 47 条，有分布众多的溪流、山泉。扎兰屯市地区土壤主要类型为暗棕壤、黑土、草甸土、沼泽土 4 类，土壤 pH 值 4.8～6.9，有机质含量平均 6.54%，全氮平均含量 2.18g/kg，有效磷平均含量 17.4mg/kg，速效钾平均含量 174mg/kg。一年四季分明，光热、水、土等自然条件都适于植物生长。

四、收获时间

水稻从每年的 10 月初开始收获，持续到 10 月底。

五、推荐贮藏保鲜和食用方法

15℃以下的低温，相对湿度 75%，为大米贮藏的最佳条件。在装大米的容器里放入大蒜或八角，可起到灭菌、驱蛾、杀灭火粉螨的作用。

食用方法：最简单常用的是焖米饭和煮粥。大米淘米的次数不宜过多，以免营养素流失。

六、市场销售采购信息

1. 呼伦贝尔市金禾粮油贸易有限责任公司　联系人：杜凤艳　联系电话：13347003099
2. 扎兰屯市满都拉农产品开发有限责任公司　联系人：张德生　联系电话：13947029153
3. 扎兰屯市古汉潭有机大米种植农民专业合作社　联系人：邓生库　联系电话：13948080097

扎赉特大米

（登录编号：CAQS-MTYX-20190291）

一、主要产地

内蒙古自治区扎赉特旗音德尔镇、新林镇、巴彦高勒镇、图牧吉镇、好力保镇、努文木仁乡、内蒙古自治区劳改局东部劳改分局为扎赉特大米的主要种植基地。

二、品质特征

扎赉特大米米粒呈长椭圆形或长形，大小均匀，米质坚实；米粒表面光滑，整体颜色呈乳白色，半透明状；米粒背沟和米粒表面留皮程度小，近于无皮；米粒颗粒饱满，涨性好，出饭率高，散发自然稻米香味。口感软糯、清香，品质优良。

扎赉特大米谷氨酸含量 1 267mg/100g；胶稠度 88mm；直链淀粉含量 17.2%；含硒 5.1μg/100g；垩白度 0.7%。

三、环境优势

扎赉特旗位于内蒙古自治区东北部，嫩江右岸，属于大兴安岭南麓向松嫩平原过渡地带。自然环境优越，属温带大陆性半干旱季风气候，立体气候特征明显，夏季雨量充沛，土壤自然肥力高。种植区土壤以草甸土、黑钙土、黑土、栗钙土、沼泽土为主，土壤富含氮、磷、钾、钙、镁、铁、硒等多种营养元素，其中，有机质平均含量达到 3.7%，pH 值在 6.0～8.0。扎赉特旗境内农田土壤，适宜发展 AA 级绿色食品。扎赉特旗水稻种植区灌溉水以绰尔河水为主，绰尔河水主要是由泉水汇成，俗称"百岭泉"。优质、充足的水资源为扎赉特大米提供了良好的灌溉条件。扎赉特旗年平均日照 2 800h，年平均气温 4℃；≥10℃的有效积温 2 210～2 860℃，水稻生长季节（6—9 月）日平均气温 17℃，昼夜温差 10℃，最大温差 20℃。无霜期 105～135 天。积温和日照能够满足水稻正常生长需要，是生产优质稻米的产区。

四、收获时间

水稻当年 4—5 月播种，10 月收获。

五、推荐贮藏保鲜和食用方法

在室内 22℃以下保质期一年，存放于阴凉、通风、干燥处。

食用方法：下米放入电饭锅中，注入清水，米水比例为 1：（1.2～1.4），水高出米平面 2cm 左右为佳，适当浸泡效果更佳。插上电源按下煮饭键，在煮饭过程中不要掀锅盖或搅拌。米饭煮熟后开锅即可食用。

六、市场销售采购信息

1. 内蒙古谷语现代农业科技有限公司

联系人：佟振宇　联系电话：17604827065

2. 扎赉特旗蒙源粮食贸易有限责任公司

联系人：吴洪全　联系电话：15334866800

3. 扎赉特旗雨森农牧业有限责任公司

联系人：姜会红　联系电话：15284506668

卓资山莜麦面

（登录编号：CAQS-MTYX-20190294）

一、主要产地

内蒙古自治区乌兰察布市卓资县十八台、复兴乡等8个乡镇110个行政村。

二、品质特征

卓资山莜麦面色泽发黄，表面质地较粗糙，粗粒感较强，手感略涩，面粉颗粒度较均匀，颗粒大小一致，有淡淡的莜麦香味。

卓资山莜麦面含蛋白质14.4g/100g、铁10.88mg/100g、锌3.49mg/100g、多不饱和脂肪酸2.72%。卓资山莜麦面能有效降低胆固醇，对心脏病、糖尿病尤其是中老年人常见的心脑血管疾病、便秘等具有很好的预防作用。

三、产地环境

卓资县地处内蒙古自治区乌兰察布市中南部，全县属中温带大陆性季风气候，温差大，日照充足且时间长，农作物光合作用强，无大型工厂等污染源，空气、土壤、水源均无污染。当地莜麦采用原始轮作倒茬的方式种植，使土地能够得到充分的休整与恢复，土壤富含磷钾及有机质，所以种植莜麦基本不用化肥和农药，种植出的莜麦属于纯天然的绿色食品，生产出的莜面具有较高的营养价值，产品远销全国各地。

四、收获时间

每年7月为莜麦的最佳收获期，8—10月为莜麦最佳品质期。

五、推荐贮藏保鲜和食用方法

贮藏方法：存放莜麦粉的地方必须清洁、干燥、无虫。

食用方法：莜面有两种吃法，热吃和凉吃。

莜面制作方法灵活多变，常在巧妇手下搓、推、擀、卷，花样翻新，食用时可用蔬菜及辣椒冷调凉拌；也可用热羊肉汤、熟土豆拌吃。

莜面粉在制作时，要先用开水和成面。取适量莜面粉在面盆里，加一半体积的开水和面，趁热做成莜面制品上笼屉去蒸。莜面制品形式多种多样，可以做成"压合各""莜面鱼鱼""莜面窝窝"等。

六、市场销售采购信息

卓资县磨子山农牧业发展有限公司　联系人：李成永　联系电话：15849100395

◉ 化德大白菜

(登录编号：CAQS-MTYX-20190299)

一、主要产地

内蒙古自治区化德县朝阳镇赛不冷、补龙湾、民乐等行政村。

二、品质特征

化德大白菜外观新鲜、清洁，外叶形状为宽倒卵圆形、颜色为绿色，叶柄为白色；白菜色泽正常，结球结实，整修良好。

化德大白菜粗纤维含量为9.9%，钾含量为196mg/100g，类胡萝卜素含量为0.64mg/kg。化德大白菜营养价值丰富，具有清热除烦、解渴利尿、通利肠胃等功效，有"百菜不如白菜"之说。

三、环境优势

化德县地处北纬41°，属于温带半干旱大陆性季风气候，气候冷凉干燥，昼夜温差大，年平均气温2.5℃，日照时间长，光能充足，降水量少且集中，土壤为栗钙土，非常适宜种植高产优质的大白菜。独特的地理环境和自然气候使得化德大白菜品质优良，营养价值丰富。

四、收获时间

每年8月为化德大白菜的收获期，10月为化德大白菜的最佳品质期。

五、推荐贮藏保鲜和食用方法

大白菜适宜在低温、干燥处存放。

化德大白菜生熟均可食用，荤素皆宜，有蒸、煮、烩、炒、烧、扒、焖、煎、涮、熘、炸、熬、腌、炝、拌等多种烹调方法，还可以做成馅和配菜。

六、市场销售采购信息

化德县杰利种养殖专业合作社　联系人：郭杰　联系电话：13739954886

（登录编号：CAQS-MTYX-20190301）

化德黑枸杞 ◉

一、主要产地

内蒙古自治区化德县长顺镇刀拉五间房子村。

二、品质特征

化德黑枸杞果实呈球形，具有不规则皱纹，顶端有花柱痕，有时顶端稍凹陷，整体颜色呈纯黑色，富有光泽，其果肉柔软汁多，呈浆果状，质地柔润，味甘甜，口感柔软不沾牙，风味独特。

化德黑枸杞维生素 C 含量为 242mg/100g，钙含量为 183.06mg/100g，铁含量为 24.8mg/100g。化德黑枸杞营养价值丰富，具有养肝明目、补肾益精、延缓衰老等功效。

三、环境优势

化德县地处北纬 41°，位于高山冷凉气候资源区，属典型的半干旱大陆性气候，平均海拔 1 400m，年均气温 2.5℃左右，雨热同期，降水集中，主要在 7 月、8 月、9 月。昼夜温差大，日照充足且时间长，平均可达 10h 左右，光合作用旺盛，有利于黑枸杞营养物质的积累。化德黑枸杞主产区为退耕还林地，综合污染指数＜0.7，属于洁净等级，土壤肥力等级综合评定为 Ⅰ 级，独特的自然资源优势和良好的土壤理化条件，为当地生产优质黑枸杞提供了最佳的自然环境。

四、收获时间

每年 9 月为化德黑枸杞的收获期，10 月为化德黑枸杞的最佳品质期。

五、推荐贮藏保鲜和食用方法

-4℃冷藏保存或者用塑料袋真空保存。

化德黑枸杞可以直接咀嚼食用，也可以用温水泡水喝。

六、市场销售采购信息

内蒙古梅芳农业科技有限公司

地址：内蒙古乌兰察布市化德县长顺镇刀拉五间房子村

联系人：李万成　联系电话：15540433078

⊙ 凉城亚麻籽油

（登录编号：CAQS-MTYX-20190302）

一、主要产地

内蒙古自治区乌兰察布市凉城县曹碾满族乡 18 个行政村。

二、品质特征

凉城亚麻籽油呈棕黄色，澄清，透明；具有亚麻籽固有气味和滋味。

凉城亚麻籽油亚油酸含量为 15.8%，多不饱和脂肪酸含量 73.4%，钙含量为 7.45mg/100g，铁含量为 3.94mg/100g。凉城亚麻籽油营养价值丰富，具有增强智力、提高记忆力、保护视力、改善睡眠、降低血脂、降血压、预防过敏等功效。

三、环境优势

凉城县属中温带半干旱大陆性季风气候，海拔高，气候冷凉，昼夜温差大，平均气温 2 ～ 5℃，雨热同期，降水量多集中在 6—8 月，光照充足且日照时间长，平均每天可达 10h 左右，农作物光合作用强，特别适合耐寒耐旱、喜光、日照长、对土壤适应性强的作物，是胡麻最佳生长环境。又因当地大气、土壤、水源没有污染，土壤中富含钙磷钾等植物生长所需的营养元素，所以胡麻种植过程中很少施用或者不施用化肥和农药，用当地种植的胡麻榨出的油品质优良、营养丰富，香醇浓郁、口感极佳。

四、收获时间

每年 10 月初为凉城胡麻的收获期。

五、推荐贮藏保鲜和食用方法

凉城亚麻籽油低温保存，开瓶之后将亚麻籽油储存在冰箱中，开盖后容易氧化，在尽可能短的时间内将油用完，并注意每次用完之后将瓶盖盖紧，避光保存，避免置于温度过高或阳光直射的地方。

凉城亚麻籽油可以不进行加热，如若加热也不适宜加热过久，以免破坏其营养成分，可以凉拌菜淋生油、调馅、煲汤淋生油、低温烹饪。

六、市场销售采购信息

凉城县鑫江粮油食品有限公司　联系人：李国廷　联系电话：15848428302

（登录编号：CAQS-MTYX-20190308）

察右前旗葡萄 ◉

一、主要产地

内蒙古自治区乌兰察布市察右前旗巴音镇田家梁村、大哈拉村等3个乡镇。

二、品质特征

察右前旗葡萄外形为圆形，果皮色泽为绿色；果面新鲜洁净，葡萄紧密度适中，大小均匀，整齐度好；皮薄肉厚，酸甜适口。

察右前旗葡萄可溶性糖含量为 15.6g/100g，维生素 C 含量为 9.95mg/100g，铁含量为 0.53mg/100g，硒含量为 0.18μg/100g。察右前旗葡萄营养价值丰富，可清除体内自由基，抗衰老。

三、环境优势

察右前旗平均海拔 1 300m，属于中温带半干旱大陆性气候区，气候冷凉，昼夜温差大，年均气温 5.6℃，年均降水量 380mm，主要集中在 7 月、8 月、9 月，雨热同季，日照时间长，全年 ≥ 10℃ 的有效积温为 2 403℃，光合作用旺盛，加之土壤肥沃，空气、水质清洁无污染，非常适宜葡萄的生长，特殊的气候条件为生产优质葡萄奠定了基础。

四、收获时间

每年 10 月为察右前旗葡萄的收获期，10 月中下旬至 11 月，为察右前旗葡萄的最佳品质期。

五、推荐贮藏保鲜和食用方法

察右前旗葡萄最适宜贮藏的温度为 –3 ～ –1℃，相对湿度以 85% ～ 90% 为宜。

察右前旗葡萄最佳食用方法是鲜食，也可作为沙拉、甜点的配料，或者酿制葡萄酒等饮品。

六、市场销售采购信息

1. 察右前旗大哈拉苗丰现代农业有限公司　联系人：苗五子　联系电话：15847401288

2. 察右前旗佳经纬种养殖专业合作社　联系人：李瑞峰　联系电话：15164727788

3. 内蒙古沃也生态农业有限公司　联系人：寇彦玲　联系电话：13204749000

察右前旗胡麻油

（登录编号：CAQS-MTYX-20190309）

一、主要产地

内蒙古自治区乌兰察布市察右前旗黄茂营、玫瑰营等9个乡镇。

二、品质特征

察右前旗胡麻油呈棕红色，有胡麻油固有气味和滋味，外观呈微浊；无杂质、无沉淀物、无结晶。

察右前旗胡麻油多不饱和脂肪酸含量为69.6%，单不饱和脂肪酸含量为20.8%，亚油酸含量为16%，钙含量为15.4mg/100g，铁含量为1.9mg/100g。察右前旗胡麻油营养价值丰富，含有天然抗氧化剂——亚麻酸，有健脑、降血脂、预防便秘、预防心脑血管疾病、扩张小动脉、预防血栓形成等功效。

三、环境优势

察右前旗海拔较高，空气干燥，气候冷凉，昼夜温差大，雨热同季，降雨多集中在7月、8月、9月，占全年降水量的70%左右，正是胡麻生长的季节，日照时间长，有利于胡麻营养物质的积累且营养成分全面。同时，风速大，传毒媒介少，病虫害发生率低，商品性好。这些自然气候特点为胡麻生长发育提供了得天独厚的优越条件，使胡麻成为该旗的特色优势作物，是乌兰察布市胡麻的主产区之一。

四、收获时间

每年10月为察右前旗胡麻油的收获期。

五、推荐贮藏保鲜和食用方法

察右前旗胡麻油可置于阴凉干燥处长时间保存。

察右前旗胡麻油可用于凉拌蔬菜、调制色拉、淋在汤中或在炒菜出锅前作为明油淋入使用。也可以与液体乳酪、酸奶或甜炼乳混合，再配以葡萄干、干果颗粒等配料，制出的甜品风味极佳且利于人体对钙、天然维生素E和维生素A的消化吸收。

六、市场销售采购信息

1. 乌兰察布市鑫龍清生物有限公司　联系人：王娟　联系电话：15164786668

2. 察右前旗兴泰粮食加工有限责任公司　联系人：郑万林　联系电话：14747423530

清丰红薯 ◉

（登录编号：CAQS-MTYX-20190328）

一、主要产地

河南省濮阳市清丰县韩村镇苏二庄村、库韩村等 500 余村。

二、品质特征

清丰红薯表面光滑，薯块纺锤形且大小均匀，外形完整良好，薯皮深红色，薯肉橘红色，食用口感细腻，无丝，软糯香甜。

清丰红薯营养物质含量丰富，每 100g 含蛋白质 1.51g、赖氨酸 67.61mg、脂肪 0.31g、维生素 E 1.33mg。清丰红薯具有健脾胃、补虚乏、增强人体抗病能力等功效。

三、环境优势

清丰县地处冀、鲁、豫三省交汇处，属温带大陆性季风气候，四季分明，光照充足，气候温和，雨量适中，全年无霜期 215 天，年平均气温 13.4℃，年均降水量 700mm。境内地势平坦，地下水源充沛，交通便利，区位优势明显。农业基础牢固，特色农业发展迅速，属典型的平原农业县，土层深厚、下淤土壤，全县 17 个乡镇大部分属于沙壤土和两合土，pH 值＜ 8，均适合红薯的种植，为发展红薯产业奠定了良好的基础。

四、收获时间

每年 10 月为清丰红薯收获期。

五、推荐贮藏保鲜和食用方法

贮藏方法：清丰红薯最佳贮藏温度为 10 ～ 15℃，新鲜的红薯应在通风处晾晒 2 ～ 3 天。准备一个纸箱，在纸箱底部铺上一层纸张，挑选没有破损的红薯放入纸箱，放一层红薯铺一层纸张，最后放在干燥阴凉处保存，大概能保存 3 个月左右。

食用方法：清丰红薯可以洗净后直接生食，也可以蒸食、熬粥、烤食或者切片做火锅配菜等。

六、市场销售采购信息

1. 河南华薯农业科技有限公司　联系人：郝利波　联系电话：18639375999
2. 濮阳市康健食品有限公司　联系人：马建伟　联系电话：13939351066
3. 清丰县现代农业发展专业合作社　联系人：宋彤峰　联系电话：15670162000

⊚ 鄢陵水蜜桃

（登录编号：CAQS-MTYX-20190332）

一、主要产地

河南省许昌市鄢陵县马坊镇程岗村。

二、品质特征

鄢陵水蜜桃果实圆整，整个果面着鲜红色，套袋果呈乳白色，十分美观；果肉呈白色，肉质鲜美，风味浓甜。

鄢陵水蜜桃营养品质丰富，其中所含可溶性固形物 12.2%、维生素 C 10.5mg/100g、镁 8.96mg/100g。鄢陵水蜜桃适宜低血钾和缺铁性贫血患者食用。

三、环境优势

鄢陵县位于河南省中东部，一年四季分明，春季干旱多风，夏季炎热雨量集中，秋季晴朗清爽，冬季寒冷干燥；年平均日照时数为 2 438h，地下水优质，降雨充足；土壤多为轻壤和中壤，土层深厚，土壤 pH 值为 6.5 ～ 7.8。鄢陵县在水蜜桃生长适宜期的 3—8 月，每月的日照时数在 200 ～ 260h，平均每天在 7h 以上，良好的生态环境有利于水蜜桃和各种果树的种植生长。

四、收获时间

鄢陵水蜜桃 10 月采收，10 月为最佳品质期。

五、推荐贮藏保鲜

贮藏方法：放入冰箱 0℃冷藏，相对湿度为 90%。

六、市场销售采购信息

鄢陵县永泓农业开发有限公司　联系人：姚占勇　联系电话：15617498888

（登录编号：CAQS-MTYX-20190336）

长葛莲子 ◎

一、主要产地

河南省许昌市长葛市南席镇高庙村、石象镇坡杨村。

二、品质特征

长葛莲子呈卵形，表皮黄绿色，着色均匀，表面光滑，自然鲜亮；单果重 2.0～2.9g，果形较大；果仁饱满，乳白色，入口脆嫩，有淡淡清香，略带甜味；清煮后口感粉糯、清香、味甘，适口性较好。

长葛莲子水分含量为 71.0%，维生素 C 含量为 29.2mg/100g，钙含量为 184mg/100g，可溶性总糖含量为 3.32%。长葛莲子营养价值丰富，具有清热降火、降血压、促进睡眠等功效。

三、环境优势

长葛市农业基础扎实，全市耕地面积 67.5 万亩，地形平坦，排水便利，土壤主要有褐土和潮土，质地为轻壤或中壤，土壤肥沃，保水保肥能力强，可耕性良好，适宜多种农作物、林木和其他植物生长。长葛市位于河南省中部，地处亚热带到暖温带的过渡地带，属北温带大陆性季风气候区，日光充足，地热丰富，气候适宜，四季分明，年均气温 14.3℃，日照时数 2 422h，年均降水量 711.1mm，无霜期 217 天，适宜莲子生长。

四、收获时间

每年 10—11 月为长葛莲子的收获期，10—11 月为长葛莲子的最佳品质期。

五、推荐贮藏保鲜和食用方法

长葛莲子鲜果可冷藏保存，亦可直接晾晒或烘干。长葛莲子可置于阴凉干燥处长时间保存。

长葛莲子可鲜食，也可用来煲汤、熬粥。

推荐食用方法：

1. 莲子粥　将 15g 嫩莲子发涨后，在水中用刷擦去表层，抽去莲心，冲洗干净后放入锅内，加清水在火上煮熟备用。将 80g 粳米淘干净，放入锅中，加清水煮成薄粥，粥熟后掺入煮熟的莲子，搅匀，趁热服用。

2. 银耳莲子羹　银耳 200g 撕碎，莲子 50g、枸杞 20g 清洗，锅中倒入 500ml 清水，加入银耳、莲子、枸杞，大火烧开后，小火煮 30min，加入冰糖 50g，煮至冰糖融化后即可出锅。

六、市场销售采购信息

1. 长葛市豫泰种植专业合作社　联系人：张廷辉

联系电话：15565313888

2. 长葛市凤鸣家庭农场　联系人：杨学彬

联系电话：1310374233

◎ 米脂小米

（登录编号：CAQS-MTYX-20190384）

一、主要产地

陕西省榆林市米脂县全境。

二、品质特征

米脂小米颗粒均匀饱满，手感光滑沉实；色泽金黄；有小米固有的自然清香味；米饭软而不黏结，香味浓郁，米汤汤色纯正，呈淡黄色，食味好。

米脂小米蛋白质含量10.1g/100g，脂肪含量3.2g/100g，锌含量23.1mg/kg等，均优于同类产品参照值。

三、环境优势

米脂县属典型的黄土高原丘陵沟壑区，海拔800～1 100m，黄土层深厚，土壤易耕作，疏松软绵，通气透水性良好，有机质养分较高，保水保肥性能好。常年光照充足，昼夜温差大，是谷子的最佳适生地。独特的地理环境和气候条件，决定了米脂小米与众不同的营养价值和独特的品质、色泽。

四、收获时间

一年采收一次，每年的10月15日左右采收。

五、推荐贮藏保鲜和食用方法

小米的贮藏保鲜方法：应密封存放于阴凉、干燥、通风处。

小米食用应注意：小米忌与杏仁同食。

小米可蒸饭、煮粥、磨成粉后可单独或与其他面粉掺和制作饼、窝头、丝糕、发糕等，糯性小米也可酿酒、酿醋、制糖等。下面介绍2种小米好吃的食用方法。

1. 小米南瓜粥　材料：南瓜250g，小米60g，水2 000ml。做法：①2 000ml水先煮开，煮水同时南瓜洗净去皮切丁，小米淘洗一次便可。②水开后下小米南瓜，撇去浮沫，大火10min。③转中火20min。④转小火10min。⑤关火，靠锅内的余温，再煮一会儿。

2. 红薯小米粥　材料：红薯两小根，小米200g，红糖少许。做法：①红薯去皮切小块儿，小米淘洗干净。②把红薯和小米一同放入锅内。③加适量水，大火烧开。转中火熬制黏稠。④加入适量红糖，搅拌均匀即可。

六、市场销售采购信息

1. 陕西银波农产品开发有限公司　联系人：冯亚波　联系电话：13659228008

2. 米脂县米金谷农产品有限公司　联系人：苏米萍　联系电话：18329836663

米脂小米

立冬

11月

一候水始冰；
二候地始冻；
三候雉入大水为蜃。

小雪

一候虹藏不见；
二候天气上升地气下降；
三候闭塞而成冬。

◉ 开封菊花

（登录编号：CAQS-MTYX-20190002）

一、主要产地

河南省开封示范区水稻乡花生庄村、小庄村，杏花营镇杏花营村。

二、品质特征

开封菊花干品花朵朵大（直径 7～9cm），花瓣密实肥厚，花色金黄，菊香浓郁；温水冲泡花朵迅速膨大且浮于水面，汤色浅黄透亮，味甘气香，形态优美。

开封菊花锌元素含量为 3.44mg/100g，赖氨酸含量 890mg/100g、苏氨酸含量 460mg/100g。开封菊花营养价值丰富，具有清热去火、明目等功效。

三、环境优势

开封菊花的种植范围位于开封西边和北边湿地保护区周边。开封属于温带大陆性气候，很适宜菊花的生长，被誉为"菊花之乡"。开封冬季寒冷干燥，春季干旱多沙，夏季高温多雨，秋季天高气爽，四季分明，年均气温 14.52℃，年降水量 627.5mm，降水主要在 7 月、8 月。开封土壤多为偏酸性壤土、沙土，水质为弱碱性黄河水，非常适宜菊花种植生长，是国内主要菊花种植区。

四、收获时间

每年 11 月为开封菊花的收获期，也是开封菊花的最佳品质期。

五、推荐贮藏保鲜和食用方法

贮藏方法：密封、冷藏、避免阳光直射。

食用方法：

1. 菊花茶　取一朵开封菊花放入杯中，倒入 90～100℃沸水（饮菊花茶应选用矿泉水或纯净水），静等 5～8min 即可饮用。

2. 菊花粥　菊花 10g，粳米 100g。先将粳米用小火煮成稠粥，加入洗净的菊花，再续煮 5min 即可。"菊花粥养肝血，悦颜色"，为美颜佳肴。

3. 菊花明目饮　菊花 30g，加滚水沏泡片刻后，加入少量蜂蜜，温服，当天饮完。具有祛火养眼明目的功效。

六、市场销售采购信息

1. 开封宋苑菊茶有限公司　联系人：刘经理　联系电话：18537801188

淘宝店：宋苑菊茶　品牌店 https://shop163216335.taobao.com/shop/view_shop.htm?spm=a211vu.server-home.category.d53.5fb05e16WJ8fcj&mytmenu=mdianpu&user_number_id=2924609639

2. 开封东篱菊业有限公司　联系人：朱随成　联系电话：13569512296

淘宝店：https://shop149743770.taobao.com/index.htm?spm=2013.1.w5002-13572157667.2.62f53bd5jYBnUy。

3. 开封菊花高新科技产业文化发展有限公司　联系人：杨东海　联系电话：15803782698

网址：www.zhongguojuyuan.com

4. 开封市大自然菊业发展有限公司　联系人：许承程　联系电话：15664281728

淘宝店：https://shop113864412.taobao.com/shop/view_shop.htm?spm=a211vu.server-home.category.d53.3c205e16NZjTJj&mytmenu=mdianpu&user_number_id=2242256626

（登录编号：CAQS-MTYX-20190007）

通许菊花 ◎

一、主要产地

河南省开封市通许县长智镇岳寨村、东芦氏村、匡营村、胡庄村等。

二、品质特征

通许菊花干花花朵大，完整，直径约 7 ～ 9cm，花瓣密实肥厚，花色金黄，菊香浓郁；温水冲泡花朵迅速膨大且浮于水面，汤色浅黄清亮，味甘气香，形态优美。

通许菊花中锌元素含量为 3.46mg/100g、铜元素含量 1.10mg/100g、赖氨酸 810mg/100g、苏氨酸 480mg/100g、亮氨酸 600mg/100g。通许菊花具有散风清热、平肝明目、清热解毒等功效和作用。

三、环境优势

通许菊花的产地属于暖温带大陆季风气候，四季分明，冷暖适中。一般春暖干旱蒸发大，夏季湿热雨集中，秋凉晴和日照长，冬少雨雪气干冷。这一得天独厚的自然条件很适宜菊花的生长，被誉为"菊花之乡"。这里地理环境优雅，自然条件优越，气候温润，空气清洁，远离闹市。涡河直流直达田边沟渠，井水直接灌溉农田，自然的地貌，肥沃的土地，原生态的农耕，便利的交通，一派独特迷人的田园风光，实属菊花的富地和摇篮。偏酸性两合土壤，施用有机肥，不打农药，实行人工除草，符合原生态、无污染、无公害的各种条件。

四、收获时间

每年 11 月为通许菊花的收获期。通许菊花制成干花后的 6 ～ 8 个月内，均为最佳饮用期。

五、推荐贮藏保鲜和食用方法

贮藏保鲜方法：菊花茶可存放 在 0 ～ 4℃冷柜，避光置于阴凉处，保存期二年。

食用方法：①菊花茶。通常是用 100℃开水冲泡，盖上盖子之后焖 3 ～ 5min，即可饮用。一般可以冲泡 3 ～ 5 次，注意当天内饮用完，不要隔夜。②菊花枸杞茶。取菊花 10 朵、枸杞 30g，先将枸杞放入 3 ～ 5 杯水煮开 10min，然后加入菊花再煮 2 ～ 3min。煮好之后，过滤掉菊花和枸杞，剩下的汁液装入保温瓶中，一天内喝完即可。

六、市场销售采购信息

河南省通许县岳寨村宋韵千菊园　旗舰店地址：河南省开封市金明区汉兴路与集英街交叉口向西 200m 路北千菊茶庄　联系电话：13393811692、0371-22769169

宜阳甘薯

（登录编号：GAQS-MTYX-20190016）

一、主要产地

河南省洛阳市宜阳县所辖 16 个乡镇。

二、品质特征

宜阳甘薯单薯质量为 334～384g，块型均匀整齐，中形薯。薯皮紫红光滑，薯肉橙红色，熟食有薯香味，甜度高，无丝。

宜阳甘薯 β-胡萝卜素含量 906μg/100g，维生素 B$_1$ 含量 0.07mg/100g，维生素 B$_2$ 含量 0.01mg/100g。宜阳甘薯维生素含量丰富，具有提高人体免疫力、抗癌、减肥、润肠通便等功效。

三、环境优势

宜阳县地貌特征为"三山六陵一分川，南山北岭中为滩"。丘陵山地居多，平均海拔 360m。属暖温带大陆性季风气候，春温、夏热、秋凉、冬寒。年均气温 14.8℃，地温平均 12.8℃，年降水量 500～800mm，无霜期 200 天左右，全年日照在 1 847.1～2 313.6h，日照率为 47%。土地资源丰富，据农业部门资料显示，磷的含量为 11.34mg/kg、钾的含量为 755.16mg/kg、肥沃田土壤有机质为 17.6g/kg，在全国名列前茅，而甘薯生长所需的主要元素就是磷、钾和有机质等，甘薯又有耐旱耐涝的生长优势和特性。因此，宜阳地区优越的自然条件和区位优势为甘薯生产创造了得天独厚的优势。

四、收获时间

宜阳甘薯的成熟时间为 10 月，最佳品质期为收获后 1 个月，这时候红薯含有的淀粉已经转化为糖，食用口味最佳。

五、贮藏和食用方法

采收后在 90%～95% 湿度下的封闭式甘薯贮藏窖内保鲜。

推荐食用方法：

1. 甘薯粥　材料：新鲜甘薯 250g，小米 100g。步骤：将甘薯（以红皮黄心者为最好）洗净，连皮切成小块，加水与米同煮稀粥即成。

2. 炸甘薯　材料：新鲜甘薯。步骤：选甘薯洗净，切成 1cm 厚的薄片，放入油锅炸至金黄捞出即可。

六、市场销售采购信息

1. 洛阳金薯王农业科技有限公司　联系人：张作帅　联系电话：13938889039、0379-68988358
2. 洛阳市洛源农业开发有限公司　联系人：姚程博　联系电话：13137059499
3. 宜阳县樊村镇丰源家庭农场　联系人：郭社彬　联系电话：17395925169

小河白菜 ◉

（登录编号：CAQS-MTYX-20190023）

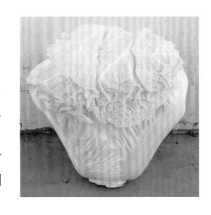

一、主要产地

河南省浚县小河镇所辖 62 个行政村。

二、品质特征

小河白菜球形好，结球紧实，软叶多，叶柄占比小，叶色鲜嫩，干烧心少，耐贮性好，具有白菜固有的鲜香。生食味微甜，炒、烩、炖汤浑，渣少，绵软适口。

小河白菜钙含量 37.1mg/100g，硒含量 0.76μg/100g，抗坏血酸含量 23.6mg/100g。小河白菜性味甘平，有清热除烦、解渴利尿、通利肠胃的功效。

三、环境优势

浚县小河镇地处豫北平原，平均海拔 57.6m，属暖温带大陆性季风气候，四季分明，日照充足，无霜期长。年平均气温 13.8℃，无霜期 223 天，年均日照时数为 2 368.4h，全年降水量 627.3mm。

小河白菜产地土壤类型为潮土，地势平坦，土层深厚，通透性好，富含钙质，有机质含量 16.9g/kg、全氮 1.27g/kg、速效磷 15.6mg/kg、速效钾 114mg/kg，土壤中速效钾、缓效钾、有机质的含量较高。

小河镇产业以农业为主，没有工矿企业及其他污染源，生态环境良好，采用地下水灌溉，确保了产品品质。

四、收获时间

小河白菜一般于 10 月下旬至 11 月上旬收获，最佳品质期为 11 月中下旬至 12 月下旬。

五、推荐贮藏保鲜和食用方法

贮藏方法：批量贮藏多采用埋藏、窖藏、冷鲜库贮藏等方法，库温保持在（0±0.5）℃，相对湿度保持在 85%～90%。普通消费者可放置地下室贮藏，温度保持在 0～5℃为宜，或去除外叶，用保鲜膜包裹置冰箱贮藏。

食用方法：小河白菜可炒、炖、烩、涮、凉拌、做馅儿等。

六、市场销售采购信息

1. 鹤壁市绿源农牧有限公司　联系人：姜兴超　联系电话：15517895656
2. 浚县惠华粮食高产创建专业合作社　联系人：李静　联系电话：15729158535

◎ 获嘉大白菜

（登录编号：CAQS-MTYX-20190025）

一、主要产地

河南省新乡市获嘉县太山镇胡郑庄。

二、品质特征

获嘉大白菜重量大；叶球倒锥形，平头，上部颜色白色；外叶倒卵形，黄绿色；叶缘圆齿，中肋白色；内叶浅黄色，叶片叠抱，叶泡状突出稍皱，中心柱长度中等。

获嘉大白菜含可溶性糖 2.88%、磷 38.2mg/100g、粗纤维 0.6g/100g。获嘉大白菜粗纤维含量低，适合肠胃功能差、经常腹泻的人群食用。

三、环境优势

获嘉大白菜的主产地是以太山镇为中心辐射周围面积 1 万多亩的土地，该区域地处北纬 35°，地势平坦，土地肥沃，四季分明，热量充裕，雨水充沛，水质良好，年平均降水量 573mm。土壤为最适宜大白菜生长的蒙金土，有机质含量高，氮磷钾配比合理，pH 值适宜，沙黏度适中、通透性良好，保水保肥。区域内无污染源，病虫害少，非常适合大白菜生长。正是这些得天独厚的自然条件造就了获嘉大白菜的优良品质。

四、收获时间

大白菜最佳的收获时期一般是在 11 月中旬左右。

五、食用方法

大白菜的食用方法极多，生熟均可，荤素皆宜，有蒸、煮、烩、炒、烧、扒、焖、煎、涮、熘、炸、熬、腌、炝、拌等多种烹调方法。

六、采购联系方式

联系电话：0373-4826000、13569898968

（登录编号：CAQS-MTYX-20190032）

温县铁棍山药 ◉

一、主要产地

河南省焦作市温县辖区内祥云镇、番田镇、武德镇、黄庄镇、赵堡镇、招贤乡、北冷乡、温泉街道办、岳村街道办、张羌街道办、黄河街道办，共计 262 个行政村。

二、品质特征

温县铁棍山药表皮黄褐色，圆柱形，根茎有须根及铁红色斑痕，毛眼较突出，质硬；断面呈白色，细腻，有黏性；熟食口感干面、香甜，久煮不散。

温县铁棍山药富含蛋白质、铁、锌以及多种氨基酸等，其中蛋白质含量 3.55g/100g、铁含量 1.0mg/100g、锌含量 0.37mg/100g、赖氨酸含量 150mg/100g，均高于同类产品参照值。温县铁棍山药营养丰富，常食有健脾补虚、固肾益精、益心安神等作用。

三、环境优势

温县北依太行、南临黄河，被山河怀抱，得名为"怀"。有"山之阳，水之阳"天然优势；黄河、济河、沁河的千年冲积使这里的土壤沉淀了丰富的营养和微量元素；地处北纬 34°49′47″～35°03′32″，东经 112°51′14″～113°13′33″，年平均气温 14.5℃，年降水量 537.4mm，年日照时数 2 272.3h，年积温 4 500℃以上，无霜期210天，干湿相宜、气候温和；太行山特殊的岩溶水和丰富的微量元素渗入地下，与地下水贯通，形成独特的水质。独一无二的天时、地利，是温县铁棍山药能够冠绝天下的基本条件。

四、收获时间

每年 11 月、12 月正是收获山药的季节。霜降后到来年 3 月之前，是山药最佳品质期。

五、推荐贮藏保鲜和食用方法

保鲜方法：温县铁棍山药最适宜贮藏温度为 4～6℃。贮存地点应通风、干燥、防晒、防雨、洁净、无异味。冬季可放通风干燥的室内越冬，春季气温升高时放入冷库低温保存。

推荐食用方法：

1. 清蒸铁棍山药　原料：铁棍山药 750g，白糖适量。制作方法：将铁棍山药连皮洗净，截成均匀适量长短，放入蒸锅，隔水蒸 20～30min 即可。蒸着吃，原汁原味，吃的时候，可以根据个人口味适量蘸糖。

2. 拔丝铁棍山药　原料：铁棍山药 500g，玉米淀粉适量，白糖适量，芝麻少量。制作方法：①山药削皮切块，撒玉米淀粉拌匀。炒锅放油，油热后先炸山药，炸至山药表面略微起泡捞出控油。②炒锅放 1 茶匙油，润一下锅底，放入白糖小火炒制，用勺子背儿贴着锅底搅拌，防止炒煳。③等到白糖炒至颜色发红，即可倒入山药，放入芝麻搅拌均匀，趁热出锅即可食用。

六、市场销售采购信息

1. 焦作新现代农业发展有限公司　联系电话：0391-6420666　网址：www.huaishantang.com

2. 河南鑫合实业发展有限公司　联系电话：0391-3826111　网址：https://xinhenongzhuang.tmall.com

3. 温县岳村乡红峰怀药专业合作社　联系电话：13603441029　淘宝网址：https://m.tb.cn/h.eRBo11I?sm=0646a1

◎ 襄城红薯

（登录编号：CAQS-MTYX-20190033）

一、主要产地

河南省许昌市襄城县双庙乡郝庄村、汾陈镇访车李村、山头店镇山头店村。

二、品质特征

襄城红薯外皮较光滑，干净；呈纺锤形，中型果实；外皮呈浅暗红色；肉质橙红色，质地硬脆，有甜味，淀粉中等。

襄城红薯营养品质丰富，其中所含维生素 C 24.0mg/100g、可溶性糖 8.33%、蛋白质 1.56g/100g、钙 340mg/kg、铁 8.2mg/kg、锌 2.1mg/kg、胡萝卜素 76.2mg/kg。常吃红薯能够提高免疫力、抗衰老、减肥、抗癌等。

三、环境优势

襄城县位于中原腹地，东倚伏牛山脉之首，西接黄淮平原东缘，属暖温带大陆季风气候，四季分明。年平均气温 14.7℃，无霜期为 210 天，年平均日照总时数为 2 281.9h。襄城县年均降水量 750mm，境内有大小河流 16 条，浅层地下水总储量 1.4 亿 m³，建设有完善的灌溉体系，灌排方便。产地土层深厚，有机质和速效氮含量中等，低氯，土壤中沙黏颗粒比例适当，疏密适度，通透性好，非常适宜红薯生长的需求。

四、收获时间

襄城红薯在 10 月中旬开始收获，霜降前完成收获，根据气温情况可延长到 10 月底。最佳品质期在 11 月底。

五、推荐贮藏保鲜和食用方法

贮藏温度及湿度：温度宜在 10 ～ 25℃，相对湿度 80% ～ 85%。

襄城红薯可用于烘烤、蒸煮、油炸等。

拔丝红薯 ①红薯去皮切滚刀块。②炒锅中火倒入足够的植物油，当油温烧到五成热（红薯块放到油里缓缓地冒泡泡）就开始炸红薯。③红薯炸到皮硬，内软即可，捞出控油。④炒锅中留一点油，小火。把糖倒入锅中搅拌融化。⑤糖融化并呈现浅琥珀色时把炸好的薯块倒入，迅速翻拌均匀后盛出趁热食用。

六、市场销售采购信息

1. 襄城县安民红薯种植专业合作社　联系人：刘许生　联系电话：18237418999
2. 襄城八士岗薯业有限公司　联系人：李根收　联系电话：15836569628
3. 襄城县自有红薯保鲜有限公司　联系人：宋自有　联系电话：13733719268

（登录编号：CAQS-MTYX-20190035）

一、主要产地

河南省三门峡市渑池县天池、果园、坡头、陈村、张村、段村、英豪等 7 个乡（镇），涉及笃忠村、张大池村、竹峪村、杜村沟村、龙潭沟村、山韭沟村、陈沟村、张吕村、南昌村、藕池村、鹿寺村、南涧村、西园村、贾沟村、桐树沟村、石泉村、朝阳村、西天池村、东天池村等 101 个行政村。

二、品质特征

渑池丹参根茎短粗，根数条，长圆柱形，略弯曲，有的分枝具有须状细根，长 15 ～ 20cm，直径 0.5 ～ 1cm，表皮呈棕红色，粗糙、纵皱纹。

渑池丹参的丹参酮ⅡA含量达到 0.47%、丹酚酸 B 的含量达到 4.5%，均高出药典标准。

三、环境优势

渑池地处黄河流域，地貌属浅山丘陵类型，海拔 200 ～ 1 500m，光照充足，四季分明，昼夜温差较大，年平均气温 12.4℃；土壤为红黏褐土，有机质含量高达 0.75%、水解氮 20 ～ 30mg/kg、速效磷 2.5 ～ 5mg/kg、速效钾 127.855mg/kg；土壤酸碱度适中，地表和地下水资源丰富，年平均降水量在 656.9mm；适合于多种中药材特别是丹参种植，县境区内著名的韶山山区有半个药柜之称，仅名贵野生中药材就有 200 余种，野生丹参更是不计其数。该地生产的丹参，质地好，味纯正，有效成分含量高，具有"根条粗壮，头尾齐全、色泽紫红、药效好、无芦头及须根"的独特品质。

四、收获时间

渑池丹参生长期一般为一年到一年半，秋季地上茎叶枯萎后或早春萌发前采挖。

五、推荐贮藏保鲜方法

在干燥、通风、清洁、避光的地方贮藏。

六、市场销售采购信息

联系人：郜龙蛟　联系电话：15539868685、13337808517

⦿ 夏邑白菜

（登录编号：CAQS-MTYX-20190047）

一、主要产地

河南省商丘市夏邑县王集乡、杨集镇、李集镇、马头镇。

二、品质特征

夏邑白菜叶球筒形，平头；上部颜色白色；外叶长圆形，浅绿色；中肋白色；内叶浅黄色，叶片叠抱，叶泡状突出稍皱，中心柱长度中等。

夏邑白菜可溶性糖含量 2.62%、磷含量 331mg/kg，均优于同类产品参照值。夏邑白菜其性微寒，经常食用具有养胃生津、除烦解渴、利尿通便、清热解毒之功效。

三、环境优势

夏邑县位于河南省东部，属黄淮冲积平原，地表平坦。土壤为潮土类沙质壤土，耕作层深厚，土地肥沃，土壤通透性好，两合土属和淤土属共占土壤总面积的 94%。夏邑县属淮河流域，水资源丰沛，年平均水资源总量为 3.413 亿 m^3，水质富含硒，地下水质达到国家灌溉水源标准。夏邑地处南北气候过渡带，属暖温带半湿润季风气候区，年平均气温 14.1℃。全年光照充足，冷暖适中，四季分明，气候温和，种植白菜的环境条件十分优越。无污染源，病虫害少，非常适合白菜生长。

四、收获时间

11 月中旬以后大白菜基本停止生长，进入收获期，且品质最好。

五、推荐贮藏保鲜和食用方法

白菜采收后先晾晒 4～5 天，晒好后最外层的白菜叶因失去水分变蔫，将大白菜搬移到通风、阴凉、清洁、卫生的场所，堆码整齐。白菜适宜的贮存温度是 0～5℃。若温度在 0℃以下，要在白菜上铺上塑料布或者棉被，防止冻伤。

推荐食用方法：

白菜粉丝汤　材料：大白菜 250g，干粉丝 50g，猪油 30g，盐 5g，姜 3g，野山椒 10g，鸡精 3g，胡椒 3g。步骤：①白菜洗净，去根斜切成薄片；粉丝用热水泡 1h 沥干水备用；野山椒剁碎，姜切丝。②汤锅置火上，放猪油化开，加姜丝、野山椒爆出味，加清水和盐煮开；加大白菜入锅煮软；再加粉丝煮开 3min；出锅前放入鸡精、胡椒调味即成。

六、市场销售采购信息

1. 夏邑县孙萍家庭农场　联系人：孙　萍　联系电话：15993940510
2. 夏邑县田大棒种植专业合作社　联系人：田大棒　联系电话：15939054668
3. 夏邑县民鑫种植专业合作社　联系人：段忠民　联系电话：18337038100
4. 夏邑县德发种植专业合作社　联系人：张得发　联系电话：15514934222
5. 夏邑县骏锋果蔬种植专业合作社　联系人：赵学民　联系电话：13703428101

（登录编号：CAQS-MTYX-20190058）

新蔡顿岗大米 ◉

一、主要产地

河南省新蔡县顿岗乡和关津乡。

二、品质特征

新蔡顿岗大米籽粒饱满，晶莹剔透；蒸煮后饭粒完整性好，香气浓郁，光泽明亮，结构紧密，有黏性，不粘牙，口味适中，咀嚼时有淡淡的清香和甜味，冷饭黏弹性好。

新蔡顿岗大米每100g含蛋白质7.26g、维生素B_1 0.08mg、直链淀粉14.5g，均优于同类产品参照值。

三、环境优势

新蔡顿岗大米产于河南省新蔡县东南部边缘，北纬33°，东经115° 是亚热带与暖温带过渡地带，矿物元素丰富，气候温和，雨量充沛，光照充足，平均无霜期221天。全县热量、光能、降水较为丰富，且雨热同季，有利于农作物生长。顿岗大米产地位于洪、汝河下游，多年的河滩淤泥使得土质肥沃，境内有两条老河故道及纵横交错的沟、港、渠、滩，水域、水资源丰富，适合种植优质稻米。加之远离工业园区，环境优美，水质纯清，是优质稻谷生产的最佳之地。2000年，河南省农业科学院将顿岗乡确定为河南省农业科学院优质水稻生产基地。

四、收获时间

每年10月中旬收获，11月新米上市，脱去颖壳后3个月内品质最佳。

五、推荐贮藏保鲜和食用方法

可使用保鲜盒存放，保鲜盒不宜装太满，上方留适量空隙，夏季要封盖，将花椒用布袋包裹后放于保鲜盒内可防止大米生虫，放置地点要阴凉干燥。蒸煮成米饭清香可口。

六、市场销售采购信息

1. 河南顿岗米业有限公司　联系人：杨利华　联系电话：13949579566

网址：http://www.hndgmy.cn

2. 新蔡县鑫顺种植农民专业合作社　联系人：彭东文　联系电话：13525320618

⊙ 丰都锦橙

（登录编号：CAQS-MTYX-20190060）

一、主要产地

重庆市丰都县龙孔镇、高家镇、兴义镇、双路镇、三合街道、名山街道等。

二、品质特征

丰都锦橙果实呈腰鼓形、蒂部平、果肩宽、果顶平；平均单果重 220g 左右，果皮光滑呈橙红或橙色，果皮厚度 0.31～0.4cm。剥皮后果肉橙黄悦目、囊瓣皮薄、排列整齐，果肉脆嫩化渣、汁多、无核，果味酸甜可口品质极佳。丰都锦橙可食率 75.1%～95%，总酸（以柠檬酸计）0.5～0.6g/100ml，可溶性固形物 10.5%～15.5%，维生素 E 20～28.1mg/kg，维生素 C 31.6～46.6mg/kg。

三、环境优势

丰都锦橙生产区位于长江沿岸浅丘岭谷区，海拔高度在 300m 左右，远离城市和工业区，隔离条件好，产地环境无污染。生产区土壤多为红棕壤、沙壤土，土壤疏松、深厚、肥沃，土壤酸碱度适中。毗邻长江水质优良，生产区配套建设蓄水池终年积水，用水符合 GB 5084—1992 水质标准。丰都锦橙产地属于亚热带湿润季风气候，日照充足热量丰富、降水充沛、四季分明、春季回暖早无霜期长。

四、收获时间

丰都锦橙收获季节一般在 11—12 月，留树保鲜果可延长至次年 1—3 月，通过贮藏保鲜果品可持续保持到翌年 1—5 月上市。

五、推荐贮藏保鲜和食用方法

贮藏方法：丰都锦橙的贮藏方法主要以冷藏库贮藏为主，果品采摘后，经过分级筛选、清洗、消毒、装袋后直接入库贮藏，库内温度保持在 10～13℃，农户也可采用留树保鲜等方法进行贮藏。

食用方法：用水果刀去皮和剖开后即可食用，也可榨汁食用。

六、市场采购信息

重庆市丰都县楠竹柑桔股份合作社　联系人：冉隆安　联系电话：15826202528

（登录编号：CAQS-MTYX-20190061）

丰都红心柚 ◉

一、主要产地

重庆市丰都县三元镇、青龙乡、双龙镇、仁沙镇、兴隆镇、社坛镇、虎威镇等。

二、品质特征

丰都红心柚具有倒卵形或长柱形，橙黄色的果面，粉红色的果肉，肉质色泽粉红悦目，瓣大而均匀整齐，易分离，酸甜适中，汁多，芳香味浓，品质极佳。

丰都红心柚含有可溶性固形物 10.8%，维生素 C 33.83mg/100ml，番茄红素 8.29mg/kg，具有独特的营养品质。

三、环境优势

丰都红心柚核心产区位于丰都县北岸的渠溪河流域三元镇，全镇有大小河流 2 条，即渠溪河和碧溪河，属长江水系，其水质优良，达到国家饮用水标准，优质的水源为丰都红心柚的灌溉提供了无污染条件。核心产区又属于亚热带湿润季风气候区，具有气候温和、雨量充沛、立体差异明显、四季分明、无霜期长等特点，年平均气温 17.2℃，年平均日照 1 156h，年平均降水量 1 076mm，无霜期 325 天。特殊的气候条件为丰都红心柚的品质积累创造了最佳条件。

四、收获时间

丰都红心柚的具体采收时间需通过测量可溶性固形物与维生素 C 含量确定。可溶性固形物含量达到 8.0% 以上，维生素 C 含量 ≥ 23% 即可采收，最佳品质期在每年 11 月中旬至 12 月下旬。

五、推荐贮藏保鲜和食用方法

贮藏保鲜：放置在房间的阴凉湿润通风处即可，通常可以存放 7 ～ 21 天。

食用方法：用水果刀把皮削了，剥开囊衣即可食用。

六、市场销售采购信息

1. 重庆市红友王红心柚有限公司　联系人：李世成　联系电话：13709463958
2. 丰都县悠悠电子商务有限公司　联系人：李治君　联系电话：15095822111

⊙ 田水铺青萝卜

（登录编号：CAQS-MTYX-20190088）

一、主要产地

天津市武清区大良镇田水铺村。

二、品质特征

田水铺青萝卜表皮光滑，颜色青绿，长圆柱形，根部尖白、稍弯，长 20～25cm，横径约 5～7cm，肉质致密，鲜嫩、多汁，齿嚼易碎，粗纤维少。含糖分高、甜而不辣，形状整齐。

田水铺青萝卜维生素 C 含量为 19.7mg/100g，优于同类产品参照值近 2 倍，可溶性固形物达到 7%，钙含量 427mg/kg，与参照值基本持平。

三、环境优势

武清区大良镇田水铺村属于温带季风气候，夏季高温多雨，冬季寒冷干燥。四季分明，雨热同期，天气的非周期性变化显著。田水铺青萝卜产地土壤主要为潮土和沙壤土，地形平坦，地下水埋藏较浅并参与了成土过程，有机质积累较多，土体构型复杂。土壤中有机质养分较为充足，土壤 pH 值呈中性至微碱性。地表水和地下水充足，且适合用于灌溉农作物。

四、收获时间

11 月中、下旬至元旦前后均可收获，口感佳。

五、推荐贮藏保鲜和食用方法

贮藏保鲜方法：萝卜喜冷凉多湿的环境条件，无生理休眠期。防止发芽和糠心是主要问题。贮藏时保持低温高湿的条件，通常贮温为 0～3℃，相对湿度 95% 左右。

食用方法：田水铺青萝卜亦果亦蔬，可生食亦可熟食。鲜食可感受萝卜最自然纯粹的味道。

扇贝青萝卜汤 ①青萝卜洗净，先切片再切丝，②扇贝肉洗净备用，③锅内放油，放入葱花炒香，④放入扇贝肉略微翻炒，⑤放入青萝卜丝翻炒至略微变软，⑥加水，刚刚没过青萝卜丝，大火煮开，继续煮 5min，⑦调味即可食用。

六、市场销售采购信息

销售网址：www.qyssjy.com　www.tjdmlt.com

基地直采：天津市武清区大良镇田水铺村

联系电话：022-22297078、13352019756

（登录编号：CAQS-MTYX-20190102）

一、主要产地

肇实即肇庆所产芡实。主要产地在肇庆市鼎湖区沙浦镇典二、典三村，沙一、沙二村，苏二、苏三村，桃二村及其他县区。

二、品质特征

肇实外形呈球状，平均直径 9.0mm，种皮棕红色或暗红色，内表面有网纹。近种脐端 1/4 ～ 1/3 为乳白色，两色交替处有一淡黄色晕圈，胚位于种脐处，种仁白色，质地坚硬，断口处凹凸不平，无明显味觉特征。肇实煮熟后质地松软，汤色清白，味道清甘，口感粉糯。

肇实蛋白质含量为 10.1g/100g，高于同类产品参照值，水分、灰分符合相关规定，脂肪含量 0.2g/100g，属于低脂健康食品，具有益肾固精、补脾止泻、除湿止带等功效。

三、环境优势

肇庆鼎湖春季温暖多雨，秋冬少雨，气温较高，日照足，水资源丰富，特别是鼎湖多池塘和低洼地，土壤肥沃，气候温和，水源充沛，给芡实的生长创造了良好的条件。

四、收获时间

每年的 11—12 月收获。

五、推荐贮藏保鲜和食用方法

肇实适宜常温、干燥贮藏；适合煮食。

推荐食用方法：

1. 山药薏米芡实粥　将山药、芡实、薏米 2∶1∶1 配好，洗净，浸泡 2 小时后，加入冰糖，中火熬煮 1h。

2. 猪肚芡实莲子汤　将猪肚放粗盐洗净，芡实莲子洗净，放入瓦煲内，加水浸过猪肚，慢火煲 3 ～ 4h，加入调味料即可饮汤。

3. 芡实大骨汤　芡实提前 10h 浸泡，猪大骨斩断、泡清血水后洗净，取葱花姜片，之后将食材倒入高压锅，加入清水、烹入料酒即可。

六、市场销售采购信息

天猫店：德民堂旗舰店　微信小程序：肇实、芡实 A

直销：广东省肇庆市鼎湖区沙浦镇沙二村委会细潭

○ 阳山淮山

（登录编号：CAQS-MTYX-20190109）

一、主要产地

广东省阳山县所辖 13 个乡镇。

二、品质特征

阳山淮山呈棍棒形，饱满粗大，上端较细，中下部较粗，有少量吸收根，细且生长稀疏，表皮黄褐色，长度 50 ～ 80cm，直径 3 ～ 4cm，肉质洁白久放不变色，组织紧密细腻，胶质多。

阳山淮山蛋白质含量为 3.62g/100g，苯丙氨酸含量为 140mg/100g，赖氨酸含量为 110mg/100g，以上指标均优于同类产品参照值，可溶性糖含量为 0.4%，低于参照值 0.6%。

三、环境优势

阳山淮山品质独特，与阳山县独特的地理环境和气候、土壤因素密切相关。一是生态环境独特优越。阳山县位于广东省西北部，是广东省"生态发展区"和国家级生态功能区，生态条件良好。全县森林覆盖率达 72.97%。二是气候资源独特。阳山县地处山区，属于亚热带季风性气候，气候温和，年平均气温 20.5℃，昼夜温差大，有利于块茎的膨大和提升品质。三是沿河两岸土地独特良好。阳山县耕地面积 60 万亩，基本是水旱各半，沿河两岸耕地土壤肥沃疏松，水分充足，有机质含量在 2% 以上。阳山县近乎原生态的自然环境、独特的气候资源和良好的土壤条件，造就了阳山淮山农家栽培种和阳山淮山的优良品质。

四、收获时间

阳山淮山全年均是收获期，最佳品质期为 11 月中旬到翌年春季。

五、推荐贮藏保鲜和食用方法

贮藏方法：阳山淮山应存放在通风、干燥处保存，一般可保存半个月左右。

该产品可用于煲汤、清炒、入药、主菜和深加工等用途，是非常受欢迎的一种食材。以下介绍 2 种最佳食用方法。

1. 清蒸淮山片　材料：阳山淮山 250g，葱 1 根，油盐适量。做法：①将淮山去皮切成 0.5cm 薄片，用清水浸泡。②净锅倒入沸水，淮山片摆碟，加入适量油盐，大火清蒸 15min，出锅撒上葱花即可。

2. 药膳淮山汤（视情况选用羊肉、牛骨、牛肉、猪骨、猪肉、鸡、鸭等肉类）　材料：阳山淮山 1 根，党参 50g，红枣 5 颗，枸杞 20g，薏米 20g，当归、姜适量（适用 5 ～ 6 人食用）。做法：①将淮山去皮切成约 1cm 厚片，用清水浸泡。②将配料放入瓦锅内加水，煮沸去沫。③放入切好的淮山，煮大约 40min，山药变软后即可出锅。

六、市场销售采购信息

1. 阳山县七拱镇新圩金丰淮山农民专业合作社　联系人：郑伟全　联系电话：18029716511

2. 阳山县七拱镇西连绿源淮山种植专业合作社　联系人：黄金箭　联系电话：13413555488

（登录编号：CAQS-MTYX-20190118）

和田红枣 ◎

一、主要产地

新疆和田地区洛浦县北京农业科技示范园区拜什托格拉克乡。

二、品质特征

和田红枣果型饱满，呈卵圆形，大小均匀，果面平整，果肩棱起，果皮薄、呈深红色、有光泽，肉质肥厚、色淡黄，风味甘甜，口感清新、有香气。

和田红枣总糖含量高（77.9g/100g）、总酸含量低（0.312g/100g）、维生素C含量高（12mg/100g）、磷含量高（98.4mg/100g），有补中益气、滋润心肺、生津养颜等功效。

三、环境优势

和田地区洛浦县是闻名全国的红枣之乡，该地区气候干燥，光热资源匹配极佳，非常适宜红枣的种植，特别有利于枣果可溶性固形物和糖分积累。和田红枣，由于种植在沙漠上，土壤呈弱碱性，日照时间长，昼夜温差大，气候干燥，不适于病虫害生长，又是冰川雪水灌溉，无农药残留、无污染，造就了红枣绿色、有机、健康、营养的品质。

四、收获时间

和田红枣每年只收获一次，采摘收获期为每年的11月。

五、推荐贮藏保鲜和食用方法

贮藏方法：和田红枣为干制红枣，可以放在冰箱冷藏室或冷藏库保存，可以抑制细菌和害虫的侵入，又可以抑制酵母菌的发酵。

红枣保存时不要将红枣进行密封，因为红枣密封之后，将处于一种无氧环境，无氧环境下酵母菌会将葡萄糖逐渐转化为乙醇和二氧化碳。

下面介绍3款红枣的食用方法。

1. 红枣养肝汤　材料：红枣7颗，开水400ml。做法：用水清洗7颗红枣，每颗用剪刀剪7个口子，放入容器中，倒入400ml开水，盖上盖子放置3～4h，然后用文火煮1h。功效：帮助肝脏排毒，治疗肝功能不好引起的问题，特别是青春痘、湿疹、皮肤痒等。经常熬夜或者喝酒的人也可以多喝。

2. 红枣三蒸　材料：和田红枣，洗净去杂质、不要浸泡。做法：①中强火蒸20min，置阴凉处3～4h。②再蒸20min，直接隔水干蒸。③转小火再蒸10min。功效：枣子蒸了三次，颜色和口感都不一样了，药性也变了，它的养脾、养血的作用就强一些，蒸三次后更好吃，适用的人群更多了。

3. 枸杞红枣茶　材料：枸杞10g，和田红枣20g。做法：①红枣洗净放入铁锅大火翻炒，待红枣皮变黑就可以了。②炒好的红枣与枸杞一同放入茶壶。③倒入开水（可以按自己口味加入桂圆、冰糖等来调味）泡出味，即可食用。

六、市场销售采购信息

和田玫瑰枣业有限公司　联系人：王小龙　联系电话：13999568598、13579631666

策勒红枣

（登录编号：CAQS-MTYX-20190119）

一、主要产地

新疆维吾尔自治区策勒县策勒镇、策勒乡、固拉哈玛乡、达玛沟乡共3乡1镇65个村。

二、品质特征

策勒红枣属干、鲜兼用品种，深红色，果形端正丰满、单果重23g，最大50g以上。果皮光滑，色泽光亮均匀，果实呈圆柱形或长倒卵形，皮薄果肉厚，果核小，质脆甜，可食率97%以上，经晾晒风干而成，红色更深，口感更甘甜，品质上乘。

策勒红枣含有维生素 B_1 0.03～0.05mg/100g，维生素 B_2 0.05～0.93mg/100g，还原型维生素C 24～28mg/100g，总糖70～80g/100g，蛋白质4.5～6.5g/100g，脂肪0.4%～0.6%，钙380～430mg/kg，铁12～16mg/kg，钾10 000～12 000mg/kg，磷1 000～1 200mg/kg，锌1.9～2.5mg/kg，铜1～3mg/kg，镁380～450mg/kg，铝3.2～4.3mg/kg。策勒红枣营养价值丰富，含人体必需的18种氨基酸。

三、环境优势

策勒县气候干燥炎热，土壤沙性大，主要类别是棕漠土和中性沙壤土，质地疏松，通气性强，耕性和供肥性好，微生物活动比较强烈，有机质分解迅速，气、热、肥力因素易于满足农作物生长需要，土壤速效钾含量高，这样的土壤地貌情况非常适合红枣生长。县境内有策勒河等9条季节性河流贯穿境内，季节性河流年总径流量5.85亿 m^3，同时地下水丰富，灌溉水起源于昆仑山纯天然水源，无任何污染，且富含各种矿物质元素，水质优良，对提高红枣品质起到至关重要的作用。策勒县处于欧亚大陆腹地，属暖温带荒漠干旱气候区。光热资源丰富、日照时间长、气温变化剧烈、昼夜温差大。平均无霜期长达235天，干旱少雨，处于新疆最南端，非常适宜喜热喜光的红枣生长。

四、收获时间

每年仅采收一次，11月底至12月中旬为采摘时间。

五、推荐贮藏保鲜和食用方法

贮藏方法：阴凉干燥通风处存储，每年5—10月必须入冷藏库存储，0～5℃条件内存储效果最佳。

红枣的食用方法：红枣熬粥，安神助眠

中医上讲，女性有躁郁不安、心神不宁等症状，可用适量百合、莲子搭配红枣调理。若与小米同煮，可更好地发挥红枣安神的效用。

山药枸杞红枣粥　材料：山药1根、红枣6枚、枸杞20g、大米30g、糯米20g。做法：将山药洗净去皮，切成段，备好大米、糯米，入锅内加水，将枸杞和红枣洗净放入锅内，山药也一起放入，煮开后转小火继续熬煮至粥状即可食用。有健脾养胃、生津益肺、补血益气、滋补肝肾的功效。

六、市场销售采购信息

新疆大漠丝路红林果业有限公司　联系人：蔡林　联系电话：18511368050

（登录编号：CAQS-MTYX-20190148）

吕寨双孢菇 ◎

一、主要产地

河南省开封市杞县付集镇吕寨村。

二、品质特征

吕寨双孢菇菇体大小均匀，菌盖圆、白，直径 5.5～6.2cm，
边缘内卷肉厚，盖面光滑平展，菌肉厚、白，切开后略变淡红
色。口感滑嫩，味道清香。

吕寨双孢菇中磷元素含量为 150mg/100g，钙元素含量
为 4.52mg/100g，铁元素含量 2.58mg/100g，维生素 C 含量为
7.82mg/100g，粗多糖含量为 0.63g/100g，粗纤维含量为 0.5%。吕寨双孢菇味甘性平，有提神消化、降
血压的作用，是具有保健作用的健康食品。

三、环境优势

吕寨双孢菇产地处于亚热带季风气候区，气候温和，雨量充沛，四季分明，光照充足，年平均气
温 14.1℃，年降水量 722mm，无霜期 210～214 天，尤其是空气湿润，冬无严寒，春季气温回升早，
非常适宜食用菌的栽培。该区域土壤、水、空气未受工业"三废"污染，达到了国家绿色食品生产环
境标准。杞县常年玉米种植面积达 50 万亩，且是全国畜牧业发展大县，为双孢菇生产提供了得天独厚
的原料优势。

四、收获时间

吕寨双孢菇的收获时间为每年 11 月至翌年的 5 月。

五、推荐贮藏保鲜和食用方法

贮藏方法：家庭贮藏时，可用保鲜膜包裹新鲜的双孢菇，冷
藏保存。

食用方法：吕寨双孢菇可烹饪成多种美味菜肴，营养健康，
此处简单介绍 2 种双孢菇做法。

1. 蚝油双孢菇 ①将新鲜的吕寨双孢菇洗净备用，西兰花洗
净掰成小块。②锅内放入适量的油，将西兰花下锅翻炒至断生，
放入适量盐、鸡粉调味即可出锅，摆盘。③锅内再放入适量的
油，放入葱花、姜末爆香，放入双孢菇翻炒，放入盐、鸡粉、酱
油、蚝油及适量清水，小火慢炖至蘑菇软嫩，出锅前淋入香油，摆在盘中即可。④也可将西兰花在沸
水中焯熟，双孢菇清炒出锅摆盘，然后另做蚝油芡汁浇在蘑菇和青菜上即可。

2. 双孢菇炒肉 ①将新鲜的吕寨双孢菇洗净，切成片备用。②瘦肉切片，加入适量生抽、淀粉，搅
拌均匀备用。③双孢菇放热水中焯烫一下，沥干水分备用。④锅中热油把瘦肉倒入滑炒，肉片变色后加
入葱花，淋少许生抽。⑤把双孢菇跟肉翻炒均匀加少许的盐，再加适量蚝油翻拌均匀即可。

六、市场销售采购信息

1. 杞县存平蘑菇种植专业合作社 联系人：吕建设 联系电话：0371-28506916、15237831688
2. 杞县胜涛农作物种植专业合作社 联系人：吕胜涛 联系电话：13937820236

沈丘槐山药

（登录编号：CAQS-MTYX-20190184）

一、主要产地

河南省周口市沈丘县北城区、石槽集乡、莲池镇、东城区等4个乡镇16个行政村。

二、品质特征

沈丘槐山药表皮土黄色，长圆锥形，单棵3.3～3.6kg，长1.44～1.47m，煮熟后脆、微甜、有轻微麻感；断层肉白，黏液质丰富，颗粒状明显，久煮不散。

沈丘槐山药抗坏血酸含量6.8mg/100g，钙含量18.8mg/100g，锌含量1.96mg/100g，总糖含量11.23%。沈丘槐山药营养丰富，具有健脾益胃、助消化、益肺止咳、延年益寿等功效。

三、环境优势

沈丘县位于豫皖交界处，居颍水中游，属暖温带大陆性气候，平均海拔高度42.1m，年平均气温为14.8℃，年平均降水835.51mm，年日照数为2 033.7h，年平均无霜期226天，四季分明，土壤、空气、水质优良。由于境内地势平坦，光照充足，降水适中，具有得天独厚的地理位置和区位优势，使得沈丘槐山药品质较高，营养价值成分较好。

四、收获时间

沈丘槐山药收获期是每年的9月至翌年2月，最佳品质期11月至翌年2月。

五、推荐贮藏保鲜及食用方法

贮藏保鲜条件：准备贮藏的山药应粗壮、完整、带头尾，表皮不带泥，不带须根，无伤口、疤痕、虫害，未受冻伤。入贮前要经过摊晾、阴干，让外皮稍干老结。

适宜贮藏条件：温度0～2℃，相对湿度80%～85%，在此环境条件下可贮藏150～200天。

食用方法：沈丘槐山药可单独煮、蒸食用，也可鲜食、下火锅，还可以与其他蔬菜、肉类一起炒、炖等。

土鸡炖山药 用料：土鸡一只、山药、葱、姜、枸杞、料酒、食用盐等。做法：①土鸡清洗干净后剁成块，凉水下锅。②水开后，将上面的浮沫撇出，放入葱、姜、料酒等。③小火炖煮40min后，将山药去皮切成方块，放入锅中继续炖煮20min。④关火后，将泡好的枸杞放入锅中，加入盐调味，盖上锅盖焖一会即可。

六、市场销售采购信息

1. 河南省海泉槐山药种植专业合作社 联系人：李海泉 联系电话：18239482258
2. 沈丘县顺辛种植专业合作社 联系人：辛广 联系电话：13838685665

（登录编号：CAQS-MTYX-20190203）

平远东石花生 ◉

一、主要产地

广东省梅州市平远县东石镇。

二、品质特征

平远东石花生果粒硕大，光泽度好，果仁皮色浅粉红有光泽，果仁圆润饱满，口感脆而不硬，香中带甜，炒熟香味浓郁，感官品质佳。

平远东石花生的粗纤维含量为7%，脂肪含量为25%，总糖含量为3.3g/100g，钙含量为73mg/100g，均优于同类产品参照值，蛋白质含量为20g/100g，与同类产品参照值相当。

三、环境优势

东石镇地处南亚热带与中亚热带过渡的气候区，气候温和，四季分明，夏冬长，秋春短，雨热同季，热量丰富，雨量充足，风力小，霜期短。年平均气温20.7℃，年平均日照时数1 859.8h，年平均降水量为1 683.6mm。自然土壤为红壤，土地肥沃，矿物质丰富。产地周边环境天然无污染，特别适合种植花生。

四、收获时间

春植每年7月上中旬收获，秋植11月中下旬收获品质最佳。

五、推荐贮藏保鲜和食用方法

贮藏条件：要保持干燥、低温、通风、干净。贮藏室空气相对湿度低于70%，温度低于20℃，且能通风散热。

食用方法：

（1）炒花生（咸干味、蒜香味、奶油味、核桃味等）。

（2）炸花生（多味花生、紫薯花生、香辣花生等）。

（3）生食。直接食用。

六、市场销售生采购信息

消费者可通过淘宝、拼多多、公众号商城、公司网站 www.mzsjbs.com. 联系购买　联系电话：18312237808、0753-8831330

巴南接龙蜜柚

（登录编号：CAQS-MTYX-20190217）

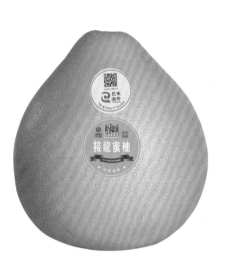

一、主要产地

重庆市巴南区接龙镇所辖的自力村、关塘村、中山村、马路村和新湾村 5 个村。

二、品质特征

巴南接龙蜜柚果大皮薄，果形端正、果皮光滑，油包细腻，呈淡黄色，果味浓郁；果瓣均匀，果肉白色，肉质细嫩化渣，多汁，酸甜适口。

巴南接龙蜜柚可溶性固形物含量为 11.5%；可食率为 73.19%；总酸含量为 0.95mg/100ml。

三、环境优势

巴南接龙蜜柚产于青山绿水无污染的重庆市巴南区接龙镇五布河中上游小观河流域。五布河地区冬无严寒，夏无酷暑，土壤为中性肥沃紫色土，是种植巴南接龙蜜柚的绝佳之地。蜜柚采用古法种植，生产施用专用配方复合肥，病虫害采取绿色防控，保证了其鲜果的优良品质。

四、收获时间

每年 11 月为巴南接龙蜜柚的收获期，11 月中下旬至 12 月底，为最佳品质期。

五、推荐贮藏保鲜和食用方法

贮藏保鲜：巴南接龙蜜柚鲜果常温室内贮藏保存。

食用方法：鲜果剥皮直接食用，还可以榨汁喝，熬制果茶、果酱，制作柚皮糖等。

六、市场销售采购信息

重庆市美亨柚子种植股份合作社

销售地址：重庆市巴南区接龙镇自力村生子孔 601 号

联系人：陈开容　联系电话：13308334168

联系人：陈鹏　联系电话：15178880015

联系人：刘晓彤　联系电话：15178880025

（登录编号：CAQS-MTYX-20190269）

达拉特羊肉 ⊙

一、主要产地

内蒙古自治区鄂尔多斯市达拉特旗树林召镇、中和西镇、恩格贝镇、昭君镇、展旦召苏木、王爱召镇、白泥井镇、吉格斯太镇、风水梁镇。

二、品质特征

达拉特羊肉肌肉呈红色，有光泽，脂肪呈白色，肥瘦均匀，有大理石花纹，肌纤维致密富有弹性，指压后凹陷能立即恢复，脂肪和肌肉较结实，有羊肉特有的气味，无膻味。达拉特羊肉总不饱和脂肪酸含量 8.41%，赖氨酸含量 1.18 g/100g，蛋氨酸含量 0.35 g/100g，脂肪含量 19.5 g/100g。

中医认为羊肉有补精血、益虚劳、温中健脾、补肾壮阳、养肝等功效。冬季常吃羊肉，不仅可以抵御寒冷，而且还能增加消化酶，保护胃壁，帮助消化。

三、环境优势

达拉特旗全境地势南高北低、呈阶梯状，俗有"五梁、三沙、二分滩"之称，南部为丘陵沟壑区，矿藏丰富；中部为库布齐沙漠区，宜林宜牧；北部为黄河冲积平原。年平均降水量为 240 ～ 360mm，主要集中在 7—8 月；全旗羊的养殖存栏量稳定在 200 万只以上，主要品种以鄂尔多斯细毛羊、阿尔巴斯山羊及其杂交品种为主；养殖区域内没有大型污染企业，整个生产区域环境优良。

四、收获时间

达拉特羊肉可全年稳定生产，以秋、冬季节品质最佳。

五、推荐贮藏保鲜和食用方法

最佳贮藏条件：–18℃超低温冷储存放，保质期 12 个月。

食用方法：适合蒸、炸、煎、煮、炖等各种食用方法。

推荐的烹调方式：

1. 炖羊肉　材料：羊肉 2.5kg，土豆 1 ～ 1.5kg，粉条 500g，红葱 20 ～ 30g，鲜姜 50g，盐 10 ～ 15g（依各人口味增减），辣椒 2 个，香葱适量。做法：①羊肉洗净，连同骨头剁成块，放入锅中，冷水没过羊肉，大火烧开，转中火。②撇去血沫，待汤清，葱切成 5 ～ 8cm 的段加入，鲜姜切片加入，辣椒切 1 ～ 2cm 长加入。③炖 30min，加入盐。④土豆切成块，在 40min 时加入。⑤粉条在冷水中泡开，在 55min 时加入，将汤汁收干，即可出锅，香葱切碎撒入，即可上桌。

2. 手扒肉　材料：大米 10kg、盐 100g，鲜姜 150g，红葱 200g，奶酪 150g，所有配料可根据个人喜好调整比例。做法：①将羊肉从骨缝处切开，不要破坏骨头的完整性；②放入锅中，加水没过羊肉；③大火烧开，撇去血沫，转中火；④加入盐、葱、鲜姜、奶酪；⑤中火炖制 60min 即可，可根据具体情况灵活掌握炖制时间。

六、市场销售采购信息

1. 鄂尔多斯市四季青农业开发有限公司　联系人：王飞龙　联系电话：0477-5290615、14794840555

2. 内蒙古西敖都农牧业有限公司　联系人：赵海军　联系电话：15849798955、0477-5219349

准格尔荞麦粉

（登录编号：CAQS-MTYX-20190270）

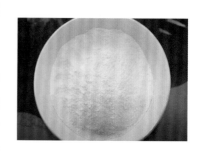

一、主要产地

内蒙古自治区鄂尔多斯市准格尔旗沙圪堵镇、龙口镇、魏家峁镇等南部村镇。

二、品质特征

准格尔荞麦粉外观颜色为白色，粒度较小，手感略涩，具有清香味。准格尔荞麦粉中淀粉含量72.7%，总黄酮34.8mg/100g，膳食纤维6.61g/100g。准格尔荞麦粉中总黄酮含量高于同类产品参照值。荞麦粉中含有的铁、锌等微量元素比一般谷物丰富，而且含有丰富的膳食纤维，具有很好的营养保健作用。

荞麦粉性味甘平，有健脾益气、开胃宽肠、消食化滞的功效，且具有降糖、降脂、降胆固醇、抗氧化等功能。另外，荞麦粉中的黄酮成分还具有抗菌、消炎、止咳、平喘、祛痰的作用。

三、环境优势

准格尔旗位于内蒙古自治区西南部、鄂尔多斯市东部，地处晋陕蒙三省交界处，素有"鸡鸣三省"之称，属黄土高原丘陵沟壑山区，有"七山二沙一分田"之称。准格尔旗地处中温带，位于鄂尔多斯高原东侧斜坡上，海拔高度相对偏低，故气温偏暖，四季分明，无霜期较长，日照充足，相对湿度为52%，气候凉爽，适合荞麦幼苗生长发育；8月、9月，平均气温分别为20.5℃和14.7℃，是荞麦开花和果实形成的最佳温度。这种前期温暖、后期凉爽的气温，有利于荞麦的生长发育。昼夜温差大，有利于荞麦制造养分、提高结实率、提高单产。

四、收获时间

每年10月为准格尔荞麦的收获期，11月中下旬至12月新荞麦粉就可以上市。

五、推荐贮藏保鲜和食用方法

准格尔荞麦粉建议储存在干燥、密封效果好的容器内，并且置于阴凉处保存。

准格尔荞麦粉可做成各类面条和馒头烙饼等，还可以做成扒糕，吃起来别具风格。

六、市场销售采购信息

1. 内蒙古农乡丰工贸有限公司　联系人：庄猛　联系电话：13384779255

2. 鄂尔多斯市正谊小杂粮加工有限责任公司　联系人：王云峰　联系电话：15847432737

联系人：邬瑞生　联系电话：15894939935

（登录编号：CAQS-MTYX-20190271）

准格尔小米 ◉

一、主要产地

内蒙古自治区鄂尔多斯市准格尔旗沙圪堵镇、龙口镇、魏家峁镇等南部村镇。

二、品质特征

准格尔小米色泽呈金黄色，米粒大小均匀，粒形饱满；外观鲜黄明亮，无明显感官色差；散发着小米固有的自然清香气味。

准格尔小米蛋白质含量 10.6g/100g，淀粉 83.8%，粗纤维 0.74%，亮氨酸 1 262mg/100g，富含锌、铁、谷氨酸等营养元素，并且含量高于同类产品参照值。亮氨酸能促进生长激素分泌，加速伤口愈合，堪称康复期的补养佳品，因此中国北方都有妇女在生育后用小米加红糖来调养身体的传统，小米粥有"代参汤"之美称。小米入药有清热、清渴、滋阴、补脾肾、肠胃，利小便、治水泻等功效。

三、环境优势

准格尔旗位于内蒙古自治区西南部、鄂尔多斯市东部，地处晋陕蒙三省交界处，属黄土高原丘陵沟壑山区，有"七山二沙一分田"之称。准格尔旗西南部的六个乡镇都属典型的丘陵旱作区，年降水量少，海拔高、光照充足，地理优势得天独厚，有机旱作独树一帜，自古就是谷子的黄金产区，小米产业具有天然优势。小米属于耐干旱稳产高产作物，是中国北方人民的主要粮食之一，有着悠久的种植历史，既为当地农民提供营养丰盛的美食，又带来了一定的经济效益。

四、收获时间

每年 10 月为准格尔小米的收获期，11 月中下旬至 12 月新米就可以上市。

五、推荐贮藏保鲜和食用方法

准格尔小米放在干燥、密封效果好的容器内，置于阴凉处保存即可。在盛有小米的容器内放几瓣大蒜，可防止小米因久存而生虫。

小米一般用来煮粥，煮粥时还可加入一些具有食疗作用的特殊食材，向大家推荐以下几种粥。

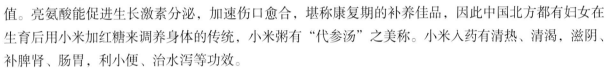

1. 小米＋桑葚　保护心血管健康。

2. 小米＋红糖　红糖益气补血，小米健脾胃、补虚损，两者搭配可补益气血。

3. 小米＋肉类、黄豆　所含的氨基酸种类不同，互相搭配可提高蛋白质的吸收利用率。

4. 小米＋大米　营养互补，搭配食用可提高营养价值。

六、市场销售采购信息

1. 内蒙古农乡丰工贸有限公司　联系人：庄猛　联系电话：13384779255

2. 鄂尔多斯市正谊小杂粮加工有限责任公司　联系人：王云峰　联系电话：15847432737

联系人：邬瑞生　联系电话：15894939935

准格尔大米

（登录编号：CAQS-MTYX-20190273）

一、主要产地

内蒙古自治区鄂尔多斯市准格尔旗十二连城乡。

二、品质特征

准格尔大米米粒呈长椭圆形或中长形；米质坚实，耐压性好；米粒表面光滑，整体颜色呈白褐色，呈不透明状；米粒背沟和粒表面留皮程度小，近于无皮；米粒颗粒饱满，大小均匀，散发自然稻米香味。含水量较高、微甜、齿间留香。

准格尔大米蛋白质含量 6.4g/100g，直链淀粉 17.1%，胶稠度 81mm，碱消值 7 级，黏稠可口，香味浓郁。食味品质较好，pH 值呈碱性，具有和胃气、补脾虚、壮筋骨、和五脏的功效，属于功能性大米，食用碱性大米，可调节人体酸碱平衡，改善人体酸性体质，有益于人们身体健康。

三、环境优势

十二连城乡地处准格尔旗最北部，黄河南岸，库布齐沙漠北部边缘，是全旗重要的粮食生产基地和农村人口密集区域。气候类型属中温带大陆性气候，年均气温 7.3℃，无霜期 150～180 天，日照时数 3 119h，≥10℃的有效积温 3 350℃，年平均降水量 350mm。目前准格尔大米种植区规划科学，配套完善，土地平整且集中连片，适合大规模机械化作业。且自备泵船，可随时抽取黄河水灌溉，境内耕地土壤肥沃、水源充足、林草富集，发展水稻种植业具有得天独厚的优势。

四、收获时间

每年 10 月为准格尔大米的收获期，11 月中下旬至 12 月新米就可以上市。

五、推荐贮藏保鲜和食用方法

准格尔大米建议放在干燥、密封效果好的容器内，阴凉处保存。在盛有大米的容器内放几瓣大蒜，可防止大米因久存而生虫。

大米可焖米饭吃，也可煮粥，煮粥时还可加入一些具有食疗作用的特殊食材，向大家推荐以下几种粥。

1. 生姜苏叶粥 生姜是对付发烧、打喷嚏、咳痰等症状的最好"武器"，也是中医常用的药材，有祛痰、祛寒、补气、除痘、平喘的作用；苏叶也有发散风寒的作用，在一般药店就可买到。具体做法是：苏叶 10g、生姜 3 片，将白粥熬好后放入，再开锅就可食用了。

2. 杏仁粥 杏仁（去皮）20 个左右，大米 50g。加工时先煮粥，快熟时加入杏仁继续煮至熟，然后加少许白糖或食盐。该粥可以止咳定喘、祛痰润燥。

六、市场销售采购信息

准格尔旗溢乡甜种养殖专业合作社

联系人：靳元占

联系电话：13847787565

明安黄芪 ◉

（登录编号：CAQS-MTYX-20190316）

一、主要产地

内蒙古自治区巴彦淖尔市乌拉特前旗东北部明安镇、小佘太镇、大佘太镇共计 24 个行政村。

二、品质特征

明安黄芪主根较直、偏短，圆柱状，末端为爪形。根体紧致，外皮土黄色，断面韧皮部白玉色，肉质紧致，木质部淡黄色，具有清晰的"菊花心"和"金井玉栏"。根色微黄或褐，皮黄肉白，药材粉性大，豆腥气足，口尝微甜。

明安黄芪（*Mingan Astragali* Radix）中黄芪甲苷（$C_{41}H_{68}O_{14}$）含量不低于 0.040%，毛蕊异黄酮葡萄糖苷（$C_{22}H_{22}O_{10}$）含量不低于 0.020%，浸出物不低于 17.0%，总灰分含量不超过 5.0%。

三、环境优势

明安黄芪产地明安、大佘太、小佘太川，川内大梁大洼波状起伏，海拔 1 193 ～ 1 800m，高差 607m，复杂的地质条件，自古就蕴含着大规模蒙古黄芪野生群落。明安川属半干旱大陆性气候区，气候凉爽，昼夜温差大，日照时间长。年平均气温 3.5 ～ 5℃，≥ 10℃的积温 2 300 ～ 2 700℃，无霜期为 95 ～ 115 天，年日照时数 3 202.5h。年平均降水在 240 ～ 280mm。川地为黄河冲积平原，土壤以沙壤土和栗钙土为主，土层深厚、疏松、孔隙度大、通气性好，有利于根的伸长和加粗。以上条件满足了黄芪性喜凉爽，耐寒耐旱，怕热怕涝，适宜在土层深厚、富含腐殖质、透水力强的沙壤土生长的特性要求，同时当地的地下水含有丰富的微量元素与矿物质，适合黄芪次生代谢产物的积累。特殊的自然环境造就了明安黄芪根粗直、分枝少，色正、味甘、质密、糖分多、粉性足、质量优的独特品质。

四、收获时间

明安黄芪的收获时间为 11 月中旬到翌年清明。

五、推荐贮藏保鲜和食用方法

明安黄芪采挖后直接晾晒或烘干，可置于阴凉干燥处进行长时间保存。

明安黄芪煎汤或用黄芪切片后泡水代茶饮，具有良好的防病保健作用。或依据《中国药典》入药使用。

六、市场销售采购信息

1. 乌拉特前旗茂盛业农贸专业合作社　联系人：贾利军　联系电话：13088499819

2. 内蒙古天衡制药有限公司　联系人：樊新民　联系电话：18604789030

3. 乌拉特前旗邬氏农贸专业合作社　联系人：邬海珠　联系电话：13948387575

禹州柿子

（登录编号：CAQS-MTYX-20190333）

一、主要产地

河南省许昌市禹州市磨街乡刘门村。

二、品质特征

禹州柿子似心形，有光泽，果形大；果皮橙红色，有果粉；果蒂花瓣形；果顶尖，无十字沟痕；果肉橙红色，味甜无酸，微涩；皮薄不易剥离，纤维较多；质地软黏，种子大小中等。

禹州柿子可溶性固形物含量为19.6%，硒含量0.32μg/100g，钾含量160mg/100g，总酸含量为0.10%。禹州柿子营养丰富，富硒，能够提高人体免疫力，促进淋巴细胞的增殖及抗体和免疫球蛋白的合成，减轻重金属毒性。

三、环境优势

禹州市刘门村位于河南省许昌市禹州市磨街乡东南方向，地处北纬34°09′，东经113°28′，被誉为"中原柿乡"，柿子在全村范围内均有种植。刘门村平均海拔400m以上，年均降水量700mm，风速2.9m/s，土壤pH值6～7呈微酸性，阳光充足，适合柿树种植。

四、收获时间

每年11月为禹州柿子的收获期。

五、推荐贮藏保鲜和食用方法

禹州柿子可鲜食，也可加工制作柿饼、柿子醋、柿子茶叶、柿子酒。目前主要产品为"柿柿杏隆"柿饼，0～5℃可保存6个月。

柿饼制作方法：①采收选料；②清洗削皮；③晾晒压捏；④自然整形；⑤自然捂霜；⑥分级包装；⑦贮藏食用。

六、市场销售采购信息

禹州市柿柿如意农牧有限发展有限公司

地址：河南省许昌市禹州市磨街乡刘门村

联系人：李海亮　联系电话：15038980888

联系人：陈克甫　联系电话：13782375819

（登录编号：CAQS-MTYX-20190354）

五华高山红薯 ◎

一、主要产地

广东省梅州市五华县。

二、品质特征

五华高山红薯外形整齐、薯身光滑，色泽鲜亮红润，薯皮深红色，薯肉呈鲜明的橘黄色。皮薄，尤其是煮熟后，皮像一层薄薄的纸，轻轻一撕就下来。具有甜——含糖量高，香甜可口，不会腻；糯——软糯无渣，口感绵密，不噎喉；滑——无丝无筋，入口即化，不粗糙；香——生掰开有清甜香，熟食香味更为浓郁等特点。

五华高山红薯薯块干物率平均 29.33%，食味 80.45 分，淀粉率 18.89%，胡萝卜素含量 17.30mg/100g 鲜薯。

三、环境优势

五华县地处粤东丘陵地带，韩江上游，境内四周山岭为障，地形复杂，河谷盆地交错，海拔 200～800m。五华高山红薯种植地平均海拔约 350m。五华地区雨水丰富，地下水常年为 5.29 亿 m³，地表水质达国家一、二级饮用水标准。五华高山红薯引用天然水库水灌溉，环保无污染。北回归线横跨县境南端，属中低纬度南亚热带季风性湿润气候，日照充足，年均气温 21.2℃，年均降水量 1 519.7mm，无霜期 330 天。有利于红薯种植生长。境内土壤主要有自然土、旱地土壤和水稻土，土壤富含有机质和丰富的钙、磷、钾等有效成分，自然肥力高，质地疏松，硒元素极其丰富，利于产出富硒红薯。

四、收获时间

五华高山红薯成熟采收日期在每年 10—12 月，最佳品质期在 11—12 月。

五、推荐贮藏保鲜和食用方法

鲜薯的最佳贮藏温度在 15℃以下，10℃以上。温度低于 15℃，可以抑制病菌的活动，高于 10℃，可以避免冻害，达到安全贮藏的目的。

推荐食用方法：

烤红薯 ①微波炉：200℃ 45～60min，红薯用厨房纸包住，上面蘸湿，放微波炉高火烤 6～10min，中间暂停翻一次面。②光波炉：250℃ 40～55min，翻个面再烤 3～6min 就好啦。记得微波炉或者光波炉都要铺上锡箔纸。注意：微波炉须用烧烤模式，不然使用锡箔纸会发生危险。

六、市场销售采购信息

1. 消费者可关注公众号——五华优品直接线上下单

2. 登录：www.mzszd.com 直接线上下单

3. 京东（生长地食品专营店 shengzd.jd.com）直接下单

4. 集团客户和渠道采购可联系：五华高山红薯销售热线 联系电话：13826632663

公司地址：广东省梅州市五华县工业一路电商大厦 709-710

仓储地址：广东省梅州市五华县工业二路均兴汽配内（农产品仓储中心）

⊙ 长寿柚

（登录编号：CAQS-MTYX-20190369）

一、主要产地

重庆市长寿区的邻封、但渡、长寿湖、葛兰、云台、龙河、石堰、新市等10个镇街。

二、品质特征

长寿柚是沙田柚品种，以古老钱为最具优势的品系，果皮橙黄色艳，形似葫芦，脆嫩化渣、醇甜如蜜，汁多味浓，沁人心脾。

长寿柚营养丰富，可溶性固形物含量为14.0%，可滴定酸含量为0.18g/100ml，维生素C含量为52.0mg/100g，具有润肺、止咳、平喘的功效，对便秘和脑血管疾病患者也有特殊疗效。

三、环境优势

长寿区地处重庆市东部浅丘地区，土地坡度较平缓，土壤为灰棕紫泥土，pH值基本在6.5～7。年均温度17.7℃，年有效积温6 000℃以上，年日照时数1 221h，常年降水量1 162.7mm，特别是境内因一江、两湖形成独特的湖盆气候特点，有利于长寿柚的生长发育。1978年，全国柑橘科学大会将长寿沙田柚列为世界先进柑橘品种，2019年长寿沙田柚被评为三峡柑橘"十大名品"。

四、收获时间

长寿柚成熟期在11月，可挂树到12月；采后放置1周左右风味更佳。

五、推荐贮藏保鲜和食用方法

长寿柚在温度4～6℃、相对湿度85%～90%条件下贮藏效果最好，同时应保持库内空气新鲜，氧气浓度以不低于19%、二氧化碳浓度不超过2%为宜。

长寿柚全身为宝，食用方法较多。果肉可鲜食，亦可做成各种柚子饮；其皮可做成柚子皮酿、柚皮蜜煎等；果肉连皮可做成蜂蜜柚子茶、杏贝银柚等。

六、市场销售采购信息

1. 重庆市长寿区柚惑柑橘种植股份合作社　负责人：余政伟　联系电话：13678437771

2. 重庆市长寿区纯围沙田柚种植股份合作社　负责人：江光利　联系电话：15923505163

3. 重庆市长寿区焦邻沙田柚股份合作社　负责人：郑友谊　联系电话：13996051088

巫山庙党 ◎

（登录编号：CAQS-MTYX-20190372）

一、主要产地

重庆市巫山县红椿乡红椿村、笃坪乡鹤溪村等13个乡镇22个村。

二、品质特征

巫山庙党长圆柱形，稍弯曲，表面灰黄色至黄棕色，有明显不规则纵沟，根头部有多数抚状突起的茎痕，茎痕顶端呈凹下的圆点状；根头下有环状横纹。全体有纵皱纹和散在的横长皮孔样突起，质较软而结实，断面裂隙较少，皮部黄白色。有特殊香气，味微甜。

巫山庙党浸出物含量为58.4%；皂苷含量为1.95%；党参多糖含量为16%；水分含量为11.2%；灰分含量为4.4%。

三、环境优势

巫山县属亚热带季风性湿润气候，立体气候特征明显。气候温和，雨量充沛，年均温度18.4℃，年平均降水量1 041mm。巫山庙党生长在海拔1 000～1 600m的高山地区，年均温度在12℃左右，夏季生长高峰期空气相对湿度达到75%以上，土壤持水量极适合党参生长。庙党种植区域土层深厚、土质肥沃、有机质含量达到27%。巫山庙党多采用3～4年栽培制度，田间生长周期较长，利于其糖分转化为有益营养成分。

四、收获时间

每年10月底至12月中旬采挖。最佳采挖时间为11月中旬。

五、推荐贮藏保鲜和食用方法

"七搓八板"是巫山庙党的传统加工工艺，经过适宜的温度把党参晒软后，掰掉残留泥土，然后反复揉搓，后晒、再扳、再搓，循环往复七八次，使党参表面形成鸡皮皱，首尾药性均匀。经此加工的巫山庙党，皮细肉白、参气浓烈、肉实皮软、味香醇厚，呈菊花心，肉质无木质的特点。

干煸庙党　主料：泡好的党参丝100g。辅料：鲜猪肉或者牛肉丝100g。配料：干辣椒节、干花椒粒、姜片、蒜片、葱白节、辣椒节。调料：盐、糖、味精、油100g。制作方法：油烧热下肉丝滑熟起锅；锅里复下油，下配料炒香，留葱白节，放盐，下滑熟的肉丝、党参丝煸干入味，放糖、味精、葱白节炒转起锅。特点：干香有嚼劲，回甜香醇，下酒伴侣。

六、市场销售采购信息

1. 重庆神女药业股份有限公司　联系人：吴泽辉　联系电话：18996656739
2. 巫山向南山农业开发有限公司　联系人：李继伦　联系电话：13996693120
3. 重庆市巫山县山幺舅生态农业开发有限责任公司　联系人：陈良青　联系电话：13060291234

12
月

大雪

三候荔挺出。

二候虎始交；

一候鹖鸥不鸣；

冬至

三候水泉动。

二候麋角解；

一候蚯蚓结；

八里湾番茄

（登录编号：CAQS-MTYX-20190011）

一、主要产地

河南省开封市祥符区八里湾镇大王寨村、果园村、八里湾村、大马营村、芦村等。

二、品质特征

八里湾番茄果实近圆形，果重189～247g，成熟番茄呈红色，表面光滑，汁多，口感沙甜微酸，具有浓郁的番茄风味。

八里湾番茄营养价值丰富，抗坏血酸含量19.2mg/100g、β-胡萝卜素含量519μg/100g，可溶性固形物4.5%，总酸为0.44%，固酸比值为10.2。八里湾番茄健胃消食、生津止渴，并具有美容养颜、抗衰老的功效。

三、环境优势

八里湾镇，隶属于河南省开封市祥符区，位于八朝古都开封东25km处。历史源远流长，环境优美，交通便利，地势平坦，土地肥沃，土壤有机质含量高，非常适合瓜果蔬菜的种植。

四、收获时间

每年12月至翌年7月为八里湾番茄的收获期，新鲜采摘的番茄，品质最佳。

五、推荐贮藏保鲜和食用方法

贮藏保鲜：番茄宜放在遮光的地方，成熟果实可在1～2℃下存放，绿熟果和微熟果要求在10～13℃下贮藏，置于冰箱冷藏室有利于番茄的保鲜。

食用方法：生食、凉拌均可，熟食可做成多种美味菜肴。

六、市场销售采购信息

1. 开封市祥符区东领蔬菜种植农民专业合作社　联系电话：15837869688

2. 开封市祥符区现代农作物种植农民专业合作社　联系电话：15837816804

3. 开封市祥符区富康果蔬种植农民专业合作社　联系电话：13938635008

（登录编号：CAQS-MTYX-20190015）

汝阳红薯 ◉

一、主要产地

河南省洛阳市汝阳县柏树乡华沟村、城关镇张河村、城关镇青气村、刘店镇沙坪村。

二、品质特征

汝阳红薯呈纺锤形，小果型；外皮欠光滑，呈浅暗红色；肉质乳白色，质地硬，细腻，略有甜味，淀粉较多。

汝阳红薯可溶性糖含量 3.82%，蛋白质含量 2.08g/100g，谷氨酸、丙氨酸、缬氨酸等 13 种氨基酸含量均优于同类产品参照值。汝阳红薯可溶性糖和蛋白质含量丰富，具有补虚乏、益气力、健脾胃、强肾阴的功效。

三、环境优势

汝阳红薯主要分布在汝阳县北中部丘陵区和南部山区。从北至南为山岭起伏、沟壑纵横的梯台田地，土壤类型主要是褐土，其次是石质土和粗骨土，土层厚度多数在80cm以上。pH 值 7.1～8.1，有机质含量 11.1～31.3g/kg，全氮含量为 0.54～2.75g/kg，有效磷含量 12.5～33.4g/kg，速效钾含量 71～378mg/kg，富含多种微量元素，土壤相对疏松。保护区境内流域面积 10km^2 的河流有 22 条，分属黄、淮两大流域，地下水蕴藏丰富。汝阳县地处东亚中纬度地带，属暖温带半湿润季风区大陆性季风气候。光照充足，气候温和，四季分明，昼夜温差大。年平均≥0℃积温 5 181℃，年平均气温 14.0℃，年平均降水量 673.1mm，无霜期 213 天左右；年平均日照时数为 2 164h，日照率45%，光热资源丰富有利于薯块养分积累和生长。

四、收获时间

9 月下旬开始收获，最佳品质期 12 月。

五、贮存保鲜和食用方法

贮存保鲜：窖藏温度 12～15℃，湿度 85%～90%，能保存 120 天左右。冬季出窖在室内存放温度 12～15℃，能保存 7～15 天。

食用方法：根据个人爱好，蒸、煮、烤均好吃。

麦香红薯　主料：红薯。配料：油，白糖，即食麦片（奶香味），面粉，淀粉。制作方法：①将红薯洗净切片备用；②将适量面粉、淀粉、少许油，加水搅拌均匀，下入热油锅中炸制成金黄色捞出；③将锅加水，放入适量白糖，小火慢熬，熬制黏稠即可放入炸好的红薯片，翻匀后放入麦片，再翻匀让麦片均匀粘在红薯片上，即可装盘。

六、市场采购信息

1. 汝阳红薯产业开发协会

联系人：李许召　联系电话：15537911969

2. 河南薯旺农牧科技有限公司

联系人：郭富立　联系电话：13938867628

偃师银条

（登录编号：CAQS-MTYX-20190019）

一、主要产地

河南省洛阳市偃师市城关镇的许庄、老城、北窑，山化镇牙庄、关窑等村，黄河滩区也有少量种植。

二、品质特征

偃师银条呈细长条形，色白光亮，中有小孔，长 10～30cm，直径 0.4～0.7cm，生食脆嫩爽口、微甜。

偃师银条维生素 C 含量 6.49mg/100g，粗纤维含量 0.88%，可溶性固形物含量 20.5%，蛋白质含量 1.73g/100g，可溶性总糖含量丰富达 10.18%，具有软化血管、降低血脂、改善血液循环等功效。

三、环境优势

偃师地处伊洛河冲积平原气候属于温暖带大陆性季风气候，冬冷夏热、春暖秋凉，四季分明，雨量适宜。银条适宜生长的土壤，是伊洛河交汇处冲积而形成的两合土，有机质、氮磷钾养分含量丰富，质地中壤，"有水而不湿，有沙而不松"，是银条的原产地域。

四、收获时间

11 月至翌年 1 月为陆续采收期，最佳品质期为每年 12 月，长达 30 天。

五、推荐贮藏保鲜及食用方法：

鲜贮藏：刨出分级后，泡沫箱密封贮藏冷库。一般贮藏期为冬季，保鲜期为 1～3 个月。设定冷库温度 2～8℃，湿度 35%～75%，不可冷冻。消费者少量购买，保鲜袋密封，冷藏。

加工贮藏：采用高压真空灭菌方法，将其烹制为色香味美的罐头食品。其保质期可达半年以上。

炒食：2006 年，偃师市怡园春大酒店大厨用偃师银条与虾仁同烹，在中央电视台举办的《满汉全席》擂台赛上一举夺魁，被评为中国烹饪的"金牌菜"。方法如下：①银条、虾仁洗净，放少许盐、料酒、水、淀粉搅拌均匀腌制。②西兰花洗净切小朵过水焯一下，装盘围成花边。③姜洗净切丝，彩椒洗净切片。④锅中放少许油，虾仁滑炒一下放入姜丝，出锅备用；再下入银条、彩椒，放盐迅速翻炒，后倒入虾仁翻炒均匀，放味精，淋少许香油（银条易熟，不宜炒制过火，要保持它的脆性）。⑤出锅倒入围好的西兰花上。

凉拌：①将银条折成寸许小节，用清水冲洗干净，浸泡 5～10min，然后在开水锅里焯一下。②锅洗净加足量水焯 1min 左右，过凉水。③姜丝、辣椒、小茴香放入热油中爆香，加入到银条中，再加入适量的白醋、味精、盐拌匀即可食用。

六、市场销售采购信息

1. 洛阳市辛丰农业食品厂　联系人：史亚欣　联系电话：13803795156

2. 偃师市山化糖厂　联系人：梅修辉　联系电话：15038654001

3. 偃师市西银绿色食品有限公司　联系人：智晓燕　联系电话：13613881775

（登录编号：CAQS-MTYX-20190034）

长葛胡萝卜 ◉

一、主要产地

河南省许昌市长葛市石象镇胡庄村、尚官曹村、左场村。

二、品质特征

长葛胡萝卜长圆柱形，大果型，皮橙色，红肉红心，有青头，皮面光滑，果肉质密，汁多、肉脆、有甜味。

长葛胡萝卜含胡萝卜素 118mg/kg、可溶性糖 60.6mg/g，水分 88.9g/100g。长葛胡萝卜胡萝卜素含量丰富，具有提高人体免疫力的作用。

三、环境优势

长葛市位于河南省中部。地处亚热带到暖温带的过渡地带，属北温带大陆性季风气候区，气候适宜，四季分明，日光充足，地热丰富，年均气温 14.3℃，日照时数 2 422h，年均降水量 711.1mm，无霜期 217 天。土壤肥沃，质地轻壤或中壤，保水保肥能力强，可耕性良好，非常适合种植胡萝卜，是全省优质胡萝卜生产县（市）之一。

四、收获时间

长葛胡萝卜每年 11 月收获，最佳品质期在 12 月左右。

五、推荐贮藏保鲜和食用方法

贮藏温度及湿度：温度宜在 0 ～ 5℃，相对湿度 90% ～ 95%。

长葛胡萝卜可熟食也可生食，可炒、炖、凉拌。

推荐食用方法：

1. 凉拌胡萝卜丝　①胡萝卜切丝，大葱切丝。②加生抽、糖、盐、胡椒粉、鸡精、生姜和蒜末拌匀。③加青椒丝点缀，淋上香油即可。

2. 胡萝卜炒肉　①胡萝卜切片，五花肉切片，青椒切片，葱切段。②炒锅火烧热，下入食用油 100g，放入五花肉煸至金黄，沥出多余油分，下入胡萝卜片同炒片刻，再放入青椒片稍炒。③待胡萝卜片八成熟时，放入适量的盐、味精和酱油调味，再下入葱段稍炒，即可出锅。

六、市场销售采购信息

1. 长葛市学杰家庭农场　联系人：冯学杰　联系电话：13782295919

2. 长葛市鼎诺种植专业合作社　联系人：朱伟岭　联系电话：18638505058

3. 长葛市乐丰种植专业合作社　联系人：朱小娟　联系电话：15038985986

⊙ 大陈黄鱼

（登录编号：CAQS-MTYX-20190095）

一、主要产地

浙江省椒江区大陈岛周围海域。

二、品质特征

大陈黄鱼具有体色鲜艳、肌肉呈明显蒜瓣状且结构紧密、肉质鲜美且无腥味、味上乘等优点，同时具有鱼头大、体匀称、尾柄细等特点，其肉质和体型均接近于野生大黄鱼。

大陈黄鱼含蛋白质 17%，脂肪 5.6%，饱和脂肪酸 37.86%，DHA（占总脂肪酸）11.9%，必需氨基酸总量 22.3%，维生素 E 10.8mg/100g，各项指标均优于参考样。当地婴儿开荤，挑大陈黄鱼食之，故有"开荤鱼"之称。

三、环境优势

大陈岛是浙江东部典型的拥有"蓝海"资源的岛屿，是国家级生态镇、国家级海洋牧场、国家级海钓竞赛基地、省级森林公园。岛周海域是浙江省第二渔场，水质肥沃，饵料丰富，计有鱼类、甲壳类、软体类和贝藻类 300 余种生物品种，是大黄鱼天然的产卵场、索饵场、洄游通道，素有"东海明珠"美誉。连续十多年始终保持国家一类水质量标准，是国家、省级无公害养殖基地。

四、收获时间

大陈黄鱼全年起捕，最适宜购买时间为 12 月至翌年 2 月。

五、推荐贮藏保鲜和食用方法

贮藏方法：大陈黄鱼一般以现购现烹为宜，冰鲜食用为佳。贮藏保鲜时需保鲜薄膜包裹，冷冻放置于 –20℃环境中。

推荐食用方法：

1. 红烧大黄鱼　原料：大黄鱼（洗净、去鳃和内脏）、生姜、大蒜、葱段、蒜丝、酱油、醋、糖酒盐油等。做法：①将锅烧热，倒入油烧热。②将鱼花刀后放入锅中，下生姜、大蒜、酱油、醋、糖、酒、盐等。③加适量开水用大火蒸熟，水开后蒸 8min 左右（按鱼的重量计算）。④鱼蒸熟后放葱段、蒜丝在鱼上，色彩更为丰富。

2. 雪菜大黄鱼烧肚腩　原料：大黄鱼（洗净、去鳃和内脏）留肚腩、雪菜 200g 左右、生姜、大蒜、酱油、酒盐油等。做法：①将锅烧热，倒入油烧热。②将洗好的鱼肚腩下到锅里煎 2～3min，下生姜、大蒜、酒、盐等。③再放入洗干净的雪菜，加适量水用大火蒸熟，水开后蒸 8min 左右（按鱼的重量计算）。④鱼肚腩蒸熟后可放点葱在鱼肚腩上。

六、市场销售采购信息

1. 台州大陈岛养殖股份有限公司　联系人：俞淳　联系电话：13958005678
2. 台州市椒江汇鑫元现代渔业有限公司　联系人：周海华　联系电话：13305763988

（登录编号：CAQS-MTYX-20190188）

宿鸭湖鳙鱼 ◉

一、主要产地

河南省驻马店市汝南县宿鸭湖水库。

二、品质特征

宿鸭湖鳙鱼体长 60～62cm，最宽处 11～13cm，个大体肥，头部特大，鳞片细小，体色背部及两侧青黑色，有不规则的深色斑块，腹部灰白。肉质紧实有弹性，味道鲜美纯正，腥味淡。

宿鸭湖鳙鱼蛋白质含量为 15.6g/100g，胆固醇含量 9.94mg/100g，铁含量 0.946mg/100g，硒含量 55μg/100g，必需氨基酸总量 7 040mg/100g，呈味氨基酸 6 830mg/100g，均优于同类产品参照值。宿鸭湖鳙鱼营养丰富，多食可以改善贫血、预防心脑血管疾病，具有滋补保健、抗衰老、增强免疫力等功效。

三、环境优势

汝南县地处黄淮平原腹地，亚热带和暖温带的过渡地带，兼具南北双重气候特征，是典型的大陆性季风型半湿润气候。宿鸭湖鳙鱼生长期间（5—9月）的月平均气温25℃以上，光照充足，适宜鳙鱼的喜温生长要求。

宿鸭湖水库是亚洲最大的人工平原淡水湖，流域内无工业污染源，年水交换量频繁，大量营养元素随水流进入水库。水深适宜（平均 3m），3m 的水深保证了水体光合作用充分、底泥营养物质释放、水体积温高，为宿鸭湖鳙鱼提供了充足的纯天然饵料——浮游生物。宿鸭湖水面宽阔、水质清新、水草茂盛，常年超过 100 余万只鸟类在此栖息、繁衍，是国内同类淡水湖泊中生态、自然环境保持很好的湖泊，优良的生态环境保障了宿鸭湖鳙鱼的独特品质。

四、收获时间

全年均为收获期，捕大留小。但最佳品质期为冬季，即从 12 月至翌年 2 月。

五、推荐贮藏保鲜和食用方法

鲜活产品，现宰现加工，以保证味道鲜美。购买宰杀后的鳙鱼应进行速冻保鲜。

以下介绍一种最佳食用方法。

剁椒鱼头　食材：大鱼头 1 个（750g），红剁椒 1 碗，调味料：精盐 1/4 茶匙、料酒 1 大匙、姜丝、葱花、大蒜各适量、植物油 5 大匙。做法：①先用盐、料酒涂抹鱼头，腌制 15min，再在表面铺上姜丝。②在鱼头上铺满剁椒。③锅内烧开水，放上蒸架，大火蒸 10min。时间的长短视鱼头大小蒸 10～15min。④蒸好的鱼里面有很多水分，用匙盛出 2/3 的蒸鱼水弃掉。⑤再在鱼表面铺上蒜蓉、香葱碎。⑥另起一锅，烧热 5 大匙植物油，趁热均匀地浇淋在鱼头上即完成。

六、市场销售采购信息

河南省宿鸭湖生态养殖股份有限公司　联系人：龚玉法　联系电话：13839944848

⊙ 涪陵青菜头

（登录编号：CAQS-MTYX-20190214）

一、主要产地

重庆市涪陵区马鞍街道、李渡街道、江北街道、荔枝街道、江东街道、龙桥街道、白涛街道、百胜镇、珍溪镇、南沱镇、清溪镇、焦石镇、马武镇、蔺市镇、新妙镇、石沱镇、义和镇、龙潭镇、青羊镇、罗云乡、大顺乡、同乐乡、增福乡共 23 个乡镇（街道）的 293 个行政村。

二、品质特征

涪陵青菜头为扁圆形和纺锤形，表皮青绿，肉质白而肥厚。质地甘爽脆嫩。

涪陵青菜头可溶性糖含量为 2.63%；粗蛋白含量为 2.19g/100g；维生素 C 含量为 12.3mg/100g；钙含量为 31.5mg/100g；锌含量为 0.362mg/100g。

三、环境优势

涪陵青菜头主要产地位于四川盆地东南边缘，地貌类型多样，有河谷、丘陵、低山、低中山；水资源丰富，长江和乌江穿汇于境；属中亚热带湿润季风气候，立体气候明显，四季分明，气候温和，雨量充沛，秋冬多雾，平均气温 18.1℃，无霜期 317 天，日照 1 248h，年均降水量 1 072mm。

四、收获时间

最早可以在 12 月采收，供鲜食。一般在立春至春分之间，菜头未抽薹时收获。

五、推荐贮藏保鲜和食用方法

1. 做榨菜 ①备料。选用茎部肥大、组织细嫩、皮薄、不空心、含水量少、无病虫危害和腐烂的青菜头进行加工。同时，要准备好干红辣椒、花椒、胡椒粉、橘皮、八角等各种辅料。②剥皮。将采收后的青菜头清洗干净，除去青菜头的菜梗和叶子，剥去底层老皮，抽去硬筋后再清洗一遍，然后再按照需要的形状、大小，用刀切割青菜头。③脱水。菜头脱水的方法有自然风干、食盐和热烘脱水三种。如采用自然风干，就是用竹篾把菜头串起来挂晒或铺在干净的席子上晾晒，一般 7～8 天便可。④装坛封藏。待风干之后，再入池码盐脱水装坛封藏。精制时将粗加工后的青菜头脱盐后切成各种形状，然后拌入各种所需的佐料，制成榨菜成品，或装小坛封藏，或袋装、罐装、瓶装，总之要隔绝空气收藏。

2. 做泡菜 将青菜头的老皮削掉，洗净切成小块放进用涪陵独有的胭脂萝卜养过的泡菜水坛子里，第二天就可以捞出来，切成小片或丝，颜色红白相间，脆嫩爽口，清香飘逸。

3. 做时令蔬菜 ①炝炒青菜头。切片，在烧开的水里过一下捞起控干水分，用油将干辣椒炒香微煳，放入姜蒜爆出香味后放入青菜头片，加入味精和调味盐即可。菜头入口润滑，略带微微的苦味，清香翠绿。②凉拌菜头丝。剥去老筋老皮，洗净切丝，用盐腌制 3～5min，轻揉后挤去明水，加入调料汁拌匀即可食用。③青菜头炖排骨。将排骨洗净切段，青菜头剥去老筋老皮，洗净切块，先将排骨、精盐、姜放入锅中煮熟，再将菜块放入煮约 10min 即可。

六、市场销售采购信息

1. 重庆泰升生态农业发展有限公司 联系人：姚德平 联系电话：13709476009
2. 重庆市涪陵区洪丽食品有限责任公司 联系人：代胜明 联系电话：13996778148

（登录编号：CAQS-MTYX-20190215）

大足熊猫雷笋

一、主要产地

重庆市大足区宝兴、龙水、雍溪、万古、智凤、三驱、中敖、高升等 8 个镇街。

二、品质特征

大足熊猫雷笋头大尾小、细长，壳薄肉肥。肉质细嫩，松脆爽口。粗纤维含量低，口感鲜美脆嫩、无涩味。氨基酸总量含量为 2.74g/100g；蛋白质含量为 3.14g/100g；镁含量为 131mg/kg；粗纤维含量为 0.8%。

三、环境优势

大足熊猫雷笋基地海拔高度 375m 左右，属中亚热带季风气候，气候温和、热量丰富、雨季充沛。年均气温 17.2℃，无霜期 323 天，年平均降水量 1 004mm，年度平均日照 1 279h，有效积温 6 133℃。基地土壤主要以紫色土为主，质地为沙壤土，土层平均厚度 40～50cm，疏松肥沃，排水良好。土壤 pH 值 6.5～7.5，酸碱度适中。有机质、有效磷、速效钾含量较丰富，土壤肥沃，特别适宜雷竹生长。

四、收获时间

大足熊猫雷笋采挖时间在 12 月至翌年 4 月，收获期 5 个月左右。

五、推荐贮藏保鲜和食用方法

大足熊猫雷笋可以蒸制保鲜，冷藏、冷冻、腌制保存。

主要以泡、炒、炖、烫、凉拌等多种方法食用，做菜时无须焯水，直接加工，老少皆宜。

六、市场销售采购信息

1. 重庆沁旭熊猫雷笋股份有限公司

联系人：黄承平　联系电话：13905746575

2. 中农竹丰农业发展有限公司

联系人：陶　川　联系电话：18323074706

◉ 海陵珍珠马蹄

（登录编号：CAQS-MTYX-20190360）

一、主要产地

广东省阳江市海陵岛经济开发试验区闸坡镇。

二、品质特征

海陵珍珠马蹄为扁球形，芽短紧凑，脐部平整；表皮黑色，光滑有光泽，有圆环节 4～5 个；果小如黑珍珠，平均纵径 17mm、横径 22mm，单果重 5～6g；肉洁白，质地细嫩，鲜食味清甜，因其小巧玲珑、肉质晶莹剔透、形似珍珠而得名。海陵珍珠马蹄口感粉糯而富有韧性、清脆香甜，软糯可口，营养丰富，富含胡萝卜素、维生素 B_1、维生素 B_2、尼克酸、维生素 C、铁、钙、荸荠英等多种成分。海陵珍珠马蹄蛋白质含量 3.3g/100g；粗纤维含量 0.8%；淀粉含量 25.2%；可溶性固形物 7.3%。上述营养品质指标均优于同类产品参照值。特别是粗纤维含量低，所以口感粉糯且清脆香甜。

三、环境优势

海陵岛位于中国广东省阳江市西南端的南海北部海域，海陵岛属南亚热带季风气候，阳光充足，气候温和，年平均气温 22.3℃，年降水量 1 816mm，年晴天 310 天，冬无严寒，夏无酷暑，四季如春。耕地土质松软，岛内没有工厂，无工业污染，为海陵珍珠马蹄生产提供了非常有利的自然环境。海陵岛珍珠马蹄为浅水性宿根草本植物，性喜温暖湿润，适宜生长在表土松软、底土坚实的沙壤土中，耕作层深度以 20～26cm 为佳，海陵珍珠马蹄整个生长发育过程需要充足的阳光，不耐荫蔽、干旱、低温。因此，海陵岛独特的地形和气候非常适宜海陵珍珠马蹄的生长发育，有利于海陵珍珠马蹄积蓄养分，积累干物质和糖分，形成口感粉糯而富有韧性、清新香甜等特色。

四、收获时间

海陵珍珠马蹄全年都可采收，但以 12 月至翌年 4 月品质最佳。

五、贮藏保鲜和食用方法

贮藏保鲜：①去皮的珍珠马蹄贮藏保存最佳的方法是真空冷藏，在 0～8℃可以保存 30 天左右；②去皮的珍珠马蹄放入盆内，用清水浸没马蹄，封上保鲜膜，再放进保鲜冰柜，可以保存 7 天左右。

食用方法：海陵珍珠马蹄食用方法很广泛，可炒、煲、煮及甜品等。其中著名的菜式有：珍珠马蹄椰子乌鸡汤、珍珠马蹄炒腰果、宫爆珍珠马蹄炒肉丁、双色珍珠马蹄糯米丸子。

六、市场销售采购信息

1. 阳江市海陵试验区兴兰农业专业合作社　联系人：梁先生　联系电话：18316121663

2. 广优（阳江市海陵试验区）农业有限公司　联系人：梁先生　联系电话：18802526606

3. 阳江市海陵试验区田中宝蔬菜种植农民专业合作社　联系人：余先生　联系电话：13922009395

阳西程村蚝 ◉

（登录编号：CAQS-MTYX-20190362）

一．主要产地

广东省阳江市阳西县程村镇沿海地区。

二、品质特征

阳西程村蚝为贝类海产品，以卵圆形和三角形居多，贝壳长 10 ～ 20cm，壳高 6 ～ 10cm，壳坚硬，壳面有灰、青、紫、棕黄等颜色。蚝肉内体丰满，色泽乳白或灰白色，体液澄清，呈白色或淡灰色。程村蚝肉质纯厚，色泽光洁，鲜嫩无渣，养分丰富，与其他地方生产的蚝有着明显的区别。阳西程村蚝蛋白质含量高，同时富含锌、铁、天冬氨酸、赖氨酸等营养成分，其中蛋白质含量达 9.4%，锌含量 42.7mg/100g，铁含量 6.21mg/100g，天冬氨酸含量 0.738g/100g，赖氨酸含量 0.47g/100g，脂肪含量 2.2%。

三、环境优势

阳西程村蚝产于阳西县程村镇沿海地区，主要品种为近江牡蛎，生长于陆地的河口湾，三面陆地，属布袋形海湾，该领域海水咸淡适中，潮流畅通，咸淡水交汇，且港湾多，周围有国家级万亩原生态红树林保护区，底下有丰富微生物，极适宜近江牡蛎（蚝）的生长，是十分理想的天然蚝场。

四、收获时间

程村蚝从敷苗到收获要经过二年多的时间，每年在中秋至春节前后为收获季节，最肥美季节是在冬至前后。冬至至春节期间是程村蚝全面上市的旺季。

五、推荐贮藏保鲜和食用方法

最佳的贮藏方法：①壳蚝，首先清洗干净外表，再用合适的器皿装好放在 3 ～ 7℃的冰箱内贮藏，按需取食，在 5 天内食用完毕为最佳。②鲜蚝肉的贮藏方法是：将开好的鲜蚝肉用薄膜袋装好放至 3 ～ 7℃的冰柜内贮藏，按食用量取食，7 天内食完最佳。③蚝豉的贮藏方法是：将干生蚝密封保存，最好的办法就是用真空包装袋，然后将其放入 –3 ～ 5℃冷柜贮藏；或者将干生蚝密封好放入米缸。

推荐食用方法：

1. 生炆鲜蚝　主料：将取回的程村鲜蚝，开壳取肉，约 1kg，洗净备用。配料：葱、姜、蒜少许，生抽、料酒，白糖少许。炒锅加热后，加入花生油、蒜蓉、姜蓉、再把蚝肉放入炒锅中，快速翻炒几下，加入生抽、料酒、白糖少许。煮约 5min 后加葱花少许上盘。

2. 鲜蚝煲鸡　主料：鲜蚝 1kg，鸡肉 500g。辅料：胡椒 30g、姜、味精、葱花。将鲜鸡肉放入砂锅煮沸约 10min，加入鲜蚝肉，再加入胡椒和姜，煮沸后 3 ～ 5min，再加入少许葱花和味精即可。

六、市场销售采购信息

阳西县程村海珠子蚝业有限公司

联系人：李先生　联系电话：0662–5357292、13827608322

一亩田旺铺：海珠子蚝业（下载"一亩田"APP，在 APP 中搜索"海珠子蚝业"即可）

四季出产

鹅湖山下稻梁肥，

豚棚鸡栖半掩扉。

桑柘影斜春社散，

家家扶得醉人归。

贾鲁河鸭蛋

（登录编号：CAQS-MTYX-20190009）

一、主要产地

河南省开封市尉氏县十八里镇、张市镇、小陈乡等。

二、品质特征

贾鲁河鸭蛋外观个大，圆润光滑，色泽鲜亮，蛋清浓稠，洁白如雪，蛋黄红润油亮，口感自然纯正，清香可口，风味独特，老少皆宜。咸鸭蛋大小适合，皮呈浅绿色，切开断面黄白分明，咸度适中，蛋白质地细嫩，色泽乳白或白色，富有弹性，蛋黄呈红橙色，松、沙、渗油，中间无硬心，味道香而不腻，回味余长。

贾鲁河鸭蛋营养价值丰富，钙元素含量95.7mg/100g，铁元素含量32.7mg/100g，亮氨酸1 100mg/100g，赖氨酸1 020mg/100g，蛋氨酸660mg/100g，苯丙氨酸840mg/100g。贾鲁河鸭蛋有滋阴、清肺、丰肌、润肤等功效。

三、环境优势

贾鲁河位于尉氏县城东部，属历史上的黄泛区故道，辖区境内全长45km，滩面积达6万亩，地域辽阔，空气清新，景色宜人，森林植被覆盖率达90%，适合建设绿色蛋鸭的养殖基地。贾鲁河鸭蛋就产于这样优良的生态环境之中。

四、收获时间

贾鲁河鸭蛋的收获期为全年。

五、推荐贮藏保鲜和食用方法

贮藏温度：20～25℃。

食用方法：贾鲁河鸭蛋为真空包装的咸鸭蛋，开袋即食。

六、市场销售采购信息

1. 尉氏县双圆蛋品加工厂　联系人：石书民　联系电话：13839971165

2. 尉氏县新起源蛋鸭养殖专业合作社　联系人：崔磊　联系电话：15993381118

3. 尉氏县昌旺蛋品加工厂　联系人：王连生　联系电话：13937809875

网　址：https://m.eqxiu.com/s/S5Fc4oh5

尉氏县双圆蛋品加工厂 绿色养殖基地一角

桐乡湖羊 ◎

（登录编号：CAQS-MTYX-20190064）

一、主要产地

浙江省桐乡市乌镇镇、崇福镇等。

二、品质特征

桐乡湖羊肌肉有光泽，红色均匀，脂肪洁白，有明显的羊肉膻味。肌肉富有弹性，指压恢复快，有风干膜，不粘手。

经检测，桐乡湖羊肉中的氨基酸含量16%、脂肪2.7%、水分76.6g/100g、胆固醇34.6mg/100g、挥发性盐基氮8.95mg/100g，各项指标均优于参考值。

三、环境优势

桐乡市位于浙江省北部杭嘉湖平原腹地，属亚热带季风气候，温暖湿润，四季分明。境内地势平坦，土地肥沃，是典型的江南水网平原。桐乡为蚕桑和稻田集约的农业地区，饲料条件利于湖羊的生产、繁殖。

四、出栏时间

湖羊全年出栏，最适宜冬季食用，为冬令滋补食品，深受消费者欢迎。

五、推荐贮藏保鲜和食用方法

贮藏方法：桐乡湖羊肉一般以现购现烹为宜。保存时宜剔骨剔筋膜后用保鲜薄膜包裹，冷冻放置于－15℃环境中。

推荐食用方法：

1. 红烧羊肉 传统的桐乡红烧羊肉以青年湖羊肉为原料，佐料有萝卜、酱油、黄酒、红枣、冰糖、老姜等。用土灶木柴大锅烧制，先用大火后用文火烧煮，一般要烧一个晚上，出锅后撒上蒜叶、姜末及干辣椒等调味。

2. 白切羊肉 做白切羊肉最好选后腿，肉中带筋，筋肉相连，且要带皮。羊肉冷水下锅，煮开后撇去血沫；加入姜片、葱段和料包（花椒、八角、茴香、红枣），转小火炖煮1h左右；将煮好的羊肉捞出，趁热拆骨；然后把羊肉码入形状方正的容器里，最好能完全填满平整，缝隙处倒入适量羊肉汤，加盖放入冰箱使羊肉冷却定型；吃时取出切片。

六、市场销售采购信息

桐乡运北秸秆利用专业合作社　联系人：张旭东　联系电话：13819082718

◎ 德清中华鳖

（登录编号：CAQS-MTYX-20190066）

一、主要产地

浙江省德清县禹越镇夏东村。

二、品质特征

德清中华鳖体质健壮，爬行敏捷，外形扁平，体背有硬甲，背部暗绿色，腹部白色、爪尖，裙边宽而厚。煮熟后的德清中华鳖具有超强自然野生风味，味道鲜美，肉质嫩滑，无任何腥味异味。

德清中华鳖的蛋白质含量为17.9%，氨基酸含量为143.6mg/100g，谷氨酸含量为24mg/100g；赖氨酸含量为14mg/100g，营养极其丰富。

三、环境优势

德清中华鳖养殖基地在禹越镇百亩漾的一个四面环水的小岛上，岛上绿树成荫、水源清澈，好水出好鳖。德清中华鳖在养殖中采用全生态仿野生养殖模式，必须养殖3年以上才能上市，整个养殖周期不投喂任何药物激素等，投喂杀好的活鱼。

四、收获时间

德清中华鳖百亩漾养殖基地一年四季都有3年以上的不同年份甲鱼可以供应市场。品质全年无明显差异。

五、推荐贮藏保鲜和食用方法

贮藏方法：德清中华鳖食用前活体保存，放冰箱保鲜层或者普通水桶内加水养着（无须投喂）。

烹饪方法：清蒸或者煲汤只需加盐，烹饪时间要小火至少40min以上。

六、市场销售采购信息

德清中华鳖购买渠道众多：可以从电商平台安厨优选里面的浙江省网上农博会板块下单购买绿望甲鱼；或者是各个德清中华鳖品牌直营或者专卖店购买绿望甲鱼；或者直接联系基地直营总店0571—86335998订购，发顺丰快递。

养殖基地：德清县禹越镇百亩漾生态休闲农庄　联系人：王志林　联系电话：18968098189

安吉竹林鸡 ◉

（登录编号：CAQS-MTYX-20190067）

一、主要产地

浙江省安吉县杭垓镇岭西村。

二、品质特征

安吉竹林鸡的鸡冠透红、颈细、脚小、毛色黄亮、精气十足、胸肌结实、行动灵活。鸡肉壮而不腻、鸡肉细腻、耐咀嚼，含有丰富的蛋白质、粗纤维、水解氨基酸等。经检测鸡肉的蛋白质含量达 22g/100g，氨基酸总量达 18.89%，肌肉含量达73.3%，高于同类产品参照值，而脂肪含量为 1.8%，低于同类产品参照值，具有高蛋白低脂肪的优点。

三、环境优势

安吉是"两山"理论诞生地、中国美丽乡村发源地，也是全国首个生态县，联合国人居奖唯一获得县。安吉县位于浙江西北部，处于北纬 30°12′～30°53′，东经 119°14′～119°35′，土壤 pH 值 5.5～6.5，安吉境内多山丘，全县森林覆盖率达 70% 以上，地面水质多为 Ⅱ 类水质标准，部分山溪达 Ⅰ 类标准。安吉县属于热带季风温润气候，四季分明，全年无霜期 190～226 天，多年平均降水量 1 400mm，空气质量优良天数全年 200 天以上，优质的环境铸就了优质的竹林土鸡。

四、收获时间

安吉竹林鸡以循环放养为主，一年四季保持一定的存栏量和成品鸡出售，标准养殖时间必须在240～360 天，在此期间视为最佳出栏期，肉质达到最佳口感，味鲜而不腻，肉质细嫩适中。

五、推荐贮藏保鲜和食用方法

产品经杀白、真空速冻冷藏、粗加工后投放市场，杀白冷藏到投放市场一般不超过 15 天，购买即食最佳，贮藏需在冰箱（柜）冷冻贮藏，保质期 180 天。

食用方法：烹、白斩、炖为主，以炖为最佳，无需用味精。

六、市场销售采购信息

1. 网上购买：网址 https://zhuhaifushou.1688.com

2. 阿里巴巴网上搜索"竹海福寿"

3. 联系人：杨维军　联系电话：13305722158

◎ 龙游发糕

（登录编号：CAQS-MTYX-20190068）

一、主要产地

浙江省龙游县所辖 15 个乡镇。

二、品质特征

龙游发糕色泽呈乳白色，清香纯正，风味独特，质感松软，切面有细密针眼孔且分布均匀，有酒香味，口感细腻，甜度适中。

龙游发糕碳水化合物含量为 53.7g/100g，脂肪含量为 2.9g/100g，蛋白质含量为 2.5g/100g，钙含量为 3.7mg/100g。

龙游发糕健胃利脾，营养丰富，尤其适合老年人、儿童食用。

三、环境优势

龙游县位于浙江省中西部，属衢州市，森林覆盖率达 55.52%，生态条件良好，土壤、空气、水质优良，是浙江省粮食作物、生猪、毛竹等重要生产和输出基地。"两江"绕城，非常美丽。近年来龙游县先后被评为全国生态示范区、全国绿色能源示范县、全国最具投资潜力的百强县，也是浙江省的旅游经济强县、美丽乡村建设先进县。龙游发糕全部采用当地种植的水稻进行加工，确保了产品品质。

四、生产时间

龙游发糕全年均可生产。其原料包括酒曲、糯米、粳米、白糖等，要经过 10 道主要工序：选米、浸米、淘米、磨粉、压榨、和馅、垫笼、灌笼、发酵、水蒸，之后出炉的发糕香糯可口，其最大的特色是在制作过程中加入适量糯米酒发酵而成。

五、推荐贮藏保鲜和食用方法

贮藏方法：新鲜包装的龙游发糕 5℃可冷藏保鲜 7 天。真空包装的龙游发糕可常温保存 6 个月。-18℃冷冻保存的龙游发糕可保存 12 个月。

龙游发糕可用于蒸制、油煎等，是非常受欢迎的一种地方小吃。以下介绍 2 种最佳食用方法。

1. 清蒸龙游发糕　材料：龙游发糕 500g。做法：①龙游发糕分切后放入蒸锅。②蒸锅加水中火烧至沸腾后蒸 10～15min 即可。

2. 煎发糕　材料：龙游发糕 500g，食用油适量。做法：①龙游发糕切均匀薄片。②锅中加入适量食用油，中火烧热改小火，将龙游发糕放入锅中煎至两面金黄即可。

六、市场销售采购信息

1. 浙江善蒸坊食品股份有限公司　联系人：蓝锦国　联系电话：13757014498

2. 善蒸坊食品旗舰店　网址：https://shanzhengfangsp.tmall.com

盐池滩羊肉 ◉

（登录编号：CAQS-MTYX-20190071）

一、主要产地

宁夏盐池县花马池、大水坑、惠安堡、高沙窝 4 个镇，王乐井、冯记沟、青山、麻黄山 4 个乡和 1 个街道办事处、102 个行政村。

二、品质特征

盐池滩羊体躯毛色纯白，光泽悦目，多数头部有褐、黑、黄色斑块。体格中等，背腰平直，胸较深，体质结实，鼻梁稍隆起，尾根部宽大，尾尖细圆，呈长三角形，下垂过飞节。盐池滩羊肉质细嫩，肌纤维细，风味鲜美、口感爽滑，膻腥味极轻。经测定，6 月龄滩羊肉肌纤维直径为 16.63μm ± 1.18μm，剪切力为 23.7N，有良好的嫩度口感。次黄嘌呤含量 0.8mg/100g，决定滩羊肉具有鲜香味。盐池滩羊肉蛋白质含量为 19.4g/100g，脂肪含量为 5.94g/100g，每千克滩羊肉中含硒 0.0927μg、胆固醇 29.2mg，是羊肉中的上品，具有极强的营养保健作用。

三、环境优势

盐池县位于宁夏东部，属典型的大陆性季风气候，四季分明，日照充足。地下水质矿化度较高，低洼地盐碱化普遍，土壤矿物质含量丰富，可饲用植物 156 种。独特的气候、植被和水土造就了盐池滩羊这一优良地方品种。盐池享有"中国滩羊之乡""国际滩羊美食之乡"之美誉。

四、收获时间

盐池滩羊一年四季均有出栏。

五、推荐贮藏保鲜和食用方法

贮藏方法：盐池滩羊肉适宜低温 0 ～ 4℃保鲜或冷冻保存，低于 –18℃可保质 6 个月。

推荐食用方法：

碗蒸羊羔肉　羊羔肉剁 1.5 ～ 2cm 见方肉块，清水浸泡 20min，将浸泡后沥干水分的羊肉放入器皿。放入姜末、蒜末、食盐、生抽，拌匀后按顺序加入干辣椒丝、葱花、十三香、花椒粉、面粉。锅内放入胡麻油 60g，烧至六成热，将热油浇于面粉和调味料上，拌匀，装碗。将碗放入蒸笼蒸至肉熟，取出撒上葱花、红椒丝、香菜段即可。

六、市场销售采购信息

1. 宁夏盐池县鑫海（清真）食品有限公司　联系人：张建　联系电话：15769535666

2. 盐池县溯源滩羊产业科技发展有限公司　联系人：傅国　联系电话：14709696788

3. 宁县盐池县大夏牧场食品有限公司　联系人：宋学丽　联系电话：17795306289

4. 宁夏余聪食品有限公司　联系人：李建雄　联系电话：0953–6011682

5. 宁夏荣宝食品有限公司　联系人：杨静　联系电话：0951–5987559

◎ 和顺原醋

（登录编号：CAQS-MTYX-20190081）

一、主要产地

山西省晋中市和顺县阳光占乡阳光占村、阳社村、拐子村、下白岩村等6个村。

二、品质特征

原醋产品具有固态发酵食醋特有的香气，红棕色，有光泽；体态均一，澄清，酸味柔和，回味绵长。

原醋陈酿时间 ≥ 1 年，经过长时间陈酿的陈醋营养丰富，口感醇厚，有较好的口感；产品指标中总酸（以乙酸计）含量为 6.55g/100ml、不挥发酸（以乳酸计）为 3.20g/100ml、谷氨酸占氨基酸总量比例 28.2%、总黄酮含量为 70.40mg/100g。原醋具有预防三高、减缓衰老氧化以及预防心脑血管疾病等药用价值。

三、环境优势

原醋原料产于山西省晋中市和顺县境内，产地位于太行山腹地，地处东经 113°，北纬 37°，海拔 1 300m，夏天日晒强，紫外线强，年平均气温 6.3℃，一月 -10℃左右。这里远离污染，生态环境良好，保存着大面积完整、连续的原始森林。厂区四面环山，紧邻清漳河西源，高海拔的地理位置和适度的低温气候是大曲制作和酿制山西老陈醋的最佳条件，所以这里自古以来就是优质山西老陈醋的产地。

四、收获时间

全年均为生产期。

五、推荐贮藏保鲜和食用方法

贮藏方法：本产品为调味品，常温贮藏即可。

食用方法：可以直接食用，如蘸拌、蒸炒煮调味、对白开水饮用、调配醋饮料等，均具有保健功能。

六、市场销售采购信息

1. 生产厂家直接销售　联系人：郭先生　联系电话：15303519529

2. 线上销售　京东、淘宝首页搜索"CUCU 醋"或"CUCU 旗舰店"即可进入店铺选购

平遥牛肉 ⊙

（登录编号：CAQS-MTYX-20190084）

一、主要产地

山西省晋中市平遥县所辖的古陶镇、洪善镇、岳壁乡、南政乡共4个乡镇区域内。

二、品质特征

平遥牛肉以其独具个性的色、香、味而享誉四方。其色，不加任何色素却色泽红润，晶莹鲜亮；其质，肉丝鲜嫩，软硬均匀，肥而不腻，瘦而不柴；其味，清香醇厚，望而生津；其效，营养丰富，扶胃健脾。食之，绵软可口，咸淡适中；品后，余味悠长，解困提神。堪称中华美食长廊中一枝独秀的佳品珍肴。

平遥牛肉蛋白质含量28.1%，脂肪含量3.9%，胆固醇71.4mg/100g，均优于同类产品参照值。

三、环境优势

平遥牛肉生产地域受到当地特殊地形特征影响而形成"热平遥"的气候特征，夏季较为干旱，大气环流适宜时又会造成暴雨，这种特殊的气候特征加上当地特殊的土壤，使其地下水属于"松散岩类孔隙含水岩系"，无有害物质和油类物质，水微咸，水质中硝酸盐含量（以氮计）比周边地区高4～10倍，达到2.19（硝酸盐氮mg/L）这种水质，能够促进肉品的发色和固香，所以平遥牛肉不添加任何香辛料，仍然肉香浓郁，形成了平遥牛肉的独特风味。另外，水质中的多种矿物质，使得牛肉不仅营养丰富，而且具有色泽红润、肥而不腻、瘦而不柴的特色。

四、收获时间

全年均为生产期。

五、推荐贮藏保鲜和食用方法

贮藏方法：避免阳光直射或高温、潮湿、挤压。保质期：365天。

食用方法：

1. 开袋即食　冷藏后食用风味更佳。

2. 肉凉菜　材料：冠云平遥牛肉（五香味）180g/袋。　方法：将冠云平遥牛肉（五香味）改刀切片或切块，均匀码放至餐盘即可。

3. 土豆烧牛肉　材料：冠云平遥牛肉180g，土豆2个，葱、姜、蒜适量，淀粉适量，生抽、老抽、盐、糖适量。　方法：①土豆切片，泡入清水中；②冠云平遥牛肉切成块状；③油不用太多，土豆下锅，炒一会儿加入适量的水，加锅盖炖煮一会儿；④土豆加水煮熟后加入牛肉快速翻炒，倒入适量的盐和糖调味，然后关火盛出即可。

六、市场销售采购信息

1. 线上销售　可通过山西省平遥牛肉集团有限公司官网、天猫、京东、今合网、善融商务、容易够等平台下单购买

2. 线下销售　山西省平遥牛肉集团有限公司产品已遍布国内三十多个省份自治区，美特好超市、东方航空等，还提供定制型产品，提供个性化服务

◎ 灵石香菇

(登录编号: CAQS-MTYX-20190087)

一、主要产地

山西省晋中市灵石县夏门镇文殊原村。

二、品质特征

灵石香菇菌盖厚实，色泽灰白，开伞度低；菌褶淡黄色，整齐细密；菌柄短，基部切削平整。灵石香菇肉质肥厚细嫩，味道鲜美，香气独特，营养丰富，具有浓郁的蘑菇风味。其蛋白质含量29.9mg/100g、谷氨酸含量7.2mg/100g、组氨酸含量1.03%、多糖测定值为5.74%、维生素D测定值为1.61mg/100g，均远远高于标准值。

三、环境优势

灵石香菇产地处于灵石县夏门镇北山原上，气候属暖温带大陆性气候，四季分明，春季多风，夏季不热，秋季爽凉，冬季寒冷，光照充足、气候温和，雨量适中，昼夜温差较大，无霜期长。独特的地理环境和气候为香菇的生长发育提供了适宜的环境，特别是在昼夜温差和干湿交替的作用下，香菇菌盖表面会自然开裂成不规则的花纹，形成"花"香菇特有的品质。

四、收获时间

全年均为收获期。

五、推荐贮藏保鲜和食用方法

贮藏方法：避光、干燥、低温的条件保存。

干香菇泡发方法：将干香菇放在一个容器里，倒上热水、放入干香菇，用盖子盖好容器，并摇晃5min左右即可使用。注意：干香菇浸泡的时候，最好用20～35℃的温水，这样既能使香菇更容易吸水变软，又能保持其特有的风味。在食用干香菇时，浸泡的水最好不要扔掉（可以入菜），因为具有保健功能的香菇嘌呤易溶于水，在浸泡香菇的水里含量较高。

六、市场销售采购

地址：山西省灵石县夏门镇文殊原村　联系人：刘春生　联系电话：18635478688

（登录编号：CAQS-MTYX-20190093）

苍南矾山肉燕 ◉

一、主要产地

浙江省苍南县矾山镇。

二、品质特征

苍南矾山肉燕采用当地生猪的新鲜后腿瘦肉制皮，前腿瘦肉做馅。肉燕个体均匀，形状似飞燕，单重 3.2～4.5g；皮薄，煮熟后晶莹剔透；口感滑而不腻，味鲜香，柔韧爽口。

苍南矾山肉燕蛋白质含量 12.4g/100g，高于同类产品参照值；脂肪 10.2g/100g，低于同类产品参照值；馅含量 39.8g/100g，皮与馅比例恰当。

三、环境优势

苍南县矾山镇，位于苍南县东南部山区盆地，这里四面山、三面海，鹤顶山是矾山镇第一高峰，海拔 998.5m，常年被云雾覆盖。这里气候宜人，属于亚热带气候，冬不太冷，夏不太热。本产品主要原材料——猪肉，来源于苍南县南部山区生产的生猪，该区域山清水秀，环境优美，无工业污染，系苍南县农业主产区，而且该区域生猪饲养时间比一般外调生猪延长 3～5 个月，猪肉的口感好、品质有保障。

四、收获时间

全年供应。

五、推荐贮藏保鲜和食用方法

苍南矾山肉燕系猪肉生制品，需 -18℃以下贮存。

推荐食用方法：

1.烧汤　在汤碗中加入适量的葱头油、胡椒粉、食盐、味精，倒入开水，备用。

将锅中水烧滚，放入解冻或未解冻的肉燕（若有粘连，不必拉开，因经过速冻处理，煮的过程会自动分开），大火煮 3min 左右，捞出，盛于备用汤碗中。因个人口味，加入香醋、香菜或葱花即可。本做法可做早餐、点心，亦可做宴席大汤。

2.白煮　将锅中水烧滚，放入解冻或未解冻的肉燕，大火煮 3min 左右，捞出，装盘，即可食用。

3.炒菜　将锅中水烧滚，放入解冻或未解冻的肉燕，大火煮 3min 左右，捞出，备用。在锅中加入适量食用油，烧热，倒入切好的花菜或其他蔬菜，至快熟时，加入调味品，倒入肉燕，拌匀，装盘。

4.火锅　直接在煮沸的火锅中按需投入，3min 左右即可食用。

六、市场销售采购信息

温州不凡食品有限公司直营门店　联系人：张金猜

联系电话：13388554555

微信公众号：矿上人家

淘宝店铺：矿上人家

温岭坞根乌骨鸡

（登录编号：CAQS-MTYX-20190097）

一、主要产地

浙江省温岭市坞根镇。

二、品质特征

温岭坞根乌骨鸡全身皮肤乌黑，眼、喙、爪均为黑色，骨、骨髓和肉为浅黑色，骨膜漆黑发亮，脚有五趾。肌肉指压后凹陷立即恢复，具有鲜肉的香味。

温岭坞根乌骨鸡蛋白质含量为25.6%，氨基酸含量为22.14g/100g，必需氨基酸含量为8.67g/100g，鲜味氨基酸含量为9.39g/100g。乌骨鸡含有一种特殊物质——黑色素，其中主要成分能起到延缓衰老的作用，更含丰富的铁质，对于贫血、肾虚弱者尤有滋补作用。

三、环境优势

温岭坞根乌骨鸡主产区域坞根镇地处温岭西南，位于海洋资源丰富的乐清湾畔，三面靠山，一面临海，生态环境得天独厚，是典

型的海洋性气候与大陆性气候交汇处，是一座风光旖旎、文化底蕴深厚的绿色海滨山城。坞根境内水系独立，没有污染，发展现代农业条件得天独厚，所产农产品质量好，营养价值高。

四、收获时间

温岭坞根乌骨鸡以保种及循环饲养为主，一年四季保持一定的存栏量，标准养殖时间在240～720天，在此期间为最佳出栏期，肉质达到最佳口感，味鲜而不腻，肉质细嫩适中，有药用价值。

五、推荐贮藏保鲜和食用方法

一般以现购现烹为宜，产品经杀白、真空速冻冷藏、粗加工投放市场，购买即烧最佳。

食用方法：烹、白斩、炖为主，以炖为最佳（可适当配以中药）。

六、市场销售采购信息

1. 小程序："浙江合兴"（直接在微信中搜即可，可网上购买）

2. 联系人：陈美燕　联系电话：18906594231

柯坪小麦粉 ◉

（登录编号：CAQS-MTYX-20190117）

一、主要产地

新疆维吾尔自治区柯坪县。

二、品质特征

柯坪小麦粉具有高蛋白、低脂肪的产品特点，与普通面粉相比麦香更浓，口感好，越嚼越有麦香味，香甜不粘牙；与普通面粉相比手感粗糙，流散性更好，松手不成团。柯坪小麦粉面筋质含量28.5%。

三、环境优势

柯坪县年平均气温11.4℃，夏无酷暑，冬无严寒，非常适合有机、绿色小麦的种植。在柯坪县阿恰乡建有1 000亩有机小麦示范基地，通过"企业＋农户"合作方式，严格按照"有机小麦生产技术规程"要求进行种植管理，严禁使用任何化学肥料及农药，用独有的氨基酸水溶肥灌溉技术和有机农家肥进行种植，为原料的有机绿色提供了保证。同时在新疆农业科学院粮食作物研究所的指导下进行生产，由该所提供优良品种和种植技术，保证了原料质量稳定。柯坪县是国家级生态县，县域范围内没有化学工业污染。

四、收获时间

柯坪小麦粉全年均可生产加工。

五、推荐贮藏保鲜和食用方法

产品贮存条件：将柯坪小麦粉置于通风阴凉干燥处为宜。

食用方法：柯坪小麦粉可用于制作新疆烤馕、新疆拉条子（拌面）、锅贴、馒头、包子等美食。

六、市场销售采购信息

新疆艾力努尔农业科技开发有限公司　联系人：张丽　联系电话：18636366788

⊙ 徒河黑猪

（登录编号：CAQS-MTYX-20190121）

一、主要产地

山东境内的徒骇河流域，以济阳县为中心产区，分布于济阳、齐河、临邑、商河、惠民等地。

二、品质特征

徒河黑猪属华北型黑猪，具有适应性强、繁殖力高、耐粗饲、抗逆性强、肌间脂肪含量高、肉质好等特点，是中国本土黑猪中的典型代表。

徒河黑猪体型特点：黄瓜嘴：被毛全黑，额部较窄、嘴筒长直、面部较平直、额部有纵纹数条、较浅、耳大小中等、耳根软长于嘴角；结构紧凑，四肢较健壮，分黑皮毛密与灰皮毛稀，背部微凹斜尻，成熟体重较小。莲花头：被毛全黑，额部宽广，嘴筒粗短，面部微凹，额部皱纹数条较深、耳软大下垂于鼻尖；结构松弛，粗壮，后肢系部较软，分黑皮毛密与灰皮毛稀，凹背垂腹斜尻，成熟体重较大。

徒河黑猪的肉色鲜红、大理石花纹明显且分布均匀，肌内脂肪含量 7.56% 左右。徒河黑猪肉质鲜嫩，脂肪含量较高，口感好，味道醇香。徒河黑猪肉灰分含量 0.80% ～ 0.90%，蛋白质含量 18% ～ 20%，氨基酸总和 ≥ 16.5%。水煮时无异腥味，汤汁清亮。烹饪时猪油基本不粘锅。

三、环境优势

山东省济阳县地表土壤主要为褐土，pH 值 7 ～ 7.5，呈微碱性。济阳县地处北暖温带半湿润季风气候区，四季分明，光照充足，雨热同期，无霜期长。年平均气温 12.8℃，平均相对湿度为 65.6%，平均降水量 586.9mm，优越的自然地理环境，适宜的土壤和气候，孕育了境内丰富的植被和农作物，是徒河黑猪生长繁衍的理想场所。

四、出栏时间

养殖周期 12 ～ 15 个月。全年都有猪出栏，年出栏量 6 万头。

五、推荐贮藏保鲜和食用方法

储存方法：-18℃超低温冷储存放，保质期 12 个月。宰后 24h 排酸，-35℃超低温急速冷冻。

推荐烹调方式：

徒河黑猪红烧肉　①100g 鹌鹑蛋煮熟去壳，下油锅炸至颜色金黄，捞出备用。②将 500g 五花肉切成 2.5cm 左右大的方块，入冷水锅焯水，捞出沥干备用。③锅内小火倒入少许油，切好的五花肉入油锅，煎至微焦后捞出。④放一小把黄冰糖炒出糖色，立即倒入煎过的肉翻炒至上色。⑤加 1 小把小葱段和 4 片姜，倒入 1 勺花雕酒、1 勺生抽，半勺老抽，少许盐，加 660ml 啤酒。大火煮开后，再加入八角香叶等香料，加盖小火炖煮 45min 左右。⑥开盖加入炸好的鹌鹑蛋，再煮 5min，让蛋充分入味上色，将汤汁收至黏稠后出锅。

六、市场销售采购信息

联系电话：18765891899

（登录编号：CAQS-MTYX-20190122）

民和白羽肉鸡 ◉

一、主要产地

山东省蓬莱市民和生态园区。

二、品质特征

民和白羽肉鸡采用公司自繁自育的白羽鸡苗，经过 38～42 天的养殖，体重达到 2.5kg 左右，由自属食品工厂屠宰加工。民和白羽肉鸡鲜品鸡肉富有弹性，冻品解冻后指压能够缓慢恢复原状。表皮和肌肉切面具有肉鸡肌肉特有的光泽和气味。加热后肉汤透明澄清、脂肪团聚于液面。

民和白羽肉鸡蛋白质含量 22.37g/100g，苏氨酸 / 总氨基酸为 4.61%，异亮氨酸 / 总氨基酸为 4.31%，亮氨酸 / 总氨基酸为 8.38%。具有高蛋白低脂肪的特性，是强身健体的理想食材。

三、环境优势

蓬莱位于山东半岛的最北端，三面环海，冬暖夏凉，无严冬酷暑，无工业污染。稳定的温度、湿度环境为肉鸡福利养殖提供了得天独厚的养殖条件。民和生态园区周边 1km 范围内无村庄、工厂、养殖场，被农业农村部认定为"肉鸡无高致病性禽流感生物安全隔离区"。

四、收获时间

全年均可养殖。采用多层立体化养殖，每年养殖 2 500 万只左右。

五、推荐贮藏保鲜和食用方法

贮藏方法：经屠宰加工分割的肉鸡产品，-18℃的低温环境中密闭存放，保质期为 12 个月。

推荐烹调方式：

可乐翅中　食材：鸡翅中 10 个。调料：可乐 1 听，食用油 250g，葱、姜、盐、黄酒、酱油适量。烹调方法：①鸡翅中两侧划开，用葱、姜、盐、黄酒入味腌制半小时。②热锅加入食用油，加热至六成，将腌制后的鸡翅中炸至金黄捞出。③锅中留少许底油，再将炸制的翅中下锅，依次加入可乐、葱、姜、黄酒等腌制液。④烧开后小火入味，根据个人的口味，用盐、酱油调味，收汁即可。

六、市场销售采购信息

联系电话：0535-5972999、0535-5642766

扎鲁特草原羊

（登录编号：CAQS-MTYX-20190138）

一、主要产地

内蒙古通辽市扎鲁特旗区域内的所有苏木乡镇场。

二、品质特征

扎鲁特草原羊属于脂尾型肉用粗毛羊品种。体格较大，体质结实，体躯深长，肌肉丰满。公羊多数有螺旋形角，母羊无角或呈姜状形短角。耳宽长，鼻梁微隆。胸宽而深，肋骨拱圆。背腰宽平，后躯丰满。尾大而厚，尾宽过两腿，尾尖不过飞节。四肢端正，体躯被毛为纯白色，头部毛以黑、褐为主，也有白色。颈部有色毛不得超过前1/3。肉质呈均匀红色，有光泽，具有鲜羊肉特有的浓郁香气。表面微平，触摸时不粘手，指压后的凹陷能立即恢复。

扎鲁特草原羊肉蛋白质含量为 20.6g/100g，铁含量为 25.6g/100g，锌含量为 3.07mg/100g。羊肉是滋补强壮的重要食品，《本草纲目》中羊肉被称为元阳，是益气补血的温热补品，可祛除湿气、避寒冷、暖心胃，用于病后虚寒、产后大虚的辅助食疗。

三、环境优势

扎鲁特旗地处内蒙古自治区通辽市西北部，大兴安岭南麓，科尔沁草原西北端，属内蒙古高原向松辽平原过渡地带。土地总面积 1.75 万 km²，四季分明，光照充足，日照时间长。年均气温 6.6℃，年均日照时数 2 882.7h，温差大。无霜期平均 139 天。春旱多风，年均降水量 382.5mm，年均湿度 49%。扎鲁特旗有天然草牧场 1 606 多万亩，占全旗土地面积的 64.10%。草牧场均在四等六级以上，山地森林草原和草甸草原为主，牧草茂盛，牧草长势旺，最高可达 90cm。

四、收获时间

扎鲁特草原羊可全年出栏，在草原最佳的食用季是初秋至初冬。

五、推荐贮藏保鲜和食用方法

鲜羊肉保存不宜超过 2 天。需要长时间保存，可把羊肉剔去筋膜，用保鲜膜包裹后放入冷冻设备进行冷冻，一般可保存 3 个月左右。

羊肉的制作方法有很多，煸、炒、炸、烤、焖、炖、蒸、煮、涮均可以。

大葱炒羊肉　材料：羊肉 300g，大葱 150g，香菜 10g，鲜姜 3g，油适量，酱油一勺，盐适量，胡椒粉适量，料酒适量。做法：①羊肉取精瘦肉切片备用，葱、姜、香菜洗净。②热锅放油，放入羊肉、姜片同炒，待肉色微变后加入葱、少许酱油、料酒、胡椒粉、盐等翻炒出香味后放入少许香菜出锅装盘即可。具有活血、养肝、降逆止呕、散寒解表之效。

六、市场销售采购信息

1. 扎鲁特旗芒哈吐肉羊养殖专业合作社　联系人：李喜利　联系电话：18804751877

2. 扎鲁特旗海底捞食品有限公司　联系人：王海娟　联系电话：13804714786

3. 扎鲁特旗罕山肉业有限责任公司　联系人：张明红　联系电话：13848851356

（登录编号：CAQS-MTYX-20190139）

达拉特鹌鹑蛋 ◉

一、主要产地

内蒙古自治区鄂尔多斯市达拉特旗风水梁镇公乌素村、大纳林村。

二、品质特征

达拉特鹌鹑蛋形状近椭圆形，表面有褐色斑点或斑块，每个重量 12～13g，灯光透视时整个蛋呈黄色。

达拉特鹌鹑蛋每 100g 中蛋白质含量 12.7g，脂肪含量 10.1g，铁含量 13.17mg，钙含量 67.28mg，具有健脑补脑、保护视力、增强记忆的功效。

三、环境优势

达拉特旗地处内蒙古鄂尔多斯市库布齐沙漠东端，处于沙区与沿河平原的结合部，土质以沙壤为主，干净无污染，区域内宜农宜牧，生产地域内有木哈尔河、哈什拉川和东柳沟河三条季节性河流，水资源较为丰富，并且水质优良，气候类型属于温带大陆性气候，年平均降水量为 240～360mm，主要集中在 7—8 月。达拉特鹌鹑蛋生产基地周边自然生态环境没有污染源，并且地势高燥，四周居民居住量少，对鹌鹑养殖的扰动少，利于疫病防控，是理想的养殖基地。

四、收获时间

白羽鹌鹑全年都可产蛋。

五、贮藏保鲜和食用方法

最佳贮藏保鲜温度：5℃；湿度：85%，湿度不宜过高，否则会发生霉变。

食用方法：可煮、煎、炒等，与鸡蛋的食用方法基本相同；可热食也可凉拌，是餐桌上的一道佳肴，下面介绍两种简单、营养的制作方法。

1. 清水煮鹌鹑蛋　材料：达拉特鹌鹑蛋。制作方法：①冷水浸泡、清洗；②冷水下锅，没过鹌鹑蛋，水沸煮 20min，剥壳即可食用。

2. 五香鹌鹑蛋　材料：达拉特鹌鹑蛋 500g，食用油适量，八角 5 个，香叶 8 片，桂皮适量，花椒 10g，酱油 15g，食盐 15g，白糖 15g。方法：①冷水浸泡、清洗，冷水下锅煮沸 20min，捞出剥皮待用；②锅中油少许，将八角 5 个，香叶 8 片，桂皮适量，花椒 10g，酱油 15g，食盐 15g，白糖 15g 炒出香味；③放入剥好的鹌鹑蛋，加水与蛋持平，煮 30min，捞出即可食用。

六、市场销售采购信息

内蒙古俊泰种养殖专业合作社　联系人：闫挺　联系电话：15344012277

龙游乌猪

（登录编号：CAQS-MTYX-20190143）

一、主要产地

浙江省龙游县湖镇镇。

二、品质特征

龙游乌猪全身被毛乌黑，体型较小，骨骼纤细致密，其肌肉色泽鲜红，有光泽，脂肪呈乳白色，肉质紧密，有坚实感，有弹性。龙游乌猪肉中蛋白质含量 21.7%，脂肪 5.1%，胆固醇 41.2 mg/100g，不饱和脂肪酸占总脂肪酸百分比 62.13%，均优于同类产品参照值。

三、环境优势

龙游县是全国生猪调出大县和全省畜牧强县，也是全国第一批畜牧业绿色发展示范县。龙游位于浙江省西部，金衢盆地中部，介于北纬 28°44′ ～ 29°17′，东经 119°02′ ～ 119°20′。境内河流属钱塘江水系，主干流衢江自西向东横贯中部。山脉沿金衢盆地南北两侧分布，丘陵及平原区占 72.9%。属中亚热带湿润季风气候，四季分明，雨量充沛，日照充足。优越的地理环境，为龙游乌猪的千年传承提供了有利的生态环境基础。

四、收获时间

龙游乌猪以土法生态养殖为主，全年按计划生产，确保一定的存栏量和稳定的市场供应，标准养殖时段为 300 ～ 360 天，在此期间视为最佳肉品上市期。

五、推荐贮藏保鲜和食用方法

龙游乌猪经屠宰检疫合格后，以鲜品上市为主，购买即食最佳。

食用方法：红烧、白斩、炖为主，以白斩食用为最佳原味，无需调味品。

六、市场销售采购信息

联系人：朱　倩

联系电话：13819154279

（登录编号：CAQS-MTYX-20190144）

玉环深海大黄鱼 ◉

一、主要产地

玉环深海大黄鱼主要产地范围在中鹿岛，位于浙江玉环市鸡山岛群海域。

二、品质特征

玉环深海大黄鱼头较大侧扁、吻圆钝，尾柄细长；尾鳍楔形。体背侧灰黄色，下侧金黄色；背鳍及尾鳍灰黄色，胸鳍、腹鳍及臀鳍为黄色。鳞片栉状、肌肉呈明显蒜瓣状且结构紧密有弹性、肉质鲜美。

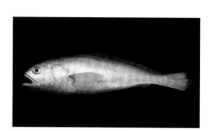

玉环深海大黄鱼蛋白质含量为18%，脂肪含量为2.9%，饱和脂肪酸含量为39.19%，DHA（占总脂肪酸）含量为9.7%，谷氨酸＋天冬氨酸（鲜味氨基酸）含量为93mg/100g，硒含量为93μg/100g。

三、环境优势

中鹿岛海域，是由群岛环绕形成的天然海湾，海域水质为国家海洋一类水质，自古是东海大黄鱼野生种群栖息地及南北自然洄游通道，台湾暖流与浙江沿岸流在此交汇，带来丰富多样的天然饵料，湾内的三个天然盆地通过潮汐形成水体往复运动，为大黄鱼自然生长环境带来充足且完整的食物链。三大自然要素缺一不可，构成了中鹿岛海域不可复制的独特性和唯一性。

四、收获时间

无禁渔期，无淡季，一年四季稳定供货。

五、推荐贮藏保鲜和食用方法

保存方式：冷藏保存，购买即食最佳。

推荐食用方法：

1. 葱油大黄鱼　①大黄鱼去内脏，去鳞，去腮洗净划花刀，然后用适量白醋、盐、姜丝腌制15min左右去腥入味。②腌制过的鱼洗一遍，放进盘子里，在鱼表面和鱼肚子内抹上适量盐，放葱姜丝，再在鱼表面放一小块熟猪油，淋上生抽，蒸锅水开以后放入，大火蒸8min，中间把蒸出来的汤水倒掉，关火以后再虚蒸5min。③葱花和干辣椒切碎备用。④鱼出锅以后在鱼身上淋一勺生抽，按需撒上葱花、干辣椒。⑤再准备一个炒锅，放适量食用油烧热以后浇在葱花上即可。

2. 红烧大黄鱼　①大黄鱼宰杀，去内脏、去鳞、去鳃，洗净后在鱼身上斜刀45°划上深2cm的一字花刀，加入绍酒4g、盐2g腌渍20min。②将色拉油30g放入油锅内，烧至五成热，放入葱段2g、姜片2g、洋葱2g煸炒出香，然后放入大黄鱼小火煎2min，再烹入绍酒4g、盐3g、番茄沙司、味精、糖、酱油、胡椒粉调味后加入清水350g小火焖6min，大火收汁后用湿淀粉勾芡，淋香油装盘。③将剩余的葱、姜、洋葱、青红椒片放入烧至五成热的色拉油中，小火滑1min取出后盖在大黄鱼上即可。

六、市场销售采购信息

玉环市中鹿岛海洋牧场科技发展有限公司　联系人：王斌峰　联系电话：0576-87277991、15967605151

⊙ 安阳杏鲍菇

（登录编号：CAQS-MTYX-20190165）

一、主要产地

安阳杏鲍菇为工厂化生产，厂区设在河南省安阳市殷都区曲沟镇南曲沟村、安丰乡渔洋村等地。

二、品质特质

安阳杏鲍菇长成后菌株呈保龄球状，菌盖直径 6.5～7.5cm，乳白色菌柄长 16～18cm，菌肉肥厚，质地细腻，口感脆滑，脆嫩似鲍鱼，且具独特的杏仁香味。

安阳杏鲍菇蛋白质含量为 2.18g/100g、脂肪含量为 0.3g/100g、粗多糖含量为 0.52g/100g。安阳杏鲍菇热量低，具有提高免疫力、软化和保护血管、降低血脂和胆固醇的作用。

三、环境优势

安阳地处豫北地区，全区耕地面积 38.89 万亩，粮食种植面积近 28 万亩，主要种植优质小麦、玉米、大豆等农作物，而杏鲍菇菌包常用配方中需要的原辅料有：玉米芯、麸皮、豆粕、锯末、玉米粉等，从而量大质优的农作物加工后，为杏鲍菇生产提供了充足的原辅料。

殷都区实行工厂化立体生产杏鲍菇，已有多年种植经验，生产技术成熟，经验丰富，工厂环境适当，单位亩产达 10 万 kg，是传统食用菌生产方式的 30 倍。安阳位于中原地区，交通便利，物流辐射区域广，方便杏鲍菇向周边地区和北京等大城市的集散。

四、收获时间

安阳杏鲍菇食用菌生产是工厂化生产、可循环生产，全年可收。

五、推荐贮藏保鲜和食用方法

贮藏方法：杏鲍菇贮藏保鲜效果最佳的温度为 2～4℃，保存一周。

食用方法：杏鲍菇食用方法主要是清炒或配青菜、肉类炒食或蒸（煮）熟后凉拌。以下介绍 2 种常见食用方法。

1. 蚝油杏鲍菇　①杏鲍菇洗净切滚刀块，青红椒洗净切成小块，大蒜拍碎；②锅烧热倒油，下蒜碎爆香后，倒入杏鲍菇块翻炒；③翻炒约 2min，炒至杏鲍菇缩小，颜色略变深；④倒入蚝油；⑤倒入青红椒块，再炒 1min 即出锅。

2. 干煸杏鲍菇　①杏鲍菇洗净切片，入沸水汆烫后滤水，加少许生抽拌匀腌制 15min。②洋葱洗净切丝。③炒锅里加入一勺油，小火将杏鲍菇片两面都煸成微黄色盛出。④倒入洋葱煸出香味，倒入杏鲍菇片一起煸炒。⑤加入盐、胡椒粉调味，炒匀即可。

六、市场销售采购信息

消费者可线上通过益农信息社站（www.365960.cn）进行购买；线下是安阳纳川三农实业有限公司、安阳纳川共享农业有限公司自产自销　联系人：王涛　联系电话：18937280000

四季出产

清丰杏鲍菇 ◎

（登录编号：CAQS-MTYX-20190167）

一、主要产地

河南省濮阳市清丰县食品产业园。

二、品质特征

清丰杏鲍菇菌体整齐一致，菌盖近圆形，呈灰褐色；菌柄较长、乳白色，似保龄球和棒槌状，组织紧密、手感结实，具有轻微的杏仁香味，质地脆嫩、脆滑爽口、感官品质上乘。

清丰杏鲍菇富含蛋白质，赖氨酸含量88mg/100g，精氨酸150.5mg/100g，苏氨酸61.8mg/100g，均高于同类产品参照值。清丰杏鲍菇低脂肪、低热量，具有降血脂、降胆固醇、增强机体免疫能力等功效。

三、环境优势

清丰县位于河南省东北部，冀鲁豫三省交界处，属温带大陆性季风气候，四季分明，光照充足，气候温和，雨量适中，全年无霜期215天，年平均气温13.4℃，年均降水量700mm。境内地势平坦，地下水源充沛，交通便利，区位优势明显。农业基础牢固，特色农业发展迅速。属典型的平原农业县，为种植食用菌创造了得天独厚的自然条件，是"全国食用菌优秀基地县""中国白灵菇之乡""全国食用菌产业化发展示范县"。

四、收获时间

全部工厂化生产，全年均为收获期。

五、推荐贮藏保鲜和食用方法

贮藏方法：按照杏鲍菇质量要求进行整理、分级、标识后于5℃可冷藏保鲜7天。

清丰杏鲍菇可用于煲汤、清炒、初加工等，是非常受欢迎的一种食材。以下介绍3种最佳食用方法。

1. 蚝油杏鲍菇　①杏鲍菇洗净切滚刀块，青红椒洗净切成小块，大蒜拍碎。②锅烧热倒油，下蒜碎爆香后，倒入杏鲍菇块翻炒约2min，炒至杏鲍菇缩小，颜色略变深。加入蚝油、青红椒块，再炒1min。③关火后淋入酱油，翻炒匀即出锅。

2. 凉拌手撕杏鲍菇　①杏鲍菇洗干净用蒸锅蒸10min，拿出冷却后用手撕成细条。②枸杞子用水清泡。③碗中加蚝油、香醋、盐、鸡精、蒜末以及泡好的枸杞搅拌均匀。④将调好的汁淋到杏鲍菇上，撒上葱丝即可。

3. 鲍鱼杏鲍菇　①鲍鱼去内脏，用牙刷刷洗裙边，用沸水将姜丝煮2min，捞出过冷水后去壳。②杏鲍菇、鲍鱼斜刀片成片待用。③油锅烧热后放姜丝、葱白爆香，下杏鲍菇翻炒，下鲍鱼片翻炒，加少量料酒，加酱油，颜色炒均匀后加水，盖锅盖焖一小会儿，快出锅时加适量盐、葱花。

六、市场销售采购信息

河南省龙乡红食品有限公司

联系人：袁帅　联系电话：18238320000　客服电话：0393-7688888

公司地址：濮阳市清丰县文化路食品产业园

公司网址：www.hnlxhsp.com

淘宝店铺名称：龙乡红食品

◎ 禹州紫薯粉条

（登录编号：CAQS-MTYX-20190172）

一、主要产地

河南省许昌市禹州市朱阁镇北郝庄村，古城镇关岗村。

二、品质特征

禹州紫薯粉条色泽紫中透亮，晶莹剔透、弹性强、条杆均匀、易烹饪，口感滑爽、筋道耐煮、粉味纯正。禹州紫薯粉条品质好营养丰富，其中所含水分10.8g/100g、淀粉78.2g/100g、矢车菊色素1.64mg/100g、芍药素7.9mg/100g。紫薯粉条制作不会破坏紫薯本身的营养成分，而且口感比普通红薯粉条更具柔韧性，易被人体消化和吸收。

三、环境优势

禹州市位于河南省中部。全市土地面积1 461km^2，地貌类型有山地、丘陵、岗地和平原。境内海拔最高点1 150.6m，最低点92.3m。禹州市属北暖温带季风气候区，热量资源丰富，雨量充沛，光照充足，无霜期长，很好地满足了紫薯喜温怕冷的特性。禹州境内多为土壤疏松、通气、排水性能良好的沙壤土与沙性土，特殊的气候和地质环境适宜紫薯种植，是全省重要的红薯和紫薯生产县（市），生产的红薯和紫薯品质优良，为紫薯粉条生产提供了优质原料。采用深井地下水生产的紫薯粉条品质好、深受广大群众喜欢。

四、收获时间

禹州紫薯粉条全年均可生产。

五、推荐贮藏保鲜和食用方法

常温贮藏：温度宜在1～25℃。

食用方法：凉拌、热炒、炖菜、涮锅等。

推荐烹调方式：

凉拌酸辣紫薯粉条 ①将大蒜、生姜捣碎，黄瓜切丝，小米椒切末备用。②锅内放入适量水烧开后，把紫薯鲜粉下锅煮3～5min后捞出放入凉水过凉后捞入盘中。③将捣碎的大蒜、生姜、黄瓜丝、辣椒末，加入香油、生抽、食盐、醋、鸡精充分拌匀后即可食用。

六、市场销售采购信息

1. 河南省盛田农业有限公司

联系人：谷晓华 联系电话：18039955660

网店：上天猫搜"盛田农业食品旗舰店"即可

2. 禹州市奔健三粉专业合作社

联系人：赵丹丹 联系电话：15517116567

3. 禹州市福源三粉加工有限公司

联系人：关松现 联系电话：15994053188

禹州带皮牛肉 ◉

（登录编号：CAQS-MTYX-20190173）

一、主要产地

河南省许昌市禹州市范坡镇张刘村。

二、品质特征

禹州带皮牛肉为鲜红色、有光泽，富有弹性，指压后凹陷即回复，肌纤维粗，切面肉质硬实。煮熟后，肉汤透明澄清，富有香味和鲜味。肉质口感味香，膻味淡。禹州带皮牛肉蛋白质含量23.1g/100g、脂肪含量0.6g/100g、硒含量6.0μg/100g、油酸含量44.8%、亚油酸含量7.96%、α-亚油酸含量0.484%。禹州带皮牛肉脂肪含量低，蛋白质、硒、油酸、亚油酸、α-亚油酸含量丰富。

三、环境优势

禹州市位于河南省中部，地貌类型主要有山地、丘陵、岗地和平原。禹州市属北暖温带季风气候区，热量资源丰富，雨量充沛，光照充足，年日平均气温14.4℃，年平均降水量为650mm左右，禹州的地理环境造就了农作物种植主要品种为小麦和玉米，为养牛提供了充足的饲草来源，同时气候适宜肉牛的生长，为优质牛肉生产提供了高品质的肉牛，有利于禹州带皮牛肉加工业的发展。

四、收获时间

肉牛的养殖周期一般为14～16个月的自然生长周期，此时牛肉的品质鲜嫩，口感好。

五、推荐贮藏保鲜和食用方法

贮藏温度及保质期：温度宜在0～4℃下保存。保质期25天。

食用方法：生牛肉生煎、炖、炒；熟牛肉凉拌、直接食用。

推荐烹调方式：

芹菜炒牛肉　主料：牛肉、芹菜。配料：青红椒、蒜、姜。调料：生抽、淀粉、小苏打、料酒、食用油、芝麻香油。做法：①将牛肉顺纹切条或横纹切片，用锤敲松牛肉。②牛肉中放生抽与苏打粉搅拌，再放料酒与生粉搅匀。最少腌制15min，加适量食用油腌1～2h更好。③芹菜洗净去除老叶，用盐腌制备用。④锅里放食用油，油温七成热放入牛肉翻炒，牛肉全部变色后立刻出锅。⑤锅里加一部分油，蒜、姜炒香，放入青红椒稍翻炒加入芹菜。炒至九分熟，倒入牛肉片翻炒均匀，淋入芝麻香油出锅装盘。

六、市场销售采购信息

1. 总店　联系电话：0374-8366988

2. 许昌直营店　联系电话：0374-1339399

3. 禹州分店　联系电话：13409355580

4. 长葛分店　联系电话：18937436088

5. 襄县分店　联系电话：13837400255

◎ 西平小麦

（登录编号：CAQS-MTYX-20190186）

一、主要产地

河南省驻马店市西平县所辖的 5 个乡镇 11 个行政村。

二、品质特征

西平小麦（西农 979）为白麦，籽粒均匀、饱满，角质率高，为中强筋小麦。

西平小麦水分含量 9.98g/100g；蛋白质（干基）含量为 13.3g/100g；湿面筋为 29.2%；吸水量为 63.8ml/100g；稳定时间为 17.6min。西平小麦可以为人体提供能量，对缓解精神压力、紧张、乏力等有一定的功效。

三、环境优势

西平县位于河南省中南部，耕地主要有潮土和砂姜黑土，耕层土壤全氮、有效磷、速效钾、缓效钾、有机质含量属中上等肥力水平。境内有历史上洪河泛滥形成的姚湖坡、白寺坡和老王坡 3 个冲积平原，土层深厚，土壤肥沃，成为现在旱涝保收的丰收田。西平县属于亚热带向暖温带过渡的大陆性季风气候，四季分明，春暖秋凉，夏热冬冷。常年平均气温 14.9℃，5 月中下旬平均气温 20.2 ～ 22.9℃，日温差平均为 12.1 ℃。有利于小麦灌浆，可增加其千粒重；年日照

时数 2 078.5h，5 月中下旬平均日照时数 7.2h，对提高小麦容重和蛋白质的含量非常有利。西平县地处豫南雨养区，年降水量为 800mm 多，独特的降水成就了独特的西平小麦。

四、收获时间

西平小麦（西农 979），收获时间为 5 月 27 日至 6 月 5 日，新小麦经过 1 ～ 3 个月后熟期，磨粉蒸出的馒头，体积大、筋力强、食味好。

五、推荐贮藏保鲜和食用方法

贮藏方法：一是高温入仓。夏天温度高，把收获的小麦晾晒入仓，可以杀灭害虫。二是通风降温。小麦在存贮中，要不定期进行通风处理，保障小麦的质量。三是防治虫害。小麦存贮中，主要的害虫有麦蛾、玉米象、谷蠹等，防治害虫的方法有高温密闭、后熟缺氧、低药量熏蒸等。

食用方法：经初加工为小麦粉后，可以制作面条、馒头、水饺、油条、面包等。

六、市场销售采购信息

1. 西平县玉中种植专业合作社　联系人：吕海洲　联系电话：13137874111
2. 西平县宏伟金禾种植专业合作社　联系人：马宏伟　联系电话：13839917758
3. 西平县睿帆种植专业合作社　联系人：赵严杰　联系电话：13503812958
4. 西平县迎风种植专业合作社　联系人：张书仁　联系电话：13839942151
5. 西平县绿丰种植专业合作社　联系人：岳红娜　联系电话：18639692983
6. 西平县金汇海蓝农业科技有限公司　联系人：贾飞　联系电话：18625470743
7. 西平县师灵镇诚信种植专业合作社　联系人：屈群成　联系电话：13939633345

徐闻香蕉 ◉

（登录编号：CAQS-MTYX-20190199）

一、主要产地

广东省湛江市徐闻县龙塘、下洋、海安、前山、锦和等乡镇。

二、品质特征

徐闻香蕉梳形完整，果实饱满，无明显棱角。青果青绿有光泽，成熟后金黄色，皮薄肉厚，有淡淡的香味，清新自然。

徐闻香蕉每100g成熟的鲜香蕉果含271mg钾，可溶性固形物不少于16%，可滴定酸为0.3%，可溶性糖为21.6%，均优于同类产品参照值。

三、环境优势

徐闻县地处雷州半岛，是中国大陆最南端，东经109°52'～110°35'，北纬20°13'～20°43'，东、西、南三面环海，属热带季风性湿润气候区，一年四季阳光充足，高温炎热，年平均气温23.3℃，年平均降水量1 364mm，砖红土壤pH值呈酸性，土层深厚，肥力较高，耕性良好，有机质含量平均2.79%，含氮0.13%，"硒中等"和"高硒"土壤面积达684.94km^2，红土壤非常适合香蕉种植。

四、收获时间

一年四季都有收获，收获旺季为3—10月。

五、推荐贮藏保鲜和食用方法

贮藏保鲜方法：最佳贮藏温度11～13℃，不宜放冰箱冷藏。

食用方法：

（1）鲜果剥皮，直接食用。

（2）把香蕉切成薄片，烘干或者冻干脱水，制成香蕉片。

（3）榨汁，与牛奶或其他果味混合，做成各种香蕉味饮品。

六、市场销售采购信息

1.徐闻县祥茂农产品农民专业合作社　联系人：李进权　联系电话：13702695980

2.徐闻县天健行农业开发有限公司　联系人：杨经理　联系电话：13802349851

3.广东福民农业发展有限公司　联系人：邢益泷　联系电话：13822578033

大埔乌龙茶

（登录编号：CAQS-MTYX-20190202）

一、主要产地

广东省梅州市大埔县枫朗镇岗头村，大东镇富溪村，高陂镇大王坑村等。

二、品质特征

大埔乌龙茶条索肥壮紧结，饱满光滑匀整，色泽黄褐油润，净度好，汤色橙红明亮，略显金黄，叶底肥厚匀齐，有清花蜜香，香气特征明显，香浓持久，滋味浓厚，回甘强。

大埔乌龙茶水浸出物 41%，总灰分 5.3%，水溶性灰分占总灰分百分比 68.0%，茶多酚 15.50%，游离氨基酸总量 1%，均优于同类产品参照值。

三、环境优势

大埔县属南亚热带与中亚热带的过渡带，具有亚热带季风气候的特征，昼夜温差大，光照时间长，平均相对湿度为 80%，雨量充沛。境内群山环抱，素有"山中山"之称，海拔 100～500m 的高中丘陵约占 80%。全县山地土壤大多属于酸性红壤，土层深厚，土壤疏松，有机质含量高，富硒，植被生长优良，水资源丰富，溪流众多，适宜茶叶生长。

四、收获时间

全年收获。

五、推荐贮藏保鲜和食用方法

常温下，放在干燥、避光、密封、无异味的地方。取适量茶叶冲泡饮服。

六、市场销售采购信息

1. 广东省大埔县西岩茶叶集团有限公司　联系人：张庆华　联系电话：13502532378
2. 广东飞天马实业有限公司　联系人：杨波　联系电话：13825912245
3. 广东凯达茶业股份有限公司　联系人：丘秋李　联系电话：18318838608
4. 广东屏翠山茶业有限公司　联系人：丘凯达　联系电话：13825923128
5. 大埔县建兴实业有限公司　联系人：刘俊裕　联系电话：13450720639
6. 广东飞马峰农业有限公司　联系人：邓俊业　联系电话：13923026328
7. 梅州嘉鹏茶果种植有限公司　联系人：邱小凤　联系电话：13421037142

阳江豆豉 ◉

（登录编号：CAQS-MTYX-20190208）

一、主要产地

广东省阳江市东城镇、北惯镇、大八镇、塘坪镇、白沙镇、潭水镇、白沙镇等。

二、品质特征

阳江豆豉颗粒匀整，皮薄有皱折，表皮色泽油润，呈黑褐色或黄褐色。具有豆豉特有豉香气，浓郁绵长。其肉质鲜美，豉肉松化，豉味浓香可口。阳江豆豉是具有中国传统特色的一类发酵食品，有着非常高的营养价值，富含钙、磷、锌、钾、氨基酸、蛋白质等营养成分，其中钙含量达到239.5mg/100g，磷含量294mg/100g，氨基酸、蛋白质含量分别为25.8%和29.55%，均优于同类产品参照值。

三、环境优势

阳江市地处广东省西南沿海，属南亚热带气候，高温、多雨，日照时间长，年平均气温23℃左右，年平均降水量2 300mm左右，全年日平均气温≥10℃的稳定持续期336天以上，无霜期长达350天以上，光照时数年平均1 876.2h，年平均相对湿度81%，这种自然气候非常适宜豆豉的制作。阳江豆豉采用传统手工酿造发酵工艺制作，在蒸豆、制曲、发酵等关键工序中，利用阳江得天独厚的地理环境和自然气候，使豆豉霉菌充分生长，强化酶的分解能力，形成了色、香、味俱佳的阳江豆豉。

四、收获时间

阳江豆豉全年可收获。

五、推荐贮藏保鲜和食用方法

阳江豆豉应贮存于阴凉、清洁卫生、通风干燥、避免阳光直接照射的地方。要避免生水入侵，以防豆豉发霉变质。

阳江豆豉的食用方法广泛，可搭配多种食材，如豆豉蒸鱼、豆豉鲮鱼茄子煲、豆豉焖排骨。用阳江豆豉进行调味不但使菜式味道更加鲜美，而且可以消除鱼腥味。

豆豉蒸排骨　做法：①取一个器皿，倒入肋排、豆豉、蒜蓉、白糖、料酒、生抽拌匀，腌制5min左右，再加入水淀粉搅拌；②取一个盘子，上面倒上油，放入腌制好的肋排；③点火做蒸笼，开锅后将肋排上笼蒸60min即可。

六、市场销售采购信息

1. 广东阳帆食品有限公司

天猫网站：阳帆食品旗舰店

2. 阳江市阳东区丰华豆豉食品厂　叶先生　联系电话：13922004837、0662-6693758

网址：www.yjdouchi.com

3. 阳江八百味豆豉食品有限公司　联系电话：0662-2201398　网址：https://babaiwei.1688.com/

泾源黄牛肉

（登录编号：CAQS-MTYX-20190237）

一、主要产地

宁夏泾源县新民乡、泾河源镇、兴盛乡、香水镇、黄花乡、六盘山镇、大湾乡共4乡3镇110个行政村。

二、品质特征

泾源黄牛肉，牛肉色泽红润，肌间脂肪适中，肉质鲜嫩。脂肪呈白色，肌纤维致密、有韧性、富有弹性，外表微干或有风干膜，切面湿润、不粘手，具有牛肉固有气味。

综合评价：在泾源县内独特的地理环境下，具有泾源黄牛肉的独特特征，符合全国名特优新农产品登记标准。

泾源黄牛肉挥性盐基氮8.25mg/100g，水分72.5%，蛋白质含量22.9g/100g，硒含量0.03mg/kg。

三、环境优势

泾源县地处六盘山腹地，气候适宜，境内空气无污染，水质洁净。在泾源黄牛的养殖区域内没有污染源。境内气候湿润，山川秀丽，被誉为"高原绿岛"，西北"翡翠明珠"，素有"秦凤咽喉、关陇要地"之称，也是"中国深呼吸百佳小城"。全县可利用的天然草场40万亩，优质牧草留床面积20万亩；年种植以青贮玉米和紫花苜蓿为主的优质牧草15万亩，是宁夏南部山区最大的黄牛养殖核心区和西北黄牛生产、加工、销售集散地，也是全国畜牧业绿色发展示范县和宁夏优质肉牛养殖核心示范县。养殖的肉牛有"天天喝矿泉水，顿顿吃中草药"之说。

四、出栏时间

泾源黄牛出栏最佳时间是1～3岁。

五、推荐贮藏保鲜和食用方法

生牛肉贮藏方法以冷藏为好，肉质有新鲜感。具体用食用保鲜膜包好存放冰箱冷冻室冰冻存放，可以保存3个月。

黄牛肉的食用方法多样，炒、炖、煮、蒸、炸、凉拌均可。

六、市场销售联系方式

1. 宁夏尚农生物科技发展有限公司

联系人：何智武　联系电话：0954-7223666、15595446666

2. 宁夏天源牧场食品有限公司

联系人：郭芳芳　联系电话：13619545130

（登录编号：CAQS-MTYX-20190243）

一、主要产地

四川省都江堰市青城山镇。

二、品质特征

祥依鸡蛋蛋壳呈粉色或浅褐色，大小适中，蛋形规则，平均蛋重 50～52g，蛋黄大，色泽金黄，蛋清浓稠并充满韧性，煮出后的味道香甜醇正，无腥味。蛋白质、维生素 A、维生素 E 等营养物质含量均高于国家标准，卵磷脂高于普通鸡蛋 30%，脂肪含量低。

三、环境优势

都江堰市青城山镇，具有得天独厚的区位优势、自然条件，其属于亚热带季风气候，平均气温在12～20℃，气候温暖潮湿，良好的生态本底给动物福利养殖提供了优质保证。"养好鸡，下好蛋"是祥依公司青城山养殖场一直以来坚持的养殖理念。祥依养殖场饲养的鸡只种类主要以北京油鸡为主，饲养方式有很多方面与"农场动物福利"概念不谋而合：让鸡只摆脱了牢笼的束缚，给它们提供自然、自由的生存环境。采用林下养殖的方式，在桃树、柚子树下实行散养，给家禽提供一个极好的生活环境。鸡只在120 日龄后便生活在树下，饲养密度为 4 只 /m²，高于欧盟动物福利要求，农场为鸡只提供了充足的活动空间，可享受到阳光的沐浴、呼吸新鲜的空气，享受到符合人饮用水标准的水质、符合动物习性的沙浴地点，食用到健康的食材玉米、紫花苜蓿草、胡萝卜等，种种举措只为满足鸡只自然天性的需求。

四、收获时间

全年均为收获期。

五、推荐贮藏保鲜和食用方法

贮藏方法：①鸡蛋的大头向上。这样既可防止微生物侵入蛋黄，也有利于保证蛋品的质量。②注意隔离。新鲜的鸡蛋是有生命的，它需要不停地通过蛋壳上的气孔进行呼吸。如果在储存过程中与大蒜、韭菜等有不良气味的食物混放，那么鸡蛋就会出现异味，影响食用效果。③不要密封存放。因为存放过程中鸡蛋也需要"呼吸"，向外蒸发水分，用塑料盒保存，盒内不透气，里面的环境潮湿，会使蛋壳外的保护膜溶解失去保护作用，加速鸡蛋变质。④存放前不用水洗。蛋壳外的保护膜是水溶性的，水洗会破坏保护膜。⑤在温度 2～5℃下，鸡蛋可以保存 40 天，在冬季室内可以保存 15 天左右，夏季室内常温下鸡蛋可以保存 10 天左右。

推荐食用方法：

蒸鸡蛋羹　搅拌蛋液时，应使空气均匀混入，且时间不能过长。如气温在 20℃以下时，搅蛋的时间应长一点（约 5min），这样蒸后有肉眼看不见的大小不等的孔眼。不要在搅蛋的最初放入油盐，这样易使蛋胶质受到破坏，蒸出来的鸡蛋羹粗硬。

六、市场销售采购信息

成都祥依生态农业发展有限公司　联系人：罗亮　联系电话：15108255532

祥侬鸡肉

（登录编号：CAQS-MTYX-20190244）

一、主要产地

四川省都江堰市青城山镇。

二、品质特征

祥侬养殖场饲养的鸡只种类主要以北京油鸡为主。鸡只有凤头、毛腿和胡子嘴特征，脚有五趾，酮体皮紧而有弹性，毛孔细小，鸡肉丰满，皮肤光滑滋润，肉质细致，肉味鲜美。鸡肉中蛋白质、脂肪、鲜味氨基酸以及必需氨基酸占总氨基酸百分比等指标优于同类产品参照值。经过烹饪加工后，菜品肉美汤鲜，口感有韧性，对人体具有特殊的滋补作用，有益于身体健康。

三、环境优势

都江堰市青城山镇，具有得天独厚的区位优势、自然条件，其属于亚热带季风气候，平均气温在 12 ～ 20℃，气候温暖潮湿，良好的生态本底给动物福利养殖提供了优质保证。祥侬养殖场饲养的鸡只种类主要以北京油鸡为主，饲养方式有很多方面与"农场动物福利"概念不谋而合：让鸡只摆脱了牢笼的束缚，给它们提供自然、自由的生存环境。采用林下养殖的方式，在桃树、柚子树下实行散养，给家禽提供一个极好的生活环境。鸡只在 120 日龄后便生活在树下，饲养密度为 4 只 /m²，高于欧盟动物福利要求，农场为鸡只提供了充足的活动空间，可享受到阳光的沐浴、呼吸新鲜的空气，享受到符合人饮用水标准的水质、符合动物习性的沙浴地点，食用到健康的食材玉米、紫花苜蓿草、胡萝卜等，种种举措只为满足鸡只自然天性的需求。

四、收获时间

全年均为收获期。

五、推荐贮藏保鲜和食用方法

贮藏方法：①冷藏保鲜。一般建议保存在 -3℃ 以下为佳。②腌制处理。在鸡肉上面添加食用盐，食用盐不能太多，也不能太少。如果气温比较高或个人口味比较重的话就需要额外多放一点。有时候为了让鸡肉入味，也需要提前在肌肉上面抹一层食用盐。

推荐食用方法：①将北京油鸡宰杀，去内脏、净血，放入 50 ～ 60℃ 的热水中烫透（2 ～ 3min），捞出，用镊子夹净鸡身绒毛，待用。②将白果去壳、洗净待用。③生姜拍碎、切粒，混拌入花椒和精盐一同作为佐料，待用。④将油鸡、猪棒骨和已配好的佐料一同放入锅中以微火熬煮（5 ～ 6h），使佐料尽量透入鸡肉当中。⑤在炖鸡起锅前半小时左右，将白果放入锅中煮透即成。

六、市场销售采购信息

成都祥侬生态农业发展有限公司　联系人：罗亮　联系电话：15108255532

（登录编号：CAQS-MTYX-20190245）

一、主要产地

北京市行政区域内 8 个区县 46 个乡镇。

二、品质特征

北京鸭具有繁殖率高、适应范围广、早期生长速度快、抗病力和适应性强、肉质鲜美等特点，是世界肉鸭产业的主导品种。初生雏鸭绒毛为金黄色，成年鸭羽毛为白色。北京鸭皮肤白色，喙为橙黄色，胫和脚蹼橙黄或橘红色，体型硕大丰满，体躯呈长方形。北京鸭肉质细嫩，肥瘦比例适中，品质极佳。烤制出的北京烤鸭，皮层酥脆、肉质细嫩、颜色鲜艳、味道香美、肥而不腻，是享誉国际的美味佳肴，更是中华民族饮食文化的代表。

北京鸭肉中蛋白质含量23.2g/100g，谷氨酸含量4.62g/100g，锌含量21.3mg/kg，硒含量0.24mg/kg，皮脂率达到42.2%。

三、环境优势

北京的西北和东北群山环绕，东南是缓缓向渤海倾斜的平原，海拔高度20～60m，属暖温带大陆性季风气候，四季分明，年平均降水量483.9mm，年平均日照2 000～2 800h。北京特殊的自然环境条件，造就了北京鸭强健的体质，使北京鸭有很强的适应能力及抗病性。

四、出栏时间

养殖周期 42 天左右。全年都有出栏，年出栏量 1 200 万只。

五、推荐贮藏保鲜和食用方法

推荐 -18℃冷冻保存，北京鸭鸭坯保质期 12 个月。

北京鸭主要用作正宗烤鸭原料，烹调方法主推烤制。

六、市场销售采购信息

联系电话：010-67965677

家庭装烤鸭（生胚）+卷饼+酱 1.7kg/袋

￥138.00

金星家庭专用烤鸭坯，北京烤鸭，烤鸭，北京鸭

¥138

首农-裕农
扫码进店

① 保存图片到相册
② 打开淘宝立即看见

◎ 汾州小米

（登录编号：CAQS-MTYX-20190246）

一、主要产地

山西省吕梁市汾阳市所辖杏花村镇、贾家庄镇、峪道河镇、三泉镇、石庄镇、杨家庄镇、栗家庄乡等 7 个乡镇。

二、品质特征

汾州小米主要品种为晋谷 21 号。汾州小米米粒金黄色，圆润有光泽，清香甘甜，富含硒，具有很高的营养价值，特别适合做粥，熬粥时糊化速度快、米汁香稠、米油醇厚、口味浓香。汾州小米含有丰富的微量元素锌（2.34mg/100g），蛋白质含量较高（11.5g/100g）。

三、环境优势

汾州小米主产于山西省汾阳市边山丘陵区，属吕梁山脉，海拔 800～1 500m。土质多为褐土性土，pH 值为 7.5～8.2 的微碱性土壤。地力基础较好，土壤有机质含量 11g/kg 以上，土壤通气性好，宜植性广。在谷子种植区域，有汾河水系的支流文峪河水系，主要为发源于本地的峪道河、向阳河、禹门河和董寺河；地下水源存储深度在 250m 以上，年储量为 5 393 万 m³。河流水质为弱碱性，地下水水质为弱碱性。汾阳市从西南到东北的弧形边山区，四季分明，光照充足，年日照时数 2 637h，年平均气温 9.7℃，年降水量 467.2mm，无霜期 177 天，年有效积温 3 200℃，昼夜温差大，有利于干物质的积累。独特的环境和优越的气候条件有利于谷子的生长，保障了小米的优良品质。

四、收获时间

每年 10 月为汾州小米的收获期，此时收获的小米经晾晒、储存、加工后口感最佳。

五、推荐贮藏保鲜和食用方法

贮藏保鲜：将小米贮藏在阴凉、干燥、通风较好的地方；应避免存放于阳光直射、高温、潮湿等场所。

食用方法：小米最常见的食用方法就是煮粥，美味而且营养好吸收。在煮粥时，可以加入南瓜、红豆、红枣、红薯等食材，熬成别具风味的营养粥。下面介绍汾州小米特色粥的制作方法。

1. 汾州小米红枣粥　①将汾州小米淘洗干净，红枣 8g，枸杞适量用清水洗净，红枣对半切开备用。②锅中放入清水，大火烧开，将小米、红枣放入锅中，大火煮开，转小火熬煮 30min，期间不定时搅拌，防止粘底。

2. 汾州小米海参粥　①将海参发泡洗净，汾州小米、花生米洗净。②锅中加水，将海参放在篦子上蒸熟，切段。③待水烧开时将小米、花生米放入锅中，加鸡汤大火烧开，加入海参，转小火慢炖，熬至黏稠，盛出放盐即可。

六、市场销售采购信息

汾阳市汾阳皇米业有限公司

联系人：贾景敦　联系电话：13934015532

联系人：李文忠　联系电话：18634786555

公司电话：0358-7567777

玉泉番茄

（登录编号：CAQS-MTYX-20190247）

一、主要产地

内蒙古呼和浩特市玉泉区乌兰巴图蔬菜基地、东甲兰现代农业示范园。

二、品质特征

玉泉番茄果形为扁圆，果色为红色，果面无茸毛，果顶形状圆平，果肩形状微凹，果实横切面为圆形，果肉颜色为红色，胎座胶状物质颜色为红色，心室数为 8 个，风味酸甜，有清香味，品质极佳。

玉泉番茄含有丰富的胡萝卜素、番茄红素，其中维生素 C 27.6mg/100g，可溶性糖 3.69%，可溶性固形物 5.6%，番茄红素 116mg/kg，赖氨酸 26mg/100g。具有生津止渴、健胃消食、清热解毒、凉血平肝、补血养血、抗衰老、降低心血管疾病患病率等功效。

三、环境优势

玉泉区位于内蒙古自治区中部土默川平原，地理位置优越，平均海拔高度 1 050m。玉泉区属于温带大陆性气候，四季分明，日照充足，属半干旱大陆季风气候，昼夜温差大。夏无酷暑，冬无严寒，年平均气温 8℃左右。全年日照时数 3 000h，年降水量 350 ～ 500mm。丰富的土地资源和水资源以及有利的光照条件使生产的番茄口感香甜，营养丰富。

四、收获时间

玉泉区按照高标准农田生产模式标准，建设高效节能日光温室，采用基质栽培（椰糠无土栽培）技术，可全年生产、采摘玉泉番茄。

五、推荐贮藏保鲜和食用方法

贮藏方法：①常温贮藏。窖藏、通风库贮藏。②简易气调贮藏。将玉泉番茄密封于塑料袋中，利用番茄呼吸消耗氧气增加二氧化碳浓度，可贮藏 30 ～ 45 天。

食用方法：玉泉番茄口感酸甜，含有丰富的维生素，可以生吃，被誉为"水果型的蔬菜"。也可用于炒、炖和做汤，以它为原料的菜有"西红柿炒鸡蛋""西红柿炖牛肉""西红柿蛋汤"等。

六、市场销售采购信息

1. 呼和浩特市禾裕农业发展有限责任公司　联系人：王升明　联系电话：15661174555
2. 呼和浩特市亿祥源种养殖农民专业合作社　联系人：义如格乐　联系电话：13154888756
3. 玉泉区蒙瓜果蔬种植农民专业合作社　联系人：赵俊祥　联系电话：13948533861
4. 呼和浩特市草原河山能源开发有限公司　联系人：高庭智　联系电话：13948715971

◎ 巴林羊肉

（登录编号：CAQS-MTYX-20190254）

一、主要产地

内蒙古自治区赤峰市巴林右旗 11 个苏木镇（街道）162 个嘎查村。

二、品质特征

巴林羊肉主要品种为乌珠穆沁羊（蒙古羊），为肉毛兼用品种。"乌珠穆沁羊"体质结实，体格较大，后躯发育良好，肉用体型比较明显，四肢粗壮，尾肥大，尾宽稍大于尾长，尾中部有一纵沟，稍向上弯曲。巴林羊肉肌肉呈红色，有光泽，脂肪呈白色，瘦肉居多，有大理石花纹；肌纤维致密有韧性富有弹性，指压后凹陷立即恢复，脂肪和肌肉较硬实，切面湿润不黏手；具有新鲜羊肉固有气味。巴林羊肉肉质细嫩、香味浓郁、鲜美可口、不膻不腻、肥瘦相间，口感良好。

巴林羊肉蛋白质含量 20.3g/100g，脂肪 5.9g/100g，谷氨酸 3 104mg/100g，亮氨酸 1 563mg/100g，煮沸后肉汤透明澄清，脂肪具有清香之味，深受人们的喜爱。

三、环境优势

巴林右旗位于内蒙古赤峰市北部，地处西拉沐沦河北岸，大兴安岭南段山地，地势西北高、东南低，海拔由西北 700m 向东南 400m 逐渐倾斜，北部为山地，中部为丘陵，南部为平原区，属砂砾质倾斜平原，为著名的科尔沁沙地西北部延伸部分；是中温带型大陆性气候区，冬季漫长寒冷，夏季短促而降雨集中，积温有效性高，且水热同期，适宜于牧草与农作物生长；区域内饲草饲料资源丰富，水源充足，牧场宽阔，有利于肉羊的高品质、标准化养殖。

四、出栏时间

全年都有羊出栏，年出栏量 80 万只。

五、推荐贮藏保鲜和食用方法

储存方法：-18℃超低温冷储存放，保质期 12 个月。宰后 24h 排酸排毒，-35℃超低温急速冷冻，无活菌冰鲜肉。

推荐的烹调方式：

红烧羊肉　①主料：羊肉 500g，白萝卜 50g，大葱 1 根，生姜 1 小块，花椒 2 小匙，大料适量，桂皮适量。②调料：酱油 1 大匙，羊肉汤 2 500g，料酒 4 小匙，精盐 1 小匙。③制作步骤：将羊肉洗净，漂净血水，切块，放入沸水中余一下，捞出洗净。萝卜洗净，切大块。葱、姜洗净分别切段、拍松。在锅里加入羊肉汤烧沸，然后加入羊肉、萝卜、酱油、盐、料酒、大料、桂皮、姜、葱、花椒，烧至肉烂后盛出即可。

六、市场销售采购信息

内蒙古宏发巴林牧业有限责任公司　联系人：韩凌　联系电话：13847693239

宁城草原鸭

（登录编号：CAQS-MTYX-20190258）

一、主要产地

内蒙古自治区赤峰市的宁城县各乡镇、喀喇沁旗部分乡镇。

二、品质特征

宁城草原鸭体型硕大丰满，挺拔美观。头较大，颈粗短。体躯椭圆，背宽平，胸部丰满，胸骨长而直。两翅较小而紧附于体躯。尾短而上翘，腿短粗，6周龄肉鸭全身羽毛丰满，羽色纯白。喙、胫、蹼橙黄色或橘红色。初生雏鸭绒羽金黄色，称为"鸭黄"，随日龄增加颜色逐渐变浅，至4周龄前后变成白色。体斜长 268.8mm ± 15.6mm，颈长 184.2mm ± 16.6mm，胸宽 110mm ± 4.3mm，胸肌厚 22.5mm ± 1.4mm，龙骨长 124.9mm ± 9.3mm。

宁城草原鸭瘦肉率高，肉质细腻，肌间脂肪分布均匀，无腥味。蛋白质含量 18.65g/100g，赖氨酸 1 332mg/100g，天冬氨酸 1 444mg/100g。具有与其他肉鸭品系截然不同的品质。

三、环境优势

宁城县位于内蒙古自治区东南部、赤峰市南部，是辽中京故地，历史悠久，风光秀美，素有"千年古都、山水宁城"之称。地处东经 118°26′ ～ 119°25′，北纬 41°17′ ～ 41°53′，四季分明，年平均气温 6.6℃、降水量 451mm，森林覆盖率 45.6%，动植物资源丰富。辽河上源的老哈河、坤都伦河由西南流向东北贯穿全境。优越的地理、气候环境，为培育草原鸭奠定了不可复制的优良基础。

四、出栏时间

养殖周期 35 ～ 42 天。全年都有鸭出栏，年出栏量 6 000 万只。

五、推荐贮藏保鲜和食用方法

储存方法（生品）：-18℃超低温冷储存放，保质期 12 个月。宰后 24h 排酸排毒，-35℃超低温急速冷冻。

推荐烹调方式：

老鸭煲　配料：鸭肉块、料包。步骤：①将草原鸭肉块沸水煮 1 ～ 3min 捞出，放入砂锅中。②在砂锅中放入 1 500g 左右的水，放入料包中的汤料，用武火烧开，文火煨 45min 左右（煨耙）即可食用，无须添加食盐等其他任何佐料。

有酸萝卜老鸭煲、方竹笋老鸭煲等。因宁城草原鸭鸭肉中富含牛磺酸，所以鸭煲汤具有很好的明目作用。

六、市场销售采购信息

内蒙古塞飞亚农业科技发展股份有限公司

联系电话：生品　18947323222　熟品　15804769775

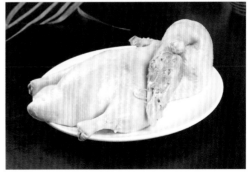

◎ 东胜鸡蛋

（登录编号：CAQS-MTYX-20190267）

一、主要产地

内蒙古鄂尔多斯市东胜区罕台镇罕台村、九成功村；铜川镇添漫梁村。

二、品质特征

东胜鸡蛋蛋壳洁净、完整，呈规则卵圆形；蛋黄居中，轮廓较清晰，胚胎未发育；蛋白澄清透明、稀稠分明。东胜鸡蛋含总不饱和脂肪酸3.41%，胆固醇531mg/100g，硒13μg/100g，组氨酸462mg/100g，脯氨酸230mg/100g。

三、环境优势

东胜鸡蛋的蛋鸡养殖区位于鄂尔多斯市东胜区乡镇。基地地形地貌较为复杂，属典型的丘陵沟壑地貌，东部为丘陵沟壑山区，地质属硬质砂岩。西部为风沙地貌，属沙质土壤。产地属于极端大陆性气候，冬长夏短，四季分明。年平均气温6℃，降水量平均325.8～400.2mm，多集中在7月、8月。全年多盛行东南风，其次为西北偏西风。地势由北向南倾斜，较为平缓，属于风蚀坡梁高原地形。地下水资源较为丰富，水质较好，地下水类型为坡关高原碎屑岩类孔隙裂隙水和松散岩类孔隙水。养殖区地势高燥平坦，排水良好，有清洁水源，背风向阳，不受其他外界环境的污染，适宜发展蛋鸡养殖。

四、收获时间

东胜鸡蛋常年均可收获。

五、推荐贮藏保鲜和食用方法

贮藏方法：冷藏法是最为广泛的鸡蛋保鲜方法，保鲜效果较好，一般贮藏6个月，仍能保持鲜蛋品质。

食用方法：不同的烹饪方法，营养价值也有所不同，煮、蒸鸡蛋营养更佳。对儿童来说，蒸蛋羹、蛋花汤最适合，因为这两种做法能使蛋白质松解，极易被儿童消化吸收。对于老年人来说，应以煮、卧、蒸、甩为好，容易消化。

六、市场销售采购信息

1. 鄂尔多斯市东胜区蒙瑞亚养殖场

联系人：樊喜　联系电话：15147728865

2. 鄂尔多斯市亨盛农牧业有限公司

联系人：乔守清　联系电话：15334775550

3. 鄂尔多斯市昕农养殖有限公司

联系人：刘涛　联系电话：18647270005

准格尔羯羊 ◉

（登录编号：CAQS-MTYX-20190272）

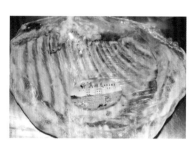

一、主要产地

内蒙古自治区鄂尔多斯市准格尔旗沙圪堵镇、布尔陶亥苏木、十二连城等乡镇，全旗境内均有养殖，遍布各个村落。

二、品质特征

准格尔羯羊肌肉红色均匀，有光泽，脂肪呈白色，肉质以瘦肉为主，有大理石花纹；肌纤维致密富有弹性，脂肪和肌肉硬实，切面湿润不黏手。

准格尔羯羊脂肪含量 16.3g/100g，水分 62.03%，总不饱和脂肪酸 5.83%，蛋白质 17.8g/100g，肉中酪氨酸、脯氨酸、赖氨酸、蛋氨酸、锌含量均高于参考值。丰富的营养成分使得准格尔羯羊肉具有美味可口的特点，且有滋阴壮阳、健胃护脾、舒筋壮骨、驱寒补气的食疗功效，是名副其实的人间珍品。

三、环境优势

准格尔旗属黄土高原丘陵沟壑地貌，四季分明，日照充足，适合天然优质牧草的生长，优质的天然牧草养育了准格尔羯羊。地面自然植被资源丰富，且大多可入中药，准格尔山川遍地生长的百里香（别名：地椒）、紫花苜蓿等优良牧草，是羯羊特别喜欢的牧草种类。准格尔羯羊以其为食，使自身肉质鲜嫩可口，不腥不燥，自带药草香。准格尔大地沟壑纵横，每一道山沟的岩石层都涌流着清澈甘甜、富含矿物质的清泉水，准格尔羯羊翻山越岭，体格健硕、肌肉发达，其肉质自然劲道可口。

四、出栏时间

准格尔羯羊养殖 3 年方可出栏，全年都有羊出栏，年出栏量 1 万多只。

五、推荐贮藏保鲜和食用方法

储存方法：-18℃超低温冷储存放，保质期 12 个月。宰后 24h 排酸排毒，-35℃超低温急速冷冻。

食用方法：可炖、涮、烤（烤羊排、烤羊肉串、烤羊腿等）方式食用，还可以包饺子，或者与其他营养食材搭配炖汤（羊肉白萝卜汤）。

六、市场销售采购信息

1.准格尔旗科农种养殖专业合作社　联系人：王文兵　联系电话：15326778311

2.准格尔旗恒盛祥食品有限责任公司　联系人：魏三　联系电话：13310331806

3.准格尔旗奇来种养殖专业合作社　联系人：奇来　联系电话：13848471761

4.准格尔旗李家塔种养殖专业合作社　联系人：蔺外姓　联系电话：14747962333

5.内蒙古真涮美食品有限公司　联系人：韩宇　联系电话：15248496663

⦿ 伊金霍洛旗鸡蛋

（登录编号：CAQS-MTYX-20190280）

一、主要产地

内蒙古伊金霍洛旗红庆河镇、苏布尔嘎镇等 7 个乡镇 138 个行政村。

二、品质特征

伊金霍洛旗鸡蛋蛋壳光滑、干净，呈规则卵圆形，蛋白澄清透明、稀稠分明，蛋黄占比大，含有丰富的蛋白质、脂肪、维生素和铁、钙、钾等人体所需要的矿物质。其中铁含量为 3.24mg/100g，锌含量为 1.64mg/100g，硒含量为 13μg/100g，总不饱和脂肪酸含量为 3.51%。伊金霍洛旗鸡蛋营养价值高，具有健脑益智、保护肝脏、延缓衰老等功效。

三、环境优势

伊金霍洛旗地处鄂尔多斯高原东南部、毛乌素沙地东北边缘，自然地理环境独具特色，平均海拔在 1 000 ～ 1 500m，年日照时间为 2 700 ～ 3 200h，年平均气温在 5.3 ～ 8.7℃，最冷月 1 月平均气温在 -13 ～ -10℃，最热月 7 月平均气温在 21 ～ 25℃，降水量平均在 300 ～ 400mm，属典型的温带大陆性气候，凉爽、干燥，适宜养鸡产业发展。

四、收获时间

伊金霍洛旗鸡蛋常年收获。

五、推荐贮藏保鲜和食用方法

伊金霍洛旗鸡蛋可冷藏保存，亦可直置于阴凉干燥处保存，但保存时间不宜过长。

伊金霍洛旗鸡蛋可煎、嫩炒、蒸煮，对婴幼儿和老年人来说，应以煮、蒸为宜。鸡蛋食用量一般一天吃 1 ～ 2 个为宜，因人而异，满足机体的需求即可。

六、市场销售采购信息

1. 鄂尔多斯市绿润生态农牧业开发有限公司　联系人：赵彩琳　联系电话：18847709597

2. 伊金霍洛旗凯源种养殖有限责任公司　联系人：李梅　联系电话：15504776377

3. 内蒙古益丰寨生态农业开发有限公司　联系人：杨文亮　联系电话：15504776377

扎兰屯鸡 ◎

（登录编号：CAQS-MTYX-20190282）

一、主要产地

内蒙古扎兰屯市浩饶山镇、蘑菇气镇、卧牛河镇、成吉思汗镇、大河湾镇、柴河镇、中和镇、哈多河镇、达斡尔民族乡、南木鄂伦春民族乡、萨马街鄂温克民族乡、洼堤乡等12个乡镇126个行政村。

二、品质特征

扎兰屯鸡头部相对较小，脖子细，喙坚硬，且鸡冠大而匀称，颜色鲜艳红润；羽毛颜色多样，多为红羽、黑红、黑羽、白羽、芦花等，羽毛顺滑鲜亮、充满光泽，给人一种油光发亮的感觉。毛孔细小匀称；脚细腿长、体型健硕瘦长，精神有力。扎兰屯鸡表皮微黄，肉白里透红，肌肉切面具有光泽，肉体表面微干，肌纤维致密有韧性，指压肉后凹陷立刻恢复，皮下稍有微黄色脂肪。煮熟后肉质坚韧，滋味鲜美。

扎兰屯鸡蛋白质含量22.4%，脂肪含量6.9%，赖氨酸2.02%，总不饱和脂肪酸5.8%；具有温中益气、补虚填精、健脾胃、活血脉、强筋骨的功效，符合消费者尤其是中高端消费群体对天然绿色、原生态、高营养的健康需求。

三、环境优势

扎兰屯市属中温带大陆性半湿润季风气候区，光照充足，四季分明，昼夜温差大。全年日照时数平均为2 722h，年平均气温2.4℃，结冰期150天左右，≥10℃的年有效积温平均2 495℃。年降水量450～550mm，降水主要集中在7—8月。无霜期短，年均无霜期123天。夏季高温多雨，年降水量约有2/3集中于夏季。冬季寒冷干燥。这为扎兰屯鸡品种的稳定发展提供了良好的气候条件。

四、收获时间

全年可收。

五、推荐贮藏保鲜和食用方法

储存方法：-20℃超低温冷冻存放，保质期12个月。

推荐食用方法：

小鸡炖蘑菇粉条　①锅内加水，把剁好的鸡块下锅，焯制2min，倒出沥干水分，放在盘子中。②起锅热油，放入两个八角、葱段、姜片爆香，下入鸡块，炒至表皮微黄。③放入酱油，煸炒上色，加入料酒和开水，倒入水发的榛蘑（东北野生榛蘑），加入白糖、盐、鸡粉、干椒节、老抽，小火炖40min，出锅前10min放入东北手拍粉条，加入胡椒粉，放上香菜即可。

六、市场销售采购信息

扎兰屯市成吉思汗钟氏生态土鸡养殖农民专业合作社　联系人：钟玉平　联系电话：15104956111

⦿ 三河牛

（登录编号：CAQS-MTYX-20190287）

一、主要产地

三河牛，因其主要分布于内蒙古自治区呼伦贝尔市三河地区（根河、得耳布尔河、哈布尔河）而得名，主要产自呼伦贝尔农垦集团有限公司所属谢尔塔拉种牛场、苏沁农牧场、三河种马场、拉布大林农牧场、上库力农牧场、哈达图农牧场、陶海农牧场、特尼河农牧场、牙克石农场、莫拐农场、免渡河农场，地域范围涵盖呼伦贝尔市 13 个旗市区。

二、品质特征

三河牛是多品种杂交和同种选育形成的优良品种。体形外貌基本趋于一致，耐粗饲、宜牧、抗寒、适应性强，产奶高，抗病力强，遗传性稳定。毛色主要以红（黄）白花为主，体大结实，结构匀称，肌肉适度，骨骼健壮，头大小适中，颈肩结合良好，胸部较深，背腰平直，母牛腹大而不下垂，公牛适中，公牛雄相明显。

三河牛肉横截面肉质鲜红，有光泽，肌肉纹理匀称，大理石纹较丰富，脂肪呈白色，脂肪含量较少；具有牛肉特有气味，表面微干触摸时不黏手，手指按压后的凹陷能立即恢复。三河牛蛋白质含量 22.5g/100g，脂肪 1.7g/100g。

三、环境优势

三河牛产地位于内蒙古自治区呼伦贝尔市。呼伦贝尔草原是欧亚大陆草原的重要组成部分，是世界著名的温带半湿润典型草原，作为世界草地资源研究和生物多样性保护的重要基地，也是中国乃至世界上生态保持最完好，纬度最高、位置最北，未受污染的大草原之一。呼伦贝尔素有"牧草王国"之称，天然草场总面积 1.49 亿亩。多年生草本植物是组成呼伦贝尔草原植物群落的基本生态性特征，草原植物资源约 1 000 余种。夏秋季牧草生长茂盛，草质好，是发展三河牛最适宜的草原类型。

四、销售期

三河牛全年均可销售。

五、推荐贮藏保鲜和食用方法

贮藏方法：-18℃低温冷冻保存。

推荐烹调方式：

炖牛肉　食材：三河牛牛肉 2 500g，酱油 250g，食盐 100g，葱段三棵，甜面酱 50g，蒜一头，姜五片，花椒、大料、丁香、桂皮、豆蔻、砂仁、肉桂、白芷等八味共 50g。做法：将三河牛牛肉洗净，控去血水，锯刀切成大方块，泡在冷水里约 30min，放入开水锅里煮透捞出。重换一锅水再煮入牛肉，待浮沫漂起后撇去，加入各种调料和药料（要用布包住以便下次使用），用温火慢慢炖烂即成。

六、市场销售采购信息

1. 三河牛种公牛站　联系人：刘化柱　联系电话：13947053405

2. 三河牛核心育种场　联系人：赵健　联系电话：15547032700

3. 呼伦贝尔农垦集团有限公司　联系人：乌兰　联系电话：0470-8291275

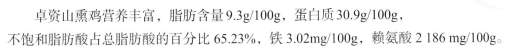

卓资山熏鸡 ◉

（登录编号：CAQS-MTYX-20190295）

一、主要产地

内蒙古自治区乌兰察布市卓资县卓资山镇。

二、品质特征

卓资山熏鸡单个重量约为 1.5 ～ 2kg，表皮颜色为金黄色，有金属光泽，油性大；皮下肉色为白色，肌肉纤维明显，具有熏鸡特有的香味。

卓资山熏鸡营养丰富，脂肪含量9.3g/100g，蛋白质30.9g/100g，不饱和脂肪酸占总脂肪酸的百分比65.23%，铁3.02mg/100g，赖氨酸2 186 mg/100g。

三、环境优势

卓资县境内多丘陵山地，少平川，俗称为"七山一水二分田"。平均海拔达到1 750m，部分地区拥有天然的山泉水和草场，优质的水源和草场为当地的散养鸡养殖业提供了独特的自然环境，全县1 000只以上的散养鸡场和养殖合作社已超过二十多家，年出栏散养鸡40万羽，为优质熏鸡生产打下了坚实的基础。除此以外，全县有大型养鸡场10多家，年出栏250万只，大力推动了当地熏鸡产业的发展。

四、推荐贮藏保鲜和食用方法

真空包装冷藏可保存7天；高温灭菌装冷藏可保存3个月。

食用方法：开袋即食，水浴蒸风味更佳。

五、收获时间

卓资山熏鸡全年均可生产。

六、市场销售采购信息

内蒙古张金涛熏鸡有限责任公司　联系人：张金涛　联系电话：1860484188

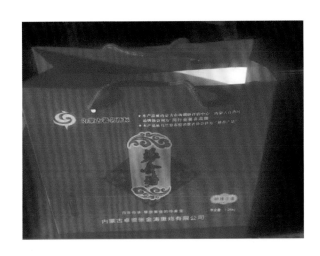

◉ 凉城鸡蛋

（登录编号：CAQS-MTYX-20190305）

一、主要产地

内蒙古自治区乌兰察布市凉城县西厢行政村。

二、品质特征

凉城鸡蛋蛋壳洁净，呈规则卵圆形；蛋黄居中，轮廓较清晰；蛋白澄清透亮、稠稀分明。

凉城鸡蛋蛋白质含量为 12.7g/100g，脂肪含量 6.7g/100g，蛋氨酸 366mg/100g，总不饱和脂肪酸 2.8%。鸡蛋营养价值丰富，具有补肺养血、滋阴润燥、补阴益血、除烦安神、补脾和胃等功效。

三、环境优势

凉城县总辖地面积 2 494km^2，位于阴山南麓，古长城脚下，俗称"七山二水一分滩"。境内多丘陵山地，地势较高，干燥平坦，水源较好，自然环境良好。鸡的饲料产地生态条件良好，当地无化工企业，并且是具有可持续生产能力的农业生产区域，基本属于绿色农产品的原料产地，所以当地鸡产的鸡蛋品质好、营养丰富。

四、收获时间

全年收获。

五、推荐贮藏保鲜和食用方法

鸡蛋存放时小头在下，大头在上，这样蛋黄就会上浮，微生物不容易入侵到鸡蛋里面，并且让蛋黄贴近气室不和蛋壳接触，可以避免营养流失。夏季储存鸡蛋应冷藏，最好用食品袋或保鲜盒密封后再放进冰箱。

鸡蛋吃法多种多样，就营养的吸收和消化率来讲，煮蛋为 100%，嫩炸为 98%，炒蛋为 97%，老炸为 81.1%，开水、牛奶冲蛋为 92.5%，生吃为 30%～50%。由此来说，煮鸡蛋是最佳的吃法。

六、市场销售采购信息

凉城县辉军牧业有限公司　联系人：赵辉军　联系电话：13015239213

（登录编号：CAQS-MTYX-20190307）

察右前旗鸡蛋

一、主要产地

内蒙古自治区乌兰察布市察右前旗三岔口乡十四号村、巴音镇碱滩村等9个乡镇。

二、品质特征

察右前旗鸡蛋蛋壳洁净，呈规则卵圆形，具有蛋壳固有的色泽；蛋黄凸起、完整、有韧性，蛋黄居中，轮廓清晰；蛋白澄清透明、稀稠分明。

察右前旗鸡蛋蛋白质含量为12.3g/100g，组氨酸含量为530mg/100g，胆固醇含量为419.6mg/100g，铁含量为3.43mg/100g，硒含量为16μg/100g。察右前旗鸡蛋营养价值丰富，具有健脑益智、保护肝脏、防治动脉硬化、延缓衰老等功效。

三、环境优势

察右前旗蛋鸡养殖区域均选取生态环境良好、四面环山、空气清新的地区，拥有天然矿泉水和虫草，这些都富含人体所需要的微量元素，是鸡最好的食材。各区域内均有黑土地，富含硒元素等多种矿物质，为生态养殖提供得天独厚的优越条件。养殖户充分利用当地良好的生态环境和地理优势，坚持轮作和间作的农业方式，采用现代科学养殖和传统原生态散养相结合的方式进行养殖。察右前旗鸡素有"吃着中草药，喝着山泉水"长大的美誉，因此产下的鸡蛋品质优良、营养丰富，备受消费者青睐。

四、收获时间

全年为察右前旗鸡蛋的收获期。

五、推荐贮藏保鲜和食用方法

察右前旗鸡蛋保存需放置在通风背光的地方，存放的时候要小头向下，也可以在盒子中放一些黄豆或者其他谷物降低鸡蛋的呼吸作用。

察右前旗鸡蛋有多种食用方法，煮、炒、煎等，但就营养价值利用率来说，煮着吃最利于营养的吸收和消化。

六、市场销售采购信息

1. 乌兰察布明星联创种养殖专业合作社　联系人：郭宏坤　联系电话：13947423762
2. 察右前旗同发种养殖专业合作社　联系人：师义霞　联系电话：13847434311
3. 察右前旗龙茂种养殖有限公司　联系人：李茂　联系电话：15147495333
4. 察右前旗惠农种养殖专业合作社　联系人：卜利辉　联系电话：15347436333
5. 察哈尔右翼前旗三岔口乡山泉水养殖场　联系人：昝春林　联系电话：13948443231

五原黄柿子

（登录编号：CAQS-MTYX-20190313）

一、主要产地

内蒙古巴彦淖尔市五原县隆兴昌镇荣誉村、联合村、隆盛村，胜丰镇新红村、新丰村。

二、品质特征

五原黄柿子果实为圆形，果皮光滑，果皮果肉为纯黄色，果色鲜亮，果肉较厚；果顶形状圆平，果肩形状微凹，无筋棱；果汁丰富，口感酸甜，肉质沙绵，番茄味浓郁。

五原黄柿子蛋白质含量 0.992g/100g，维生素 C 含量 24.7mg/100g，可溶性糖含量 3.04g/100g，可溶性固形物含量 6.2%，赖氨酸含量 26mg/100g，酪氨酸含量 14mg/100g，铁含量 0.51mg/100g，锌含量 0.26mg/100g。各项指标明显高于同类产品参照值，五原黄柿子营养价值丰富，具有加快新陈代谢、增加身体微量元素、保持身体健康等功效。

三、环境优势

五原县位于内蒙古西部巴彦淖尔市，地处河套平原腹地，地势平坦。土地耕作层为灌淤层，耕作性好，含钾量高，对糖和淀粉的积累非常有利。五原县水源充沛，灌溉便利，全县有五大干渠，9 条分干渠，135 条农渠，密如蛛网的毛渠灌溉着全县土地，每年引黄河水量 10 亿～11.6 亿 m³；气候具有光能丰富、日照充足、昼夜温差大、降水量少而集中的特点，利于糖分的积累。独特的气候条件，适宜黄柿子的生长发育，并且远离污染，产品品质尤佳，是国家和自治区重要的绿色农畜产品生产基地。

四、收获时间

五原黄柿子有温室种植、大田种植，基本实现了全年供应，由于有多年的种植经验，产品品质全年俱佳。

五、推荐贮藏保鲜和食用方法

五原黄柿子可鲜食，也可一周内冷藏保存，如果果实微黄，可自然保存两天口感更佳。

六、市场销售采购信息

1. 五原县隆兴昌镇绿色有机蔬菜农民专业合作社

联系人：王东琴

联系电话：13781141986

2. 五原县古郡田园农民专业合作社

联系人：韩福胜

联系电话：13847860699

3. 五原县胜丰镇新红村晏安和桥香蜜瓜农民专业合作社

联系人：张建军

联系电话：13154782866

乌拉山山羊肉 ◎

（登录编号：CAQS-MTYX-20190315）

一、主要产地

内蒙古自治区巴彦淖尔市乌拉特前旗额尔登布拉格苏木、沙德格苏木、白彦花镇共计22个嘎查村。

二、品质特征

乌拉山山羊体质结实、结构匀称，背腰平直，后躯稍高，体长略大于体高。乌拉山山羊肉肌肉丰满发达，富有光泽，色红而均匀，肉块紧凑美观，两后腿呈明显的U字形，脂肪洁白，量适中，皮下脂肪均匀分布在整个表面上，背脂厚度1.5cm。表层稍带干燥的"皮膜"，新鲜的切口略带潮湿而无黏性，肉质紧密，富有弹性，用手指按压时，凹陷处立即复原。乌拉山山羊肉质鲜嫩、肥而不腻、食之爽口。煮沸后肉汤透明澄清，脂肪具有清香之味，食后回味无穷。

乌拉山山羊肉营养丰富，含天冬氨酸2 292mg/100g，赖氨酸2 147mg/100g，亮氨酸1 960mg/100g，不饱和脂肪酸8.3%。

三、环境优势

乌拉山为阴山支脉，位于乌拉特前旗境内，草木茂盛，沟谷发育完整，大小山沟较多，涓涓清泉四季长流，满足了乌拉山山羊喜登高、爱清洁、喜饮活水的习性。乌拉山植被类型复杂，植

物群落类型多样。优质牧草有针茅属、隐子草属等，能够完全满足乌拉山山羊食性杂的要求。经考证，乌拉山山中野生植物药材305种，乌拉山山羊长期食用多种野生杂草和中药材，可以增强活体和屠体抗氧化能力，使乌拉山羊肉富含多种氨基酸和不饱和脂肪酸，色泽鲜嫩，香味浓郁。

四、出栏时间

全年出栏，生产规模30万只，年商品量6 000万吨。

五、推荐贮藏保鲜和食用方法

储存方法：-18℃超低温冷储存放，保质期12个月。宰后冷藏12h排酸排毒。

推荐烹调方式：

烤全羊　选择羯羊或周岁以内的肥羊羔为主要原料。将羊宰杀，用80～90℃的开水烧烫全身，趁热烀净毛，取出内脏，刮洗干净，然后在羊的腹腔内和后腿内侧肉厚的地方用刀割若干小口。羊腹内放入葱段、姜片、花椒、大料、小茴香末，并用精盐搓擦入味，羊腿内侧的刀口处用调料和盐入味。烤熟后，配以葱段、蒜泥、面酱、荷叶饼食用。

六、市场销售采购信息

1. 内蒙古物华农林牧开发有限责任公司　联系人：宋婷　联系电话：15894959307
2. 乌拉特前旗白彦花镇欣旺肉羊养殖特种养殖专业合作社　联系人：赵秋生　联系电话：13847834889

界首淮山羊肉

（CAQS-MTYX-20190324）

一、主要产地

安徽省界首市陶庙镇、田营镇、王集镇、泉阳镇、舒庄镇、代桥镇、顾集镇、砖集镇、大黄镇、新马集镇、光武镇、芦村镇、任寨乡、靳寨乡、邴集乡等乡镇。

二、品质特征

淮山羊是著名的皮、肉、毛兼用型山羊。界首淮山羊肉肉质细腻，肥瘦相间，瘦肉为微暗红色，肥肉微淡黄色，富有弹性，指压后凹陷即恢复。煮熟后，肉汤透明澄清，脂肪团聚于表面，富有香味和鲜味。肉质口感柔嫩多汁，具有典型的羊肉香味，膻味适中。

界首淮山羊肉营养价值丰富，蛋白质含量 20.7g/100g、异亮氨酸含量 920mg/100g、蛋氨酸含量 600mg/100g、铁元素含量 4.30mg/100g、硒元素含量 6.2μg/100g。

三、环境优势

安徽省界首市地处淮北平原，土壤中有机质含量高，微量元素丰富，土壤 pH 值偏碱性。界首属暖温带半湿润季风气候区，常年日照数 2 251h 以上，年平均无霜期 216 天，年平均气温 14.7℃，年平均降水量 832.4mm，年温差 27.1℃，良好的生态环境，适宜的土壤和气候，孕育了境内充足的草饲来源，是淮山羊生长繁衍的理想场所。

四、出栏时间

养殖周期 12～24 个月。全年均有出栏，年出栏量 6.6 万头。

五、推荐贮藏保鲜和食用方法

储存方法：-18℃超低温冷储存放，保质期 12 个月。宰后 24h 排酸排毒，-35℃超低温急速冷冻，国内优质的无活菌冰鲜羊肉。

推荐烹调方式：

清炖羊肉汤 ①首先把羊肉切成大块放入沸水锅中煮，放入花椒、香叶、生姜去腥，煮 15min 后捞出，清洗干净，切成 2cm 见方的小块。②将羊肉块、生姜放入锅内，加适量水，旺火烧开后改中小火煮至羊肉熟烂。③待羊肉八成熟时，放入适量的盐。煮熟，加入香菜段、胡椒粉。

熬汤小贴士：①炖羊肉汤最好买羊腩肉，即羊的腹部下边的部位，羊腩肉炖食最佳。②熬汤的时候，一定要保持滚沸状态，否则熬不出奶白色的汤。③熬制时候，要加入适量的羊板油，并且熬烂熬化，汤汁会更加香浓。

六、市场销售采购信息

1. 界首市农业农村局　联系人：孙彦明　电话：19166115658

2. 安徽鑫河清真牛羊肉加工有限公司　联系人：姜勤勤　电话：15856839999

3. 界首市洪理养殖专业合作社　联系人：贺洪理　电话：13956791516

4. 界首市硕博家庭农场　联系人：尚德珍　电话：15956831885

（登录编号：CAQS-MTYX-20190326）

一、主要产地

河南省洛阳市新安县曹村乡山查村。

二、品质特征

新安鸡蛋单枚蛋重 48 ~ 49g，蛋壳浅褐色，蛋液黏度高，蛋黄较大。煮熟后，蛋白光滑香嫩，弹性好，蛋黄橘黄色，比普通鸡蛋颜色偏深，口感细腻香浓。

新安鸡蛋营养丰富，其中脂肪含量为 12.6g/100g，胆固醇含量为 559mg/100g，锌含量为 1.36mg/100g，钙含量为 80.8mg/100g，均优于同类产品参照值。

三、环境优势

新安蛋鸡养殖产业主要分布于新安县曹村乡山查村青要山地区，该地区属北暖温带大陆性季风气候，四季分明，海拔 500 ~ 1 000m，群山绵亘，沟谷幽深，山泉水和地下水资源丰富，负氧离子含量 3 000 个 /cm³ 以上，人烟稀少，是一片纯天然山水净地。爱牧农业在这里的蛋鸡养殖基地采用科学可控的福利养殖模式：舍内厚发酵床 + 林地散养，饲养密度每平方米 5 只，高于欧盟动物福利标准要求。鸡只不断喙，在 70 日龄后便可以到林地中游乐栖息，林地为鸡只提供了充足的啄食、抓刨、奔跑的机会，满足鸡只自然天性的需求。

四、产蛋时间

新安蛋鸡养殖周期 18 个月。全年都有鸡蛋产出，年出产商品蛋规模约 500 万枚。

五、推荐贮藏保鲜和食用方法

储存方法：5 ~ 15℃为最佳储存条件，保质期 35 天。

推荐烹调方式：

1. 白水煮蛋　食材准备：鸡蛋若干、水适量。制作方法：①将新鲜鸡蛋洗净，放在盛水的锅内浸泡 1min，然后用小火烧开。②鸡蛋用小火烧开后，再改用文火煮 8min 即可。

2. 西红柿炒蛋　食材准备：鸡蛋 3 个、番茄 2 个、小葱 1 把、大蒜头少许、盐适量、白糖适量、食用油适量。制作方法：①首先将西红柿清洗干净，切成小块儿，大蒜剥去皮切成蒜片，小葱洗净切成葱花，放在一边备用。将鸡蛋磕入碗中，加入少许的盐和清水，搅拌均匀。②锅中倒入适量食用油，当油温达到七成热的时候，将搅拌好的鸡蛋液放入锅中，炒熟之后关火盛出。③锅中再倒入少量食用油，当油温达到七八成热的时候，放入番茄炒至变软出汁，加入少许白糖翻炒片刻，再倒入刚炒好的鸡蛋，大火快速翻炒，最后加入少许盐，出锅前撒上葱花提色提味。

六、市场销售采购信息

联系电话：0371-55555072、0371-55555172

新安肉鸡

（登录编号：CAQS-MTYX-20190327）

一、主要产地

河南省洛阳市新安县曹村乡山查村。

二、品质特征

新安肉鸡是采用益生菌发酵床与林下养殖相结合的科学养殖的鸡，主要鸡种为北京油鸡，又称宫廷黄鸡。新安肉鸡屠体单只重 980 ～ 1 197g，肉色粉红鲜亮、富有弹性，肉质细腻。煮熟后，鸡皮香、脆，肌肉紧实、有嚼头，鸡汤呈乳白色，汤味鲜香、甘甜。

新安肉鸡营养成分丰富，热值（能量）680kJ/g，脂肪含量 4.1g/100g，其中油酸含量 42.8%、花生一烯酸含量 0.412%、花生四烯酸含量为 1.92%，这些指标均优于同类产品参照值。

三、环境优势

新安肉鸡养殖产业主要分布于新安县曹村乡山查村青要山地区，该地区属北暖温带大陆性季风气候，四季分明，海拔 500 ～ 1 000m，群山绵亘，沟谷幽深，山泉水和地下水资源丰富，负氧离子含量 3 000 个 /cm³ 以上，人烟稀少，远离污染，是一片纯天然山水净地。同时这里交通便利。爱牧农业在这里的肉鸡养殖基地采用科学可控的福利养殖模式：舍内厚发酵床＋林地散养，饲养密度每平方米 5 只，高于欧盟动物福利标准要求。鸡只不断喙，在 70 日龄后便可以到林地中游乐栖息，林地为鸡只提供了充足的啄食、抓刨、奔跑的机会，满足鸡只自然天性的需求。

四、出栏时间

新安肉鸡养殖周期 6 个月。全年都有肉鸡出栏，年出栏量 3 万羽。

五、推荐贮藏保鲜和食用方法

储存方法：-18℃以下低温，保质期 18 个月。

推荐烹调方式：

清炖老母鸡　食材准备：屠宰好的老母鸡一只、姜、盐。制作方法：老母鸡洗净沥干，姜切片备用；烧一锅热水，将老母鸡放入，焯一滚后在水中泡几分钟再捞出来；用水冲洗干净；将焯好的老母鸡放入砂锅中，放姜片，加足冷水至少淹没老母鸡；大火烧开，开小火炖 4h 后，放盐调味就可以喝汤了。

六、市场销售采购信息

联系电话：0371-55555072、0371-55555172

清丰金针菇 ◉

（登录编号：CAQS-MTYX-20190329）

一、主要产地

河南省濮阳市清丰县产业集聚区。

二、品质特征

清丰金针菇菌盖、菌褶、菌柄呈乳白色，色泽均匀。菌盖表面光滑、有光泽、无明显水渍斑和黏性。菇形整齐，呈规整条形，菌盖圆整，边缘内卷，呈未开或半开状。

清丰金针菇每 100g 含粗脂肪 0.237g、精氨酸 140.98mg，多不饱和脂肪酸占总脂肪酸的 74.68%。清丰金针菇粗脂肪含量低，多不饱和脂肪酸含量高，适合减肥人群食用，有益肠胃、利肝脏、增强机体免疫力等作用。

三、环境优势

清丰县位于河南省东北部，冀鲁豫三省交界处，属温带大陆性季风气候，四季分明，光照充足，气候温和，雨量适中，全年无霜期 215 天，年平均气温 13.4℃，年均降水量 700mm。境内地势平坦，地下水源充沛，交通便利，区位优势明显。农业基础牢固，特色农业发展迅速。属典型的平原农业县，为种植食用菌创造了得天独厚的自然条件，食用菌种植面积达 1 500 万 m²，被命名为"全国食用菌优秀基地县""中国白灵菇之乡""全国食用菌产业化发展示范县"。

四、收获时间

清丰金针菇生产周期 60 天左右，可全年生产，年销售量 1.62 万 t。

五、推荐贮藏保鲜和使用方法

贮存保鲜：密封包装冷藏条件贮存，推荐温度 1 ～ 4℃。

食用方法：可凉调、热炒、煲汤等；是火锅料理、做烧烤的营养食材；还可与荤料拼配名菜，如列入我国菜谱的"金菇三色鱼""金菇绣球""金菇溜鸡""金菇凤燕"等。

六、市场销售采购信息

河南龙丰实业股份有限公司　联系人：李山雷　联系电话：15729248175　电子信箱：lonfon99@163.com

禹州粉条

（登录编号：CAQS-MTYX-20190334）

一、主要产地

河南省许昌市禹州市朱阁镇北郝庄村、古城镇关岗村。

二、品质特征

禹州粉条由红薯制成，呈灰白色，色泽一致；粗细均匀，无并丝；温水浸泡、沸水清煮后呈半透明状，弹性好，入口筋道润滑，不黏牙，适口性好。

禹州粉条水分含量为 12.8%、淀粉含量为 80.3g/100g、总灰分含量为 0.26 g/100g、二氧化硫含量小于 3.0mg/kg。禹州粉条营养丰富，具有促进消化，调节人体功能，保持身体健康等功效。

三、环境优势

禹州市位于河南省中部，全市土地面积 1 461km²，地貌类型主要有山地、丘陵、岗地和平原。境内海拔最高点 1 150.6m，最低点 92.3m，禹州市属北暖温带季风气候区，热量资源丰富，雨量充沛，无霜期长，很好地满足了红薯生长特性。禹州境内多为土壤疏松、通气、排水性能良好的沙壤土与沙性土，特殊的气候和地质环境适宜红薯种植，是全省重要的红薯生产县（市）。红薯种植面积 15 万亩，生产的红薯品质优良，为粉条生产提供了优质原料。采用深井地下水生产的粉条品质好，深受广大群众喜欢。

四、生产时间

全年生产。

五、推荐贮藏保鲜和食用方法

禹州粉条包装产品保质期二年以上。

推荐食用方法：

酸辣红薯粉条　①红薯粉条提前泡发；②葱姜蒜切成小块；③锅里放油烧热，放入葱姜蒜爆香；④放入辣椒；⑤倒入醋和酱油翻炒；⑥倒入开水和红薯粉条；⑦煮上 7 ～ 8min，加入盐、香菜、花生即可出锅。

六、市场销售采购信息

1. 河南省盛田农业有限公司　联系人：谷晓华　联系电话：18039955660
2. 禹州市奔健三粉专业合作社　联系人：赵丹丹　联系电话：15517116567
3. 禹州市福源三粉加工有限公司　联系人：关松现　联系电话：15994053188

（登录编号：CAQS-MTYX-20190337）

滑县鸡蛋 ◉

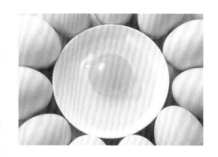

一、主要产地

河南省滑县赵营镇小韩村。

二、品质特征

滑县鸡蛋平均蛋重 50g，外观呈浅粉色，蛋液黏稠度高，蛋黄比例大，煮熟后，蛋白光滑香嫩，蛋黄颜色较深，口感细腻，香浓。

滑县鸡蛋每 100g 含胆固醇 350.0mg、脂肪 8.0g，均低于同类产品参照值；每 100g 含锌 1.18mg、铁 2.91mg、钙 57.4mg、硒 16.0μg，均高于同类产品参照值。滑县鸡蛋具有延缓衰老、改善中老年骨质疏松，增强抵抗力等功效，是男女老少皆宜的营养健康食品。

三、环境优势

滑县鸡蛋产地位于国家粮食主产区"全国小麦第一县"——河南省滑县。地处黄河故道，金堤河两岸，生产基地周围绿树掩映，环境优雅，年平均气温 13.7℃，日照时间长，全年 2 365.5h，适宜家禽生长。生产基地优选无污染的区域，基地周围 3km 内无养殖场和重工业生产厂，保障纯天然生态环境。凭借得天独厚的粮食产地优势，养殖过程中所需的小麦、玉米等原材料可实现充足供应。基地采取全封闭管理方式，以科学的免疫、饲养制度的落实，杜绝各类疾病的发生。采取开放式采光和补充光照相结合、三层高床笼养、夏季湿帘通风控温、自动上料、自动清粪等现代养殖技术，优化鸡苗和成鸡的生长环境，提高动物福利，增加鸡蛋适口性。

四、收获时间

全年不间断供应高品质滑县鸡蛋，基地年供应量达到 800 余吨。

五、推荐贮藏保鲜和食用方法

滑县鸡蛋一般情况下需要冷藏保存。对于北方地区秋、冬季节可置于阴凉干燥处。保存温度一般为 3～6℃。

滑县鸡蛋适合各类烹饪方法，蒸、煮、炒、炸，也适合与各类食材搭配。

六、市场销售采购信息

河南益隆蛋禽科技发展有限公司　全国 400 热线电话：4001-678-677　公司电话：0372-8478999
联系人：张经理　联系电话：15565165777、18317717958
QQ：1805123937

清化粉

（登录编号：CAQS-MTYX-20190339）

一、主要产地

广东省始兴县隘子镇（古称清化）。

二、品质特征

清化粉由大米制成，粉色透明，晶莹清白，粉幼细长，具有炒而不烂、煮而不糊的特点。煮熟后有入口柔韧、软滑清爽、口齿留香、回味无穷的口感。

清化粉含有较高的蛋白质 8.1g/100g，丰富的碳水化合物 85.5g/100g，脂肪含量为 0.2g/100g，铁（以 Fe 计）含量为 4.1mg/kg，并富含膳食纤维和多种微量元素，对于血液、免疫系统、神经中枢、头发、皮肤等都有重要的作用。米粉性甘、味平，具有养胃、补血益气、健脾和胃、聪耳明目的功效。

三、环境优势

清化粉产地始兴县隘子镇，坐落于美丽的粤北山区，这里四面环山，土壤肥沃，空气、水质无任何污染，属盛产水稻的中亚热带气候，泉水资源丰富。这里山清水秀，人杰地灵的地理环境为清化粉的制作选料提供了得天独厚的天然优势。企业充分利用地区的资源优势和生态环境优势，实施科学化种植和产业化经营，按照标准化、特色化、科技化，大力发展生态基地建设和精深加工，运用新科技、新工艺，提高了清化粉的外观品质和内在质量。

四、出产时间

全年均有生产，保持市场供给需求。

五、推荐贮藏保鲜和食用方法

贮藏方法：放置于阴凉干燥处保存，开封后请密封保存。

食用方法：清化粉可煮、可炒、可炸、可打火锅，也可配以不同的汤料或佐料调配出各种口味，以下介绍 3 种最佳食用方法。

1. 炒粉

夏天：将清化粉放入冷水中浸泡 15～20min，捞起沥干水备用。

冬天：将清化粉放入 20～30℃的温水中浸泡 20～25min，捞起沥干水备用。

将所需的配料炒熟调味后，倒入清化粉，用筷子适当拌匀，炒香米粉后撒点葱花、香菜，然后起锅。

2. 汤粉　将清化粉放入冷水中冲洗，把所需的汤料煮熟调味后备用。另用锅烧沸清水，再将清化粉放入水锅中煮 5～10min 捞起，倒入汤料中拌匀即可食用。

3. 打火锅　把火锅里的食材吃完后，将清化粉冲洗后放入锅里煮 5～10min，然后关火，即可食用。

六、市场销售采购信息

1. 始兴县旺满堂食品有限公司　联系人：官经理　联系电话：13542259111

2. 始兴县隘子旺满堂米粉厂　联系电话：0751-3206998

开平马冈鹅 ◎

（登录编号：CAQS-MTYX-20190342）

一、主要产地

广东省开平市马冈镇所辖 20 个村委会、195 个自然村、2 个社区居委会。

二、品质特征

开平马冈鹅体型适中，头、嘴、脚皆乌黑色，羽毛灰黑色，头大颈粗、胸宽、脚高、皮薄、肉纹纤细，肉质好，脂肪适中，味道鲜美；母鹅单只重 2.5 ～ 3kg，公鹅单只重 3.5 ～ 4kg，开平马冈鹅抗病力强，粗食、早熟、易长，产蛋较多。

开平马冈鹅蛋白质含量为 20.8g/100g，脂肪含量为 8.46g/100g，维生素 A 含量为 42mg/100g，锌含量为 28.1mg/100g，均优于参考值，脂肪含量低，不饱和脂肪酸含量高，食用对人体健康十分有益。

三、环境优势

开平市马冈镇水资源充足，广东省大型水库——大沙河水库处在马冈的上游，总库容 2.586 亿 m³。马冈镇属半丘陵地区，土地肥沃，盛产稻米、水果及三鸟、塘鱼等，为养殖马冈鹅提供了优越的放养环境和觅食条件。

四、收获时间

开平马冈鹅采用地面圈养与放养相结合，饲养周期为 60 ～ 90 天，全年均为收获期。

五、推荐贮藏保鲜和食用方法

贮藏方法：肉鹅应采用通风良好的竹笼、木框或塑料笼具等包装物装放。生鲜肉鹅应使用符合 GB 9683 规定的包装袋包装。

开平马冈鹅适用于煲汤、焖煮、加工等用途，是非常受欢迎的一种食材。以下介绍 2 种最佳食用方法。

1. 白切鹅　材料：已宰杀的 90 天龄马冈鹅 1 只，姜蓉、葱头碎适量，油盐适量。做法：①熬制牛骨汤。②原只马冈鹅浸入牛骨汤中（汤水浸过整只鹅），慢火浸泡约 60min，筷子戳过无血水渗出即可。③姜块洗净去皮，磨成姜蓉，配葱头碎、油盐适量。④切块上碟，配姜蓉酱汁食用。

2. 豉油鹅　材料：已宰杀马冈鹅 1 只，生抽、陈皮、片糖。做法：①将鹅洗净沥干水，放到锅中，倒入整瓶生抽。②加入一碗清水，放入陈皮和片糖盖锅，大火煮沸后，用筷子翻动一下鹅，后改中火焖煮大概 45min 后就可以出锅了。焖鹅的过程记住一定要多翻动鹅以免粘锅。③最后放凉了，斩件装盘。

六、市场销售采购信息

1. 开平市马冈镇高园村优之名马冈鹅养殖示范基地　联系人：戚彩燕　联系电话：13360213688
2. 开平市华昌马冈鹅养殖场　联系人：梁荫醉　联系电话：13426703267

恩平凤山鸡

（登录编号：CAQS-MTYX-20190343）

一、主要产地

广东省恩平市沙湖镇境内罗汉山北麓。

二、品质特征

恩平凤山鸡是由海南优质鸡种精心选育改良而成的独特品种，采用山地放养模式，在万亩青山绿水间放养130天，食草籽、觅虫蚁，鸡只健康体壮，体型结实匀称，头小、颈小、脚短细、眼睛明亮、鸡冠鲜红；皮脆骨酥，柔嫩爽滑，肉质鲜美，鸡味浓郁，回味无穷。

恩平凤山鸡具有高蛋白（22g/100g）、低脂肪（0.2g/100g），富含锌（1.13mg/100g）、铁（0.7mg/100g）等微量元素，肉质中游离的氨基酸、长链脂肪酸、肌苷酸等挥发性成分的含量比普通肉鸡含量高，因其肉质鲜美、营养丰富受到众多消费者的认同。

三、环境优势

恩平市位于广东省西南部，属珠江三角洲区域，是粤中粤西交汇地，全境北宽南窄，地势较高，全市95%的陆地在海拔10m以上。全市土地面积1 693.60km^2，山地面积7.2万hm^2，森林覆盖率52.1%，土层深厚，土壤肥沃，水资源丰富，气候适宜，良好的自然环境为恩平凤山鸡山地放养提供有力的保障。

四、收获时间

恩平凤山鸡采用山地放养模式，饲养周期为130～160天，全年不间断出栏。

五、推荐贮藏保鲜和食用方法

恩平凤山鸡主要通过批发商经活禽市场销售，大部分供应酒楼。如果采用屠宰后生鲜模式销售，则会使其在风味上失去竞争力，"鲜活"是体现其特性的重要前提。

恩平凤山鸡有隔水蒸、白切鸡、火锅、清炒、盐焗、炖汤、红烧等食用方法。

隔水蒸　材料：凤山鸡一只，油盐生姜适量。做法：取整只鸡洗净沥干后从鸡尾掏空；用适量盐把鸡从里到外搓揉一遍；生姜拍碎成小块加适量盐拌均匀，从鸡尾放入鸡肚腌制1h；放入蒸锅隔水蒸25min即可。

六、市场销售采购信息

1. 恩平基龙实业有限公司　联系人：禤少衡　联系电话：13822400833、0750-7078755

2. 广东省江门市白沙街道　联系人：黄华良　联系电话：13622406310

3. 广东省佛山市南海区大沥镇　联系人：韦培　联系电话：13923176951

4. 广东省肇庆市四会市　联系人：乡二金　联系电话：13922648861

5. 广东省珠海市　联系人：黄平金　联系电话：13925311008

（登录编号：CAQS-MTYX-20190348）

雷州罗非鱼 ◎

一、主要产地

广东省雷州市。

二、品质特征

雷州罗非鱼为奥尼罗非鱼种，体型呈纺锤形，背高、体厚、头小，体色为灰黑色或蓝黑色，体侧有黑色横向带状条纹 7～9 条，背鳍和臀鳍有斑点。体表光滑，肌肉结实且富有弹性。雷州罗非鱼蛋白质含量 19.3g/100g、脂肪含量 1g/100g、氨基酸总量 17.15g/100g、必需氨基酸 7.68g/100g、锌 0.51mg/kg，均优于同类产品参照值，富含氨基酸，脂肪低，含锌丰富。

三、环境优势

雷州市有水产养殖面积 21 600hm²，其中淡水养殖面积 6 800hm²，海水养殖面积 14 800hm²，年产罗非鱼 2 万吨，是广东省较大的水产产业基地。雷州市日照平均 2 003.6h，年平均气温 22℃，年积温 8 382.3℃，无霜期达 364 天，年降水量 1 711mm，有优越的光温水湿等气候条件；陆域水面 29 000hm²，其中有河流水面 3 800hm²，水库水面 5 600hm²，坑塘水面 16 000hm²，沟渠 2 900hm² 等，地下水资源量 13 亿 m³，其中浅层水 8.9 亿 m³，有丰富的水资源。雷州市有得天独厚发展罗非鱼产业的环境资源。

四、收获时间

雷州罗非鱼全年均为收获期，每年集中捕捞 4～5 次。

五、推荐贮藏保鲜和食用方法

贮藏方法：可冷藏保鲜 1 年。

该产品可清蒸、干烧、初加工等，是非常受欢迎的一种食材。以下介绍 2 种最佳食用方法。

1. 清蒸罗非鱼　①主料：罗非鱼 1～2 条。②配料：生姜片、葱丝、生猪油或肥肉数片、水发香菇数个。③做法：将罗非鱼宰杀剖腹洗净，两侧各划数刀，置于汤盘或大碗中，上面放上各种配料，上锅蒸约 15min 即可。吃时以蘸姜醋最好。

2. 红烧罗非鱼　①主料：罗非鱼。②配料：肥猪肉、红干椒、葱段、蒜瓣、姜片、花生油、酱油、料酒、醋、白糖、味精。③做法：将鱼宰杀洗净，香菜切成小段、肥猪肉切丁、红干椒破为三段。然后，锅中放油加热至八成热时，放入鱼，煎至两面黄色取出。将肥肉丁放锅内煸炒，加入各种配料，然后放入煎好的鱼，用文火烤至汤汁很少，即可出锅。

六、市场销售采购信息

1. 雷州市恒业水产有限公司　联系人：陈正焕　联系电话：13356546888
2. 雷州市隆鑫种养专业合作社　联系人：许小银　联系电话：18900845888
3. 雷州市利鑫水产养殖科技有限公司　联系人：陈正鑫　联系电话：13822569393
4. 雷州市珠联冷冻有限公司　联系人：何成　联系电话：13560543168

阳西红心鸭蛋

（登录编号：CAQS-MTYX-20190361）

一、主要产地

广东省阳江市阳西县程村镇、儒洞镇、上洋镇。

二、品质特征

阳西红心鸭蛋呈椭圆形，外观圆润光滑，蛋壳坚厚，呈白色或青色；个头均匀，平均重量约70g/枚；蛋清浓稠透明，富有黏性；蛋黄呈天然橙红色，黄油多，味美鲜香，松沙可口，无腥味；蛋白质细、嫩滑、口感细腻。

阳西红心鸭蛋蛋白质含量13.3%，高于同类产品参照值；脂肪含量少，为11.6%；钙含量17.4mg/100g，比同类产品参照值高出5.4mg/100g；锌含量高于同类产品参照值，并富含卵磷脂、磷、铁、碘、镁、钾、硒等多种对人体有益的微量元素和18种人体必需的氨基酸。

三、环境优势

阳西县位于广东省西南部沿海，属亚热带海洋季风气候，终年温暖无霜，阳光雨量充足。在本海区养殖的产蛋鸭，具有个头大、毛皮紧、潜水深、觅食力强的特点。其沼泽环境形成的食物链护养了大量高价值的虾、蟹、鱼、贝蛤等海生生物，保护了海洋生物的繁衍场所，增加了蛋鸭的产蛋量。这也是同其他地方的蛋鸭相比，阳西海鸭所产的蛋味道好、品质优、营养价值高的根本原因。

四、收获时间

阳西红心鸭蛋全年可收获。

五、推荐贮藏保鲜和食用方法

阳西红心鸭蛋应贮存于阴凉、清洁卫生、通风干燥处，避免阳光直接照射的地方或冰箱保鲜储存。要避免生水入侵，以防鸭蛋发霉变质。

阳西红心鸭蛋的食用方法广泛，可搭配多种食材，如鸭蛋煎萝卜干、咸鸭蛋南瓜、双椒炒鸭蛋、鸭蛋豆腐汤。用阳西红心鸭蛋配菜可以使菜式味道更加鲜美。

1. 双椒炒鸭蛋　主料：鸭蛋两个。配料：红椒一个、青椒一个、大葱适量、食盐少许。做法：①青红椒切小块，鸭蛋打散，大葱切葱花。②中小火加热油，放入加入葱花的鸭蛋慢火炒散后，加入青红椒，翻炒均匀加入适量食盐后即可出锅。

2. 咸鸭蛋南瓜　主料：南瓜500g、咸鸭蛋黄两个。辅料：小葱少许。做法：①南瓜去皮，切成条状；②咸鸭蛋蒸熟后，取出蛋黄备用；③南瓜加水煮，烧开后小火煮5min即可；④倒少许油，小火慢慢把蛋黄炒散炒碎；⑤下南瓜条轻轻翻炒让蛋黄均匀地裹上，撒上葱花即可出锅。

六、市场销售采购信息

1. 阳西县湛味食品有限公司　联系电话：0662-5554433

2. 阳西县湛味食品有限公司蛋品加工厂　联系人：谢先生　联系电话：13450508088

阳山鸡 ◉

（登录编号：CAQS-MTYX-20190366）

一、主要产地

广东省阳山县所辖 13 个乡镇，均为阳山鸡养殖范围。

二、品质特征

阳山鸡属三黄鸡种，胸深而身躯长，背平，头稍大，翘翅、主翼羽和主尾羽短或缺，喙、皮、脚均为黄色。母鸡单只重 1 500～1 750g，公鸡单只重 2 000～2 250g，肌肉丰满，皮薄骨细。

阳山鸡蛋白质含量为 22g/100g，脂肪含量为 0.7%，谷氨酸含量为 3.36%，锌含量为 0.93mg/100g，均优于参考值，脂肪低，谷氨酸和微量元素锌含量高。

三、环境优势

阳山鸡品质上乘，与阳山县独特的地理环境和气候、土壤因素及养殖方式密切相关。一是阳山县地理特征是山地，山地面积占全县面积的 90%，丘陵起伏、山地陡峻，峡谷众多，自然土质以石灰岩、花岗岩、砂页岩风化而成的，山地众多为阳山鸡提供了优越的放养和觅食条件。二是主要以红黄壤为主，占 50.37%，适宜种植玉米、番薯等粗粮，阳山鸡以玉米为主食，为其提供了营养、健康的饲料。三是水源主要有井水、泉水、溪水和河水。还有众多的山塘水库、溪流和丰富的岩洞水，水中含有多种对阳山鸡生长有益的微量元素，包括铁、锌、钙、钾、锂、硒、锶等。

四、收获时间

阳山鸡采用地面圈养与放养相结合，饲养周期为 180～230 天，全年均为收获期。

五、推荐贮藏保鲜和食用方法

贮藏方法：活鸡应采用通风良好的竹笼、木框或塑料笼具等包装物装放。胴体鸡应使用符合 GB 9683 规定的包装袋包装。

阳山鸡可用于煲汤、焖煮、加工等，是非常受欢迎的一种食材。以下介绍两种最佳食用方法。

1. 阳山板栗焖阳山鸡　材料：已宰杀阳山鸡半只，剥壳阳山板栗 500g，姜 3 片。做法：①阳山鸡砍块备用，板栗剥壳备用。②净锅上火，热锅倒入适量花生油，放入鸡块煸炒片刻后倒入盐、板栗、姜片煸炒。③倒入适量开水，中火焖煮 15～20min。④板栗熟透时倒入半匙花生油即可装碟上桌，上桌前撒上少许葱花点缀。

2. 阳山捞鸡　材料：已宰杀阳山鸡 1 只，洋葱、香菜、花生米、河粉、芝麻、胡萝卜、姜、葱白适量。做法：①阳山鸡整只隔水清蒸 30min，熟透后切块摆碟，撒上芝麻。②洋葱、香菜、花生米、胡萝卜、葱白、姜等配料切丝摆碟。③适量生抽、蚝油煮开，用于捞鸡。

六、市场销售采购信息

1. 阳山县江英旭峰家禽养殖专业合作社　联系人：周雪花　联系电话：18902352100

2. 阳山县桂峡土鸡养殖专业合作社　联系人：梁华桂　联系电话：15915175988

3. 阳山县鹏祥本地鸡养殖专业合作社　联系人：黄新朋　联系电话：13927691951

◎ 耀州羊肉

（登录编号：CAQS-MTYX-20190379）

一、主要产地

陕西省铜川市耀州区 9 个镇街道办。

二、品质特征

耀州羊肉，肌肉有光泽、红色均匀，富有弹性，指压恢复快，脂肪洁白，有明显的羊肉膻味，有风干膜，不黏手。

耀州羊肉氨基酸含量检测值 17.0%，谷氨酸＋天冬氨酸检测值 4.56%，分别大于同类产品的参照值；胆固醇检测值 32.6%、挥发性盐基氮检测值 8.49%，分别低于同类产品参照值。耀州羊肉具有新鲜、营养、低胆固醇的独特营养品质特性。

三、环境优势

铜川市耀州区地处关中平原与渭北高原接壤地带，海拔 650～1 734m，耀州山清水秀，林草丰茂，森林覆盖率 45.52%，现已查明的植物种类 800 多种，是渭北高原罕见的物种资源宝库。境内年平均降水量 567.8mm，无霜期 228 天，年平均气温 12.3℃，昼夜温差大，光照好，是苹果、花椒、中药材的优生区。耀州区农业资源丰富，玉米、小麦、大豆等农作物储量丰富，可为肉羊养殖提供充足的原料。

四、推荐贮藏保鲜和食用方法

贮藏方法：按照耀州羊肉质量要求进行分级、标识后，在 -18℃速冻，保质期在 12 个月以上。

耀州羊肉可用于煲汤、清炒、烧烤等，是非常受欢迎的一种食材。以下介绍 2 种食用方法。

1. 药膳养生羊肉汤　①洋葱（2cm 见方 3 块）、香菇（切小片）、白玉菇（切断）备好，生姜切片，山药切块、耀州花椒、香菜、食用盐。②取出真空包装中的羊肉浸泡 2h 左右。③汤锅（禁用铁锅）放入羊肉，加入凉水烧开后，捞出羊肉倒掉水。④锅内再加入凉水烧开，将羊肉放进锅里并加入适量生姜，文火煮 90min，此过程不添加任何佐料。⑤向羊肉汤里加入等量的开水，放入随肉送的料包，将备好的食材一并加入，放适量盐继续煮 10min 即可享用。

2. 白切羊肉　主料：羔羊后腿肉。制作方法：选用 4～6 个月的公羔羊，将羔羊后腿剔骨，放入事先准备的水槽里泡 4h（去除血水），捞出后腿肉，沥干水分放入锅里，慢火将水烧开，去除血沫，加少许葱、姜、花椒、干辣椒，小火慢炖 2h 左右，出锅，等肉凉透，切片摆盘上桌。

五、市场销售采购信息

1. 铜川市程明牧业股份有限公司　联系人：柴夏妮　联系电话：18691920202
2. 铜川市耀州区锦盛绿色农业专业合作社　联系人：阴江林　联系电话：13571561010
3. 铜川市耀州区天茂养殖专业合作社　联系人：何继宏　联系电话：15229199555
4. 铜川市耀州区永祥养殖专业合作社　联系人：杜俊娥　联系电话：13992924059

（登录编号：CAQS-MTYX-20190388）

一、主要产地

新疆维吾尔自治区昌吉州奇台县半截沟镇腰站子村。

二、品质特征

奇台县葵花籽油延续了传统低温物理压榨萃取方式，完整保存了油中生物活性物质，具有产品应有的色泽、状态；内在品质酸价、过氧化值符合国家标准，棕榈酸、硬脂酸、亚油酸、亚麻酸均优于参照值。其中亚油酸含量66.4%、亚麻酸含量0.786%。

葵花籽富含不饱和脂肪酸、蛋白质、钾、磷、铁、钙、镁元素，维生素A、维生素B_1、维生素B_2、维生素E、维生素P的含量也很高，可安定情绪、防止细胞衰老、预防贫血、治疗失眠、增强记忆力，对高血压、动脉硬化和神经衰弱有一定的预防功效。

三、环境优势

奇台县葵花籽油来自新疆奇台有机种植基地——有机村——腰站子村。其原材料产自新疆天山山脉东部的新疆奇台，世界公认的优质生物植物生长区。腰站子葵花籽油延续了传统低温物理压榨萃取方式，完整保存了油中生物活性物质的天然特性及色泽。

四、收获时间

每年9月是奇台县葵花籽的收获季节，葵花籽油常年生产。

五、推荐贮藏保鲜和食用方法

贮藏方式：干燥避光、阴凉通风处。

食用方法：熟食，如煎、炒、烹、炸。

保质期：18个月。

六、市场销售采购信息

新疆丰驿农业旅游发展有限公司

联系人：陶倩

联系电话：13369009005

◉ 奇台县胡麻籽油

（登录编号：CAQS-MTYX-20190389）

一、主要产地

新疆维吾尔自治区昌吉州奇台县半截沟镇腰站子村。

二、品质特征

奇台县胡麻籽油采用低温物理压榨萃取工艺，最大程度保留了油中大量的 ω–3、ω–6 不饱和脂肪酸成分。奇台县胡麻籽油具有胡麻籽油应有的色泽和状态；内在品质酸价、过氧化值符合国家标准，棕榈酸、硬脂酸、亚油酸、亚麻酸均优于参照值。

奇台县胡麻籽油中 α–亚麻酸含量为 53%，含有类黄酮 23mg/100g，α–亚麻酸是人体必需脂肪酸，有抗血栓、降血脂、营养脑细胞、调节植物神经等作用。胡麻籽油中还含有维生素 E，是一种强有效的自由基清除剂，有延缓衰老和抗氧化的作用。类黄酮化合物有降血脂、抗动脉粥样硬化的良好作用。胡麻籽油可改善女性经前综合征、提

升抗压力，胡麻油中 ω–3 可减少身体受压力时所产生的有害生化物质的影响，稳定情绪，保持平静心态，减少忧郁症及失眠症；对治疗及防止关节炎有极大作用。

三、环境优势

奇台县胡麻籽油来自新疆奇台有机种植基地——有机村——腰站子村。世界上多个国家均有胡麻籽油产出，尤以加拿大萨斯喀彻温省出产的黄金亚麻籽油为优。奇台县天然胡麻籽油品质突出，大有比肩萨省之势。其原料出自新疆奇台北纬 43° 原生态、无污染的天山山脉。与萨省同处世界公认的优质生物黄金生长纬度带——北纬 37° ～ 43°。年日照时间超过 3 000h，15℃的昼夜温差，土地肥沃天然无污染，无可比拟的自然资源，是胡麻生长的最佳条件。因此奇台县胡麻籽油出油率高，纯度高。

四、收获时间

每年 7 月是胡麻的收获季节，胡麻籽油常年生产。

五、推荐贮藏保鲜和食用方法

贮藏方式：干燥避光、阴凉通风处。保质期：18 个月。

食用方法：生食、熟食，如煎、炒、烹、炸、凉拌。

1. 低温烹饪　单独使用或与日常食用油调和烹饪，健康更美味。

2. 靓汤调味　在煮熟的粥、汤中加入亚麻籽油，增色又调鲜。

3. 巧拌凉菜　用亚麻籽油调凉菜、拌沙拉，美味速升级。

4. 烘焙糕点　以亚麻籽油代替普通食用油或奶油烘焙糕点，清香宜人。

5. 混合食用　在酸奶中直接加入亚麻籽油混合食用，营养新时尚。

6. 直接服用　成人每日摄入 15 ～ 20ml，儿童酌减至 5 ～ 10ml。

六、市场销售采购信息

新疆丰驿农业旅游发展有限公司

联系人：陶倩

联系电话：13369009005

奇台县红花籽油

（登录编号：CAQS-MTYX-20190390）

一、主要产地

新疆维吾尔自治区昌吉州奇台县半截沟镇腰站子村。

二、品质特征

奇台县红花籽油延续了传统低温物理压榨萃取方式，完整保存了油中生物活性物质，具有红花籽油应有的色泽和状态；内在品质酸价、过氧化值符合国家标准，棕榈酸、硬脂酸、亚油酸、亚麻酸均优于参照值。红花籽油含饱和脂肪酸7%，油酸20%，亚油酸73%。是植物中含亚油酸最高的油，能起到防止人体血清胆固醇在血管壁里沉积，防止动脉粥样硬化及心血管疾病的医疗保健效果。此外，红花籽油中还含有大量甾醇类生物活性成分，所以被称为"健康营养油"。

三、环境优势

世界红花主产地在中国，中国红花主产地在新疆；其中，昌吉州奇台县是我国红花的重要产区之一，不可复制的气候环境与土壤条件，种植千年的历史，造就了闻名遐迩的"奇台红花甲天下"的美誉。红花籽油被世界公认为"亚油酸之王"，维生素E的含量为所有植物油之首，堪称食用油中的上品。

四、收获时间

每年7月为红花的收获期，红花籽油常年生产。

五、推荐贮藏保鲜和食用方法

贮藏方式：干燥避光、阴凉通风处。保质期：18个月。

食用方法：熟食，如煎、炒、烹、炸。

六、市场销售采购信息

新疆丰驿农业旅游发展有限公司

联系人：陶倩

联系电话：13369009005

奇台黑小麦全麦粉

（登录编号：CAQS-MTYX-20190391）

一、主要产地

新疆维吾尔自治区昌吉州奇台县半截沟镇腰站子村。

二、品质特征

奇台黑小麦全麦粉是选用优质黑小麦为原料，采用先进制粉工艺加工而成的面粉，其富含钙、铁、锌、硒等多种微量元素，其中硒元素是普通小麦的 2 倍以上，达到 0.15mg/kg，氨基酸含量 14.0g/100g。长期食用黑小麦全麦粉制品能提高身体免疫力，对便秘、缺钙、高血压、高血脂、冠心病、糖尿病等具有一定的食疗作用。

三、环境优势

奇台黑小麦全麦粉产于新疆奇台县——素有中国农业文化遗产之称的江布拉克。它集天地之灵气、纳日月之精华；承 4 000 年农耕文化历练积淀；处 950m 海拔最佳生长区；经 300 天漫长孕育；历 15℃以上昼夜温差转换，造就出独一无二的黄金小麦。当地光热资源十分丰富，土壤结构特殊，富含多种营养物质，再加上纯净的冰川雪水浇灌和天然的生态环境，特殊的气候生产出的面粉具有面筋好、口感好等特点，因此被农业农村部命名为"全国优质小麦之乡"。

四、收获时间

黑小麦收获时间为每年 7 月，黑小麦全麦粉常年生产。

五、推荐贮藏保鲜和食用方法

贮藏方式：阴凉、通风、干燥处。保质期：12 个月。

食用方法：用于制作馒头、饼子、面包等。

六、市场销售采购信息

新疆丰驿农业旅游发展有限公司

联系人：陶倩

联系电话：13369009005

奇台黑小麦面粉 ◉

（登录编号：CAQS-MTYX-20190392）

一、主要产地

新疆维吾尔自治区昌吉州奇台县半截沟镇腰站子村。

二、品质特征

奇台黑小麦面粉是由奇台本地种植的黑小麦加工而成，内在品质蛋白质、脂肪、铁、锌、亚油酸、亚麻酸均优于参照值。蛋白质含量15.4g/100g、脂肪0.6g/100g、铁17.0mg/kg、锌8.8mg/kg，其中脂肪中亚油酸占比58.4%、亚麻酸占比3.00%。黑麦面粉的蛋白质、脂肪、淀粉、干物质、18种氨基酸总量均高于普通小麦，人体必需而又不能合成的7种氨基酸都高于对照全国优质小麦，同时，对人体有利的各种矿质元素含量也很高。

三、环境优势

奇台黑小麦面粉源于天山仙域——素有中国农业文化遗产之称的江布拉克，它集天地之灵气、纳日月之精华；承4 000年农耕文化历练积淀；处950m海拔最佳生长区；经300天漫长孕育；历15℃以上昼夜温差转换，造就出独一无二的黄金小麦。当地光热资源十分丰富，土壤结构特殊，富含多种营养物质，再加上纯净的冰川雪水浇灌和天然的生态环境，特殊的气候生产出的面粉具有面筋好、口感好等特点，因此被农业农村部命名为"全国优质小麦之乡"。

四、收获时间

每年7月为奇台黑小麦的收获时间，黑小麦面粉常年生产。

五、推荐贮藏保鲜和食用方法

贮藏方式：阴凉、通风、干燥处。保质期：12个月。

食用方法：用于制作馒头、饼子、面包等。

六、市场销售采购信息

新疆丰驿农业旅游发展有限公司

联系人：陶倩

联系电话：13369009005

◎ 奇台小麦粉

（登录编号：CAQS-MYTX-20190393）

一、主要产地

新疆维吾尔自治区昌吉州奇台县半截沟镇腰站子村。

二、品质特征

奇台小麦粉采用传统工艺研磨、零添加，最大程度保持其自然原始、麦香纯正；加工食用口感爽滑筋道、细腻绵长。奇台小麦粉具有小麦粉固有的综合气味和口味，内在品质蛋白质、脂肪、铁、锌均优于参照值。蛋白质含量 13.2g/100g，铁含量 16.2mg/kg，锌含量 9.8mg/kg。

三、环境优势

奇台小麦粉源于天山仙域——素有中国农业文化遗产之称的江布拉克。它集天地之灵气、纳日月之精华；承 4 000 年农耕文化历练积淀；处 950m 海拔最佳生长区；经 300 天漫长孕育；历 15℃以上昼夜温差转换，造就出独一无二的黄金小麦。当地光热资源十分丰富，土壤结构特殊，富含多种营养物质，再加上纯净的冰川雪水浇灌和天然的生态环境，特殊的气候生产出的面粉具有面筋好、口感好等特点，因此被农业农村部命名为"全国优质小麦之乡"。奇台小麦粉按照有机农业生产标准，在生产过程中不使用化学合成的肥料、农药和生长调节剂等物质，采取一系列可持续发展的农业技术，协调种植业和畜牧业的关系，促进生态平衡、物种的多样性和资源的可持续利用。

四、收获时间

每年 7 月是奇台小麦的收获季节，小麦粉常年生产。

五、推荐贮藏保鲜和食用方法

贮藏方式：阴凉、通风、干燥处。保质期：12 个月。

食用方法：用于制作面条、馒头、饼子、面包、饺子等。

六、市场销售采购信息

新疆丰驿农业旅游发展有限公司

联系人：陶倩

联系电话：13369009005

（登录编号：CAQS-MTYX-20190394）

喀什酸奶 ◉

一、主要产地

新疆维吾尔自治区喀什地区疏附县木什乡9个行政村。

二、品质特征

喀什酸奶产品为半固体状，表面平滑，无颗粒感，色泽为乳白色，产品均匀细腻，质地稠厚，无气泡，具有浓郁的天然发酵香气，口感酸甜适中，细腻滑爽，含有丰富的益生菌。该产品多种矿物元素含量相对较高，其中硒含量为4pg/100g，优于参考值，同时脂肪和蛋白质含量也优于参考值，脂肪含量为3.33g/100g，蛋白质含量为3.16g/100g。

三、环境优势

喀什酸奶由疏附县木什乡纯牛奶制作而成，依托帕米尔高原的环境优势和音苏盖提万年冰川融水的资源优势，自主建成近30 000亩有机生态农场，专注于农业种植、畜牧养殖、精深加工为一体的一二三产业生态循环。南达新农业以高端乳制品（有机牛奶、有机奶粉、调制乳等）健康饮品为主营业务，以国际化视野，构建畜牧产业、乳品（饮品）产业、林果产业及设施农业高效循环的大健康生态农业产业集群。

四、推荐贮藏保鲜和食用方法

2～6℃冷藏保存23天，开盖即刻饮用完为佳。1 000g家庭装，2～6℃冷藏保存18天，分享饮用后请立刻盖好放入冰箱冷藏。

介绍两种酸奶的吃法：

1. 燕麦酸奶　将酸奶、花生酱、蜂蜜混合搅拌均匀，铺满一层燕麦片再用搅匀的食材覆盖住。

2. 酸奶棒冰　在酸奶中放入喜欢的水果，冷冻，做出美味的酸奶棒冰！创意造型任你发挥。

五、市场销售采购信息

消费者购买途径：

1. 新疆的消费者可关注此微信公众号查询采购信息，疆内请联系南达新农业股份有限公司营销事业部经理张晓贞　联系电话：0998-2832222　手机：13139986658

2. 新疆外的消费者可直接联系南达新农业有限公司上海分公司　联系人：林驰峰　联系电话：13588822094

音苏提，维语含义"新鲜的牛奶"，名称源自中国最大的冰川——音苏盖提冰川！
帕米尔冰川几百万年前的地球原始水，远离现代污染富含大量微量元素和矿物质
一款在-8℃不会结冰的神奇天然水
帕米尔冰川矿泉水为中国飞行员指定饮用水，冰川牧场奶牛每日饮用180斤

只喝帕米尔冰川雪水

一款在-8℃不会结冰的神奇天然水

只有有机零添加的牛奶才是真正的好牛奶

>>> 扫一扫，
高原纯净物产
直配到家！ >>>

微信扫码添加您的有机管家
天猫搜索"音苏提旗舰店"
京东搜索"南达新农业食品专营店"

417

⊙喀什牛奶

（登录编号：CAQS-MTYX-20190395）

一、主要产地

新疆维吾尔自治区喀什地区疏附县木什乡 9 个行政村。

二、品质特征

喀什牛奶色泽为乳白色，新鲜牛乳的固有香味浓郁，无沉淀，无凝结，无异物，呈均匀流体。多种矿物元素含量相对较高，其中锌的实测值为 0.38 mg/100g；钙的实测值为 114.00 mg/100g；硒的实测值为 3.82pg/100g，均优于同类产品参照值。

三、环境优势

喀什牛奶产自疏附县木什乡，依托帕米尔高原的环境优势和音苏盖提万年冰川融水的资源优势，自主建成近 30 000 亩有机生态农场，专注于农业种植、畜牧养殖、精深加工为一体的一二三产业生态循环。南达新农业以高端乳制品（有机牛奶、有机奶粉、调制乳等）健康饮品为主营业务，以国际化视野，构建畜牧产业、乳品（饮品）产业、林果产业及设施农业高效循环的大健康生态农业产业集群。

四、推荐贮藏保鲜和食用方法

喀什牛奶均为近期生产（不超过 3 个月），常温密闭条件下 180 天。开启前，常温保存；开启后，0～4℃冷藏，24h 饮用完为佳。

介绍两种食用方法：

1. 木瓜、桃胶炖牛奶　木瓜去皮去籽，切小块。桃胶发泡。加没过木瓜的清水，大火煮开后小火炖。煮至 20min 左右，放入冰糖。冰糖熬化后放牛奶。煮至牛奶起小泡，说开未开的就可以关火了。装碗开吃。

2. 炸牛奶　牛奶、玉米淀粉、糖加入不粘锅（奶锅都行）小火不停地搅拌到黏稠状，关火。铺上保鲜膜，糊状的牛奶倒进去，压平，放入冰箱冷藏至少 1h。从冰箱里取出凝固的牛奶糊，切块。一个碗加入鸡蛋液，另一个碗倒入面包糠，把块状的牛奶糊先裹一层玉米淀粉，再裹一层鸡蛋，最后裹上面包糠。锅内倒油，等油温六七成热，放入裹好的牛奶糊，炸至两面金黄，出锅拿厨房纸吸油，吸干后趁热吃。

五、市场销售采购信息

消费者购买途径：

1. 新疆的消费者可通过关注此公众号，查询疆内联系营销事业部经理张晓贞　联系电话：0998-2832222、13139986658

2. 新疆外的消费者可直接联系南达新农业有限公司上海分公司

联系人：林驰峰　联系电话：13588822094

（登录编号：CAQS-MTYX-20190398）

和田尼雅黑鸡 ◉

一、主要产地

新疆维吾尔自治区和田地区民丰县共 6 乡 1 镇 1 街办，34 个行政村。

二、品质特征

和田尼雅黑鸡，属肉蛋兼用型的和田地方品种。黑鸡全身黑羽，华丽黑亮、五彩泛光，身姿敏捷，身形匀称，体态轻盈，爪趾锋利，冠色鲜红，公鸡为杯状冠或单冠、母鸡为单冠，适应性强，抗寒耐热，抗病抗逆，善跑能飞，好斗，喜食杂食，耐粗食。尼雅黑鸡体型较小，胸部肌肉为白色，腿部肌肉为肉红色，肌肉紧实细腻，油脂含量低，鸡肉富有弹性，指压恢复快。肉质紧实弹牙，不柴不腥，有嚼劲；口感细腻香醇。

和田尼雅黑鸡含蛋白质 23.2%，氨基酸 17.2g/100g，脂肪 2.9g/100g，其中油酸 40.5%，具有高蛋白、高氨基酸、高微量元素、低脂肪、低胆固醇特点，营养丰富。

三、环境优势

和田地区民丰县地处新疆西南部，昆仑山北麓，塔克拉玛干沙漠腹地，南越昆仑山接西藏，北靠阿克苏，古又称"尼雅"，为西域三十六国"精绝国"古遗址，被誉为"东方庞贝"。地理坐标为东经 82°22′ ～ 85°55′，北纬 35°20′ ～ 39°29′，海拔 3 000m，暖温带极端干旱荒漠气候，受帕米尔高原和天山的屏障作用，年平均气温稳定，昼夜温差大，夏热少雨，冬暖少雪，是尼雅黑鸡品种发源地，被誉为"尼雅黑鸡之乡"。

四、出栏时间

尼雅青年鸡饲养 120 天，尼雅老母鸡饲养 400 天及以上，肉质为最佳。

五、推荐贮藏保鲜和食用方法

贮藏方法：-18℃冷冻存储。

食用方法：120 天尼雅青年鸡可用于红烧、焖炒等，如大盘鸡、辣子鸡、椒麻鸡；400 天尼雅老母鸡适用于煲汤，含有丰富的胶原蛋白，养颜美容。

六、市场销售采购信息

京东店：https://mall.jd.com/index-868573.html

天猫店：https://kunlunniya.tmall.com

联系电话：0991-3333312　18690153336

尼勒克三文鱼

（登录编号：CAQS-MTYX-20190400）

一、主要产地

新疆维吾尔自治区伊犁哈萨克自治州尼勒克县喀拉苏乡（三文鱼基地）。

二、品质特征

尼勒克三文鱼体形侧扁，体侧及腹部均为带有光泽的银色，个体沿侧线有一条橙红色带，肉呈深橘红色，带有类似于大理石的白色条纹，鱼肉呈现健康光泽，紧实柔嫩，香味格外浓郁，回味甘甜醇厚，富含优质蛋白(19.0g/100g)、钙（27mg/100g）、铁（0.8mg/100g）、氨基酸（17 690mg/100g）以及不饱和脂肪酸、维生素 D 等多种维生素和矿物质，帮助构建和维护人体细胞，增强免疫力，预防和减少心血管疾病，对抗体内有害的化学物质，对骨骼健康及强化骨质作用显著，老少皆宜，具有"水中珍品"的美誉。

三、环境优势

尼勒克县具有得天独厚的冷水资源，天山冰川雪融水的水温、水质、溶解氧等指标特别适合对环境极其敏感的三文鱼的生长，全球可以养殖这种鱼的水域十分稀少，被誉为高端的小众产品，以其出众的品质而知名。

四、收获时间

尼勒克三文鱼采用大水面绿色生态环保网箱养殖模式，养殖过程中不使用任何激素，每条鱼都要经过 3 年悉心培育才能长成，出水 24h 直达消费端，消费者可全年享受三文鱼盛宴。

五、推荐食用方法

三文鱼的食用方法很多，可生食（刺身），可熟制。其中三文鱼刺身、烟熏三文鱼、香煎三文鱼都是消费者的不二选择。

六、市场销售采购信息

联系电话：400–821–6999

附录 部分全国名特优新农产品营养品质评价鉴定机构展示

</></></></></></></>
</></></></></></></></></></></></></></>
</></></></></></></></></></></></></></></></></></></></></>

农业农村部农产品及加工品质量监督检验测试中心（杭州）

全国名特优新农产品营养品质评价鉴定机构（机构编码：CAQS-PJ-0001）

浙江省农业科学院农产品质量安全与营养研究所

农业农村部农产品及加工品质量监督检验测试中心（杭州）（以下简称"中心"）是由农业农村部批准设立、浙江省农业科学院承建、农产品质量安全与营养研究所具体建设的可对外开展法定证明性质检工作的公益类综合性农产品质检机构，是浙江省首次向社会公布的农产品质量安全检测机构，是国家无公害农产品、绿色食品、有机农产品和地理标志产品认证及产地环境认定定点检测机构，是浙江省进出口商品认可定点检测机构。

以中心为依托，先后承建了国家农业检测基准实验室（农药残留）、农业农村部农产品质量安全风险评估实验室（杭州）、农业农村部南方蜂产品质量安全监督检验中心、全国名特优新农产品营养品质评价鉴定机构、国际橄榄油品质研究中心、全国农产品质量安全科普示范基地、全国土壤污染状况详查检测实验室、农业农村部农产品信息溯源重点实验室、浙江省食品安全重点实验室、浙江省食品与农业标准化研究中心等平台。

中心于2001年8月取得资质，多次通过国家计量认证、农产品质量安全检测机构考核和农业农村部机构审查认可，承检范围涉及农产品、食品、农业投入品、产地环境及转基因5大领域，共55大类、847种产品和1 917个参数。

中心现有职工91人，其中硕士研究生及以上学历42人，高级职称25人，中级职称22人，设有农产品营养与健康、转基因生物安全、农药残留检测技术、畜产品质量安全、产地环境监测与评价、农产品产地溯源等学科。中心实验室面积8 000m^2，仪器设备价值达8 645万元。

为深入挖掘保护、培育宣传、推介展示全国名特优新农产品，中心于2018年被农业农村部农产品质量安全中心评定为第一批"全国名特优新农产品营养品质评价鉴定机构"（机构编码：CAQS-PJ-0001）。该平台专门负责名特优新农产品评价工作的团队有14人，其中博士5人、省"万人计划"青年拔尖人才1人、省151人才2人。中心已开展了多个包括畜禽、水产、果品、油料、茶叶、食用菌、中药材及初加工品等八大类名特优新农产品的营养品质评价鉴定工作，具有坚实的名特优新农产品评鉴基础和丰富的评价鉴定经验。

漫江碧透，百舸争流。中心全体人员将持续秉承"励精图治，争创一流"的信念，在服务全国名特优新农产品评鉴领域，为农业产业提质增效、营养健康品牌创建而努力奋斗，不负韶华！

机构详情请见中国农产品质量安全网（http://www.aqsc.agri.cn）全国名特优新农产品营养品质评价鉴定机构名录。

山东省农业科学院农业质量标准与检测技术研究所

全国名特优新农产品营养品质评价鉴定机构（机构编码：CAQS-PJ-0006）

山东省农业科学院农业质量标准与检测技术研究所（前身中心实验室）成立于1980年，建有农业农村部食品质量监督检验测试中心（济南）、国家农业检测基准实验室（农药残留）、农业农村部农产品质量安全风险评估实验室（济南）、农业农村部农产品质量安全职业技能鉴定站、山东省食品质量安全检测技术重点实验室等24个省部级科研检测平台，以及中美农产品检测技术和风险评估等3个联合实验室。

现有农产品安全评价与控制、农业投入品安全评价与控制、农业检测技术与标准化、农产品风险评估与预警、农产品品质评价与控制等5个研究方向。

先后主持承担国家、部省级科研项目230余项，包括国家重点研发计划政府间国际科技创新合作重点专项、国家自然科学基金、国家科技支撑计划子课题、农业农村部"948"计划项目、公益性行业（农业）科研专项子课题、山东省自主创新与成果转化专项、财政重大专项等。获得省部级科技成果奖励15项；参与制定标准110项，其中国家和行业标准35项。

依托国家基准实验室功能定位，按照山东省农业农村厅部署，认真履行农产品质量安全技术支撑的职责。发挥山东省农产品质量安全专家指导组作用，牵头组织实施全省农产品质量安全监测和风险评估以及标准化推进工作。依托该研究所设立山东省农产品质量安全风险评估实验室，构建全省农产品质量安全风险评估技术体系；承担全省农产品检测机构遴选与管理，组织全省农产品质检机构考核及能力验证；负责国家对山东省例行监测、监督抽查、专项监测任务的对接和协调，牵头组织全省农产品质量安全例行监测任务；拟定山东省年度农业地方标准制修订计划及立项评审，组织编制全省农业技术操作规程，审查标准化基地申报材料并组织现场认定，负责种植业标准化技术委员会日常工作；2019年组织完成全省农业职业技能竞赛并带队参加第二届全国农业行业职业技能竞赛，荣获团体第一名；负责全省名特优新农产品登记申报评价，针对山东省特色优势农产品开展品质评价，支撑潍县萝卜、昌乐西瓜、烟台苹果、曹县芦笋等开展品牌创建与提升，制定相关产品标准17项。

坚持开放办所、协同发展，与近10个国家相关科研机构（实验室）建立或保持良好合作关系，其中依托中美联合实验室申报的项目获得国家重点研发计划经费支持；山东省首批品牌国际科技合作基地（法国）为进一步加大与"一带一路"沿线国之间科技合作奠定良好基础；与中国农业科学院、山东大学、天津科技大学等国内科研院所和高校建立长期合作关系。

发挥公益性科研服务职能，积极开展科技服务与推广，先后建立全国名特优新农产品营养品质评价鉴定机构协作单位2个，科普示范基地1个，技术培训中心1个。依托全国农产品食品检验人员技能鉴定站和该研究所平台与技术优势，为区域内监管部门、检测机构、生产企业开展监测服务、技术培训以及标准化示范，推进农业标准化生产、全程化监管，提升农产品质量安全水平，全面落实质量兴农战略，为提高山东省乃至黄淮海区域农产品质量安全水平提供科技支撑。

河南省农业科学院农业质量标准与检测技术研究所
全国名特优新农产品营养品质评价鉴定机构（机构编码：CAQS-PJ-0018）
农业农村部农产品质量监督检验测试中心（郑州）

河南省农业科学院农业质量标准与检测技术研究所（以下简称"质标所"）始建于1983年，是河南省农业科学院下属的事业法人研究机构。现有职工83人，其中博士14人，硕士30人，高级专家24人。实验室建筑面积5 400m²，拥有液相色谱－超高分辨质谱仪、气－质（－质）联用仪、液－质（－质）联用仪、等离子体质谱仪、氨基酸分析仪等各类仪器设备近500台（套），总资产7 000多万元。近年来，主持和参与国家、部省级各类科研项目100余项，获河南省科技进步二等奖3项、三等奖2项；制修订国家、农业行业标准50多项；发表论文120余篇，其中SCI源刊40多篇。依托该研究所的人才与技术优势，承建有农业农村部农产品质量监督检验测试中心（郑州）、全国农产品质量安全检验检测技术培训基地、全国农产品质量安全科普示范基地、农产品质量安全职业技能鉴定站、中国绿色食品发展中心"三品一标"定点检测机构、农业农村部农药登记残留试验单位等10多个科研检测平台，可对农产品及其加工制品、食品、饲料、肥料、产地环境等900多种产品中的农兽药残留、生物毒素、重金属、违禁添加物、病原微生物及营养功能成分等2 000多项参数进行法定检测。

2018年3月，该研究所被农业农村部农产品质量安全中心确认为首批全国名特优新农产品营养品质评价鉴定机构，至今已为河南、安徽等省的农业主管部门推荐的优质特色粮油、果蔬、中药材、花茶饮品及药食同源特殊作物等农产品开展名特优新营养品质评价鉴定工作，鉴定样品130多个，检测营养参数1 600余项，出具鉴定报告120余份。2019年被评为全国农产品质量安全（优质农产品）业务技术优秀机构，为助力品牌强农、品牌助农，满足"特色产品优势化，优势产品品牌化，品牌产品国际化"的新时代农业发展需求提供了强有力的技术支撑。

机构详情请见中国农产品质量安全网全国名特优新农产品营养品质评价鉴定机构名录。

农业农村部食用菌产品质量监督检验测试中心（上海）
全国名特优新农产品营养品质评价鉴定机构（机构编码：CAQS-PJ-0020）
全国名特优新农产品（食用菌）全程质量控制技术中心

　　该中心是经农业农村部授权，2002 年通过国家计量认证，具有第三方公正性的法定专业质检机构。是目前全国唯一的部级食用菌专业质检中心，也是上海市农产品质量认证中心委托检验机构之一。中心下设办公室和四个检测室。中心检测项目涉及菌种、感官指标、理化指标、卫生指标和微生物指标等，其中对于食药用菌菌种的检测以及食用菌中一些特殊营养品质组分的检测，是国内绝大多数质检中心尚未开展的。中心现有设备固定资产 7 000 万元，配有国内外先进的检测仪器设备 500 多台（套），总面积 4 000m²。中心在保证完成各种有关食用菌的质检任务的同时，还对外提供蔬菜、水果、土壤、肥料等其他农产品、农业投入品的质检服务。

　　目前中心拥有在职员工 104 人，其中硕博士学历人员 60 人。实验室拥有 5 000 多万元仪器设备，近年来承担了农业农村部、上海市农业农村委员会、上海市食品药品监督管理局、上海卫生健康委等部门下达的各类农产品、农业投入品的质量安全抽查、普查和监测任务。本中心的研究方向包括：农产品质量安全标准化、检测技术、控制技术和风险评估研究等，近年来主持和参加了 30 多项国家标准和行业标准及地方标准制修订，取得科技成果 50 余项；发表论文 160 余篇；与多家国外研究机构建立了密切的合作关系。

　　全国名特优新农产品营养品质评价鉴定机构（CAQS-PJ-0020）评价鉴定的产品类型：食用菌及其制品，如香菇、草菇、双孢蘑菇、平菇、金针菇、茶树菇、黑木耳、银耳、牛肝菌、松茸、羊肚菌等；药用菌及其制品，如灵芝、天麻、茯苓、蛹虫草等；其他农产品，如稻米、桃、梨、柑橘、葡萄、草莓、西瓜、甜瓜、玉米、蔬菜等。

　　评价鉴定的食用菌类产品参数：蛋白质、氨基酸、脂肪、维生素、膳食纤维、多酚、黄酮、多糖、可溶性糖、岩藻糖、海藻糖、甘露糖、葡萄糖、半乳糖、核糖、阿糖醇、甘露醇、甾醇类物质、萜类化合物、核苷类化合物、生物碱、各种微量元素、香菇素、虫草素、虫草酸、腺苷、孢子粉破壁率、灵芝酸、蘑菇氨酸等。

农业农村部谷物及制品质量监督检验测试中心（哈尔滨）
（机构编码：CAQS-PJ-0031）
黑龙江省农业科学院农产品质量安全研究所

农业农村部谷物及制品质量监督检验测试中心（哈尔滨）暨黑龙江省农业科学院农产品质量安全研究所筹建于1991年，1996年3月首次通过国家计量认证和农业部机构审查认可，是依法授权的具有第三方公正性的专职检验机构，是具有独立法人地位的非营利性社会公益性技术事业单位。中心现为农业农村部农产品质量安全风险评估实验室（哈尔滨），农业农村部薯类产品质量检验中心（哈尔滨），国家绿色食品产品、无公害农产品、地理标志产品质量定点检测机构；全国名特优新农产品营养品质评价鉴定机构、全国名特优新农产品全程质量控制技术中心（哈尔滨）、全国农产品质量安全科普基地、农业农村部植物转基因成分检测中心、农业农村部农药登记残留试验单位。

机构设置：中心设有农产品质量安全检测室、营养品质检测室、谷物品质检测室、生物技术检测室、风险评估室、农药技术室、业务办公室、综合办公室等。现有工作人员83人，其中在编人员31人，聘用人员52人，中高级职称研究人员31人，博士7人、硕士41人、在读博士2人。是一支专业配备、人员搭配合理、技术力量雄厚的技术队伍。

实验条件：检测中心实验室面积共 5 100m²。配置了液相色谱 – 质谱联用仪、高效液相色谱 – 质谱联用仪、离子体发射光谱 – 质谱联用仪、气相色谱仪、毛细血管电泳仪、原子吸收分光光度计、原子荧光分光光度计、氨基酸分析仪、近红外谷物品质分析仪、

全自动荧光定量PCR仪等500余台（套）、价格5 200余万元的仪器设备。涵盖了目前农产品营养品质、农兽药残留及转基因检测的先进仪器设备，是国内领先的农业类实验室。

技术能力：2018年6月中心通过了第六次农业部"2+1"机构复审，授权承检粮食及制品、食品、蔬菜、水果、乳肉及制品、饲料及饲料添加剂等11大类686个产品及2461个参数的检测能力，可开展农产品的感官品质、营养品质（18种氨基酸、蛋白质、脂肪、淀粉、灰分、糖、热量、多种维生素、脂肪酸组成等）、常量元素和微量元素及食品添加剂、有毒有害成分、农药残留、兽药残留、真菌毒素、重金属、微生物检测和转基因产品的检测与评价等。

承担任务：在全国范围内承担各类公正性检测、委托检验、绿色食品、无公害食品、有机食品检测等；承担全国10余个省区的农作物品种审定品质检测；全国小麦、玉米、大豆、水稻等作物质量安全普查。在谷物营养品质鉴定、评价、分析等方面达到国际同类实验室先进水平，成功主办两届黑龙江国际大米节稻米品评鉴活动，每年承担多项国家农产品监测任务及政府监管部门下达的工作任务。中心业已成为农产品质量营养评价及质量安全检测领域主要的技术支撑单位。

机构详情请见中国农产品质量安全网全国名特优新农产品营养品质评价鉴定机构名录。

新疆农垦科学院分析测试中心
全国名特优新农产品营养品质评价鉴定机构（机构编码：CAQS-PJ-0042）
农业农村部食品质量监督检验测试中心（石河子）

新疆农垦科学院分析测试中心（以下简称"中心"）是新疆农垦科学院下属的可对外开展法定证明性质检工作的公益类综合性食品质检机构，中心于1993年10月取得资质，多次通过国家计量认证、农产品质量安全检测机构考核和农业农村部机构审查认可，承检范围涉及农产品、食品、农业投入品及产地环境等领域，已经达到能够承检528个产品、875个参数的检测能力。

以中心为依托，先后承建了农业部无公害农产品定点检测机构、有机食品监测机构、农业部农产品储藏保鲜质量安全风险评估实验室（石河子）、新疆兵团粮油产品质量监督检验机构、新疆兵团国家粮食监测中心、新疆兵团农产品质量安全监督检验测试中心、新疆农垦科学院质量与标准研究所、中国农业科学院培训中心培训基地、全国农产品质量安全检验检测技术培训基地、全国农产品质量安全科普基地、全国名优特新农产品营养品质评价鉴定机构等平台。

本机构拥有3 000m²实验场所，配备有国内外先进测试仪器设备170台（件），固定资产4 000万元。本机构现有人员49人，高级职称23人，中级职称8人，中级以上职称人员占63.3%，其中博士学位2人、硕士研究生14人。设有农产品营养与健康、农药残留检测技术、畜产品质量安全、产地环境监测与评价、农产品产地溯源等检测科室。

为深入挖掘保护、培育宣传、推介展示全国名特优新农产品，中心于2018年被农业农村部农产品质量安全中心评定为第一批"全国名特优新农产品营养品质评价鉴定机构"（机构编码：CAQS-PJ-0042）。该平台专门负责名特优新农产品评价工作的团队有15人，其中博士1人、硕士5人。中心已开展了多个包括蔬菜类、果品类、粮油类、植物油类等各类名特优新农产品的营养品质评价鉴定工作，具有坚实的名特优新农产品评鉴基础和丰富的评价鉴定经验。2019年中心被农业农村部农产品质量安全中心评选为2019年度农产品质量安全（优质农产品）业务技术优秀工作机构。

中心全体人员将持续秉承"励精图治，争创一流"的信念，在服务全国名特优新农产品评鉴领域，为农业产业提质增效、营养健康品牌创建而努力奋斗！

黑龙江省华测检测技术有限公司
中国商业联合会食品质量监督检测中心（哈尔滨）
全国名特优新农产品营养品质评价鉴定机构（机构编码：CAQS-PJ-0083）

华测检测认证集团（CTI）作为中国第三方检测与认证服务的开拓者和领先者，是一家集检测、校准、检验、认证及技术服务为一体的综合性第三方机构，是国内最大、唯一实现全检测领域布局的民营综合性检测服务机构，在全球范围内为企业提供一站式解决方案。食农及健康食品事业部是华测检测集团核心事业部之一，专注食品、农产品安全领域，完成从农田到餐桌全供应链的专业技术服务。事业部目前已经完成全国实验室建设布局，实现独

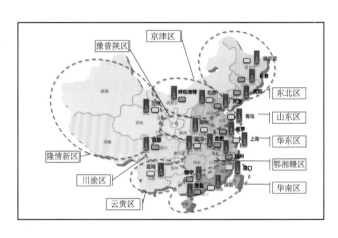

立专业、门类齐全、覆盖全国、整齐划一的实验室服务网络，为政府监管、企业服务提供全方位就近服务。

黑龙江华测检测技术有限公司（以下简称"黑龙江华测"）坐落于冰城哈尔滨市松北新区，其前身为哈尔滨市食品工业研究所分析测试中心，是华测检测认证集团股份有限公司的全资子公司。

黑龙江华测具有独立的检测实验室，占地面积 7 565 平方米，现有员工 200 余人，实验室技术人员占据 50% 以上，实验室固定资产 5 000 万元，仪器设备 300 余台（套），各检测室条件优良并设立了独立的冷藏及冷冻库，满足样品检测及储存需要。

2018 年黑龙江华测被黑龙江省科学技术厅授权为"黑龙江省农产品质量安全检测工程技术研发中心"。目前，已取得中国绿色食品发展中心绿色食品、农业农村部无公害农产品、中绿华夏有机食品、农业农村部农产品地理标志产品定点检测机构。检测范围覆盖食品、农产品、农业产地环境（土壤、肥料）、农业投入品、水质，及绿色、有机、无公害、地理标志等产品。认证范围的检测参数涵盖理化指标、微生物、农药残留、兽药残留、污染物、元素类及功能性成分等参数。

黑龙江华测作为全国名特优新农产品营养品质评价鉴定机构（机构编号：CAQS-PJ-0083），可评价鉴定的产品：粮食及油料、畜禽产品、水产品、水果、蔬菜、食用菌类、生干坚果类、茶叶类；参数：感官指标、常规理化指标、元素类、维生素类、微生物指标、安全指标及各类食品添加剂等。

同时，黑龙江华测承担各级政府部门下达的农产品例行监测、监督抽查、质量抽查及市场准入等检测任务，承担企业委托等检测工作；承担国家和行业及地方标准制定、修订及验证工作，同时广泛开展国内农产品质量安全技术交流、合作、培训、指导及咨询。

华测，根植中国沃土，深耕第三方领域，提供全球化的检测认证服务，为品质生活传递信任，创造全球价值。

河南中标检测服务有限公司

全国名特优新农产品营养品质评价鉴定机构（机构编码：CAQS-PJ-0086）
郑州市食品安全风险监控技术研究中心

　　河南中标检测服务有限公司（下称"中标检测"）位于郑州市高新技术开发区，是中标检测认证集团下属企业之一、郑州大学校属企业、国家出入境生物安全研究会理事单位、国家高新技术企业、国家科技型中小企业、全国名特优新农产品营养品质评价鉴定机构、全国农产品质量安全与营养健康科普基地、郑州市食品安全风险监控技术研究中心。是经国家认可的第三方检验检测及认证服务权威机构、德国莱茵TÜV大中华区认可实验室、农业农村部指定检验机构。主持和参与制定标准10余项，获得国家授权专利34项。中标检测集产品质量检验检测、咨询鉴定及认证服务为一体，拥有国内外一流的技术团队、先进的仪器设备、完善的质量管理体系，先后通过CMA、CATL、CNAS、ISO 9001、ISO 14001、ISO 45001、AAA信用等资质认定，可承担产品质量安全检测与评价、检测新技术的研发、实验室认证、技术培训、食品安全溯源等服务。

　　中标检测拥有一支以国内知名高校毕业的博士、硕士组成的研发团队，其中博士6人、硕士研究生39人、大学本科96人。拥有国际先进的、大型精密检验检测仪器设备1 100余台套，建成具有国际标准的检测实验室，面积12 000m²，固定资产9 000多万元。

　　目前，中标检测认证集团产品及服务的用户已遍布全国近30个省份、80个县市。在国家重大政治活动中，先后为2017"一带一路"国际合作高峰论坛、2017建军90周年大阅兵、2019博鳌亚洲论坛、2019国庆70周年大阅兵等国家重大政治活动提供了食品、饮水安全保障。

　　奋楫扬帆，砥砺前行。中标检测将坚持"诚信、创新、进取、担当"的经营理念，秉持"对国家负责、对社会负责、对企业负责、对自己负责"的质量方针，实现"坚定创新研发，实现团队价值；坚守人文担当，注重社会效益；坚持实业道路，打造民族品牌；坚信合作共赢，致力人类健康"的企业愿景。

（机构编码：CAQS-PJ-0087）

全国名特优新农产品营养品质评价鉴定机构
英格尔检测技术服务（上海）有限公司

英格尔检测技术服务（上海）有限公司

（以下简称"英格尔"）致力于为客户提供更领先的质量保障整体解决方案，我们的事业始终以"客户"为本，着重打造一流的客户服务体验。

食品农产品事业部以"食品安全"为基准，以认证、测试、检测检验、培训、审核为方向，提供"从农田到餐桌"的全产业链服务。

食品理化分析、食品添加剂及违禁物质检测、微生物测试、农药/兽药残留测试等重点检测项目多次得到市场监管局认可，我们也是全球食品倡议中国工作组成员单位（GFSI）。

提升农产品品质，英格尔提供从土壤、水源环境检测到农业用地修复的针对性服务解决生产物料的安全、有机农产品的生产程序与控制、食品包装材料的安全环保。

提高农产品特色，英格尔通过为地域农业土壤养分分析，结合配方施肥打造地域一体化农产品，并能够帮助当地进行农业种植标准与法律法规培训。

打造产品地域品牌效应，扩大品牌影响力，英格尔以专业的检测报告和认证资质为企业产品提高附加值。

为深入挖掘保护、培育宣传、推介展示全国名特优新农产品，2020年被农业农村部农产品质量安全中心评定为"全国名特优新农产品营养品质评价鉴定机构"（机构编码：CAQS-PJ-0087）。除此之外，英格尔在食品安全与品质领域还具备有机产品认证、良好农业规范（GAP）认证、HACCP危害分析与关键点控制体系认证等相关资质，并提供ISO 22000食品安全管理体系认证服务。

英格尔食品实验室具备CNAS、CMAF和CATL资质，建设面积逾2000m²，采用一线品牌的优质设备，中心实验室具备500种以上农药残留测试能力，开发了多种动物源性成分的DNA检测，并且能够按照美国FDA标准、欧盟标准、日本标准、中国国标等各种方法检测食品接触材料及制品的安全合规问题，守护食品安全和良好健康的市场秩序。

作为一家综合性检测认证公司，英格尔依托专业的实验室和多年的技术服务经验，从创新的技术出发，提供从认证到检测、分析与研发等多样性的服务，在食品、农产品、医药、环境、新能源、电子电气、工业品、消费品及建材等不同的领域，为更具品质的产品及服务聚力价值的信任，让每一位客户实现"加速业务成长，强化核心竞争力"。

英格尔检测技术服务（上海）有限公司
地址：上海市闵行区瓶北路155号

关注我们

机构详情请见中国农产品质量安全网（http://www.aqsc.agri.cn）
全国名特优新农产品营养品质评价鉴定机构名录

谱尼测试集团
全国名特优新农产品营养品质评价鉴定机构（机构编码：CAQS-PJ-0088）

PONY 谱尼测试集团（简称"谱尼测试"）创立于 2002 年，集团总部位于北京，现已发展成为员工 6 000 余人，拥有 20 多个大型实验基地、40 多家全资子公司及 60 多家分支机构的综合性检验检测认证服务集团。

谱尼测试多年来深耕细作，获得了多项农产品 / 食品认证机构的检测授权。可对农产品、食品、农业产地环境、药品、农业投入品、中药材、保健品、特殊食品、宠物食品、饲料、肥料、食品接触及包装材料、转基因农产品、转基因食品、生活饮用水及三品一标等产品进行检验检测。

谱尼测试下设农产品事业部、食品事业部、环境事业部、药品事业部、基因和毒理事业部及生物学评价事业部等部门。检验检测工作人员 4 000 余人，其中高级职称 300 余名、博士 20 余人、硕士 300 多人；实验室检测条件优良，设备齐全，拥有液相色谱 – 质谱联用仪、电感耦合等离子体质谱仪、高分辨磁质谱仪、气相色谱 – 串联质谱联用仪、液相色谱等高精尖设备上千台套，固定资产超 8 亿元，实验室面积超 10 万平方米。

谱尼测试具备 CMA、CNAS、全国名特优新农产品营养品质评价鉴定机构等资质，多年承担无公害农产品、绿色食品、中绿华夏有机食品和地理标志农产品的监督抽检重任，以及绿色食品、地理标志农产品、有机食品和常规食品的品质检验、委托检验、复检仲裁检验等工作，是农业农村部、市场监管总局及多省（直辖市）农业农村、市场监管、生态环境部门的合作单位。

谱尼测试积极承担了食品、环境、中医药检测等领域相关科研课题的研究工作，并且多次参与国家标准、行业标准、团体标准的制修订工作。此外，谱尼测试积极履行企业的社会责任，圆满完成了航天员训练中心、北京 APEC 峰会、G20 峰会等各地食品、农产品、省级食品安全检测任务，并且凭借过硬的技术能力及专业高效的服务，得到众多委托单位的一致认可。

检测项目
食品和农产品营养成分、功能性成分、中药材有效成分、农药残留、兽药残留、食品添加剂、微生物、真菌毒素类、农产品转基因成分、农作物转基因筛查检测、常见转基因农作物品系检测
食品、化妆品、肥料登记，药品、农药登记和化工品的毒理安全性评价以及保健食品的功能评价
食品、农产品中非食用物质以及接触材料中有害物质测定、重金属测定，农业产地环境常规理化项目及有毒有害物质检测